普通高等教育“十三五”规划教材

单片机原理与应用技术

朱文忠　蒋华龙　主编
符长友　冯　华　汪小威　副主编

電子工業出版社
Publishing House of Electronics Industry
北京·BEIJING

内 容 简 介

本书是根据高等教育“单片机原理与应用”课程教学基本要求编写的。介绍了使用最广泛的MCS-51系列单片机的工作原理、内部各功能部件的结构、内部硬件资源及应用编程、外部扩展技术。本书采用汇编语言和C语言相对照的编写方式，同时通过实例介绍汇编语言和C语言的混合编程。本书还介绍了单片机应用系统的基本设计方法，并附有大量的设计实例。最后一章是实验与课程设计，实验部分安排了10个实验，采用汇编语言和C语言实现；课程设计部分精选了单片机应用的典型应用实例和20个课程设计题目，并给出了设计要求，内容详实。

本书既可作为计算机、电子、机电、测控等相关专业的本科或高职教材，也可供相关工程技术人员参考。

图书在版编目（CIP）数据

单片机原理与应用技术 / 朱文忠等主编. —北京：电子工业出版社，2017.6
ISBN 978-7-121-30476-7

Ⅰ. ①单…　Ⅱ. ①朱…　Ⅲ. ①单片微型计算机　Ⅳ. ①TP368.1

中国版本图书馆CIP数据核字（2016）第287289号

策划编辑：戴晨辰
责任编辑：戴晨辰　　　　文字编辑：刘　芳
印　　刷：北京盛通商印快线网络科技有限公司
装　　订：北京盛通商印快线网络科技有限公司
出版发行：电子工业出版社
　　　　　北京市海淀区万寿路173信箱　邮编　100036
开　　本：787×1 092　1/16　印张：23.5　字数：608千字
版　　次：2017年6月第1版
印　　次：2022年8月第9次印刷
定　　价：69.90元

凡所购买电子工业出版社图书有缺损问题，请向购买书店调换。若书店售缺，请与本社发行部联系，联系及邮购电话：（010）88254888，88258888。

质量投诉请发邮件至zlts@phei.com.cn，盗版侵权举报请发邮件至dbqq@phei.com.cn。

本书咨询联系方式：dcc@phei.com.cn。

前　言

单片微型计算机简称单片机，又称为微控制器（Micro-Controller Unit，MCU），它的出现是计算机发展史上的一个重要里程碑。其以体积小、功能全、性价比高等诸多优点而独具特色，在工业控制、尖端武器、通信设备、信息处理、家用电器等嵌入式应用领域中独占鳌头。51 系列单片机是目前国内应用最广泛的 8 位单片机之一。经过三十多年的推广与发展，51 系列单片机形成了一个规模庞大、功能齐全、资源丰富的产品群。随着嵌入式系统、片上系统等概念的提出及其被普遍接受和应用，51 单片机的发展又进入了一个新的阶段。许多专用功能芯片的内核集成了 51 单片机，与 51 系列单片机兼容的微控制器以 IP 核的方式不断地出现在 FPGA 的片上系统中。因此，目前国内众多高校仍以 51 单片机作为单片机课程或微机原理课程的基本机型。近年来，基于 51 单片机的嵌入式实时操作系统的出现与推广，表明了 51 系列单片机在今后的许多年中依然会活跃如故，而且在很长一段时间中将占据嵌入式系统产品的低端市场。

如果说 C 语言程序设计课程是软件设计的基础课，那么单片机以其系统硬件构架完整、价格低廉、易于动手等特点，成为工科学生硬件设计的基础课。本书以 51 系列单片机为背景，介绍嵌入式系统应用软件、硬件设计的基本技术。

内容编排由浅入深，方便自学。以“必须”、“够用”、“适用”、“会用”为度，通过大量的典型例题，使学生重点掌握基本原理、基本的分析方法和软、硬件的设计方法，全书将表格、示意图和语言描述相结合，使基本理论的表述一目了然，便于掌握和记忆。

理论联系实际。引导学生掌握以单片机为核心的嵌入式系统的开发技术。书中的例题或习题，学生自己在实验室或家中就能动手做实验。书中设计了单片机实验指导，介绍了单片机开发软件的使用方法，安排的实验可以与 ISP 实验板结合使用，也可和任意外购实验平台结合使用，还可以用面包板自行搭建电路（此时需另购编程器，附录中有集成电路引脚图）。总之，该实验指导具有普遍指导意义，可作为独立的实验教程。

采用汇编语言和 C 语言对照的编程方法。对于 IT 行业工程师来说，两种语言的编程方法都必须掌握。这是因为汇编语言的代码效率高，适时性强，从中可以理解单片机的工作机理，而且目前很多资料使用的是汇编语言。但是对于复杂的运算或大型程序，用汇编语言的编程花费时间远比 C 语言多，这就降低了开发效率；而 C 语言的编程无须考虑具体的寄存器或存储器的分配等细节，由 C51 编译系统安排，从而可以加快开发者的编程速度，缩短开发周期。为了发挥两种语言的长处，书中以较多的例题介绍了 C 语言和汇编语言的混合编程方法。对于学过 C 语言的读者，编 C 语言的程序是轻而易举的事情。为了照顾没学过 C 语言的读者，本书对 C 语言的基本语法也做了介绍，学习以后，也能编出高质量的 C 语言程序。对于两种编程语言的教学，教学单位可根据情况取舍，另一种语言可以让学生参考或自学。

详细描述了串行总线。随着非总线扩展芯片的增多，书中专门对串行总线做了详细描述，并介绍了一些新型的串行器件，如串行 D/A、串行 A/D 等，使读者适应单片机技术的新发展。

本书是作者在总结多年科研经验和长期从事单片机教学工作的基础上编写的，并获得了四川理工学院教材资助，是学校“单片机原理与应用”精品课程建设的成果体现。内容由浅入深、条理清晰，有一定的先进性、系统性和实用性。本书的编写注重层次分明，语言简练。每章都配有小结和思考题，便于理论教学。第 10 章是实验与课程设计，便于学校开展实践性教学。书末还附有常用集成电路引脚图，以便读者查阅。

本书的配套教学资源包括教学课件和习题解答等，可以通过华信教育资源网（http://www.hxedu.com.cn）注册免费下载。

全书由朱文忠统稿，并编写了第 1、2、6 章，第 3、4、5 章由蒋华龙编写，第 7 章由汪小威编写，第 8、9 章由符长友编写，第 10 章由达内科技集团的冯华编写。在此，对他们的辛勤劳动表示感谢。另外，还要感谢本书的主审老师贾金玲教授，他在百忙之中认真、负责地审阅了全书内容，感谢梁金明教授对本书提出的宝贵意见和建议。

由于计算机发展日新月异，作者学识水平有限，本书不当之处敬请广大读者批评指正。作者 E-mail：zwz@suse.edu.cn。

编　者

2017 年 1 月

目　录

第1章　单片机概述

1.1　单片机的概念

1.1.1　单片机的定义

单片机的全称是单片微型计算机（Single Chip Microcomputer，SCM），也称为微控制器（Micro-Controller Unit，MCU），它是将中央处理单元（Central Processing Unit，CPU）、数据存储器 RAM（Random Access Memory，随机读写存储器）、程序存储器 ROM（Read Only Memory，只读存储器）以及 I/O（Input/Output，输入/输出）接口集成在一块芯片上，构成的一个计算机系统，其组成框图如图 1.1 所示。单片机可用下面的“表达式”来表示：

单片机 = MPU+ROM+RAM+I/O+功能部件

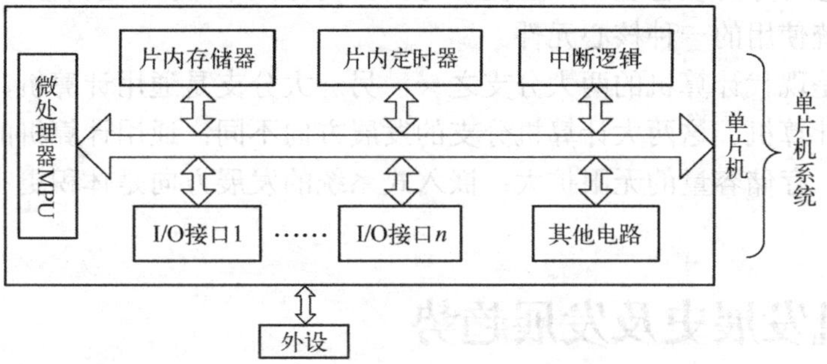

图 1.1　单片机的组成框图

1.1.2　单片机的诞生

单片机诞生于 20 世纪 70 年代末，具有代表性的事件是 1976 年 Intel 公司推出了 MCS-48 单片机系列的第一款产品：8048。这款单片机在一个芯片内集成了超过 17000 个晶体管，包含一个 CPU，1KB 的 EPROM（Erasable Programmable Read Only Memory，可擦可编程只读存储器），64 字节的 RAM，27 个 I/O 端口和一个 8 位的定时器。8048 很快就成为了控制领域的工业标准，它们起初被广泛用来替代诸如洗衣机或交通灯等产品中的控制部分。

1980 年，Intel 公司在 MCS-48 的基础上推出了 MCS-51 系列的第一款单片机 8051，这款单片机的功耗、大小和复杂程度都比 8048 提高了一个数量级。8051 集成了超过 60000 个晶体管，拥有 4KB 的 ROM，128B 的 RAM，32 个 I/O 端口，一个串行通信接口和两个 16 位的定时器。经过三十多年的发展，MCS-51 系列单片机已经形成了一个规模庞大、功能齐全、资源丰富的产品群。

1.1.3 单片机的应用领域

单片机在我们的日常生活和工作中无处不在、无处不有：家用电器中的微波炉、洗衣机、电饭煲、豆浆机、电子秤；住宅小区的监控系统、电梯智能化控制系统；汽车电子设备中的ABS、GPS、ESP、TPMS；医用设备中的呼吸机，各种分析仪，监护仪，病床呼叫系统；公交汽车、地铁站的IC卡读卡机、滚动显示车次和时间的LED点阵显示屏；电脑的外设，如键盘、鼠标、光驱、打印机、复印机、传真机、调制解调器；计算机网络的通信设备；智能化仪表中的万用表、示波器、逻辑分析仪；工厂流水线的智能化管理系统，成套设备中关键工作点的分布式监控系统；导弹的导航装置，飞机上的各种仪表等。可以说，单片机已经渗透到了我们生活的各个领域。根据资料显示，2007年全球单片机的产值达到151亿美元，我国单片机的销售额达到400亿元人民币，我国每年单片机的需求量达50亿～60亿片，是全球单片机的最大市场。

1.1.4 单片机与嵌入式系统

所谓嵌入式系统，就是嵌入到对象体系中的专用计算机系统。“嵌入性”、“专用性”与“计算机系统”是嵌入式系统的三个基本要素。对象体系则是指嵌入式系统所嵌入的宿主系统。按照上述嵌入式系统的定义，只要满足定义中三要素的计算机系统，都可称为嵌入式系统。嵌入式系统按形态可分为设备级（工控机）、板级（单板、模块）、芯片级（MCU、SoC）。单片机是嵌入式系统使用的一种核心元件。

嵌入式系统是现代计算机的两大分支之一，另一大分支是通用计算机，通用计算机的代表性产品是个人计算机。这两大计算机分支的发展方向不同：通用计算机的发展方向是总线速度的无限提升，存储容量的无限扩大；嵌入式系统的发展方向是体积更小、控制能力与控制的可靠性更高。

1.2 单片机发展史及发展趋势

单片机的发展历史可划分为如下四个阶段。

第一阶段（1974—1976年）：为单片机初级阶段。因受工艺和集成度的限制，单片机采用双片形式。例如，仙童公司的F8必须外接一块3851电路才能构成一个完整的微型计算机。

第二阶段（1976—1978年）：为低性能单片机阶段。单片机由一块芯片构成，但性能低、品种少。以Intel公司的MCS-48系列单片机为典型代表。它具有CPU、并行口、定时器、RAM及ROM。这是一个真正的单片机，但其CPU功能不强，I/O口种类和数量很少，其ROM和RAM也很有限，只能应用于比较简单的场合。例如，90年代中期以前的PC键盘几乎无一例外地使用MCS-48系列单片机作为控制部件。

第三阶段（1978—1982年）：为高性能单片机阶段。在这一阶段出现了很多新型单片机，这些新型单片机不仅有功能强大的CPU，I/O口种类和数量较多，而且具有容量较大的ROM和RAM以及种类繁多的功能部件。

第四阶段（1982年至今）：微控制器的全面发展阶段。随着单片机在各个领域全面深入地发展和应用，出现了高速、寻址空间更大、运算能力更强的8位/16位/32位通用型单片机、嵌入式微控制器（MCU）、SoC 片上系统（System on Chip），以及小型廉价的专用型单片机。

目前单片机的发展有以下几个主要的趋势。

（1）低功耗。单片机多数是采用 CMOS（互补金属氧化物半导体）半导体工艺生产。CMOS 芯片除了具有低功耗特性之外，还具有功耗的可控性。CMOS 电路的特点是低功耗、高密度、低速度、低价格。采用双极型半导体工艺的 TTL 电路速度快，但功耗和芯片面积较大。随着技术和工艺水平的提高，又出现了 HMOS（高密度、高速度 MOS）和 CHMOS 工艺。目前生产的 CHMOS 电路已达到 LSTTL 的速度，传输延迟时间少于 2ns。它的综合优势已优于 TTL 电路，因此，在单片机领域 CMOS 正在逐渐取代 TTL 电路。几乎所有的单片机都有 WAIT、STOP 等省电运行方式。允许使用的电压范围越来越宽，一般在 3～6V 范围内工作。8051F9XX 单片机的最低电压可到 0.9V，Atmel 公司最新发布的 0.7V TinyAVR 甚至可以使用一个纽扣电池供电。

（2）外围电路内装化。目前单片机的集成度不断提高，除了一般必须具有的 CPU、ROM、RAM、定时器/计数器等以外，片内集成的部件还有模/数转换器、数/模转换器、人机界面、通信接口、I2C、SPI 、CAN、USB 总线等。人机界面技术在开始只在高端单片机产品中使用，现在已经延伸到中低端单片机上，这就是工业产品的消费化趋势。AVR、PIC 单片机都支持 LCD、触摸传感功能。Atmel 的 Qtouch 技术与 PicoPowerMCU 和触摸软件库形成低成本方案。伴随着互联网的广泛应用，各种有线和无线的通信方式与单片机结合的越发紧密。CAN、USB 和 Ethernet 已经成为 32 位单片机的基本组成部分。无线技术在工业和消费电子产品中的应用越来越多。如 TI 公司的 CC2430，被称为无线单片机，它是一种集成了单片机和无线收发模块的 SoC。

（3）大容量。为了适应复杂控制领域的要求，须运用新的工艺，使片内存储器大容量化。以往单片机内的 ROM 为 1～4KB，RAM 为 64～128B。而为了不同应用场合的要求，可以加大内存存储容量。目前，单片机片内 ROM 可达 12KB，RAM 可达 1MB，寻址可达 16MB。随着半导体工艺技术的不断发展，片内存储容量还将进一步扩大。

（4）高速化。主要是指进一步改变 CPU 的性能，加快指令运算的速度和提高系统控制的可靠性。采用精简指令集（RISC）结构和流水线技术，可以大幅度提高运行速度。现指令速度最高者已达 100MIPS（Million Instruction Per Second，兆指令每秒），并加强了位处理、中断和定时控制功能。这类单片机的运算速度比标准的单片机高出 10 倍以上。由于这类单片机有极高的指令速度，可以使用软件模拟其 I/O 功能，由此引入了虚拟外设的新概念。

（5）低价格、小容量。以 4 位、8 位机为中心的小容量、低价格化也是发展动向之一。这类单片机的用途是把以往用数字逻辑集成电路组成的控制电路单片化，可广泛用于家电产品。

随着集成工艺的不断发展，单片机一方面向集成度更高、体积更小、功能更强、功耗更低方向发展，另一方面向 32 位以上及双 CPU 方向发展。

1.3 MCS-51 系列单片机及其兼容产品

MCS-51 系列单片机指的是 Intel 公司生产的一个系列的单片机的总称。20 世纪 80 年代中期以后，由于 Intel 公司将重点放在高档微处理器芯片的开发上，所以将其 MCS-51 系列中的 80C51 内核使用权以专利互换或出售的形式转让给了全世界许多著名 IC 设计厂商，如 AMTEL、PHILIPS、ANALOG DEVICES、DALLAS 等。这些厂家生产的单片机是 MCS-51

系列单片机的兼容产品，或者说是与 MCS-51 指令系统兼容的单片机。MCS-51 系列单片机是商业化单片机的鼻祖，多年来积累的技术资料和开发经验是其他系列单片机所不能比拟的，MCS-51 系列单片机事实上已经成为 8 位单片机的行业标准。所以，本教材以 MCS-51 系列单片机为对象进行介绍。

1.3.1 MCS-51 系列单片机分类

MCS-51 系列单片机按照功能可以划分为以下主要类型。

（1）基本型

基本型主要包括 8031、8051 和 8751 等通用产品，其基本特性如下：

- 8 位 CPU；
- 4KB 片内程序存储器（ROM）；
- 128B 片内数据存储器（RAM）；
- 32 条并行 I/O 口线；
- 21 个专用寄存器；
- 2 个 16 位可编程加法定时/计数器；
- 5 个中断源，两个优先级；
- 一个全双工串行通信口；
- 外部数据存储器寻址空间为 64KB；
- 程序存储器寻址空间为 64KB；
- 逻辑操作位寻址功能；
- 一个片内时钟振荡器和时钟电路；
- 单一+5V 电源供电。

（2）增强型

增强型有 8052、8032、8752、89C52、89S52 等。这些单片机内部的 ROM、RAM 容量比基本型增大了一倍，同时定时器增至 3 个。87C54 内部 ROM 为 16KB，87C58 增加到 32KB。另外，诸如中断源、A/D、SPI、IIC 接口等也越来越多地集成到了 MCS-51 单片机中。

（3）低功耗型

低功耗型有 80C5X、80C3X、87C5X 和 89C5X 等。型号中有“C”字样的单片机采用 CHMOS 工艺，特点是低功耗。

（4）ISP 型

ISP（In System Programming，在线系统编程），一种无须将存储芯片（如 EPROM）从嵌入式设备上取出就能对其进行编程的过程。在线系统编程需要在目标板上有额外的电路完成编程任务。其优点是，即使器件焊接在电路板上，仍可对其（重新）进行编程。具有代表性的 ISP 产品有 Atmel 公司的 AT89S51、AT89S52 等 S 系列的产品。

（5）IAP 型

IAP（In Application Program，在应用中可编程）是用户自己的程序在运行过程中对 User Flash 的部分区域进行烧写，目的是为了在产品发布后可以方便地通过预留的通信口对产品中的固件程序进行更新升级。

通常在用户需要实现 IAP 功能时，需要在设计固件程序时编写两部分代码，第一部分代码不执行正常的功能操作，而只是通过某种通信方式（如 USB、USART）接收程序或数据，执行对第二部分代码的更新；第二部分代码才是真正的功能代码。这两部分项目代码都同时烧写在 User Flash 中，当芯片上电后，首先是第一个项目代码开始运行，将进行如下操作：

① 检查是否需要对第二部分代码进行更新；

② 如果不需要更新则转到④；

③ 执行更新操作；

④ 跳转到第二部分代码执行。

第一部分代码必须通过其他手段，如 JTAG 或 ISP 烧入；第二部分代码可以使用第一部分代码 IAP 功能烧入，也可以和第一部分代码一并烧入，以后需要程序更新时再通过第一部分 IAP 代码更新。

典型的 IAP 芯片如 SST 公司开发的 C51 系列单片机：SST89C54/58。

1.3.2 MCS-51 系列单片机的兼容产品

目前，与 MCS-51 系列单片机兼容的单片机主要有如下几种。

（1）Motorola 单片机

Motorola 是世界上最大的单片机厂商，品种全、选择余地大、新产品多是其特点。在 8 位机方面有 68HC05 和升级产品 68HC08。68HC05 有三十多个系列，二百多个品种，产量已超过 20 亿片。16 位机 68HC16 也有十多个品种。32 位单片机的 683XX 系列也有几十个品种。Motorola 单片机特点之一是在同样速度下所用的时钟频率较 Intel 类单片机低得多，因而使得高频噪声低、抗干扰能力强，更适合用于工业控制领域及恶劣的环境。

（2）Microchip 单片机

由美国 Microchip 公司推出的 PIC 单片机系列产品，已有三种系列多种型号的产品问世，从电脑的外设、家电控制、电信通信、智能仪器、汽车电子到金融电子的各个领域都得到广泛的应用。它的主要产品是 16C 系列 8 位单片机，CPU 采用 RISC 结构，仅 33 条指令，其高速度、低电压、低功耗、大电流 LCD 驱动能力和低价位 OTP 技术等都体现出单片机产业的发展新趋势。且以低价位著称，一般单片机价格都在一美元以下。Microchip 单片机没有掩膜产品，大都是 OTP（一次性可编程）器件，近年已推出 Flash 型单片机。Microchip 强调节约成本的最优化设计、使用量大、档次低、价格敏感的产品。

（3）Atmel 单片机

Atmel 一共有三个系列的单片机 AT89、AT90 和 AT91。AT89 是以 51 内核为标准的单片机，它是改进型的 51 单片机，比如 AT89C51 AT89S51；AT90 系列单片机主要对应的是 AVR 单片机（Atmel 最主要的单片机）。AVR 有三个系列：Attiny 系列、AT90 系列、ATmega 系列，分别对应 AVR 中的低档、中档和高档单片机。所有的 AVR 单片机都支持 ISP，而且 AVR 单片机是一款 RISC（精简指令）型单片机，51 单片机是 CISC（复杂指令）型单片机。AVR 单片机的功能远远强于 51 单片机；AT91 系列单片机主要对应的是高端的 32 位 ARM 单片机，一般采用 ARM7 内核。

（4）STC 单片机

STC 系列单片机是深圳宏晶公司的产品，在众多的 51 系列单片机中，要算国内 STC 公司的 1T 增强系列更具有竞争力，它不但和 8051 指令、引脚完全兼容，而且其片内的大容量程序存储器为 FLASH 工艺，如 STC12C5A60S2 单片机内部就自带高达 60K FLASHROM，这种工艺的存储器用户可以用电的方式瞬间擦除、改写，除此以外，这个芯片设计的时候就吸取 51 系列单片很容易被破解的教训，改进了加密机制，STC 单片机出厂的时候就已经完全加密，用户程序是 ISP/IAP 机制写入，编程的时候是一边校验一边编程，无法读出命令，以此增加了解密难度。

1.4 计算机基础知识

1.4.1 数制

（1）进位计数制

进位计数制：一个 r 进制数 N，数的每一位只能取 r 个不同的数字，即符号集{0，1，2，…，r−1}（不含 r），对于一个 r 进制数 N（$a_m a_{m-1} \cdots a_2 a_1 a_0 a_{-1}\ a_{-2} \cdots a_{-n}$）可以展开表示为权展开式：

$$N=a_m r^m+ a_m r^{m-1}+\cdots+a_m r^2+ a_m r^1+ a_m r^0+ a_m r^{-1}+ a_m r^{-2}+ \cdots+ a_m r^{-n}$$

其中 r 称为基数，r^i 称为对应于某一位的权（位权）。

表示数时，仅用一位数字往往不够用，必须用进位计数的方法组成多位数字。多位数字每一位的构成以及从低位到高位的进位规则（逢 r 进一）称为进位计数制，简称进位制。

例：一个十进制数 982.12，数的每一位只能取（0，1，…，9）10 个不同的数字，对于十进制数$(982.12)_{10}$，其权展开式为：

$$(982.12)_{10}=9\times10^2+8\times10^1+2\times10^0+1\times10^{-1}+2\times10^{-2}$$

例：一个八进制数 713.01，数的每一位只能取（0，1，…，7）8 个不同的数字，对于八进制数$(713.01)_8$，其权展开式为：

$$(713.012)_8=7\times8^2+1\times8^1+3\times8^0+0\times8^{-1}+1\times8^{-2}$$

例：一个十六进制数 A0.8F，数的每一位只能取（0，1，…，9，A，B，C，D，E，F）16 个不同的数字（其中 A 代表 10，B 代表 11，…，F 代表 15），对于十六进制数$(A0.8F)_{16}$，其权展开式为：

$$(A0.8F)_{16}=10\times16^1+0\times16^0+8\times16^{-1}+15\times16^{-2}$$

例：一个二进制数 11011.01，数的每一位只能取（0，1）2 个不同的数字，对于二进制数$(11011.01)_2$，其权展开式为：

$$(11011.01)_2=1\times2^4+1\times2^3+0\times2^2+1\times2^1+1\times2^0+0\times2^{-1}+1\times2^{-2}$$

（2）十进制

数码为：0～9；基数是 10；用字母 D 表示。

运算规律：逢十进一。

十进制数的权展开式：

$$(5555)_D=(5555)_{10}=5\times10^3+5\times10^2+5\times10^1+5\times10^0$$

又如：

$$(209.04)_D= 2\times10^2+0\times10^1+9\times10^0+0\times10^{-1}+4\times10^{-2}$$

（3）二进制

数码为：0、1；基数是 2；用字母 B 表示。

运算规律：逢二进一。

二进制数的权展开式：

$$(101.01)_B=(101.01)_2=1\times2^2+0\times2^1+1\times2^0+0\times2^{-1}+1\times2^{-2}=(5.25)_D$$

（4）八进制

数码为：0～7；基数是 8；用字母 Q 表示。

运算规律：逢八进一。

八进制数的权展开式：

$$(161.01)_Q=(101.1)_8=1\times8^2+6\times8^1+1\times8^0+1\times8^{-1}=(113.125)_D$$

（5）十六进制

数码为：0～9，A～F；基数是 16；用字母 H 表示。

运算规律：逢十六进一。

十六进制数的权展开式：

$$(D8.A)_H=(D8.A)_{16}=13\times16^1+8\times16^0+10\times16^{-1}=(216.625)_D$$

1.4.2　数制转换

（1）N 进制转换为十进制

对 N 进制数的权展开式求和，即可以将其转换为十进制数。

（2）十进制转换为 N 进制

要将十进制转换为 N 进制，需要将整数部分和小数部分分别进行转换：整数部分采用“除基（N）取余倒排列”法，先得低位，再得高位，小数部分采用“乘基（N）取整正排列”法，先得高位，再得低位。

例如，十进制数 44.375 转换为二进制数：整数部分采用“除 2 取余倒排列”法，直到商为 0，先取得的余数为低位，后取得的余数为高位，如图 1.2 所示。小数部分采用“乘 2 取整正排列”法，直到取整后小数部分为 0 或达到需要的精度，先取得的整数为高位，后取得的整数为低位，如图 1.3 所示。转换后再合并。

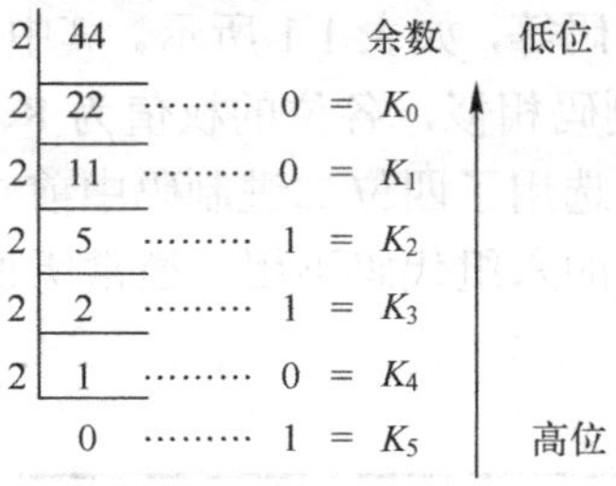

图 1.2　整数部分转换示意图

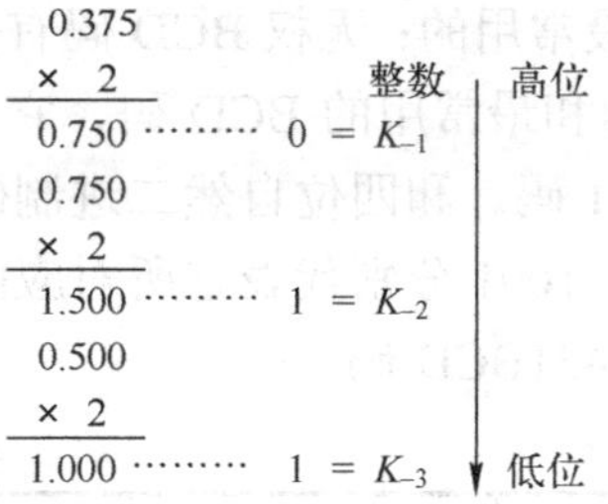

图 1.3　小数部分转换示意图

所以$(44.375)_{10}=(101100.011)_2$。

（3）二进制数与八进制数的相互转换

二进制数与八进制数的相互转换，按照每 3 位二进制数对应于一位八进制数进行转换，具体方法如下。

二进制转换为八进制：三合一，以小数点为界，左右两边每三位为一组，不足三位需要补 0。

八进制转换为二进制：一分为三，再去掉小数点左边最高位的 0 和小数点最右边最低位的 0。

例如，将二进制数 11101010.0111 转换为八进制数：

0 1 1　1 0 1　0 1 0 . 0 1 1　1 0 0 = $(352.34)_8$（不足三位补 0）

$(526.74)_{16}$ = (11　010　110 . 111　1 $)_2$（去掉了最左边和最右边的 0）

（4）二进制数与十六进制数的相互转换

二进制数与十六进制数的相互转换，按照每四位二进制数对应于一位十六进制数进行转换，具体方法如下。

二进制转换为十六进制：四合一，以小数点为界，左右两边每四位为一组，不足四位需要补 0。

十六进制转换为二进制：一分为四，再去掉小数点左边最高位的 0 和小数点最右边最低位的 0。

0 0 0 1　1 1 0 1　0 1 0 0.　0 1 1 0 = $(1E8.6)_{16}$（不足三位补 0）

$(8F4.76)_{16}$ = 100　1111　0100 .　0111　011（去掉了最左边和最右边的 0）

十进制要转换为八进制或十六进制时也可先转换为二进制，再转换成八进制或十六进制；八进制或十六进制转换为十进制时也可先转换为二进制再转换成十进制。

1.4.3 编码

用一定位数的二进制数来表示十进制数码、字母、符号等信息称为编码。

用以表示十进制数码、字母、符号等信息的一定位数的二进制数称为代码。

二–十进制代码（Binary–Coded Decimal，BCD 码）：用 4 位二进制数 $b_3b_2b_1b_0$ 来表示 1 位十进制数中的 0～9 十个数码，简称 BCD 码。BCD 码这种编码形式利用了 4 个位元来储存 1 个十进制的数码，使二进制和十进制之间的转换得以快捷地进行。同时，相对于一般的浮点式记数法，采用 BCD 码，既可保存数值的精确度，又可免去计算机做浮点运算时所耗费的时间。此外，对于其他需要高精确度的计算，BCD 编码也很常用。

BCD 码可分为有权码和无权码两类：有权 BCD 码有 8421 码、2421 码、5421 码，其中 8421 码是最常用的；无权 BCD 码有余 3 码，余 3 循环码等，如表 1.1 所示。其中，8421 BCD 码是最基本和最常用的 BCD 码，它和四位自然二进制码相似，各位的权值为 8、4、2、1，故称为 8421 码。和四位自然二进制码不同的是，它只选用了四位二进制码中前 10 组代码，即用 0000～1001 分别代表它所对应的十进制数，余下的六组代码不用。通常所说的 BCD 码大都是指 8421BCD 码。

表 1.1　常用 BCD 码表

十进制数	8421 码	余 3 码	格雷码	2421 码	5421 码
0	0000	0011	0000	0000	0000
1	0001	0100	0001	0001	0001
2	0010	0101	0011	0010	0010
3	0011	0110	0010	0011	0011
4	0100	0111	0110	0100	0100
5	0101	1000	0111	1011	1000
6	0110	1001	0101	1100	1001
7	0111	1010	0100	1101	1010
8	1000	1011	1100	1110	1011
9	1001	1100	1101	1111	1100

1.4.4　计算机中数的表示

1. 带符号数的表示

用最高位作为符号位，且用 0 表示正数，用 1 表示负数，其一般形式如下：

D_{n-1}	D_{n-2} … D_0
符号位	数值部分

如：11001010 表示−74(4AH)

2. 无符号数的表示

无符号数没有符号位，其全部的有效位都用来表示数的大小，一般形式如下：

D_{n-1} … D_0
数值部分

如：11001010 表示 202(0CAH)

3. 原码、反码、补码

原码、反码和补码都是带符号数在机器中的表示方法。

模的概念：把一个计量器的容量称为模或模数，记为 M 或 mod M。如时钟表示 12 个钟点，则其模为 12；一个 n 位二进制计数器的计数容量为 2^n，则其模为 2^n。

模的性质：当模为 2^n 时，2^n 和 0 表示形式是相同的。如一个 n 位二进制计数器，可以从 0 计数到 2^{n-1}，如果再加 1，计数器就变成了零。

（1）原码

原码表示方法只要把真值的符号部分用 0 或 1 表示即可。例如：

$$N1= +1001010$$

$$N2= -1001010$$

则原码表示为：　$[N1]_{原}= 01001010$

$[N2]_{原}= 11001010$

（2）反码

正数的反码与原码相同，对于负数，对原码中符号位除外的各位求反即得其反码。

（3）补码

对于正数来说，补码与原码相同，对于负数，在其反码中加 1 即为其补码。

例如：−23(原码为−0010111)的补码为 11101001(E9H)

可以证明：两个补码形式的数（无论正负）相加，只要按二进制运算规则运算，得到的结果就是其和的补码。即有：

$$[X+Y]_{补}=[X]_{补}+[Y]_{补}$$

补码的简便运算：对某绝对值为 N 的负数进行 n 位二进制求补码，可用 2^n 减 N 进行计算。如−23(−17H)的补码（8 位）为 100H−17H=E9H。

本 章 小 结

冯•诺依曼提出了“存储程序”和“二进制运算”的思想，并构建了计算机是由运算器、控制器、存储器、输入设备和输出设备这五大部件组成的计算机经典结构。

将运算器、控制器以及各种寄存器集成在一块集成电路芯片上，组成中央处理器（CPU）或微处理器。微处理器配上存储器、输入/输出接口便构成了微型计算机。单片机是把微处理器、存储器（RAM 和 ROM）、输入输出接口电路以及定时器/计数器等集成在一起的集成电路芯片，它具有体积小、价格低、可靠性高和易于嵌入应用系统等特点，极适合作为智能仪器仪表和工业测控系统的前端装置。

80C51 系列单片机应用广泛，生产量大，在单片机领域内具有重要的影响，其他新型单片机产品的出现，使单片机领域出现了日新月异的景象。

单片机是为满足工业控制而设计的，具有良好的实时控制性能和灵活的嵌入品质，近年来仪器仪表、机电一体化产品、工业实时控制、分布系统的前端模块和家用电器领域都得到了极为广泛的应用。

计算机中常见的进位计数制有二进制（B）、十进制（D）、八进制（O 或 Q）、十六进制（H）。基数和位权是不同进位计数制的标识，也是相互转换的工具。用一定位数的二进制数来表示十进制数码、字母、符号等信息称为编码，常见的编码有 ASCII 码、BCD 码。计算机中数分为带符号数和无符号数，它们在计算机中表示数的范围不一样。带符号数在计算机中有多种编码形式，常见的有原码、反码和补码。

习题与思考题

一、选择题

1．计算机中最常用的字符信息编码是（　　）。

A．ASCII　　B．BCD 码　　C．余 3 码　　D．循环码

2．以下不是构成控制器部件的是（　　）。

A．程序计数器　　B．指令寄存器　　C．指令译码器　　D．存储器

3．以下不是构成单片机部件的是（　　）。

A．微处理器（CPU）　　B．存储器

C．I/O 接口电路　　D．打印机

4．下列不属于单片机总线是（　　）。

A．地址总线　　B．控制总线　　C．数据总线　　D．输出总线

5．–49D 的二进制补码为（　　）。

A．11101111　　B．11101101　　C．0001000　　D．11101100

6．十进制 29 的二进制原码表示为（　　）。

A．11100010　　B．10101111　　C．00011101　　D．00001111

7．十进制 0.625 转换成二进制数是（　　）。

A．0.101　　B．0.111　　C．0.110　　D．0.100

二、填空题

1．十进制数 14 对应的二进制数表示为________B，十六进制数表示为________D。十进制数−100 的补码为________H，+100 的补码为________H。

2．在一个非零的无符号二进制整数的末尾加两个 0 后，形成一个新的无符号二进制整数，则新数是原数的________倍。

3．8 位无符号二进制数能表示的最大十进制数是________。带符号二进制数 11001101 转换成十进制数是________。

4．可以将各种不同类型数据转换为计算机能处理的形式并输送到计算机中去的设备统称为________。

5．字符 D 的 ASCII 码是十六进制数________，字符 T 的 ASCII 码是十进制数________。

6．若某存储器容量为 640KB，则表示该存储器共有________个存储单元。

7．设二进制数 A=10101101，B=01110110，则逻辑运算 A∨B=________，A∧B=________，A ⊕ B=________。

8．机器数 01101110 的真值是________，机器数 01011001 的真值是________，机器数 10011101 的真值是________，机器数 10001101 的真值是________。

三、简答题

1．将下列数转换为十进制数。

（1）10011001B　　（2）10000111B　　（3）567Q

（4）306Q　　（5）101H　　（6）3F8H

2．把下列十进制数转换为二进制数和十六进制数。

（1）135　　（2）0.625　　（3）47.6875

（4）0.94　　（5）111.11　　（6）1995.12

3．把下列二进制数转换为十进制数和十六进制数。

（1）11010110B　　（2）1100110111B　　（3）0.1011B

（4）0.10011001B　　（5）1011.1011B　　（6）1111000001111.11011B

4．把下列十六进数转换成十进制数和二进制数。

（1）AAH　　（2）BBH　　（3）C.CH

（4）DE.FCH　　（5）ABC.DH　　（6）128.08H

5．请写出下列各十进制数在 8 位定点整数机中的原码、反码和补码形式（最高位为符号位）。

（1）X=+38　　（2）X=+46　　（3）X=−54　　（4）X=−115

6．先把下列各数变成 8 位二进制数（含符号位），然后按补码运算法则求$[X+Y]_{补}$及其真值。

（1）X=+46　Y=+55　　（2）X=+112　Y=−83

（3）X=+72　Y=+15　　（4）X=−51　Y=+97

7．写出下列各数的 BCD 码。

（1）47　　（2）59　　（3）1996　　（4）9999

8．什么是单片机？其主要特点有哪些？

9．MCS-51 系列单片机是哪年由哪个公司推出的？它是多少位的单片机？其内部包含哪些部件？

第 2 章　MCS-51 单片机硬件结构

2.1　MCS-51 系列单片机的基本结构

2.1.1　MCS-51 系列单片机的总体基本结构

MCS-51 系列单片机主要由以下基本部件组成，即微处理器（MPU）、数据存储器（RAM）、程序存储器（ROM/EPROM）、并行 I/O 口（P0 口、P1 口、P2 口、P3 口）、串行口、定时器/计数器、中断系统及特殊功能寄存器（SFR）。它们都是通过片内单一总线连接而成。MCS-51 是 Intel 公司最早推出的 51 系列单片机，其代表产品主要有 8051 和 8052 系列，其中以 8051 系列单片机最为经典。因此，以后所有兼容 8051 的单片机一般简称为 51 系列单片机。

由于生产厂家和型号的不同其数据存储器的大小、程序存储器的类型、串行口及定时器/计数器的数量和功能、特殊功能寄存器数量都会有一些差异，但 51 系列单片机的基本结构总体上是一致的。51 系列单片机基本结构如图 2.1 所示。

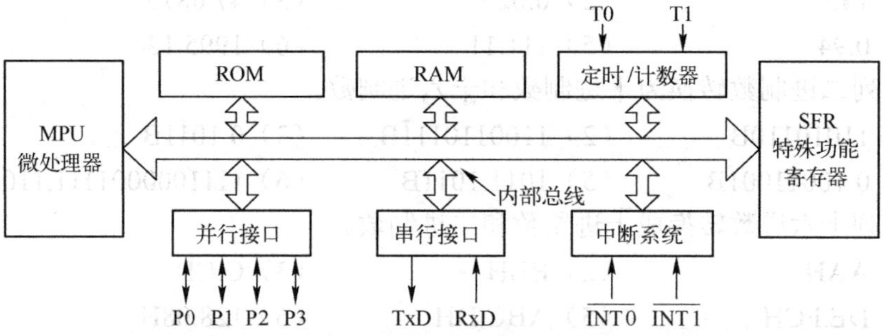

图 2.1　MCS-51 系列单片机基本结构框图

2.1.2　MCS-51 系列单片机主要功能部件

8051/8052 系列单片机主要包括以下功能部件：

- 8 位 CPU；
- 4K/8K 片内程序存储器（ROM/EPROM）；
- 128/256 字节的片内 RAM；
- 32 条双向 I/O 口线（4 个 8 位 I/O 口）；
- 可寻址程序存储器和外部数据存储器各 64KB；
- 2/3 个 16 位定时器/计数器；
- 1 个全双工异步串行口；

- 5/6 个中断源，2 个中断优先级；
- 位寻址空间；
- 片内振荡器和时钟电路。

2.1.3　8051 单片机内部结构及引脚

8051 的内部结构框图如图 2.2 所示。

引脚是单片机和外界进行通信的通道连接点，用户只能通过引脚组建控制系统。从应用的角度来看，引脚的应用是单片机应用的一个重要基础。因此熟悉引脚是学习应用单片机的基础。

MCS-51 系列单片机的引脚封装主要有： PDIP40、PLCC44 和 PQFP/TQFP44。不同封装的芯片其引脚的排列位置有所不同，但它们的功能和特性都相同。方形封装（PLCC44 和 POFP/TQFP44）有 44 个引脚，其中 4 个为空引脚（NC）。采用 40 引脚 PDIP 封装的 80C51 单片机的引脚排列如图 2.3 所示。

由于工艺及标准化等原因，芯片的引脚数量是有限的，但单片机为实现控制所需要的信号数目却远远超过其引脚数目。为解决这一矛盾，单片机的某些信号引脚被赋予双重功能。

1. 电源及电源复位引脚

（1）V_{CC}（40 脚）：正常操作时接+5V 直流电源。

（2）V_{SS}（20 脚）：接地端。

（3）RST/V_{PD}（9 脚）：复位信号输入端。在该引脚上输入一定时间（约两个机器周期）的高电平将使单片机复位。该引脚的第二功能是 V_{PD}，即备用电源输入端。当主电源发生故障，降低到规定电平值时，可将备用电源自动接入 V_{PD} 端，以保护片内 RAM 中的信息不丢失，使单片机恢复供电后能继续正常运行。

（4）$\overline{EA}$/V_{PP}（31 脚）：访问程序存储器控制信号/编程电源输入。当 $\overline{EA}$ 保持高电平时，首先访问内部程序存储器，访问地址范围在 0～0FFFH 内，当 PC（程序计数器）值超过 0FFFH，即访问地址超出 4KB 时，将自动转向执行外部程序存储器内的程序；当 $\overline{EA}$ 保持低电平时，不管单片机内部是否有程序存储器，从 0000H 地址开始都是只访问外部程序存储器。由此可见，对片内有可用程序存储器的单片机而言，$\overline{EA}$ 端应接高电平，而对片内无程序存储器的单片机，可将 $\overline{EA}$ 接地。

对于 EPROM 型单片机，在 EPROM 编程期间，此引脚用于施加 21V 的编程电源（V_{PP}）。

2. 时钟振荡电路引脚 XTAL1 和 XTAL2

（1）XTAL1（19 脚）：外接石英晶体和微调电容引脚 1。它是片内振荡电路反向放大器的输入端，采用外部振荡器时此引脚接地。

（2）XTAL2（18 脚）：外接石英晶体和微调电容引脚 2。它是片内振荡电路反向放大器的输出端，采用外部振荡器时此引脚为外部振荡信号输入端。

3. ALE/$\overline{PROG}$（30 脚）

低 8 位地址锁存允许信号/编程脉冲输入。在系统扩展时，ALE 用于控制外部锁存器对 P0 口输出的低 8 位地址的锁存，以实现通过 P0 口分时传输低 8 位地址和 8 位数据。在访问外部程序存储器期间，ALE 信号两次有效；而在访问外部数据存储器期间，将丢失一个 ALE 信号。对于 EPROM 型单片机，在 EPROM 编程期间，此引脚用于输入编程脉冲 $\overline{PROG}$。

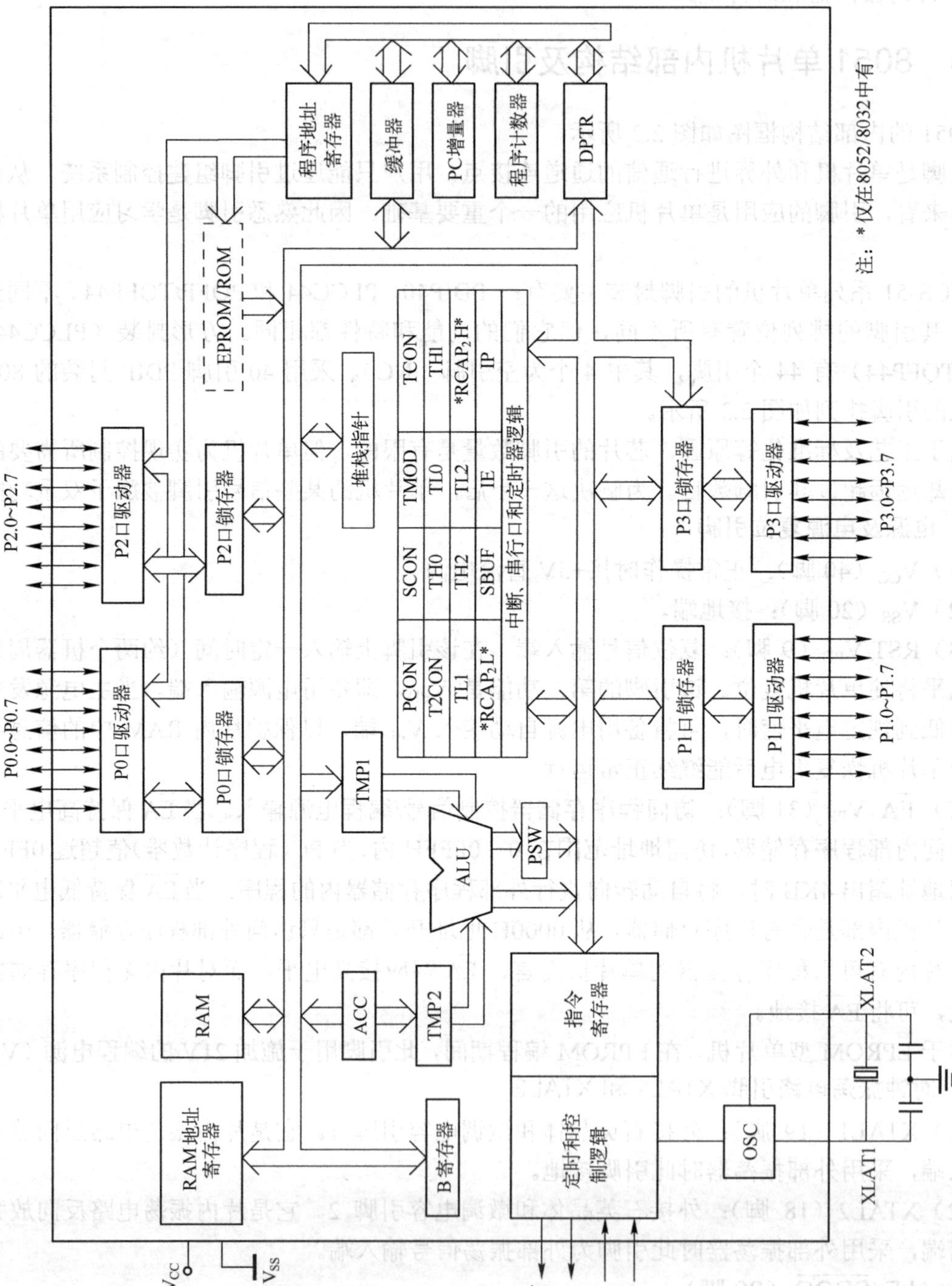

图2.2 8051的内部结构框图

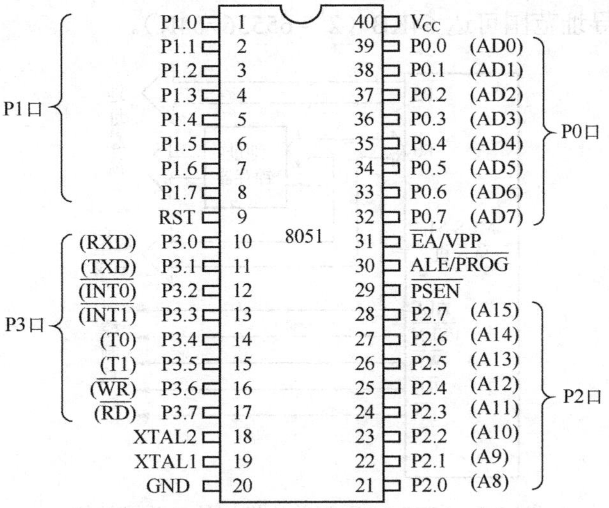

图 2.3 AT89C51 双列直插式封装 PDIP 的引脚图

4. $\overline{\text{PSEN}}$（29 脚）

外部程序存储器的读选通信号输出端，低电平有效。在从外部程序存储器取指令（或常数）期间，此引脚定时输出负脉冲作为访问外部程序存储器的读信号，每个机器周期 $\overline{\text{PSEN}}$ 两次有效，此时地址总线上送出的地址为外部程序存储器地址；在此期间，如果访问外部数据存储器和内部程序存储器，不会产生 $\overline{\text{PSEN}}$ 信号。

5. 并行双向输入/输出（I/O）口引脚

（1）P0 口的 P0.0～P0.7 引脚（39～32 脚）：8 位通用输入/输出端口和片外 8 位数据/低 8 位地址分时复用总线端口。

（2）P1 口的 P1.0～P1.7 引脚（1～8 脚）：8 位通用输入/输出端口。

（3）P2 口的 P2.0～P2.7 引脚（28～21 脚）：8 位通用输入/输出端口和片外高 8 位地址总线端口。

（4）P3 口的 P3.0～P3.7 引脚（10～17 脚）：8 位通用输入/输出端口，具有第二功能。

2.1.4 外部总线构成

所谓总线，就是连接单片机与各外部器件的一组公共信号线。当系统要求扩展时，单片机需要与一定数量的外部器件和外围设备连接。如果各部件及每一种外围设备都分别用各自的一组线路与 CPU 直接连接，那么连线将会错综复杂，甚至难以实现。为了简化硬件电路的设计和系统结构，常用一组线路，并配以适当的接口电路来与各个外部器件和外围设备连接，这组共用的连接线路就是总线。采用总线结构便于扩展外部器件和外围设备，而统一的总线标准则使不同设备间的互连更容易实现。

利用片外引脚可以构造 MCS-51 系列单片机的三总线结构。单片机的引脚除了电源端 V_{CC}、接地端 V_{SS}、复位端 RST、晶振接入端 XTAL1 和 XTAL2、通用 I/O 口的 P1.0～P1.7 以外，其余的引脚都是为实现系统扩展而设置的。用这些引脚构造的单片机系统的三总线结构如图 2.4 所示。

（1）地址总线（Address Bus，AB）：MCS-51 系列单片机总共有 16 根地址线 A15～A0，由 P2 口直接提供高 8 位地址 A15～A8，P0 口经地址锁存器提供低 8 位地址 A7～A0，使得访问时片外存储器时寻址范围可达 64KB（2^{16}=65536=64K）。

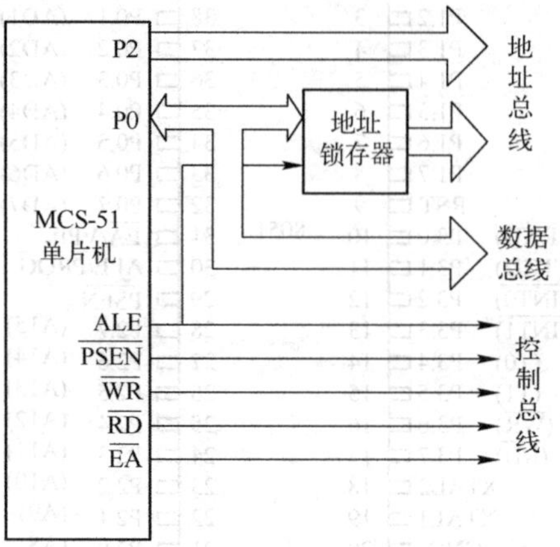

图 2.4 MCS-51 系列单片机片外三总线结构

（2）数据总线（Data Bus，DB）：MCS-51 系列单片机总共有 8 位数据线 D7～D0，由 P0 口传输。访问外部存储器时，P0 口是分时复用总线：P0 口首先输出外部存储器地址的低 8 位，在 ALE 信号的控制下通过地址锁存器锁存输出低 8 位地址，然后传输与外部存储器交换的 8 位数据信息。

（3）控制总线（Control Bus，CB）：控制总线由 P3 口的第二功能 $\overline{\text{WR}}$ (P3.6)、$\overline{\text{RD}}$ (P3.7) 和 3 根独立的控制线 $\overline{\text{EA}}$ 、ALE、$\overline{\text{PSEN}}$ 组成。

2.2 MCS-51 单片机的中央处理器

2.2.1 CPU 的组成

CPU 是单片机的核心部件，由运算器和控制器组成，用以进行各种算术和逻辑运算，并实现数据的传送。

运算器包括算术逻辑单元部件 ALU（Arithmetic and Logic Unit）、位处理器、8 位累加器 A、寄存器 B、两个 8 位暂存寄存器 TMP1 和 TMP2 及程序状态字寄存器 PSW（8 位）等。ALU 不仅可以实现 8 位数据的加、减、乘、除、增量、减量、十进制调整、比较等算术运算和与、或、异或、求补等逻辑运算，同时还具有一般微机所不具备的位处理功能，可对位变量进行置位、清零、求补及与、或等操作。

控制器是 CPU 的神经中枢，它识别指令并根据指令性质协调单片机内部各组成单元自动协调地工作。主要包括程序计数器 PC、PC 增量器、指令寄存器、指令译码器、定时及控制逻辑电路等。其功能是以主振频率为基准产生时钟信号，向单片机内部各组成单元发出各种微控制信号，控制指令的读入、译码和执行，并对指令执行过程进行定时和逻辑控制。

2.2.2 指令执行的基本步骤

必须先从存储器载入程序，单片机才可以开始工作。所谓程序，就是完成某项工作的一系列指令的有序组合，而指令则是控制单片机执行某种操作的命令。指令由操作码和操作数两部分组成。操作码部分规定了单片机的操作类型；而操作数部分一般是直接或间接地给出了参与操作的数据或数据的存放位置。

单片机执行一条指令一般分为两个阶段：取指令阶段和执行指令阶段。CPU 从程序存储器中取出指令的操作码，送到指令寄存器，这是取指令阶段；再经指令译码器译码，产生一系列控制信号，以明确该指令执行什么样的操作，以及操作数的存放地址，根据这个地址获取操作数，然后 CPU 按操作码指明的操作类型对获取的操作数进行操作（也可称为运算），这是指令执行阶段。

那么 CPU 如何完成取指令和执行指令操作的全过程呢？

CPU 复位时，程序计数器 PC（16 位 PC 中的内容总是 CPU 将要执行的那条指令所在的存储单元的首地址）将被清零，复位后，在控制信号的控制下，CPU 便从地址为 0 的单元中取出指令，暂存在指令寄存器中。指令的操作码部分进入指令译码器译码，译码结果通知控制电路发出相应的控制信号来控制 CPU 各部件，以完成这条指令的操作。指令的操作数部分送往操作数地址形成电路，以便形成实际的操作数地址，然后 CPU 再通过总线从该地址所在单元取出操作数送入暂存寄存器，从暂存寄存器送入算术逻辑运算部件 ALU 中。运算结果送入指令所指定的单元，同时将运算结果的有关状态送入程序状态字寄存器 PSW 中。取出一条指令后，PC 将自动增加，以指向下一条将要执行的指令。综上，单片机的程序代码将固化到程序存储器中地址为 0 开始的地方，且通常在 0 地址单元放一条无条件转移指令。

指令的实际执行过程比上述要复杂得多，并且所有的操作都是在精确的时序控制下进行的。在学习时需要注意以下两点：

（1）PC 是一个有自动加 1 功能的 16 位计数器。CPU 从存储单元取指令的过程中，每取一个字节的内容，程序计数器 PC 就自动加 1。在取完这条指令后，PC 中的内容就是下一条要执行的指令所在存储单元的首地址了。PC 本身没有地址，是不可寻址的，因此，用户不能直接对它进行读和写操作。

（2）以上是 CPU 顺序执行指令的操作过程，然而在实际应用中，CPU 有时还要执行程序的转移、子程序的调用和中断响应等操作，那时 PC 中的内容不再是上述情况中简单地加 1，而是根据不同的情况自动地被置入或修改成新的目的地址，从而改变程序的执行顺序。这将在后续章节中详细叙述。

2.2.3　时钟电路及时钟时序单位

1. 时钟电路

单片机本身如同一个复杂的同步时序电路，为了保证同步工作，电路应在唯一的时钟信号控制下，严格地按规定时序工作。而时钟电路就用于产生单片机工作所需要的时钟信号。MCS-51 单片机时钟电路示意图如图 2.5 所示。

在 MCS-51 芯片内部有一个高增益反相放大器，用于构成振荡器。反相放大器的输入端为引脚 XTAL1，输出端为引脚 XTAL2，在芯片的外部通过这两个引脚跨接晶体振荡器和微调电容 C1、C2 形成反馈电路，可构成稳定的自激振荡器，振荡频率范围通常是 1.2～12MHz。晶体振荡频率高，则系统的时钟频率也高，单片机的运行速度也就快。

在图 2.5 中，使用晶体振荡器时，C1、C2 取值 30±10pF；使用陶瓷振荡器时，C1、C2 取值 40±10pF。C1、C2 的取值虽然没有严格的要求，但电容的大小影响振荡电路的稳定性和快速性，通常取值 20～30pF。在设计印制电路板时，晶振和电容等应尽可能靠近芯片，以减少分布电容，保证振荡器振荡的稳定性。

振荡电路产生的振荡脉冲并不直接使用，而是经分频后再为系统所用。振荡脉冲在片内通过一个时钟发生电路二分频后才作为系统的时钟信号。片内时钟发生电路实质上是一个二分频的触发器，其输入来自振荡器，输出为二相时钟信号，即状态时钟信号，其频率为 $f_{osc}/2$；状态时钟三分频后为 ALE 信号，其频率为 $f_{osc}/6$；状态时钟六分频后为机器周期，其频率为 $f_{osc}/12$。

也可以由外部时钟电路向片内输入脉冲信号作为单片机的振荡脉冲。这时外部脉冲信号是经 XTAL2 引脚引入的，而 XTAL1 引脚悬空或接地。对外部信号的占空比没有要求，但高低电平持续的时间不应小于 20ns。这种方式常用于多块芯片同时工作，便于同步。其外部脉冲接入方式如图 2.6 所示。

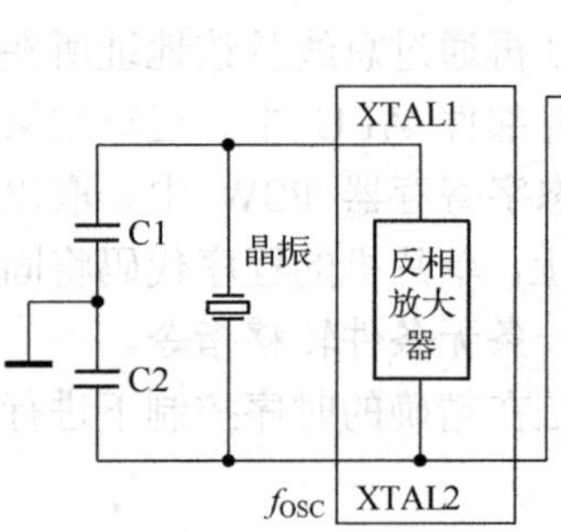

图 2.5 MCS-51 单片机时钟振荡电路示意图

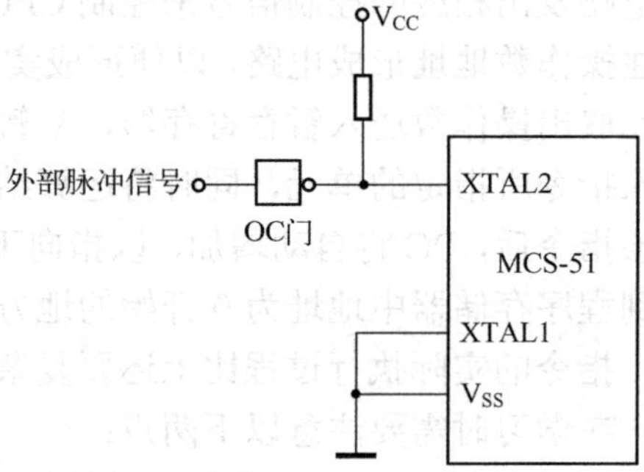

图 2.6 MCS-51 单片机外部时钟输入接线图

2. 复位电路

复位电路可采用简单的电阻、电容及开关构成上电自动复位和手动复位。也可以选择专用的复位集成芯片，这些专用的复位集成芯片除集成了复位电路外，有些还集成了看门狗、EEPROM 存储等其他功能。图 2.7 为两种典型的简单复位电路接法。

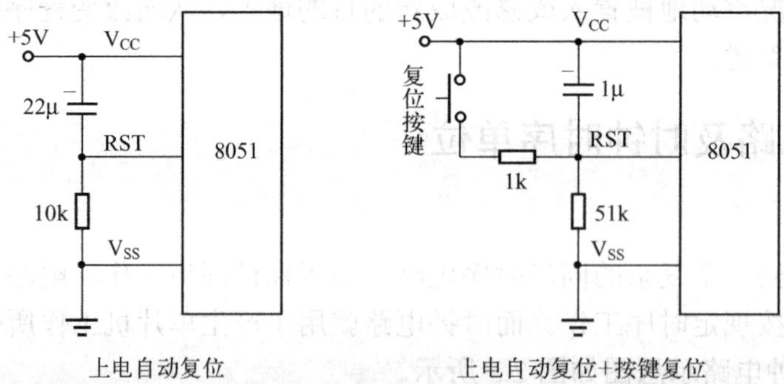

图 2.7 单片机复位电路

只要 RST 引脚出现两个机器周期以上时间的高电平时，单片机将进入复位状态。复位状态就是单片机复位时内部寄存器及引脚的初始数据或初始电平。MCS-51 系列单片机复位时内部各寄存器的状态如表 2.1 所示。由表 2.1 可知，复位后，单片机将从 0 地址开始执行指令。

表 2.1　MCS-51 系列单片机复位后内部寄存器的内容

寄存器	内容	寄存器	内容
PC	0000H	TMOD	00H
A	00H	TCON	00H
B	00H	TH0	00H
PSW	00H	TL0	00H
SP	07H	TH1	00H
DPTR	0000H	TL1	00H
P_0～P_3	FFH	SCON	00H
IP	xxx00000H	SBUF	不定
IE	0xx00000H	PCON	00H

另外，复位时，ALE 和 $\overline{PSEN}$ 配置为输入状态，即 ALE=1，$\overline{PSEN}$=1。内部 RAM 中的数据不受复位的影响。

3. 时钟时序单位

所谓时序，是指在指令执行过程中，CPU 的控制器所发出的一系列特定的控制信号在时间上的先后次序。CPU 发出的控制信号有两类：一类是用于单片机内部的，用户不能直接接触此类信号，不必对它做过多了解；另一类是通过控制总线送到片外的，人们通常以时序图的形式来表示相关信号的波形及出现的先后次序。为了说明信号的时间关系，需要定义时序单位。MCS-51 的时序单位共有四个，从小到大依次是拍节、状态、机器周期和指令周期。拍节、状态、机器周期的关系如图 2.8 所示。

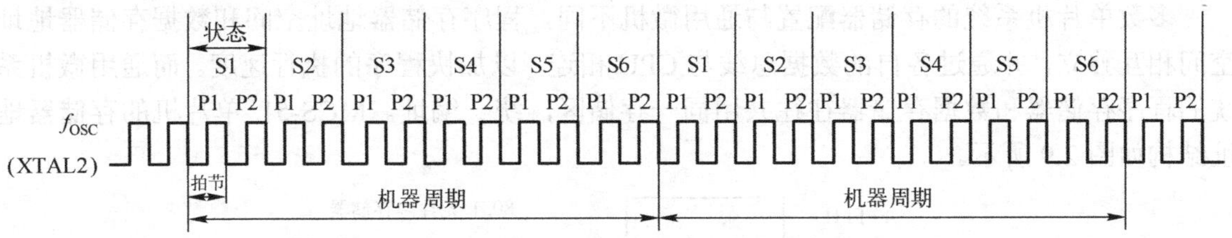

图 2.8　拍节、状态、机器周期的关系

（1）拍节与状态

将振荡脉冲的周期（晶振周期）定义为拍节（用“P”表示），振荡脉冲经过二分频后，就是单片机的状态信号（用“S”表示）。这样，一个状态信号包含两个振荡脉冲，即两个拍节。在每个状态的前半周期拍节 1（P1）有效；在后半周期拍节 2（P2）有效。

每个状态 S 有两个节拍（相）P1 和 P2，CPU 就以两相时钟 P1 和 P2 为基本节拍“指挥”单片机各部件协调工作。

（2）机器周期

一个机器周期是指 CPU 访问存储器一次所需要的时间。MCS-51 单片机有固定的机器周期，规定一个机器周期为 6 个状态，相当于 12 个拍节，即 12 个振荡脉冲的周期。例如，若振荡脉冲频率为 6MHz，则振荡脉冲周期为 1/6000000s=1/6μs，状态为 1/6×2=1/3μs，机器周期为 1/6×12=2μs。

（3）指令周期

单片机执行一条指令所需要的时间称之为指令周期，它是单片机最大的时序定时单位。

指令周期以机器周期的数目来表示。在 MCS-51 系统中，有单周期指令、双周期指令和 4 周期指令。4 周期指令只有乘、除两条指令，其余都是单周期或双周期指令。指令的运算速度和它的机器周期数直接相关，机器周期数少则执行速度快。在编程时，应注意选用具有同样功能而机器周期数少的指令。

2.3　MCS-51 单片机的内部存储器

2.3.1　存储器结构及地址分配

存储器是组成单片机的主要部件之一，其功能是存储信息（数据和程序）。存储器按其存储方式可以分成两大类：一类为随机存储器 RAM；另一类是只读存储器 ROM。

CPU 在运行过程中可对 RAM 随时进行数据的写入和读出，但在关闭电源时，RAM 中所存储的信息会丢失，所以 RAM 只能用来存放暂时性的输入/输出数据、运算中的结果等。RAM 也因此常被称为数据存储器。

ROM 是写入数据后不能更改只能读出的存储器。在断电后，ROM 中的信息保留不变，所以 ROM 用来存放固定的程序和固定的数据，如系统程序、常数、表格等。ROM 也因此常被称为程序存储器。常用的 ROM 根据其编程方式不同可分为以下 5 种类型：掩膜型 ROM（MROM）、一次性可编程 ROM（PROM，又称为 OTPROM）、紫外线可擦可编程 ROM（EPROM）、电可擦可编程 ROM（EEPROM）、闪速 ROM（Flash ROM）。

多数单片机系统的存储器配置与通用微机不同，程序存储器地址空间和数据存储器地址空间相互独立，并通过各自的数据总线与 CPU 相连，以加快程序的执行速度。而通用微机系统的程序存储器和数据存储器往往共用同一存储区，统一编址。MCS-51 单片机的存储器地址结构如图 2.9 所示。

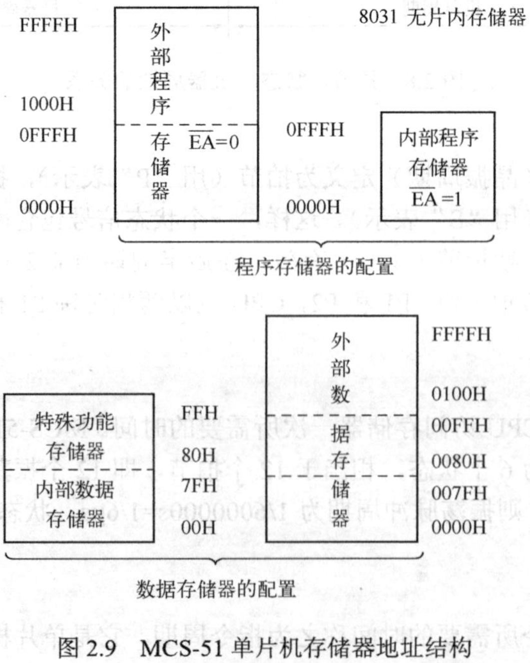

图 2.9　MCS-51 单片机存储器地址结构

MCS-51 单片机的存储器可分为 5 类：

① 片内程序存储器；

② 片外程序存储器；

③ 片内数据存储器；

④ 片外数据存储器；

⑤ 特殊功能寄存器。

MCS-51 单片机存储器的地址空间可分为 3 个：

① 片内片外统一编址的 64KB 的程序存储器地址空间（16 位地址 0000H～FFFFH）；

② 片内数据存储器与特殊功能寄存器统一编址的 256B 内部数据存储器地址空间（8 位地址 00H～7FH，80H～FFH）；

③ 64KB 片外数据存储器地址空间（16 位地址 0000H～FFFFH）。

MCS-51 单片机的存储结构有两个重要的特点：一是采用哈佛结构，把数据存储器和程序存储器截然分开，不同于通用微机的普林斯顿结构；二是存储器有内外之分。在以后的学习中我们将会了解到，在访问不同的地址空间时，采用的存取指令和控制信号也是不同的。

对于复杂一些的单片机应用系统，当片内所固有的程序存储器和数据存储器不能满足需要时，往往还要在单片机芯片外另行扩展存储器，称之为片外存储器。外部存储器的扩展是构建单片机系统的重要内容，将在后续章节中对其进行详细介绍。

2.3.2　内部程序存储器

MCS-51 单片机有片内有程序存储器和片内无程序存储器之分。如 80C51 单片机片内设置有 4KB 的掩膜型 ROM，其地址范围是 0000H～0FFFH。当 $\overline{EA}$ 接高电平时，指令寻址地址在 0000H～0FFFH 时，CPU 访问内部存储单元，如果指令寻址地址大于 0FFFH 时，CPU 自动转向对片外存储器的访问。当 $\overline{EA}$ 接低电平（接地）时，CPU 只能访问外部程序存储器，这时外部程序存储器的地址从 0000H 开始编址。80C31、80C32 单片机因其片内无程序存储器，所以只能采用将 $\overline{EA}$ 接地的方法。

程序存储器的一些低地址单元是特定程序的入口单元，其中 0000H～0002H 这 3 个单元是系统的启动单元。系统复位后，程序计数器 PC 的值是 0000H，所以系统复位后总是从 0000H 单元开始取指令执行程序。在编程时，应在这 3 个单元中存放一条无条件转移指令，以转向主程序。而地址为 0003H～002AH 的 40 个单元是中断服务程序地址区，分成 5 段，每段 8 个单元，分别分配给 5 个中断源，用于存储中断服务程序，具体分配如下：

- 外部中断 0（$\overline{INT0}$）服务程序地址区 0003H～000AH；
- 定时器/计数器 0 中断服务程序地址区 000BH～0012H；
- 外部中断 1（$\overline{INT1}$）服务程序地址区 0013H～001AH；
- 定时器/计数器 1 中断服务程序地址区 001BH～0022H；
- 串行口中断服务程序入口地址区 0023H～002AH。

中断响应后，系统按中断类型自动转到各中断服务程序的首地址单元去执行程序。在中断服务程序地址区应当存放中断服务程序，但在实际应用中，8 个存储单元往往难以存下一个完整的中断服务程序，所以，通常是从该中断服务程序的首地址开始，存放一条无条件转移指令，以便响应中断后，转到中断服务程序的实际入口地址单元中去。

2.3.3 内部数据存储器

MCS-51 单片机内部有 128 个或 256 个字节的 RAM 用作数据存储器（不同的型号有区别），它们均可读可写，部分单元还可以位寻址。

80C51 单片机的片内数据存储器共有 256 个字节，地址范围为 00H～7FH 单元的 128 个字节作为用户 RAM 区，分成工作寄存器区、位寻址区、通用 RAM 区三部分；地址范围为 80H～FFH 的 128 个字节作为特殊功能寄存器区（SFR），如图 2.10 所示。

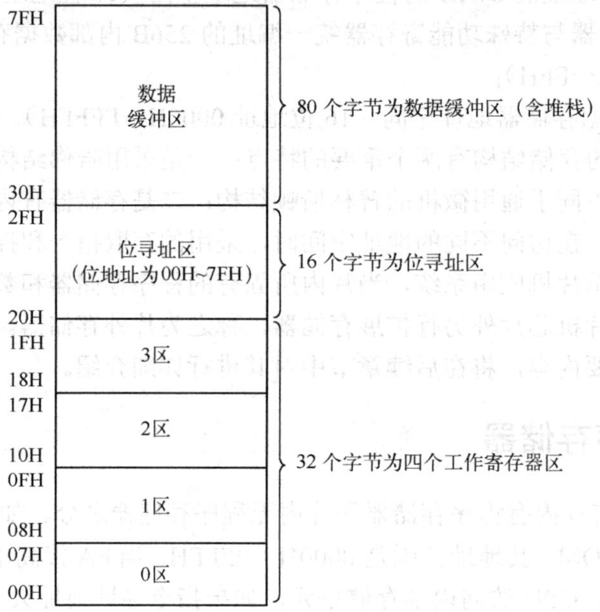

图 2.10 80C51 片内 RAM 地址空间

1．用户 RAM 区

（1）工作寄存器区

地址范围在 00H～1FH 的 32 个字节为工作寄存器区，分成 4 个工作寄存器组，每组占 8 个字节，具体划分如图 2.10 所示。

每个工作寄存器组都有 8 个寄存器，分别称为 R0、R1、R2、R3、R4、R5、R6、R7。但在程序运行时，只允许一个工作寄存器组工作，称为当前工作寄存器组，所以每组之间不会因为名称相同而混淆。

用哪组工作寄存器作为当前工作寄存器组，可由特殊功能寄存器中程序状态字寄存器 PSW 中的 RS1、RS0 共 2 位二进制数组合来决定，如表 2.2 所示。

表 2.2 工作寄存器组的选择

组号	RS1 RS0	R0	R1	R2	R3	R4	R5	R6	R7
0	0 0	00H	01H	02H	03H	04H	05H	06H	07H
1	0 1	08H	09H	0AH	0BH	0CH	0DH	0EH	0FH
2	1 0	10H	11H	12H	13H	14H	15H	16H	17H
3	1 1	18H	19H	1AH	1BH	1CH	1DH	1EH	1FH

注意以下几点：

① RS1、RS0 的状态可由指令来进行设置，以选择不同的工作寄存器组；

② 复位后自动选中第 0 组工作寄存器；

③ 切换工作寄存器组时，原工作寄存器中的内容将被屏蔽保护；

④ 若程序中不需要 4 组工作寄存器，那么不用的工作寄存器可作为一般 RAM 使用。

（2）位寻址区

内部 RAM 的 20H～2FH 地址范围共 16 个字节单元为位寻址区，既可作为一般的 RAM 进行字节寻址，也可以对单元中的每一位进行位寻址，这种位寻址能力是一般微机所没有的。16 个字节单元共 128 位，每位均有位地址，以便对位进行操作，所以位寻址区共有 128 个位地址（00H～7FH）。CPU 能直接寻址这些位，执行置 1、清零、求“反”、转移、传送等操作。位地址分配见表 2.3 所示，其中 MSB（Most Significant Bit）表示最高有效位，LSB（Lost Significant Bit）表示最低有效位。

表 2.3　内部 RAM 位寻址区的位地址分配表

字节地址	MSB←位地址→LSB							
	D_7	D_6	D_5	D_4	D_3	D_2	D_1	D_0
2FH	7FH	7EH	7DH	7CH	7BH	7AH	79H	78H
2EH	77H	76H	75H	74H	73H	72H	71H	70H
2DH	6FH	6EH	6DH	6CH	6BH	6AH	69H	68H
2CH	67H	66H	65H	64H	63H	62H	61H	60H
2BH	5FH	5EH	5DH	5CH	5BH	5AH	59H	58H
2AH	57H	56H	55H	54H	53H	52H	51H	50H
29H	4FH	4EH	4DH	4CH	4BH	4AH	49H	48H
28H	47H	46H	45H	44H	43H	42H	41H	40H
27H	3FH	3EH	3DH	3CH	3BH	3AH	39H	38H
26H	37H	36H	35H	34H	33H	32H	31H	30H
25H	2FH	2EH	2DH	2CH	2BH	2AH	29H	28H
24H	27H	26H	25H	24H	23H	22H	21H	20H
23H	1FH	1EH	1DH	1CH	1BH	1AH	19H	18H
22H	17H	16H	15H	14H	13H	12H	11H	10H
21H	0FH	0EH	0DH	0CH	0BH	0AH	09H	08H
20H	07H	06H	05H	04H	03H	02H	01H	00H

00H～7FH 共 128 个位地址与内部 RAM 中 128 个字节地址 00H～7FH 重叠，在应用中可通过指令的类型来区分它们是位地址还是字节地址。

（3）通用 RAM 区

在内部数据存储器的 128 个字节单元中，工作寄存器区和位寻址区占去了 48 个单元，剩下的 80 个单元可作为通常存储单元来用，没有其他的规定和限制，因此被称为通用 RAM 区，用来存放用户数据或作为堆栈区使用。CPU 对该区中的每个 RAM 单元只能字节寻址。

2．特殊功能寄存器

MCS-51 中的特殊功能寄存器（Special Function Registers，SFR），也称为专用寄存器，它们离散地分布在内部 RAM 地址为 80H～FFH 的 128 个字节的存储空间中，构成了 SFR 存储块。SFR 反映了 MCS-51 单片机的运行状态，其功能已做了专门的规定，用户不能修改其结构。

MCS-51 中的特殊功能寄存器共有 21 个，在这 21 个 SFR 中，字节地址能被 8 整除（即十六进制数的地址码尾数为 0 或 8）的 11 个单元具有位寻址能力，其中有效的位地址共有 82 个，可用位地址、位名称、单元地址.位序和寄存器名.位序 4 种方法来表示，如 D7H、C、0D0H.7、PSW.7 都表示同一个位，即程序状态字寄存器的最高位。如果有位名称，一般用位名称来表示。各特殊功能寄存器的符号及位地址如表 2.4 所示。

表 2.4 特殊功能寄存器的地址及符号表

SFR	位地址/位符号（寄存器名.位序）								字节地址
B	F7H	F6H	F5H	F4H	F3H	F2H	F1H	F0H	F0H
	B.7	B.6	B.5	B.4	B.3	B.2	B.1	B.0	
A	E7H	E6H	E5H	E4H	E3H	E2H	E1H	E0H	E0H
	ACC.7	ACC.6	ACC.5	ACC.4	ACC.3	ACC.2	ACC.1	ACC.0	
PSW	D7H	D6H	D5H	D4H	D3H	D2H	D1H	D0H	D0H
	CY	AC	F0	RS1	RS0	OV	/	P	
IP	BFH	BEH	BDH	BCH	BBH	BAH	B9H	B8H	B8H
	/	/	/	PS	PT1	PX1	PT01	PX0	
P3	B7H	B6H	B5H	B4H	B3H	B2H	B1H	B0H	B0H
	P3.7	P3.6	P3.5	P3.4	P3.3	P3.2	P3.1	P3.0	
IE	AFH	AEH	ADH	ACH	ABH	AAH	A9H	A8H	A8H
	EA	/	/	ES	ET1	EX1	ET0	EX0	
P2	A7H	A6H	A5H	A4H	A3H	A2H	A1H	A0H	A0H
	P2.7	P2.6	P2.5	P2.4	P2.3	P2.2	P2.1	P2.0	
SBUF									99H
SCON	9FH	9EH	9DH	9CH	9BH	9AH	99H	98H	98H
	SM0	SM1	SM2	REN	TB8	RB8	TI	RI	
P1	97H	96H	95H	94H	93H	92H	91H	90H	90H
	P1.7	P1.6	P1.5	P1.4	P1.3	P1.2	P1.1	P1.0	
TH1									8DH
TH0									8CH
TL1									8BH
TL0									8AH
TMOD	GATE	C/$\overline{T}$	M1	M0	GATE	C/$\overline{T}$	M1	M0	89H
TCON	8FH	8EH	8DH	8CH	8BH	8AH	89H	88H	88H
	TF1	TR1	TF0	TR0	IE1	IT1	IE0	IT0	
PCON	SMOD	/	/	/	GF1	GF0	PD	IDL	87H
DPH									83H
DPL									82H
SP									81H
P0	87H	86H	85H	84H	83H	82H	81H	80H	80H
	P0.7	P0.6	P0.5	P0.4	P0.3	P0.2	P0.1	P0.0	

这些特殊功能寄存器分别用于以下各功能部件。

（1）CPU：累加器 A. B 寄存器、程序状态字寄存器 PSW、堆栈指针 SP、数据指针 DPTR（由 DPH 和 DPL 两个 8 位寄存器组成）。

（2）并行口：P0、P1、P2、P3。

（3）串行口：串行口控制寄存器 SCON、串行数据缓冲器 SBUF、电源控制寄存器 PCON。

（4）中断系统：中断允许控制寄存器 IE、中断优先级控制寄存器 IP。

（5）定时器/计数器：定时器/计数器方式控制寄存器 TMOD. 定时器/计数器控制寄存器 TCON、定时器/计数器 0（TH0、TL0）、定时器/计数器 1（TH1、TL1）。

下面介绍几个常用的特殊功能寄存器，其余的将在后续章节中陆续介绍。

（1）累加器 A（或 ACC，Accumulator）

累加器 A 是 8 位寄存器，地址为 E0H。它是程序中最繁忙的特殊功能寄存器，用于向 ALU 提供操作数、存放运算的中间结果、数据传送的中间站等。大部分的数据操作都会通过累加器 A 进行，就像一个交通要道。由于它的功能特殊，地位重要，因此近年来出现的单片机，有的集成了多累加器结构，或者使用寄存器阵列来代替累加器，即赋予更多寄存器以累加器的功能，以解决累加器的“交通堵塞”问题，提高单片机程序的执行效率。

（2）寄存器 B

寄存器 B 也是 8 位寄存器，地址为 F0H。它主要用于乘、除运算。乘法指令中，两个因数分别取自累加器 A 和寄存器 B，其运算结果低 8 位存放于累加器 A 中，高 8 位存放于寄存器 B 中；除法指令中，被除数取自累加器 A，除数取自寄存器 B，运算结果的商存放于累加器 A 中，余数存放于寄存器 B 中。不做乘除运算时，寄存器 B 也可以作为通用寄存器使用。

（3）程序状态字寄存器 PSW（Program Status Word）

PSW 为 8 位寄存器，字节地址为 D0H，用于存放程序运行时的状态信息，供程序查询和判别时使用。其中有些位状态是根据指令执行的结果、由硬件自动设置的，而有些位状态是使用软件方法设定的。位状态可以用专门的指令进行测试，也可用指令读出。PSW 的各位定义如下：

位序	PSW.7	PSW.6	PSW.5	PSW.4	PSW.3	PSW.2	PSW.1	PSW.0
位标志	Cy	AC	F0	RS1	RS0	OV	/	P

① Cy：进位/借位标志位。此位有两个功能：一是存放执行算术运算时的进位/借位标志，可被硬件或软件置位或清零，如进行加、减运算时，若运算结果在最高位有进位或借位时，Cy 被硬件自动置 1，反之则自动置 0；二是在位操作中做位累加器使用。

② AC：辅助进位标志位，又称为半进位标志位。当进行加、减运算时如果由低 4 位向高 4 位进位或借位，则 AC 被硬件自动置 1，反之则自动清零。AC 常用于二～十进制调整。

③ F0 ：用户标志位，可由用户自定义其含义。F0 通常不是单片机在执行指令过程中自动形成的，而是用户根据执行程序的需要通过传送指令设置的。用户可通过对 F0 置 1 或清零来设定程序的走向。

④ RS1、RS0：工作寄存器组（区）选择标志位。8051 共有 4 组 8×8 位工作寄存器，每组均命名为 R0～R7，但每组在 RAM 中的物理地址不同，用户可通过软件改变 RS1 和 RS0 的内容来选择 R0～R7 在片内 RAM 中的实际物理地址，如表 2.5 所示。

表 2.5 工作寄存器组（区）选择标志位

RS1（PSW.4）	RS0（PSW.3）	选定的当前使用的工作寄存器组（区）	片内 RAM 地址	通用寄存器名称
0	0	第 0 组	00H～07H	R0～R7
0	1	第 1 组	08H～0FH	R0～R7
1	0	第 2 组	10H～17H	R0～R7
1	1	第 3 组	18H～1FH	R0～R7

⑤ OV：溢出标志位，带符号数加减运算中，若结果超出了累加器 A 所能表示的有效范围（−128～+127），即产生溢出。如果运算结果溢出，则 OV=1；否则 OV=0。

⑥ P：奇偶校验位。用于指示存放在累加器 A 中“1”的个数的奇偶性，若累加器 A 中 1 的个数为奇数个则 P=1，若累加器 A 中 1 的个数为偶数个则 P=0。

⑦ 位 1（PSW.1）未定义，是无效位。

（4）数据指针寄存器 DPTR（Data Pointer，16 位）

由高字节 DPH 和低字节 DPL 两个 8 位特殊功能寄存器组成，它们的地址分别是 83H 和 82H。称 DPTR 为地址指针，是因为可用它存放一个 16 位地址，以便用特定的指令形式对片外数据存储器或程序存储器进行 64KB 范围内的数据操作。DPTR 的使用比较灵活，它既可以当作 16 位寄存器使用，也可以作为两个 8 位寄存器使用。

（5）I/O 口专用寄存器（P0、P1、P2、P3）

MCS-51 片内有四个 8 位并行 I/O 口 P0、P1、P2、P3，每个 I/O 口内部都有一个 8 位数据输出锁存器和一个 8 位数据输入缓冲器，4 个数据输出锁存器/输入缓冲器与端口号同名，皆为特殊功能寄存器，即特殊功能寄存器 P0、P1、P2、P3。MCS-51 单片机并没有专门的 I/O 口操作指令，而是把 I/O 口也当作一般的寄存器来用，通过 MOV 指令来传送数据，其优势在于 4 个并行 I/O 口还可以当作寄存器直接寻址，参与其他操作。

（6）串行数据缓冲器（SBUF）

SBUF 用来存放需要发送和接收的数据。它由两个独立的寄存器组成，一个是发送缓冲器（只写），另一个是接收缓冲器（只读），串行发送和串行接收其实都是对串行数据缓冲器 SBUF 进行的。

2.3.4 堆栈

1. 堆栈的概念

堆栈就是在单片机内部 RAM 中，从某个选定的存储单元开始划定的一个地址连续的区域。设立堆栈的目的是用于数据的暂存、中断与子程序调用时断点和现场的保护与恢复。这个区域本身没有任何特殊之处，它就是内部 RAM 的一部分，也是用来存放数据的，不同的是这个区域以选定的某个存储单元作为栈底，只允许从一个方向写入/读出数据，最后一个写入数据的存储单元称为栈顶。堆栈的生成有两种情况：从高地址方向写入数据生成的堆栈称为向上生长型堆栈；反之称为向下生长型堆栈。MCS-51 单片机的堆栈是向上生长型堆栈。数据写入堆栈为插入（PUSH）运算，通常称为入栈；数据从堆栈中读出为删除（POP）运算，通常称为出栈。按堆栈的规定，入栈和出栈只能在栈顶一端进行。因此，向上生长型的堆栈栈顶存储单元的地址必定随着数据的入栈而递增，随着数据的出栈而递减，并由此规定可知，对栈顶进行入栈和出栈操作必定是“先进后出”或“后进先出”。向上生长型堆栈如图 2.11 所示。

2. 堆栈指针 SP（Stack Pointer，8 位）

堆栈指针 SP 是一个 8 位特殊功能寄存器，用于指示堆栈的栈顶地址，SP 总是指向堆栈栈顶，它决定了栈顶在内部 RAM 中的物理位置。所以，每当执行一次入栈操作（PUSH 指令）前，SP 就会在原来值的基础上自动加 1；每当执行一次出栈操作（POP 指令）后，SP 就会在原来值的基础上自动减 1。当堆栈为空（无数据）时，栈顶地址等于栈底地址，两者重合，SP 的内容即为栈底地址。栈底地址一旦设定，就固定不变，直至重新设置。每当数据进栈或出栈时，SP 的内容都随之变化，即栈顶随之浮动。

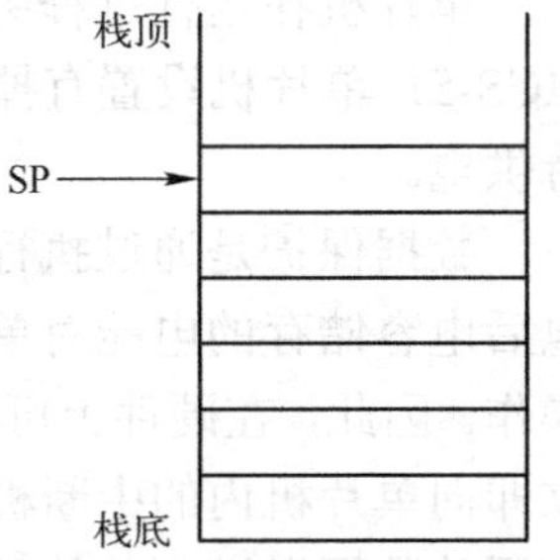

图 2.11　向上生长型堆栈

数据入栈的操作过程为：先将 SP 加 1（SP←SP+1），然后将要入栈的数据存放在 SP 指定的存储单元中。将数据从堆栈中弹出时，先将 SP 寄存器指定的存储单元的内容传送到POP指令给定的寄存器或内部RAM单元中，然后SP减1（SP←SP−1）。

3. 堆栈的开辟

单片机的堆栈只能开辟在片内数据存储器中，称为内堆栈形式。系统复位后，SP 中的值是 07H，即 SP 指向片内数据存储器中地址为 07H 的存储单元，这个存储单元正好在单片机片内数据存储器的工作寄存器区。为了避免占用宝贵的工作寄存器区和位寻址区，所以，在程序设计时，常用指令对 SP 中的复位值进行修改，以将堆栈开辟在通用 RAM 区，即在 30H～7FH 地址范围内开辟一个地址连续的存储区域来实现堆栈。

2.4　MCS-51 单片机的工作方式

2.4.1　执行指令程序方式

单片机上电复位后，从程序存储器的 0000H 单元开始执行程序，这就是执行指令程序方式，是单片机的基本工作方式。它又分为连续执行工作方式和单步执行工作方式。

（1）连续执行工作方式

这种工作方式是所有单片机都需要的一种方式。由于单片机复位后，PC 值为 0000H，因此复位后单片机总是转到 0000H 处执行程序，但是用户程序并不在 0000H 开始的存储器单元中，为此，需要在 0000H 处放入一条无条件转移指令，以便跳转到用户程序的实际入口地址处执行程序。单片机按照程序事先编排的任务，自动连续地执行下去。

（2）单步执行工作方式

这是用户调试程序的一种工作方式，在大多数单片机开发系统上都有一个专用的单步按键。每按一次，单片机就执行一条指令，这样就可以逐条检查程序，发现问题并进行修改。

单步执行工作方式是利用单片机外部中断功能实现的。单步执行键相当于外部中断的中断源，当它被按下时，相应电路就产生一个负脉冲（即中断请求信号），传送到单片机的 $\overline{\text{INT0}}$（或 $\overline{\text{INT1}}$）引脚，MCS-51 单片机在 $\overline{\text{INT0}}$ 上的负脉冲作用下，便能自动执行预先安排在中断服务程序中的单步执行指令，执行完毕后中断并返回。

2.4.2 掉电保护方式

单片机在运行过程中，如果发生突然掉电故障，将会使系统数据丢失，造成严重后果。MCS-51 单片机设置有掉电保护措施，其保护措施是先保存重要数据，然后启用备用电源维持供电。

数据保护是通过执行一段中断服务程序来实现的。单片机的电源端都接有滤波电容，掉电后电容储存的电能对单片机来说仍可维持有效电压达数毫秒，足以使单片机完成一次中断操作。因此，在硬件上可在单片机系统中设置一个电压检测电路，一旦检测到电源电压下降，立即向单片机内的中断机构发出中断请求信号，CPU 响应中断请求后执行中断服务程序，把有用的数据发送到单片机的片内 RAM 中保护起来。

如果掉电，RAM 中保存的数据仍将丢失，所以在单片机系统中要实现掉电保护方式，还需在引脚 RST/V_{PD} 端连接备用电源及备用电源与 V_{CC} 电源的自动切换电路，此电路在 V_{CC} 电源下降时，自动启用备用电源供电，使单片机进入掉电保护方式。掉电工作方式中，时钟电路和 CPU 均停止工作，只有内部 RAM 和专用寄存器继续工作，以保持其存储的数据。当 V_{CC} 电源恢复正常时，此电路使 RST/V_{PD} 端连接的备用电源维持一段时间（约 10ms）后，再结束单片机的掉电保护状态。

掉电保护可由以下两个过程描述。

保护过程：V_{CC} 掉电（或低于下限值）→产生外部中断→CPU 响应→将必须保护的数据送入内部 RAM→V_{CC} 继续下降→V_{PD}＞V_{CC}，由 V_{PD} 供电。

恢复过程：V_{CC} 加电，V_{PD} 继续供电→单片机复位→V_{CC} 供电，V_{PD} 撤出。

2.4.3 低功耗方式

在便携式、手提式或野外作业仪器设备上，低功耗方式是非常有意义的。MCS-51 有两种低功耗节电工作方式：空闲（等待）方式（Idle Mode）和掉电（停机）方式（Power Down Mode）。这两种方式都是由特殊功能寄存器中的电源控制寄存器 PCON 的有关控制位来控制的。它们的工作原理如图 2.12 所示。

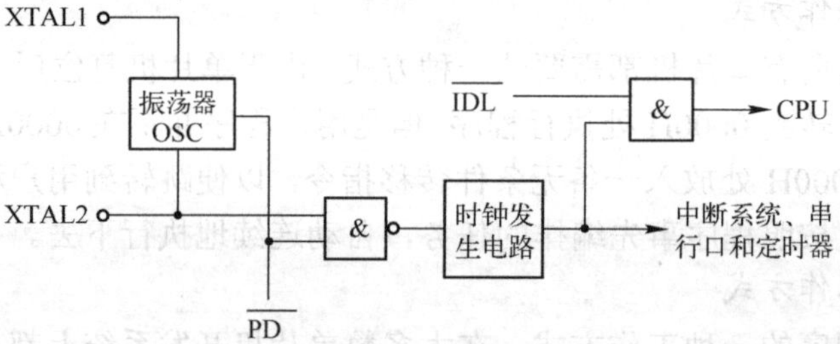

图 2.12 低功耗工作方式原理图

若 $\overline{IDL}$=0，则单片机进入空闲运作方式。在这种方式下，振荡器仍继续运行，但 $\overline{IDL}$ 封锁了去 CPU 的与门，故 CPU 此时得不到时钟信号。而中断、串行口和定时器等仍在时钟控制下正常运行。若 $\overline{PD}$=0，则单片机进入掉电方式，此时，振荡器停止工作，但内部 RAM 和特殊功能寄存器中的数据保持在原状态不变，直到退出掉电方式。

$\overline{IDL}$ 和 $\overline{PD}$ 位于电源控制寄存器 PCON 中，PCON 是不可位寻址的特殊功能寄存器，字节地址为 87H，其每位的定义如下：

	D7	D6	D5	D4	D3	D2	D1	D0
地址(87H)	SMOD	/	/	/	GF1	GF0	PD	IDL

- SMOD：为串行口波特率倍率控制位，用于串行通信。若此位为 1，则串行口方式 1、方式 2 和方式 3 的波特率加倍。
- /：保留位。
- GF0, GF1：通用标志位，描述中断是来自正常运行还是来自空闲方式，用户可通过指令设定它们的状态。
- PD：掉电方式控制位，为 1 时，单片机进入掉电工作方式。此时时钟“冻结”。
- IDL：空闲方式控制位，该位为 1 时；单片机进入空闲待机工作方式。这时 CPU 因无时钟控制而停止工作。

（1）空闲方式

只要执行将 IDL 位置 1 的指令（MOV　PCON,　#01H），单片机系统就可进入空闲工作方式。在空闲方式下，振荡器仍然运行，CPU 进入休眠状态，所有外围电路（中断系统、串行口和定时器/计数器）仍继续工作，但内部 RAM 和特殊功能寄存器中的数据保持在原状态不变，端口状态也保持不变。ALE 和 $\overline{PSEN}$ 保持逻辑高电平。

空闲方式的退出有两种方式：中断方式和硬件复位方式。

在空闲方式下，中断功能仍然保留。若引入一个中断请求信号，则在单片机响应中断的同时，IDL 位被片内硬件自动清零，单片机就退出空闲方式而进入正常工作状态。在中断服务程序中，只需安排一条 RETI 指令，就可使单片机恢复正常工作后返回断点继续执行程序。

当通过硬件复位方式退出空闲方式时，在内部复位系统发生作用前，单片机要从转入空闲方式时的断点处恢复执行程序需要两个机器周期的时间。在这期间，单片机硬件禁止对内部 RAM 的访问，但不禁止对端口引脚的访问。为了避免在退出空闲方式时出现对端口的不希望的写入，跟随在设置空闲方式指令（IDL 置 1 的指令）后面的不能是对端口引脚或外部 RAM 的写入指令。

（2）掉电方式

只要执行一条将 PD 置为 1 的指令（MOV　PCON,　#02H），就可使单片机进入掉电工作方式。在掉电方式下，振荡器停止运行，但内部 RAM 和特殊功能寄存器中的数据保持在原状态不变，直到退出掉电方式。

退出掉电方式的唯一方法是硬件复位，复位时所有特殊功能寄存器都将被初始化，但片内 RAM 的内容保持不变。

在掉电工作方式下，V_{CC} 可以下降到 2V，但在进入掉电方式之前 V_{CC} 不能降低。而在准备退出掉电方式之前，V_{CC} 必须恢复正常的工作电压值，并维持足够的时间（约 10ms），使振荡器重新启动并达到稳定后方可退出掉电方式。

本章小结

1．MCS-51 单片机的内部结构主要包括 CPU、只读存储器 ROM、随机存储器 RAM、定时器/计数器、I/O 接口电路、中断系统等部件。MCS-51 单片机存储结构的特点之一是将程序存储器和数据存储器分开，并有各自的寻址空间和寻址方式。这种结构称为哈佛结构。

2．MCS-51 单片机在物理上有 5 个存储空间：片内程序存储器、片外程序存储器、片内数据存储器、片外数据存储器和特殊功能寄存器。MCS-51 单片机内有 256B 的数据存储器 RAM 和 4KB 的程序存储器 ROM（8031/80C31/8032 除外）。除此以外，还可以在片外扩展 RAM 和 ROM，并且各有 64KB 的寻址范围，也就是最多可以在外部扩展 2×64KB 的存储器。

3．MCS-51 单片机有 3 个存储器地址空间：片内/外统一的 64KB 的程序存储器地址空间、256B 内部数据存储器地址空间及 64KB 外部数据存储器地址空间，这三个空间的地址要么是完全重叠要么是部分重叠，因此，在访问这三个不同的地址空间时应采用不同形式的指令。

4．MCS-51 单片机属于向上生长型堆栈，堆栈的操作规则是在执行指令时由单片机硬件自动进行的：入栈时，SP 中的内容先加 1，后写入数据；出栈时，先读出数据，SP 中的内容后减 1。

习题与思考题

一、选择题

1．8051 有四个工作寄存器区，由 PSW 状态字中的 RS1、RS0 两位的状态来决定，单片机复位后，若执行 SETB RS1 指令，此时只能使用（　　）的工作寄存器。

A．1 区　　B．2 区　　C．3 区　　D．0 区

2．判断是否有进位时用 PSW 的（　　）标志位。

A．CY　　B．OV　　C．F0　　D．P

3．11H 位所在的单元地址是（　　）。

A．22H　　B．21H　　C．11H　　D．02H

4．单片机在进行取指令操作时，指令的地址是由（　　）的内容决定。

A．SP　　B．DPTR　　C．PC　　D．PSEN

5．8051 单片机中既可位寻址，又可字节寻址的单元是（　　）。

A．30H　　B．10H　　C．70H　　D．21H

6．8051 单片机共有（　　）个（　　）位的定时器/计数器。

A．5，2　　B．2，16　　C．3，8　　D．2，8

7．采用 8031 单片机必须扩展（　　）。

A．数据存储器　　B．程序存储器　　C．I/O 接口　　D．显示接口

8．PC 用来存放（　　）。

A．指令代码　　B．上一条已执行的指令地址

C．下一条要执行的指令地址　　D．正在执行的指令地址

9．8051 型单片机共有（　　）的 ROM。

A．4KB　　B．6KB　　C．256B　　D．8KB

10．8051 CPU 是（　）位的单片机。

A．16　　B．4　　C．8　　D．准 16 位

11．CPU 主要的组成部分为（　　）。

A．运算器，控制器　　B．加法器，寄存器

C．运算器，寄存器　　D．运算器，指令译码器

12．单片机系统的时钟频率为 f_{osc}，则它的一个机器周期等于（　　）。

A．$2/f_{osc}$　　B．$12/f_{osc}$　　C．$1/f_{osc}$　　D．$6/f_{osc}$

13．单片机系统复位后，PC=（　　）。

A．07H　　B．01H　　C．00H　　D．不确定

14．对于 INTEL 8031 来说，/EA 脚总是（　　）。

A．接地　　B．接电源　　C．悬空　　D．不用

15．单片机 8051 的 XTAL1 和 XTAL2 引脚是（　　）引脚。

A．外接定时器　　B．外接串行口

C．外接中断　　D．外接晶振

16．在单片机中，通常将一些中间计算结果放在（　　）中。

A．控制器　　B．累加器

C．程序存储器　　D．数据存储器

17．8051 型单片机共有（　　）个 SFR。

A．5　　B．11　　C．2　　D．21

18．堆栈指针总是指向（　　）。

A．栈底　　B．07H　　C．栈顶　　D．00H

二、填空题

1．单片机是把组成微型计算机的各功能部件即________、________、________、________、________及________等部件制作在一块集成电路芯片上，构成一个完整的微型计算机。

2．Intel 公司生产的 MCS-51 系列单片机主要包括：________、________、________。

3．8051 芯片的引脚可以分为以下四类：________、________、________和________。

4．8051 型单片机片内数据存储器按照功能不同可以分为：________、________和________。

5．程序计数器 PC 的功能是________，特点是________。

6．堆栈操作遵循的原则是________，堆栈的用途是________。

7．8051 型单片机有________个并行 I/O 口。

8．8051 型单片机的时钟信号的产生方式有两种：________和________。

9．8051 型单片机的时序单位主要有四种：________、________、________和________。

10．单片机复位后将自动指向工作寄存器区的________区，原因是________。

11．8051 型单片机是________电平复位。

12．单片机的复位方法有两种，分别是________、________，复位后 PC=________，

SP=________，P1～P3=________。

三、简答题

1．8051 单片机有多少个特殊功能寄存器？它可分为几组？各完成什么主要功能？

2．程序状态 PSW 的作用是什么？常用的状态标志有哪几位？其作用是什么？能否位寻址？

3．8051 单片机内部数据存储器可以分为几个不同的区域？各有什么特点？

4．什么是时钟周期，什么是机器周期，什么是指令周期？在 MCS-51 中一个机器周期包括多少时钟周期？

5．MCS-51 单片机有几种低功耗方式？各自的特点是什么？

6．8051 单片机芯片包含哪些主要逻辑功能部件？各有什么主要功能？

7．MCS-51 单片机的/EA 信号有何功能？在使用 8031 时/EA 信号引脚应如何处理？

8．使单片机复位有几种方法？复位后机器的初始状态如何？

第 3 章　MCS-51 单片机指令系统

3.1　MCS-51 单片机指令概述

MCS-51 单片机指令系统具有功能强、指令短、执行快等特点，共有 111 条指令。从功能上可划分成数据传送、算术操作、逻辑操作、程序转移、位操作等五大类；从指令字节上可以分为单字节指令（49 条）、双字节指令（46 条）和三字节指令（只有 16 条）；从执行时间上可分成单机器周期指令（64 条）、双机器周期指令（45 条）和两条 4 个机器周期的指令（乘、除法）。可见，MCS-51 单片机指令系统在存储空间和执行时间方面具有较高的效率。

3.1.1　MCS-51 单片机汇编语言指令格式

指令的表示方式称为指令格式，它规定了指令的长度和内部信息的表示。一条指令通常由操作码和操作数两部分组成，操作码规定了指令的操作性质，是指令的核心部分，而操作数则是参与指令操作的数据或数据地址。操作数有以下特点：① 操作数可以是数据，也可以是数据的地址、数据地址的地址或操作数的其他信息；② 操作数可分为目的操作数和源操作数；③ 操作数可用二进制数、十进制数或十六进制数表示；④ 操作数的个数可以是 0～3 个；⑤ 操作数与操作码之间用空格分隔，操作数与操作数之间用逗号“，”分隔。

3.1.2　布尔处理机

为了充分地满足工业控制的需要，MCS-51 的设计者在单片机内部设置了功能很强的位处理机，即布尔处理机。

布尔处理机硬件主要由以下几部分支持。

① 布尔运算器 ALU。

② 布尔累加器 Cy（PSW.7）。

③ 布尔 RAM 区。

片内数据存储器中的 20H～2FH 共 16 字节的 128 位，位地址为 00H～7FH；特殊功能寄存器中直接地址能被 8 整除的 11 个 SFR 的 82 位（其中 6 位未定义），位地址分布在 80H～FFH 区间。共有 210 个位单元构成布尔 RAM 区。

④ 布尔 I/O 口：P_0～P_3 口的每位都可独立地进行输入/输出操作，构成布尔 I/O 口。

⑤ 布尔指令集：由 17 条布尔指令组成，可对各种布尔变量进行处理，如置位、清零、求反、跳转、传送和逻辑运算等。

完善的布尔处理机，提供了最优化程序设计手段，免去了烦琐的数据传送、字节屏蔽、测试分支等操作，可以把复杂的逻辑组合直接转化为 MCS-51 软件，提高了抗干扰能力，加快了运算速度，降低了成本，充分地满足了实时控制的需要。

3.1.3 指令中的常用符号

MCS-51 单片机的指令系统中定义了一些常用的符号，这些符号本身有其特定的含义，它们或用于操作数，或用于指令注释。使用这些符号，不仅增加了指令形式的规范性，也使得指令更加便于理解和记忆。下面列出这些常用的符号及其意义。

① #：立即数前导符。#data：8 位立即数；#data16：16 位立即数。

② direct：8 位直接地址，代表片内 RAM 或 SFR 的地址 00H～7FH 或 80H～FFH。

③ @：间接寻址符。在间接寻址方式中，表示间接寻址寄存器指针的前缀标志。如@Ri，@DPTR，@A+PC，@A+DPTR。

④ addr11：11 位目的地址。主要用于 ACALL 和 AJMP 指令中。

⑤ addr16：16 位目的地址。主要用于 LCALL 和 LJMP 指令中。

⑥ rel：带符号的 8 位偏移地址。主要用于相对转移指令，以形成转移的目的地址，其范围是相对于下一条指令第 1 字节地址的–128～+127 个字节。

⑦ bit：位地址。代表片内 RAM 中的可寻址位 00H～7FH 及 SFR 中的可寻址位。

⑧ Rn（n=0～7）：表示当前工作寄存器 R0～R7 中的任一个寄存器。

⑨ Ri（i=0 或 1）：表示通用寄存器组中用于间接寻址的两个寄存器 R0 或 R1。

⑩ A（或 ACC）、B：表示累加器、B 寄存器（A 是寄存器寻址方式，ACC 是直接寻址方式的累加器）。

⑪ C：表示 PSW 中的进位标志位 Cy，也称位累加器。

⑫ $：表示当前指令的地址。

⑬ /：在位逻辑与、逻辑或操作指令中，表示对该位先求反后再参与相应的逻辑运算，但该位的内容保持不变。

⑭ （X）：表示由 X 所指定的某寄存器或某单元中的内容。

⑮ ((X))：表示由 X 间接寻址单元中的内容。

⑯ ←：表示指令的操作结果是将箭头右边的内容传送到左边。

⑰ →：表示指令的操作结果是将箭头左边的内容传送到右边。

⑱ ∧、∨、⊕：表示逻辑与、或、异或。

3.2 MCS-51 单片机的寻址方式

计算机指令中说明操作数所在地址的方法称为指令的寻址方式。计算机执行程序的过程实际上是在不断寻找操作数并进行操作的过程。对于不同的处理器，它的寻址方式在设计时已经确定，其寻址方式越多，灵活性越强，指令系统的功能也就越强。

MCS-51 单片机的指令系统有 7 种寻址方式，分别为立即寻址、直接寻址、寄存器寻址、寄存器间接寻址、基址加变址寻址、相对寻址和位寻址。

3.2.1　立即寻址

寻址空间：程序存储器。

指令的操作数以指令字节的形式存放在程序存储器中，即操作码后紧跟一个被称为立即数（8 位或 16 位）的操作数。它是在编程时由程序员给定并存放在程序存储器中的常数，这种寻址方式称为立即寻址。

MOV 指令是数据传送指令，本指令的功能是把操作码后面的立即数 30H 送入 A 中，执行过程如图 3.1 所示。

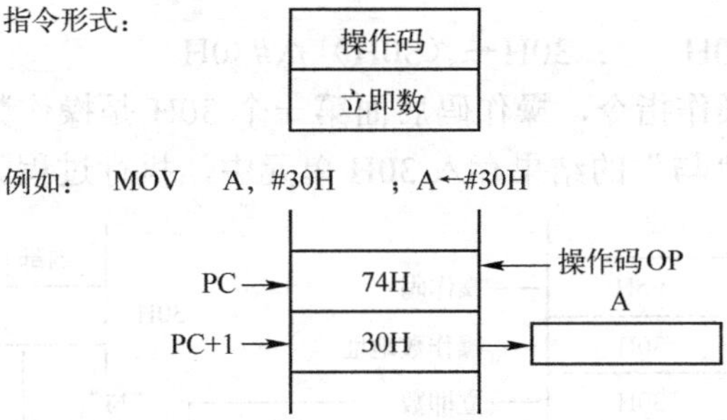

图 3.1　指令 MOV A,#30H 的执行过程

例如：MOV　DPTR，#8000H　　；DPTR←#8000H

指令中的 8000H 为 16 位立即数，其功能是把立即数高 8 位送入 DPH，低 8 位送入 DPL。指令执行过程如图 3.2 所示。

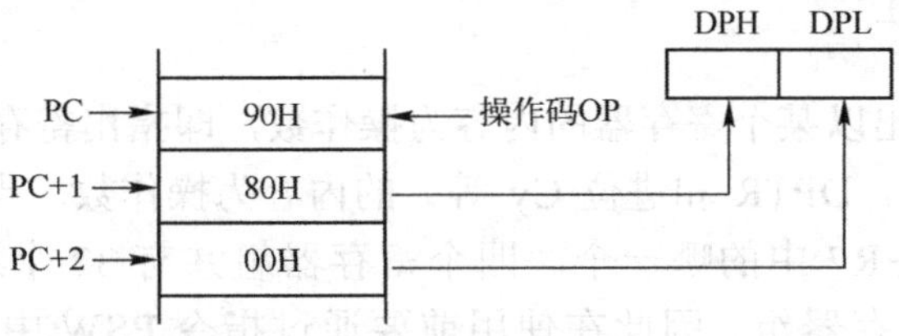

图 3.2　指令 MOV DPTR,#8000H 的执行过程

3.2.2　直接寻址

寻址空间：内部 RAM 的低 128 字节和特殊功能寄存器 SFR（直接寻址是访问 SFR 的唯一寻址方式）。

操作码后面的一个字节是实际操作数地址。这种直接在指令中给出操作数真实地址的方式称为直接寻址。

直接寻址的指令有如下三种形式。

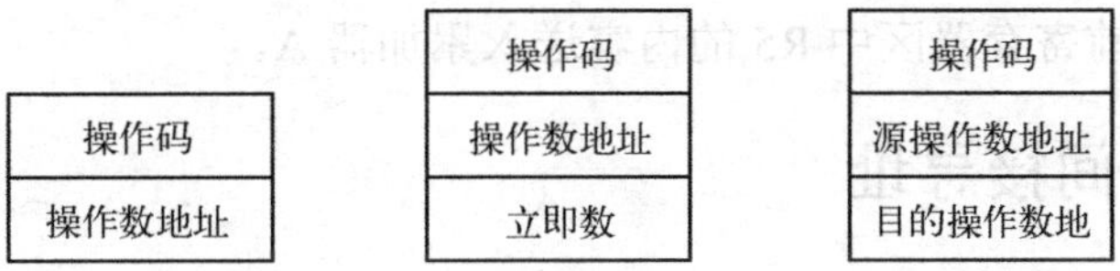

例如：MOV　A,30H　　　；A←（30H）

其中，30H 是内部 RAM 地址，功能是把地址为 30H 的内部 RAM 单元的内容读入 A 中。该指令的执行过程如图 3.3 所示。

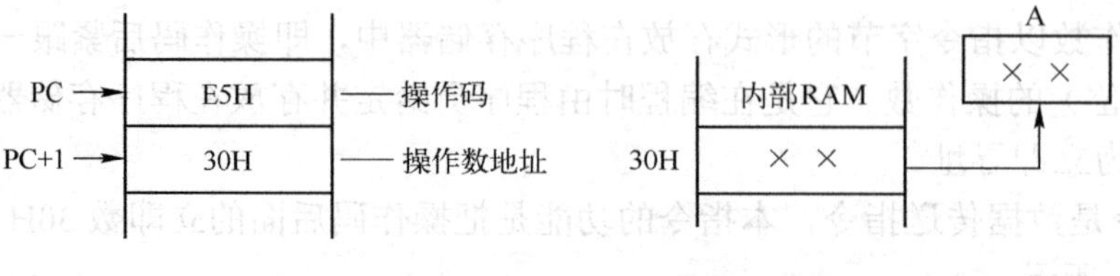

图 3.3　指令 MOV A,30H 的执行过程

例如：ANL　30H,#30H　　；30H←（30H）∧#30H

ANL 是逻辑“与”操作指令，操作码后面第一个 30H 是操作数地址，第二个 30H 是参加“与”运算的立即数，“与”的结果存入 30H 单元中，执行过程如图 3.4 所示。

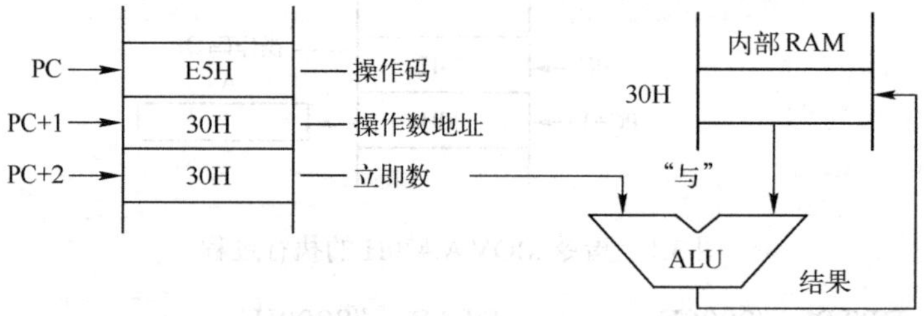

图 3.4　指令 ANL　30H, #30H 的执行过程

3.2.3　寄存器寻址

寄存器寻址方式指出以某个寄存器的内容为操作数，即指出寄存器组 R0～R7 中的某一个或其他寄存器（A，B，DPTR 和进位 Cy 等）的内容为操作数。当寄存器为 Rn 时，操作码的低 3 位指明是 R0～R7 中的哪一个。四个寄存器组共有 32 个通用工作寄存器，但在指令中只能使用当前寄存器组。因此在使用前要通过指令 PSW 中的 RS1，RS0 以选择当前寄存器组。

寻址空间：R_0～R_7，A、B、Cy（位），DPTR。

指令选定的寄存器的内容就是实际操作数，这种寻址方式称为寄存器寻址。其特点是被寻址的某个寄存器已隐含在操作码中，故有时称寄存器寻址为隐含寻址。

寄存器寻址有如下三种指令形式。

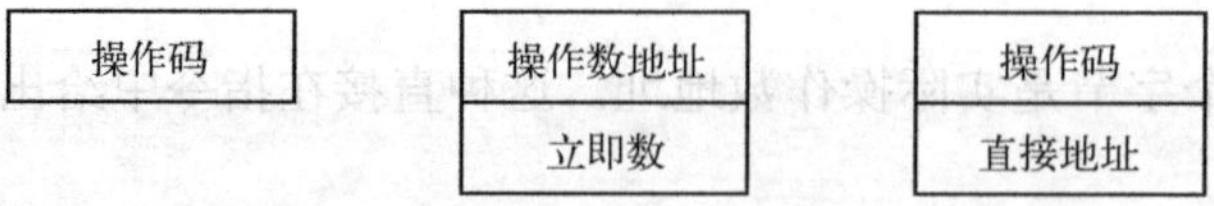

例如：MOV　A,R_5　　；A←（R_5）

其功能是把当前寄存器区中 R5 的内容送入累加器 A。

3.2.4　寄存器间接寻址

寄存器间接寻址是指在指令中要到以寄存器的内容为地址的 RAM 单元中去取操作数。

在寄存器寻址方式中，寄存器中存放的是操作数。而在寄存器间接寻址方式中，寄存器中存放的则是操作数的地址，也即指令的操作数是通过寄存器间接得到的，因此称之为寄存器间接寻址。在寄存器间接寻址中，应在寄存器的名称前面加前缀“@”。

寻址空间：内部 RAM(@R_0,@R_1,SP)和外部 RAM(@R_0,@R_1,@DPTR)。

寄存器间接寻址有如下三种指令形式。

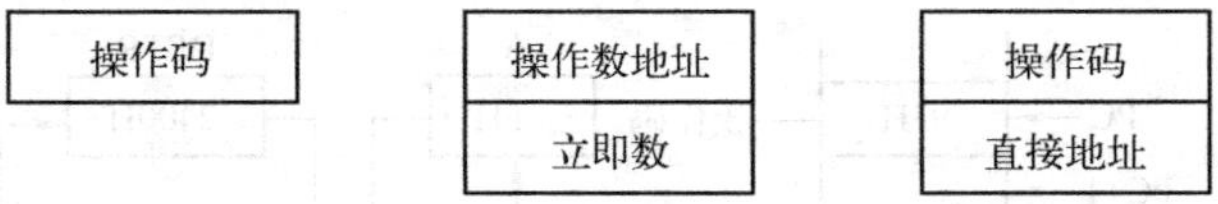

例如：MOV　@R_0，A

这是一条累加器传送指令。设（R_0）=30H，则该指令是把累加器 A 的内容写入内部 RAM 的 30H 单元中；指令执行过程如图 3.5 所示。

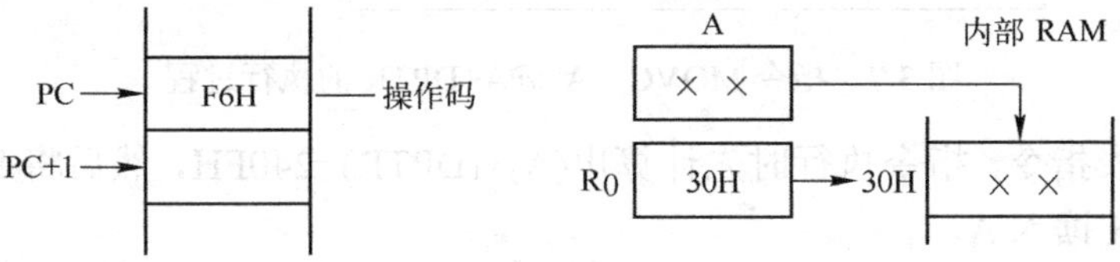

图 3.5　指令 MOV　@R_0, A 的执行过程

若指令为：MOV　A,@R_0　　　；R_0 的内容则是指向源操作数地址。

例如：MOVX　　A,@DPTR

这是一条外部数据存储器读指令，在指令寻址前 DPTR 数据指针是有值（如 2000H）的，它指向外部数据存储器中即将访问的一个单元 2000H。当执行指令时，将外部数据存储器 2000H 单元的内容读入累加器 A 中，执行过程如图 3.6 所示。

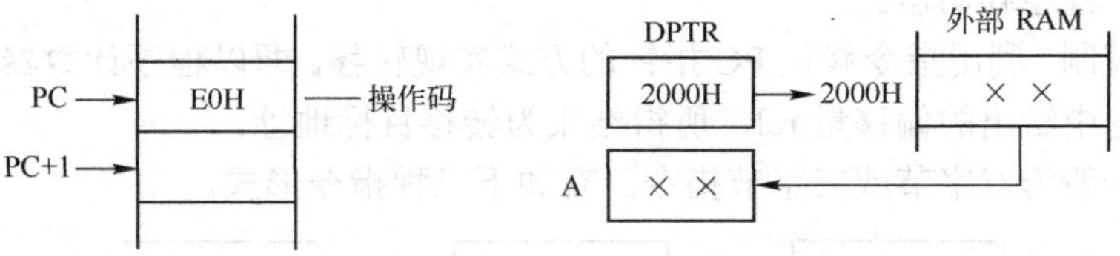

图 3.6　指令 MOVX　A, @DPTR 的执行过程

3.2.5　基址加变址寻址

基址加变址寻址中的基址寄存器是数据指针 DPTR 或者程序计数器 PC，在 DPTR 或 PC 中预先存放操作数的基地址；变址寄存器为累加器 A，其中存放操作数所在单元相对于基地址的偏移量（该地址偏移量是 00H～FFH 范围内的一个无符号数）。单片机把基地址和地址偏移量相加，形成操作数在程序存储器 ROM 中的地址。

寻址空间：程序存储器（@A+DPTR，@A+PC）。

这是 MCS-51 指令系统特有的一种寻址方式，它以 DPTR 或 PC 作为基址寄存器，A 作为变址寄存器（存放 8 位无符号数），两者相加形成 16 位程序存储器地址作为操作数地址。这种寻址方式是单字节指令，用于读出程序存储器中数据表格中的常数（查表）。

基址加变址寻址的指令形式如下。

例如：MOVC　　A,@A+DPTR

设累加器 A 与数据指针 DPTR 在寻址前的值为：

(A)=0FH　　(DPTR)=2400H

以上指令的执行过程如图 3.7 所示。

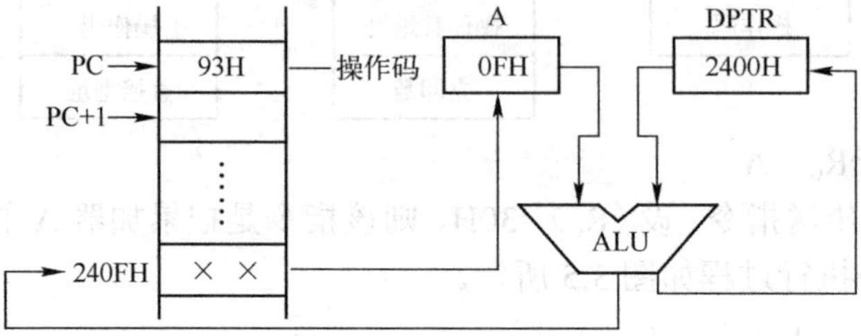

图 3.7　指令 MOVC　A, @A+DPTR 的执行过程

这是一条查表指令，指令执行时先计算出(A)+(DPTR)=240FH，然后将 ROM 中的 240FH 单元的内容××H 读入 A。

3.2.6　相对寻址

相对寻址方式在相对转移指令中使用。相对转移指令执行时，将当前的 PC 值加上指令中规定的偏移量 rel，其和作为实际的转移地址。这里所说的 PC 的当前值是相对转移指令下面一条指令的地址。如果将 PC 的当前值称为源地址，转移后的地址称为目的地址。于是有

目的地址=(PC)+rel，rel 为补码形式的 8 位地址偏移量，在−128～+127 范围之内。

寻址空间：程序存储器。

用于程序控制，利用指令修正 PC 指针的方式实现转移。即以程序计数器 PC 的内容为基地址，加上指令中给出的偏移量 rel，所得结果为转移目标地址。

相对寻址一般为双字节或三字节指令。有如下三种指令形式。

例如：JNZ　　rel ；累加器 A 的内容不等于零则转移。

设 rel=23H，指令操作码存放在程序存储器 2000H 单元，并且在执行该指令前 A 中内容不为零，则执行过程如图 3.8 所示。

这条转移指令为 2 字节指令，当取址后 PC 当前值为 2002H，转移目标地址：

D=(PC)+rel=2025H

PC 被修改后自动转到 2025H 单元去执行程序，从而完成程序转移。

反过来，若已知转移目标地址 D 为 1FFCH，(PC)当前值为 2002H（转移指令下面一条指令的地址），则：

rel=D−(PC)=1FFCH−2002H=FFFAH，取其低 8 位，则 rel=FAH=$(-6)_{补}$。

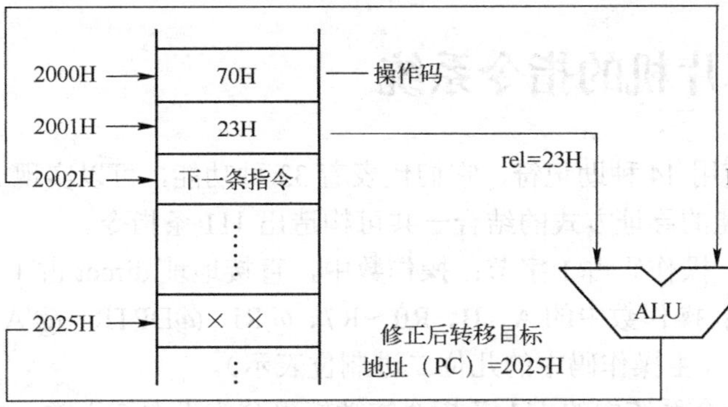

图 3.8　指令 JNZ　rel 的执行过程

3.2.7　位寻址

位寻址是指对片内 RAM 的位寻址区（字节地址为 20H～2FH，相应位地址为 00H～7FH，共 16 个单元 128 位）和可以位寻址的特殊功能寄存器 SFR（共有 11 个 SFR，实有寻址位 82 位）进行位操作时的寻址方式。

为使程序设计方便可读，MCS-51 提供了如下 4 种位地址的表示方法。

① 直接使用位寻址区中的位地址。

例如：

```
MOV   C,7EH       ;(Cy)←(7EH)
```

② 采用"字节地址.位号"表示方法。

上述位地址 7EH 可以表示为 2FH.6，相应指令为：

```
MOV   C,2FH.6     ;(Cy)←(2FH.6)
```

③ 采用"特殊功能寄存器名.位号"表示方法。

例如累加器 A 中最低位可表示为 ACC.0，把 ACC.0 位状态送到进位标志位 Cy 的指令是：

```
MOV   C,ACC.0     ;(Cy)←(ACC.0)
```

④ 使用位名称。

例如 PSW 寄存器第 5 位为 FO 标志位，则可直接使用 FO 表示该位。

在介绍了 MCS-51 寻址方式后，对其寻址方法以及相应寻址空间进行概括，见表 3.1。

表 3.1　寻址方式与相应的寻址空间

方　式	利用的变量	使用的空间
寄存器寻址	R_0～R_7，A，B，Cy，DPTR	片内
直接寻址	Direct	片内 RAM 低 128 字节 特殊功能寄存器 SFR
寄存器间址	@R_0，@R_1，SP @R_0，@R_1，@DPTR	片内 RAM 片外 RAM 与片外 I/O 口
立即寻址	#data	程序存储器
基址加变址	@A+PC　@A+DPTR	程序存储器
相对寻址	PC+rel	程序存储器
位寻址	bit	片内 RAM 的 20H～2FH 可位寻址的 SFR

3.3 MCS-51单片机的指令系统

MCS-51 指令系统使用 44 种助记符，它们代表着 33 种功能，可以实现 51 种操作。指令助记符与操作数各种可能的寻址方式的结合一共可构造出 111 条指令。

一般地，在指令中，操作码占 1 字节；操作数中，直接地址 direct 占 1 字节，#data 占 1 字节，#data16 占两字节；操作数中的 A、B、R0～R7、@Ri、@DPTR、@ A+ DPTR、 @ A+ PC 等均隐含在操作码中（由操作码中的几位二进制位表示）。

MCS-51 单片机的指令系统中的 111 条指令按功能可分为下面 5 大类：

① 数据传送类（29 条）；

② 算术运算类（24）；

③ 逻辑运算和移位类（24 条）；

④ 控制转移类（17 条）；

⑤ 位操作类（17 条）。

3.3.1 数据传送指令

数据传送是一种最基本、最主要的操作。在通常的应用程序中，传送指令占有极大的比例，数据传送的灵活性对整个程序的编写和执行都起着很大的作用。

所谓数据“传送”，就是把源操作数传送到目的寄存器或 RAM 单元中，指令执行后一般源地址单元内容不变，属于“复制”而不是“剪切”；或者源操作数与目的地址单元内容互换（交换指令）。

数据传送指令共 29 条，可分为内部 RAM 数据传送、外部 RAM 数据传送、程序存储器数据传送、数据交换和堆栈操作等五类。数据传送指令对标志位的影响：除以累加器 A 为目的操作数的数据传送指令对 P 标志位有影响外，其余均不影响标志位。

1. 内部 RAM 数据传送指令（16 条）

格式：MOV <dest> , <src>

其中，<dest> 表示目的操作数，<src>表示源操作数。内部 RAM 数据传送指令按目的操作数可分为以下几类。

（1）以累加器 A 为目的操作数的传送指令（4 条）

这组指令的作用是把对应的源操作数内容存放累加器 A 中，以累加器 A 为目的操作数的指令，只影响 PSW 中的 P 标志位，不影响其他标志位，其指令格式如表 3.2 所示。

表 3.2 数据传送到累加器 A 的指令表

汇编语言指令	机器码	指令功能	指令字节数	机器周期数
MOV A,#data	0111 0100 data	A←data	2	1
MOV A,direct	1110 0101 direct	A←(direct)	2	1
MOV A,Rn	1110 1rrr	A←(Rn)	1	1
MOV A,@Ri	1110 011i	A←((Ri))	1	1

注：rrr 对应的范围为 000～111，对应着 R0～R7，i 的范围为 0、1，对应着 R0、R1，下同。

例 3.1　把存放在片内 RAM 50H 单元的数据送到累加器 A 中。

```
解法 1：MOV  A,50H
解法 2：MOV  R0,#50H
        MOV  A,@R0
```

例 3.2　若(R6)=40H，(20H)=30H，(R0)=30H，(30H)=20H 分析下列每条指令执行后有关寄存器的内容。

```
MOV    A,R6          ;(A)=40H,(R6)=40H 不变
MOV    A,20H         ;执行后(A)=30H,(20H)=30H 不变
MOV    A,@R0         ;执行后(A)=20H,(R0)=30H
MOV    A,#11H        ;执行后(A)=11H
```

（2）以工作寄存器 Rn 为目的操作数的指令（3 条）

这组指令的作用是把源操作数内容传送到当前工作寄存器组的 R0～R7 中的某个寄存器中，源操作数内容不变，指令格式如表 3.3 所示。

表 3.3　数据传送到工作寄存器的指令表

汇编语言指令	机器码	指令功能	指令字节数	机器周期数
MOV　Rn,#data	0111 1rrr　data	Rn←data	2	1
MOV　Rn,direct	1010 1rrr　direct	Rn←(direct)	2	2
MOV　Rn, A	1111 1rrr	Rn←(A)	1	1

例 3.3　若(A)=20H，(20H)=60H，分析下面每条指令执行后寄存器的内容。

```
MOV    R2,A         ;(R2)=20H
MOV    R2,20H       ;(R2)=60H
MOV    R2,#20H      ;(R2)=20H
```

（3）以直接地址单元为目的操作数的指令（5 条）

本组指令的作用是把源操作数内容传送到片内 RAM 的某个直接地址单元中，源操作数内容不变,其指令格式如表 3.4 所示。

表 3.4　数据传送到直接地址单元的指令表

汇编语言指令	机器码	指令功能	指令字节数	机器周期数
MOV　direct , A	1111 0101 direct	direct←(A)	2	1
MOV　direct , #data	0111 0101 direct data	direct←data	3	2
MOV　direct1, direct2	1110 0101 direct1 direct2	direct1←(direct2)	3	2
MOV　direct , Rn	1000 1rrr　direct	direct←(Rn)	2	2
MOV　direct , @Ri	1000 011i　direct	direct←((Ri))	2	2

例 3.4　若(A)=40H，(R2)= 46H，(30H)=70H，(R0)=30H，分析下列程序执行后寄存器的内容。

```
MOV    R1,A        ;(R1)=40H,(A)=40H
MOV    40H,R2      ;(40H)=46H,(R2)=46H
MOV    41H,@R0     ;(41H)=70H,(R0)=30H
```

（4）以间址寄存器@Ri 为目的操作数的指令（3 条）

本组指令的作用是把对应的源操作数的内容传送到寄存器 Ri 间接寻址的片内 RAM 单元中去，而源操作数不变。指令格式如表 3.5 所示。

表 3.5　数据传送到间址寄存器的指令表

汇编语言指令	机器码	指令功能	指令字节数	机器周期数
MOV　@Ri,　A	0111 1rrr　data	(Ri)←(A)	2	1
MOV　@Ri, direct	1010 1rrr　direct	(Ri)←(direct)	2	2
MOV　@Ri, #data	1111 1rrr	(Ri)←data	1	1

例 3.5　求执行下述指令后，寄存器及片内 RAM 中 50H 单元的内容有什么变化？

```
MOV     R0,#50H
MOV     @R0,#00H
```

解：执行完上述指令后，(R0)=50H，(50H)=00H。

（5）16 位数据传送指令（1 条）

16 位数据传送指令格式如表 3.6 所示。

表 3.6　16 位数据传送指令表

汇编语言指令	机器码	指令功能	指令字节数	机器周期数
MOV　DPTR , #data16	1001 0000 Data16 高 8 位 Data16 低 8 位	DPH←$Data_{15\text{-}8}$ DPL←$Data_{7\text{-}0}$	3	2

通过以上内部 RAM 数据传送指令，我们可以得到内部数据传送关系，如图 3.9 所示。

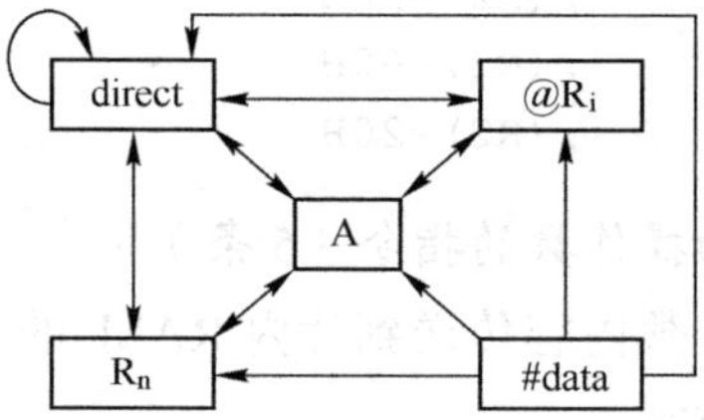

图 3.9　内部 RAM 数据传送关系图

2. 外部 RAM 数据传送指令（4 条）

CPU 与外部数据存储器或外部扩展的 I/O 口之间进行数据传送时，必须使用外部传送指令 MOVX，外部数据传送必须通过累加器 A，且只能采用寄存器间接寻址（用 R0, R1 和 DPTR 三个间接寻址的寄存器）方式完成，其指令格式如表 3.7 所示。

表 3.7　外 RAM 数据传送指令表

汇编语言指令	机器码	指令功能	指令字节数	机器周期数
MOVX　A, @Ri	1110 001i	A←((Ri))	1	2
MOVX　A, @DPTR	1110 0000	A←(DPTR))	1	2
MOVX　@Ri, A	1111 001i	(Ri)←(A)	1	2
MOVX　@DPTR, A	1111 0000	(DPTR)←(A)	1	2

以上 4 条指令中，以累加器 A 为目的操作数的指令为外 RAM 的读指令，以累加器 A 为源操作数的指令为外 RAM 写指令。由于 Ri 是 8 位的寄存器，所以只能访问片外 RAM 的一页中的 256 个单元，页内偏移地址 00H～0FFH 放在 Ri 中，页地址先由 P2 口输出；DPTR 可以访问片外 RAM 的全部 64KB 的空间。

外 RAM 的读指令对标志位 P 有影响，其余的指令对标志位没有影响。

从上面的指令可以看出，要与外部数据存储器 RAM 打交道必须通过累加器 A：所有需要送入外部 RAM 的数据要通过累加器送出去，而所有要读入外部 RAM 的数据也必须通过累加器读入。由此可以看出内 RAM 和外 RAM 的区别：内 RAM 之间可以直接进行数据传送；而外部 RAM 之间以及外部 RAM 和内部 RAM 之间不能直接进行数据传送。

例 3.6　下列指令执行完之后，累加器 A 和外部 RAM 1234H 单元内容分别是多少？

```
MOV     30H,#44H        ;(30H)=44H
MOV     R1,#30H         ;(R1)=30H
MOV     A,@R1           ;(A)=44H
MOV     DPTR,#1234H     ;(DPTR)=1234H
MOVX    @DPTR,A         ;(1234H)=(A)=44H
```

由注释可知，执行完上述指令之后，(A)=44H，(1234H)=44H

3. 程序存储器（ROM）数据传送指令（查表指令）（2 条）

MCS-51 单片机的程序存储器内的数据是只读的，因此程序存储器的数据传送是单向的，并且只能读到累加器 A 中。这类指令在查表中经常用到，所以又称为查表指令。查表指令一共有 2 条，都属于基址加变址寻址，指令格式如表 3.8 所示。

表 3.8　ROM 数据传送指令表

编语言指令	机器码	指令功能	指令字节数	机器周期数
MOVC　A, @A+DPTR	1001 0011	A←((A)+(DPTR))	1	2
MOVC　A, @A+PC	1000 0011	A←((A)+(PC)+1)	1	2

上面这两条指令功能相同，但在使用方式上有区别，这主要体现在：

（1）查表的位置不同

采用 DPTR 作为基地址寄存器，表可以放在 64KB 程序存储器空间的任何地址，使用方便，故称为远程查表；采用 PC 作为基地址寄存器，整个表只能在程序存储器中查表指令后的 256B 的地址空间中，使用有限制，故称为近程查表。

（2）偏移量的计算方法不同

采用 DPTR 作为基地址寄存器，查表目标地址为(DPTR)+(A)，查表前，DPTR 的内容为表首地址、A 的内容为欲查数值距离表首地址的偏移量；采用 PC 作为基地址寄存器，查表目标地址为(A)+(PC)，查表前，PC 的内容只能为查表指令的下一条指令的地址，A 的内容应为欲查数值距离表首地址的偏移量加上查表指令的下一条指令与表首地址之间的距离。因此，使用 PC 查表时，通常将表建立在该查表指令的后面不远处，且 A 的值必须预先设置为：

A=欲查数值距离表首地址的偏移量+表的首地址−(PC)。

例 3.7　指出下面程序执行后累加器 A 中的数据。

```
ORG     1000H
MOV     A,#20H          ;双字节指令
MOVC    A,@A+PC         ;单字节指令
 ⋮
ORG     1020H
DB      0C0H,0F9H,0A4H,0A5H,30H,44H,50H
```

解：执行查表指令时 PC 的当前值为 1003H，上述查表指令执行时，查表目标地址为 1003H+20H=1023H，而 1023H 单元存储的数据 0A5H，故指令执行完后，累加器 A 的内容为 0A5H。

4. 数据交换指令（5 条）

数据传输时，若需要保存目的操作数，则经常采用数据交换指令。数据交换指令有 2 条半字节交换指令和 3 条整字节交换指令，下面分别介绍。

（1）半字节数据交换指令（2 条）

半字节交换指令主要有 A 的高低字节交换和 A 与间址寄存器低 4 位交换，指令格式如表 3.9 所示。

表 3.9 半字节数据交换指令表

汇编语言指令	机器码	指令功能	指令字节数	机器周期数
SWAP A	1100 0100	$(A)_{0\sim3} \leftrightarrow (A)_{4\sim7}$	1	1
XCHD A, @Ri	1101 011i	$(A)_{0\sim3} \leftrightarrow ((Ri))_{0\sim3}$	1	1

注：第二条半字节交换指令对 P 标志位有影响。

（2）整字节交换指令（3 条）

整字节交换指令如表 3.10 所示。

表 3.10 整字节数据交换指令表

汇编语言指令	机器码	指令功能	指令字节数	机器周期数
XCH A ,Rn	1100 1rrr	(A)↔(Rn)	1	1
XCH A ,direct	1100 0101 direct	(A)↔(direct)	2	1
XCH A, @Ri	1100 011i	(A)↔((Ri))	1	1

5. 堆栈操作指令（2 条）

堆栈操作在执行中断、子程序调用等时用于保护断点和恢复现场，或者用于子程序调用时的参数传递。其功能是实现 RAM 单元数据送入栈顶或由栈顶取出数据至 RAM 单元，因此堆栈操作指令实际上是以堆栈指针 SP 为间址寄存器的间接寻址方式。堆栈操作有两种：压栈和出栈，指令符分别为 PUSH、POP，堆栈操作指令如表 3.11 所示。

在使用堆栈指令时要注意，堆栈区必须在内部 RAM 中开辟，且应避开需要使用的工作寄存器区和其他需要使用的数据区，系统复位后，SP 的初始值为 07H。为了避免重叠，一般初始化时要重新设置 SP。

另外，在书写的时候还要注意，堆栈操作指令的操作数只能使用直接寻址，直接地址不能是寄存器名，因此应注意指令的书写格式。例如：

```
PUSH        ACC(不能写成 PUSH   A)
```

POP 00H（不能写成 POP R0）

表 3.11 堆栈操作指令表

汇编语言指令	机器码	指令功能	指令字节数	机器周期数
PUSH direct	1100 0000 direct	SP←(SP)+1 (SP)←(direct)	2	2
POP direct	1101 0000 direct	direct←((SP)) SP←(SP)−1	2	2

3.3.2 算术运算指令

算术运算指令主要完成加、减、乘、除四则运算，以及加 1、减 1、BCD 码调（十进制调整）指令整等。加减运算指令的两个操作数中，必须以累加器 A 为目的操作数；源操作数可存放在 R0～R7 或@Ri（片内 RAM）以及片内 RAM 某个直接地址中，或是#data（立即数），这类指令大多数都要影响到程序状态字 PSW，乘除指令不影响 AC 标志位。

1. 不带进位的加法指令（4 条）

不带进位的加法指令（ADD）是将源操作数的内容与累加器 A 的内容相加，结果存入累加器 A。不带进位的加法指令对 PSW 中的所有标志位均产生影响，具体的指令格式如表 3.12 所示。

表 3.12 不带进位的加法指令表

汇编语言指令	机器码	指令功能	指令字节数	机器周期数
ADD A, #data	0010 0100 data	A←(A)+data	2	1
ADD A, direct	0010 0101 direct	A←(A)+ (direct)	2	1
ADD A, Rn	0010 1rrr	A←(A)+(Rn)	1	1
ADD A, @Ri	0010 011i	A←(A)+((Ri))	1	1

例 3.8 如果程序执行前(A)=29H，(20H)=88H，(R7)=0A0H，(R0)=30H，(30H)=0C2H，指出依次执行完下列每条指令后的结果（包括标志位的状态）。

```
ADD    A,#10H          ;(A)=39H,(Cy)=0,(AC)=0,(OV)=0
ADD    A,20H           ;(A)=0C1H,(Cy)=0,(AC)=1,(OV)=0
ADD    A,R7            ;(A)=61H,(Cy)=1,(AC)=0,(OV)=1
ADD    A,@R0           ;(A)=23H,(Cy)=1,(AC)=0,(OV)=0
```

2. 带进位的加法指令（4 条）

带进位的加法指令（ADDC）是将源操作数的内容与累加器 A 的内容、进位标志位的内容一起相加，结果存入累加器 A 中。带进位的加法指令对 PSW 中的所有标志位均产生影响，具体的指令格式如表 3.13 所示。

表 3.13 带进位的加法指令表

汇编语言指令	机器码	指令功能	指令字节数	机器周期数
ADDC A, #data	0011 0100 data	A←(A)+data+(Cy)	2	1
ADDC A, direct	0011 0101 direct	A←(A)+ (direct)+(Cy)	2	1
ADDC A, Rn	0011 1rrr	A←(A)+(Rn) +(Cy)	1	1
ADDC A, @Ri	0011 011i	A←(A)+((Ri)) +(Cy)	1	1

例 3.9 如果程序执行前(A)=9EH，(Cy)=0，(R0)=32H，求执行指令“ADDC A , R0”后的结果（包括标志位的状态）。

解：执行完本指令后(A)=0D1H，(Cy)=0，(AC)=1，(OV)=0。

例 3.10 将内 RAM 20H 单元、21H 单元、22H 单元中的三个无符号数相加，并将和存入 R0（高位）与 R1（低位）。

解：

```
MOV     A,20H       ;把 20H 单元内容存入 A
ADD     A,21H       ;把 21H 单元的内容和 A 中单元内容(即 20H)相加
MOV     R1,A        ;将前两个数相加的低位存入 R1
MOV     A,#00H      ;给 A 赋值为 0
ADDC    A,#00H      ;将前两个数相加的进位存入 A
MOV     R0,A        ;将前两个数相加的高位(进位)存入 R0
MOV     A,R1        ;将前两个数相加的低位存入 A
ADD     A,22H       ;前两个数相加的低位与第三个数相加
MOV     R1,A        ;三个数和的低位存入 R1
MOV     A,#00H      ;给 A 赋值为 0
ADDC    A,R0        ;第二次加法的进位与第一次加法的高位(R0 中的数)相加
MOV     R0,A        ;高位和存入 R0
```

3. 带借位的减法指令（4 条）

带借位的减法指令（SUBB）是用累加器 A 的内容减去源操作数的内容，再减去进位标志位的内容，最后将结果存入累加器 A 中。带借位的减法指令对 PSW 中的所有标志位均产生影响，具体的指令格式如表 3.14 所示。

表 3.14 带借位的减法指令表

汇编语言指令	机器码	指令功能	指令字节数	机器周期数
SUBB A , #data	1001 0100 data	A←(A)–data– (Cy)	2	1
SUBB A, direct	1001 0101 direct	A←(A) – (direct) – (Cy)	2	1
SUBB A , Rn	1001 1rrr	A←(A) – (Rn) – (Cy)	1	1
SUBB A , @Ri	1001 011i	A←(A) – ((Ri)) – (Cy)	1	1

MCS-51 指令系统中没有不带借位的减法，因此要实现不带借位的减法，需在执行 SUBB 指令前，使(Cy)清零。

例 3.11 完成 2 字节减法运算，设被减数低字节高字节分别存放在 40H 和 41H 单元中，减数低字节高字节分别存放在 30H 和 31H 中，差的低字节和高字节分别存放在 50H 和 51H 单元中。

解：

```
MOV     A,40H       ;被减数低字节送 A
CLR     C           ;Cy 清零
SUBB    A,30H       ;低位字节相减
MOV     50H,A       ;低位字节的差送入 50H
MOV     A,41H       ;被减数高字节送入 A
SUBB    A,31H       ;高字节相减
MOV     51H,A       ;高字节差送入 51H
```

4. 十进制调整指令（1 条）

十进制调整指令是一条专门用于对 8421 BCD 码加法结果的调整指令，它跟在加法指令

ADD 或 ADDC 后面，对 BCD 码数的运算结果进行 BCD 码修正。因为压缩的 BCD 码存在 6 个无效码，BCD 加法时，若结果进入无效码区，会出现错误结果，使用十进制调整指令可以使运算结果调整为压缩的 BCD 码数，以完成十进制加法运算功能。十进制调整指令格式如表 3.15 所示。

表 3.15　十进制调整指令表

汇编语言指令	机器码	指令功能	指令字节数	机器周期数
DA　A	1101　0100	将 A 的内容调整为正确的 BCD 码	1	1

注：DA　A 指令对 PSW 中除 OV 之外的所有标志位均有影响。

BCD 码调整的原则为：① 若累加器 A 的低 4 位大于 9 或(AC)=1，则(A)=(A)+06H；② 若累加器 A 的高 4 位大于 9 或(Cy)=1，则(A)=(A)+60H；③ 若累加器 A 的低 4 位和高 4 位都大于 9 或(AC)和(Cy)都等于 1，则(A)=(A)+66H。

另外，十进制调整指令不能对减法指令进行修正。BCD 码减法必须采用 BCD 补码运算法则，变减法为补码加法（被减数+减数的补码，单字节减数的补码=9AH−减数），然后对其进行十进制调整来实现。

例 3.12　试编写程序求 68H 和 99H 这两个数的 BCD 码之和。

解：
```
MOV     A,#68H          ;(A)=68H
MOV     R0,#99H         ;(R0)=99H
ADD     A,R0            ;未调整时(A)=01H,(Cy)=1,(AC)=1
DA      A               ;调整之后(A)=67H,(Cy)=1,结果为 167,正确
```

5. 加 1 指令（5 条）

加 1 指令又称为增量指令，其功能是使操作数所指定单元的内容加 1，指令格式如表 3.16 所示。

表 3.16　加 1 指令表

汇编语言指令	机器码	指令功能	指令字节数	机器周期数
INC　A	0000 0100	A←(A)+1	1	1
INC　direct	0000 0101 direct	direct←(direct)+1	2	1
INC　Rn	0000 1rrr	Rn←(Rn) +1	1	1
INC　@Ri	0000 011i	(Ri)←((Ri))+1	1	1
INC　DPTR	1010 0011	DPTR←(DPTR)+1	1	2

注：INC 指令除对累加器 A 操作影响 P 标志位外，其他操作均不影响 PSW 的各标志位。

例 3.13　将 50H，51H 单元的内容清零。

解：
```
MOV     R0,#50H         ;给 R0 赋值
MOV     @R0,#00H        ;利用间址寻址,把 50H 单元清零
INC     R0              ;(R0)=51H
MOV     @R0,#00H        ;把 51H 单元清零
```

6. 减 1 指令（4 条）

减 1 指令又称为减量指令，其功能是使操作数所指定的单元的内容减 1，指令格式如表 3.17 所示。

表 3.17 减 1 指令表

汇编语言指令	机器码	指令功能	指令字节数	机器周期数
DEC A	0001 0100	A←(A)–1	1	1
DEC direct	0001 0101 direct	direct←(direct) –1	2	1
DEC Rn	0001 1rrr	Rn←(Rn) –1	1	1
DEC @Ri	0001 011i	(Ri)←((Ri)) –1	1	1

注：DEC 指令除对累加器 A 操作影响 P 标志位外，其他操作均不影响 PSW 的各标志位。

例 3.14 编程实现 DPTR 减 1 的运算。

解： 由于减 1 指令中没有 DPTR 减 1 的指令，因此需要将 DPTR 拆分为 DPH 和 DPL 来进行操作。

```
CLR     C               ;将 Cy 清零
MOV     A,DPL           ;将数据指针的低 8 位送入 A
SUBB    A,#01H          ;将 A 的内容减 1 送入 A
MOV     DPL,A           ;将 A 的内容减 1 送入 DPL
MOV     A,DPH           ;将数据指针的高 8 位送入 A
SUBB    A,#00H          ;将 A 的内容减 0,再减去低位的借位送入 A
MOV     DPH,A           ;将 A 中得到的最终结果送入 DPH
```

7. 乘除指令（2 条）

乘除指令实现乘法或除法操作，这两条指令是 MCS-51 指令系统中执行时间最长的指令，各占 4 个机器周期。一条乘法指令只能完成 2 个 8 位无符号数相乘，乘数和被乘数分别放在 A 和 B 寄存器中，乘积的高 8 位放在 B 寄存器中、低 8 位放在累加器 A 中；一条除法指令只能完成 2 个 8 位无符号数相除，被除数和除数分别存放在 A 和 B 寄存器中，商存放在 A 中，余数存放在 B 中。指令格式如表 3.18 所示。

表 3.18 乘除指令表

汇编语言指令	机器码	指令功能	指令字节数	机器周期数
MUL AB	1010 0100	(B)(A)←(A) × (B)	1	4
DIV AB	1000 0100	(A)←(A)/(B) (B)←(A)mod(B)	1	4

注：乘除指令影响 PSW 的 P，OV 和 Cy 标志位，Cy 总是被清零的。乘法运算中，若乘积大于 0FFH，则 OV=1；除法运算中，若除数为 0，则 OV=1。

3.3.3 逻辑运算和移位指令

常用的逻辑运算和移位类指令有：逻辑与、逻辑或、逻辑异或、循环移位、清零、求反等指令，它们的操作数都是 8 位的。逻辑运算都是按位进行的，除用于逻辑运算外，还可用于模拟各种数字逻辑电路的功能，进行逻辑电路的设计。逻辑运算和移位指令中，除了以 A 为目的操作数的指令影响 P 标志位以及带进位的循环移位指令影响 Cy 和 P 之外，其余均不影响 PSW 各标志位。

1. 逻辑与运算指令（6 条）

本指令能实现两个操作数的逻辑与，逻辑与的规则为“见 0 为 0，全 1 为 1”。指令格式如表 3.19 所示。

表 3.19 逻辑与运算指令表

汇编语言指令	机器码	指令功能	指令字节数	机器周期数
ANL A ,#data	0101 0100 data	A←(A) ∧ data	2	1
ANL A, direct	0101 0101 direct	A←(A) ∧ (direct)	2	1
ANL A, Rn	0101 1rrr	A←(A) ∧ (Rn)	1	1
ANL A, @Ri	0101 011i	A←(A) ∧ ((Ri))	1	1
ANL direct ,A	0101 0010 direct	direct←(A) ∧ (direct)	2	1
ANL direct,#data	0101 0011 direct data	direct←(direct) ∧ (data)	3	2

逻辑与运算主要可以使操作数的某些位不变（同“1”与），某些位清零（同“0”与）。

例 3.15 取 P1 口的 D0，D4 位，结果存放到 30H 单元

解：

```
MOV   P1,#11H     ;P1.0,P1.4 口写 1
MOV   A,P1        ;读 P1 口的值
ANL   A,#11H      ;另 P1.0,P1.4 口不变,其余位清零
MOV   30H,A       ;结果存放到 30H 单元
```

2. 逻辑或运算指令（6 条）

本指令能实现两个操作数的逻辑或，逻辑或的规则为“见 1 为 1，全 0 为 0”。指令格式如表 3.20 所示。逻辑或运算主要可以使操作数的某些位不变（同“0”或），某些位置 1（同“1”或）。

表 3.20 逻辑或运算指令表

汇编语言指令	机器码	指令功能	指令字节数	机器周期数
ORL A, #data	0100 0100 data	A←(A) ∨ data	2	1
ORL A, direct	0100 0101 direct	A←(A) ∨ (direct)	2	1
ORL A, Rn	0100 1rrr	A←(A) ∨ (Rn)	1	1
ORL A, @Ri	0100 011i	A←(A) ∨ ((Ri))	1	1
ORL direct, A	0100 0010 direct	direct←(A) ∨ (direct)	2	1
ORL direct, #data	0100 0011 direct data	direct←(direcst) ∨ (data)	3	2

例 3.16 将 P1 口输入的低 3 位信号，与 P2 口输入的高 5 位合并成一个字节，然后从 P3 口输出，试编程实现之。

解：

```
MOV   P1,#0FFH    ;P1 口为准双向口,做输入时先置 1
MOV   P2,#0FFH    ;P2 口为准双向口,做输入时先置 1
MOV   A,P1        ;读 P1 口的值
ANL   A,#07H      ;屏蔽 P1 口高 5 位,取低 3 位
MOV   R1,A        ;将结果暂存如 R1
MOV   A,P2        ;读 P2 口的值
ANL   A,#0F8H     ;屏蔽 P2 口低 3 位,取高 5 位
ORL   A,R1        ;组合 P1 口的低 3 位和 P2 口的高 5 位
MOV   P3,A        ;结果从 P3 口输出
```

3. 逻辑异或运算指令（6 条）

本指令能实现两个操作数的逻辑异或，逻辑异或的规则为“同为 0，异为 1”。指令格式如表 3.21 所示。

表 3.21　逻辑异或运算指令表

汇编语言指令	机器码	指令功能	指令字节数	机器周期数
XRL　A, #data	0100　0100 data	A←(A) ⊕ data	2	1
XRL　A, direct	0110 0101 direct	A←(A) ⊕ (direct)	2	1
XRL　A, Rn	0110　1rrr	A←(A) ⊕ (Rn)	1	1
XRL　A, @Ri	0110　011i	A←(A) ⊕ ((Ri))	1	1
XRL　direct, A	0110 0010 direct	direct←(A) ⊕ (direct)	2	1
XRL　direct, #data	0110 0011 direct　data	direc←(direct) ⊕ (data)	3	2

逻辑异或运算可以实现某些位取反（同“1”异或），某些位不变（同“0”异或）。

4. 循环移位指令（4 条）

MCS-51 单片机的循环移位指令共有不带进位的循环左、右移位（助记符为 RL, RR）和带进位的循环左、右移位（助记符为 RLC, RRC）指令 4 条，它们都只能对累加器 A 进行移位，移位指令可以实现乘法或除法（左移一位相当于乘 2，右移一位相当于除 2），其指令格式如表 3.22 所示。

例 3.17　对存放在 R1R0 的 16 位数（高 8 位在 R1 中）右移一位，最高位补“1”

解：
```
MOV     A,R1        ;读取高 8 位的值
SETB    C           ;值 Cy 为 1
RRC     A           ;循环右移,最高位为 1
MOV     R1,A        ;把右移后的结果给高 8 位
MOV     A,R0        ;读取低 8 位的值
RRC     A           ;循环右移,最低位给 Cy
MOV     R0,A        ;结果给低 8 位
```

表 3.22　循环移位指令表

汇编语言指令	机器码	指令功能	指令字节数	机器周期数
RL　A	0110 0011	A_{n+1}←(A_n)(n=0～6),A_0←(A_7)	1	1
RR　A	0000 0011	A_n←(A_{n+1})(n=0～6),A_7←(A_0)	1	1
RLC　A	0011 0011	A_{n+1}←(A_n)(n=0～6),Cy←(A_7), A_0←(Cy)	1	1
RRC　A	0001 0011	(A_n)←(A_{n+1})(n=0～6), A_7←(Cy), Cy←(A_0)	1	1

5. 累加器清零与取反指令（2 条）

在 MCS-51 指令系统中，专门提供了累加器 A 的清零和取反指令，利用取反，可以进行求补操作，即对要求补的数先取反再加 1。累加器清零和取反指令均是单字节单周期指令，与逻辑运算或数据传送实现累加器 A 清零或取反相比，效率较高，而且节约存储空间。其指令格式如表 3.23 所示。

表 3.23　累加器清零与取反指令表

汇编语言指令	机器码	指令功能	指令字节数	机器周期数
CLR　A	1110 1100	A←0	1	1
CPL　A	1111 0100	$A\leftarrow(\overline{A})$	1	1

3.3.4　控制转移指令

计算机在运行的过程中，一般通过程序计数器 PC 的自动加 1 实现顺序执行，有时候对于较复杂的操作，需要通过强迫改变 PC 值的方法来进行程序的分支转移，这就需要用到控制转移指令。控制转移指令的功能就是通过改变程序计数器 PC 中的内容，控制程序执行的流程，实现程序分支转向，MCS-51 单片机提供了 17 条控制转移指令。这些控制转移指令中，除了 CJNE 影响 PSW 的进位标志位 Cy 外，其余均不影响 PSW 的各标志位。

1. 无条件转移指令（4 条）

无条件转移指令就是提供不需要条件的程序转移，共有 4 条，指令格式如表 3.24 所示。

表 3.24　无条件转移指令表

汇编语言指令	机器码	指令功能	指令字节数	机器周期数
LJMP　addr16	0000 0010 $addr_{15\sim8}$ $addr_{7\sim0}$	PC←$addr_{15\sim0}$	3	2
AJMP　addr11	$A_{10}A_9A_8$0 0001 $A_7\sim A_0$	PC←(PC)+2,$PC_{10\sim0}$←addr11	2	2
SJMP　rel	1000 0000　rel	PC←(PC)+rel	2	2
JMP　@A+DPTR	0111 0011	PC←(DPTR)+(A)	1	2

（1）长转移指令（LJMP　addr16）

长转移指令提供了 16 位的目标转移地址，其功能是把指令码中的 16 位转移目标地址送入 PC，因此这条指令可以跳转到 64KB ROM 的任意位置。为了方便，程序中 addr16 通常采用符号地址表示，汇编时再被汇编成 16 位二进制地址，所以该指令的使用格式通常为：

```
LJMP    标号
```

例 3.18　编写初始化程序，使单片机复位后自动执行 MAIN 主程序，已知 MAIN 主程序存放在 ROM8000H 处。

解：

```
        ORG     0000H
        LJMP    MAIN
        ORG     8000H
MAIN:   …
```

（2）绝对转移指令（AJMP　addr11）

这条指令可以在该指令的下一条指令的同一个 2KB 区域（2^{11}）内跳转。$PC_{15}\sim PC_{11}$ 用于把 64KB 的 ROM 划分为 32 个区域，相当于 32 个页（每页 2KB，由 $PC_{10}\sim PC_0$ 确定）。指令执行时，用指令码中的 11 位地址替换当前 PC 值（AJMP 的下一条指令的地址）的低 11 位，当前 PC 值的高 5 位确定了是哪一页，替代后的低 11 位代表了该页的页内地址，在实际程序设计中，addr11 也常用标号代替，程序汇编时再被自动汇编成对应的 11 位地址。该指令的使用格式通常为：

```
AJMP    标号
```

例 3.19　分析下面绝对转移指令的执行情况。

设标号 NEXT 的地址为 0010 0101 1000 0111。

```
          ORG     2000H
MAIN:     AJMP    NEXT
```

解：指令 AJMP 执行前：(PC)=MAIN 的标号地址(2000H)；指令 AJMP 执行时：

① (PC)=0010 0000 0000 0010B；

② 用标号 NEXT 地址的低 11 位地址取代当前 PC 的低 11 位，得转移目标地址 = 0010 01011000 0111(2587H)。

即程序将转到 2587H 处去执行。

（3）相对（短）转移指令（SJMP　rel）

执行本指令时，转移的目标地址为(PC)=(PC)+rel，rel 是一个用补码表示的 8 位带符号二进制数，范围为–128～+127，负数表示向前（地址变小方向）转移，正数表示向后（地址变大方向）转移。程序中，rel 常用符号地址表示，因此，该指令的常用格式为：

```
SJMP  标号
```

机器汇编时由汇编程序自动计算出 rel 的值，手工汇编时，需要人工计算 rel 的值：

rel=目标标号的地址–当前的 PC 值（SJMP 指令的下一条指令的地址）。

这条指令的优点是只给出相对的转移地址，不具体指出地址值，这样，当程序地址发生变化时，只要相对地址不发生变化，该指令就不需要做任何改动。

例 3.20　指出下面转移指令执行后程序跳转的位置。

```
ORG     24A5H
SJMP    30H
```

解：偏移量 rel 为正数，因此程序向后转移，转移目标地址为(PC)+rel=24A7H+30H=24D7H，故程序转移到 24D7H 处开始执行。

（4）间接（散）转移指令（JMP　@A+DPTR）

这条指令的功能是把累加器 A 中的 8 位无符号数与数据指针 DPTR 中的 16 位数相加，其结果送入 PC，作为转移的目标地址，利用这条指令能实现程序的散转。

例 3.21　分析下面程序的执行过程。

```
        MOV     DPTR,#TAB      ;将 TAB 所代表的地址送入 DPTR
        MOV     A,R1           ;从 R1 中取数送入 A
        MOV     B,#2           ;给 B 赋值为 2
        MUL     AB             ;A 中的数(即原来 R1 中的数)乘以 2
        JMP     @A+DPTR        ;跳转
TAB:    SJMP    S0             ;跳转表格,S0 处理程序
        SJMP    S1             ;S1 处理程序
        SJMP    S2             ;S2 处理程序
```

解：下面分析本程序的执行过程。

第 1 句执行完之后，DPTR 中的值就是 TAB 的首地址；

第 2 句是从 R1 获得一个值，假设这个值为按键处理程序获得的键值，比如按下第 1 个

键，键值为 0，需执行 S0 处理程序；按下第 2 个键，键值为 1，需执行 S1 处理程序……以此类推。假设按下的是第 3 个键，则从 R1 中取到的键值为 2；

执行第 3 句、第 4 句指令之后，A 中的值为键值的 2 倍（每条 SJMP 指令占 2 字节，所以乘以 2，若将 SJMP 改为 LJMP，则需要乘以 3），即(A)=4；

接着执行第 5 句，程序将跳转到(DPTR)+(A)=TAB 标号地址+4 处执行，由于 SJMP 指令为 2 字节指令，所以程序跳至 SJMP S2 处执行，这即是键 3 的处理程序。

由此可见，散转指令可以在不需要判断的情况下实现程序的多分支转移。

在编程中，经常使用短转移指令 SJMP 和绝对转移指令 AJMP，以便生成浮动代码。另外，MCS-51 单片机无专用的停机指令，若要求动态停机可用 SJMP 指令，常用方法有以下两种。

方法 1：HERE :SJMP HERE

方法 2：SJMP $

2. 条件转移指令（8 条）

条件转移指令的功能就是在规定的条件满足时进行程序转移，否则程序往下顺序执行。MCS-51 单片机中，条件转移指令有累加器 A 判零转移指令、比较转移指令和减 1 不为 0 转移指令（循环控制指令）等，下面分别介绍。

（1）累加器 A 判零转移指令（2 条）

指令格式如表 3.25 所示。

表 3.25 累加器 A 判零转移指令表

汇编语言指令	机器码	指令功能	指令字节数	机器周期数
JZ rel	0110 0000 rel	若(A)=0,则转移(PC)←(PC)+rel； 若(A)≠0,则顺序执行	2	2
JNZ rel	0111 0000 rel	若(A)≠0,则(PC)←(PC)+rel； 若(A) =0,则顺序执行	2	2

rel 的取值范围是−128～+127（用补码表示），实际编程时可以采用符号地址表示，即 Jxx 标号，其中的 xx 与具体的条件转移指令相关。

偏移量 rel 的计算方法：rel = 转移目标地址−当前 PC 的值（该指令的下一条指令的地址）

例 3.22 判 P1 口有无数据输入，若有则把 P1 口数据送内部 RAM50H 单元，若无数据输入，则送 0 到内部 60H 单元。

```
MAIN:   MOV     P1,#0FFH      ;P1 口准双向口,读端口前先置 1
        MOV     A,P1          ;读取 P1 口的值至 A
        CPL     A             ;A(P1 口的值)取反
        JZ      ZERO          ;若(A)=0,则 P1 口无输入,转移到 ZERO 处执行
        MOV     50H,A         ;(A)不为 0,数据存入内 RAM 50H 单元
        AJMP    LOOP          ;跳转
ZERO:   MOV     60H,A         ;无数据输入,则 0 送入 60H
LOOP:   SJMP    $             ;停机
        END                   ;源程序结束
```

（2）比较转移指令（4 条）

比较转移指令是对两个操作数进行比较，若它们不相等则转移，共有 4 条指令，指令格式如表 3.26 所示。

表 3.26　比较转移指令表

汇编语言指令	机器码	指令功能	指令字节数	机器周期数
CJNE　A, direct, rel	10110101 direct rel	若(A)=(direct),则顺序执行； 若(A)>(direct),则(PC)←(PC)+rel,Cy= 0； 若(A) <(direct),则(PC)←(PC)+rel,Cy= 1	3	2
CJNE　A, #data, rel	1011 0100 data rel	若(A)=data,则顺序执行； 若(A)>data,则(PC)←(PC)+rel,Cy= 0； 若(A) <data,则(PC)←(PC)+rel,Cy= 1	3	2
CJNE　Rn, #data, rel	1011 1rrr data rel	若(Rn)=data,则顺序执行； 若(Rn)>data,则(PC)←(PC)+rel,Cy= 0； 若(Rn) <data,则(PC)←(PC)+rel,Cy= 1	3	2
CJNE　@Ri,#data,rel	1011 011i data rel	若((Ri))=data,则顺序执行； 若((Ri))>data,则(PC)←(PC)+rel,Cy= 0； 若((Ri))<data,则(PC)←(PC)+rel,Cy= 1	3	2

rel 的取值范围是–128～+127（用补码表示），通过采用符号地址表示，即：CJNZ oprd1,oprd2,标号。

比较是通过两操作数的减法实现的，影响 Cy 标志位，但不保存最后的差值，即比较后两个操作数的内容不变；若用比较转移指令比较两个有符号数，则单纯看 Cy 的值是无法比较这两个数大小的，需先判断其符号位，在符号位相同的情况下可以按照比较条件产生的 Cy 值进一步判断大小。

（3）减 1 不为 0 转移指令（循环控制指令）（2 条）

循环转移指令是通过对寄存器或地址单元的数据进行减 1 并判断减 1 后是否为 0 进行转移的指令，主要用于循环程序当中，实现对循环次数的控制，指令格式如表 3.27 所示。

表 3.27　减 1 不为 0 转移指令表

汇编语言指令	机器码	指令功能	指令字节数	机器周期数
DJNZ　Rn, rel	1101 1rrr rel	(Rn)←(Rn)–1,若(Rn)≠0 则 (PC) ←(PC)+rel 若(Rn)=0 则顺序执行	2	2
DJNZ　direct,rel	1101 0101 direct rel	(direct)←(direct) –1,若(direct)≠0 则(PC) ←(PC)+rel 若(direct)=0 则顺序执行	3	2

减 1 不为 0 转移指令在执行时，先将操作数内容减 1，并保存减 1 后的结果，然后对该结果进行判断，若为 0 则跳转，否则顺序执行。

例 3.23　编程计算 1+2+3+……+10 的值。

解：本题目为自然数依次相加，从 1 加到 10，故可以用循环指令来控制循环次数。

程序如下：

```
        MOV     R0,#10      ;设置循环次数,也即加数的最大值
        CLR     A           ;累加器清零
        CLR     C           ;进位标志位清零
LOOP:   ADDC    A,R0        ;循环体,R0 中的值加之前的运算和,并存入 A
        DJNZ    R0,LOOP     ;控制循环次数
        SJMP    $           ;结束
```

3. 子程序调用与返回指令（4 条）

在程序编写时，有时候会需要一些执行相同操作的程序段，为了减少编写和调试的工作量，人们常常把这些程序段定义为子程序。在程序运行时，可以通过调用指令来调用并执行

子程序；子程序执行完后，再用返回指令从子程序返回到主程序。

子程序可以嵌套，即在一个子程序执行过程中可以调用另外的子程序，形成子程序的嵌套；嵌套的子程序返回时，先返回后调用的程序，再返回先调用的程序，保证调用指令和返回指令成对出现。子程序嵌套有利于模块化程序设计。主程序与子程序之间的调用关系如图 3.10 所示，两级子程序嵌套的示意图如图 3.11 所示。

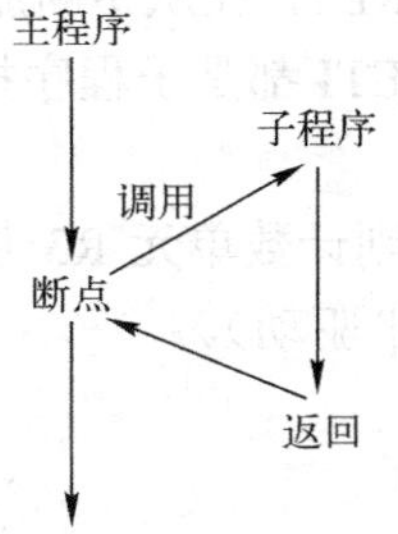

图 3.10 主程序与子程序关系图

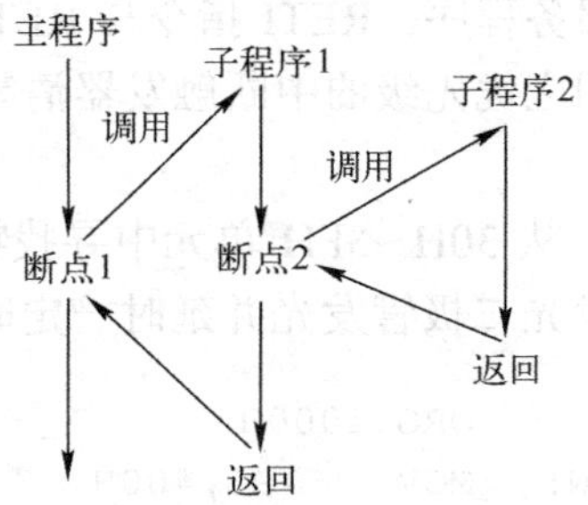

图 3.11 子程序嵌套示意图

为了实现子程序的完整调用，子程序调用指令和返回指令必须成对出现。子程序调用指令在主程序中使用，在需要调用子程序时，调用指令能自动把程序 PC 的当前值（断点地址）保护到堆栈中，并将子程序入口地址自动送入程序计数器 PC 中，从而使程序转去执行子程序；子程序执行完后，需要执行子程序返回指令，它是子程序中最后执行的一条指令，返回指令能自动把堆栈中的断点地址送入 PC，使程序能自动返回到主程序中调用指令的下一条指令处（即断点处）。

子程序调用和返回指令格式如表 3.28 所示。

表 3.28 子程序调用和返回指令表

汇编语言指令	机器码	指令功能	指令字节数	机器周期数
LCALL addr16	0001 0010 $addr_{15\sim8}$ $addr_{7\sim0}$	(PC)←(PC)+3,SP←(SP)+1,(SP)←$(PC)_{7\sim0}$; SP←(SP)+1,(SP)←$(PC)_{15\sim8}$,$(PC)_{15\sim0}$←addr16	3	2
ACALL addr11	$A_{10\sim8}$10001 $A_{7\sim0}$	(PC)←(PC)+2,SP←(SP)+1，(SP)←$(PC)_{7\sim0}$ SP←(SP)+1,(SP)←$(PC)_{15\sim8}$,$(PC)_{10\sim0}$←addr11	2	2
RET	0010 0010	$(PC)_{15\sim8}$←((SP)),SP←(SP) −1, $(PC)_{7\sim0}$←((SP)), SP←(SP) −1	1	2
RETI	0011 0010	$(PC)_{15\sim8}$←((SP)), SP←(SP) −1, $(PC)_{7\sim0}$←((SP)) , SP←(SP) −1	1	2

在使用子程序调用和返回指令时，子程序调用时应注意入口参数的设置，子程序返回时应注意出口参数的传递。

（1）长调用指令 LCALL

长调用指令，用于调用存放在 64KB 空间任意地方的子程序，本指令不影响 PSW 的各标志位。使用格式为：LCALL 标号（标号即为子程序名）。

（2）绝对调用指令 ACALL

该指令的调用范围为 2KB，执行该指令时共完成 2 项操作：① 断点保护，即通过自动入栈，把断点地址（(PC) +2 的值）保存起来；② 构造目的地址，即用 addr11 代替当前 PC 的低 11 位，而 PC 的高 5 位不变。

使用 ACALL 指令时需注意，子程序必须存放在该指令的下一条指令的第一个字节开始的 2KB 范围内，即同一页内。该指令的使用格式为：ACALL 标号（标号即为子程序名）。

（3）子程序返回指令 RET

该指令与子程序调用指令成对出现，其功能是从堆栈中取出断点地址，送入PC，使主程序从断点（调用指令的下一条指令）处继续执行。

（4）中断返回指令 RETI

中断服务程序是一种特殊的子程序，它是在计算机响应中断时，由硬件完成调用而进入相应的中断服务程序。RETI 指令与 RET 指令相似，区别在于 RETI 在从中断服务程序返回时，还要对相应优先级的中断触发器清零。无论是 RET 还是 RETI 都是子程序执行的最后一条指令。

例 3.24 从 30H～3FH 单元中寻找特征字 80H，如找到，则计数单元 R3 加 1，同时使 P1.0 口驱动发光二极管发光并延时一定时间（发光二极管低电平驱动）。

解：

```
          ORG  1000H
MAIN:     MOV    R3,#00H          ;计数单元清零
          MOV    R1,#10H          ;设置查找单元个数
          MOV    R0,#30H          ;设置查找单元首地址
BIJIAO:   CJNE   @R0,#80H,LOOP    ;从第一个单元开始与特征字比较
          INC    R3               ;若找到特征字,则计数单元加 1
          CLR    P1.0             ;驱动发光二极管发光
          LCALL  DELAY            ;调用延时字程序
          SETB   P1.0             ;发光二极管灭
LOOP:     INC    R0               ;查找单元地址加 1
          DJNZ   R1,BIJIAO        ;是否查找结束,若没有结束,则从下个单元接着找
          SJMP   $                ;查找完,"原地踏步"
DELAY:    MOV    R7,#200          ;延时子程序
D1:       MOV    R6,#250          ;设置内循环次数
D2:       DJNZ   R6,D2            ;内循环
          DJNZ   R7,D1            ;外循环转移语句
          RET                     ;子程序返回
          END                     ;程序结束
```

4. 空操作指令

空操作指令的汇编语言格式如表 3.29 所示。

表 3.29 空操作指令表

汇编语言指令	机器码	指令功能	指令字节数	机器周期数
NOP	0000 0000	PC←PC+1,空操作	1	1

空操作指令不进行任何操作，但要占一个字节的空间，执行时要占用一个机器周期，多用于延时等待或在抗干扰设计中做指令冗余，以提高软件的可靠性。

3.3.5 位操作指令

位操作指令的操作对象不是字节，而是某个可寻址的位，由于位的取值只能是 0 或 1，故位操作指令又称为布尔变量操作指令。位操作指令操作的对象为片内 RAM 的 128 个可寻址的位和 SFR 中 11 个可位寻址的特殊功能寄存器中的 82 个可寻址位。

位操作指令以进位标志 Cy 作为位累加器（C），可以实现布尔变量的传送、运算和控制转移等功能。

1. 位数据传送指令（2 条）

位数据传送可以在可寻址位与位累加器 C 之间进行，以 C 做中介可以实现两个位之间的数据传送，指令格式如表 3.30 所示。

表 3.30　位数据传送指令表

汇编语言指令	机器码	指令功能	指令字节数	机器周期数
MOV　C ,bit	1010 0010 bit	C← (bit)	2	1
MOV　bit , C	1001 0010 bit	bit ← (C)	2	1

2. 位状态控制指令（4 条）

位状态控制主要是对位置位或复位，其指令格式如表 3.31 所示。

表 3.31　位状态控制指令表

汇编语言指令	机器码	指令功能	指令字节数	机器周期数
CLR　C	1100 0011	C ← 0	1	1
CLR　bit	1100 0010 bit	bit ← 0	2	1
SETB　C	1101 0011	C ← 1	1	
SETB　bit	1101 0010 bit	bit ← 1	2	1

3. 位逻辑操作指令（6 条）

位逻辑操作有位与、位或、位异或、位取反等，除了位取反指令 CPL bit 外，其余指令均以位累加器 C 为目的操作数，执行结果存入 C，原位的内容不发生变化。指令格式如表 3.32 所示。

表 3.32　位逻辑操作指令表

汇编语言指令	机器码	指令功能	指令字节数	机器周期数
ANL　C ,bit	1000 0010 bit	C ←(C) ∧ (bit)	2	2
ANL　C ,/bit	1011 0000 bit	C ←(C) ∧ $\overline{\text{(bit)}}$	2	2
ORL　C,bit	0111 0010 bit	C ←(C) ∨ (bit)	2	2
ORL　C ,/bit	1010 0000 bit	C ←(C) ∨ (bit)	2	2
CPL　C	1011 0011	C ← $\overline{\text{(C)}}$	1	2
CPL　bit	1011 0010 bit	(bit) ← $\overline{\text{(bit)}}$	2	2

位逻辑操作指令除了用于位逻辑操作外，还可用于对组合逻辑电路的模拟。采用位操作指令进行组合逻辑电路的设计比采用字节型逻辑指令更节约存储空间，运算操作十分方便。

例 3.25　设 x, y, z 为不同的位地址，编程实现(z)=(x) ⊕ (y)

解：

MOV　C,y　　;(C)=(y)
ANL　C,/x　　;(C)=(y) ∧ ($\overline{x}$)
MOV　z,C　　;(z)=(C)=(y) ∧ ($\overline{x}$)
MOV　C,x　　;(C)=(x)
ANL　C,/y　　;(C)=(x) ∧ ($\overline{y}$)

```
ORL     C,z      ;(C)=(y)∧(x̄)+(x)∧(ȳ)
MOV     z,C      ;(z)=(y)∧(x̄)+(x)∧(ȳ)=(x)⊕(y)
```

4. 位条件（控制）转移指令（5条）

位条件（控制）转移指令和前面介绍过的条件转移指令类似，只不过是以位的状态作为程序转移的判断条件，可以使程序设计更加方便、灵活。指令格式如表3.33所示。但通常在使用时的格式为：Jxxx　标号，其中xxx与具体的位转移指令相关。

表 3.33　位条件转移指令表

汇编语言指令	机器码	指令功能	指令字节数	机器周期数
JC　rel	0110 0000 rel	若(C)=1，则转移(PC)←(PC)+rel；否则顺序执行	2	2
JNC　rel	0101 0000 rel	若(C)=0，则转移(PC)←(PC)+rel；否则顺序执行	2	2
JB　bit , rel	0010 0000 bit rel	若(bit)=1，则转移(PC)←(PC)+rel；否则顺序执行	3	2
JNB　bit , rel	0011 0000 bit rel	若(bit)=0，则转移(PC)←(PC)+rel；否则顺序执行	3	2
JBC　bit , rel	0001 0000 bit rel	若(bit)=1，则转移(PC)←(PC)+rel,且(bit)←0；否则顺序执行	3	2

例 3.26　求出内RAM30H单元中的数据含1的个数，并将结果存入31H单元。

解：

```
        CLR     C           ;C清零
        MOV     R2,#8       ;设置循环次数
        MOV     R1,#00      ;计数单元清零
        MOV     A,30H       ;把30H单元内容读入A
LOOP:   RRC     A           ;执行带进位的右循环,使(ACC.0)送入Cy中
        JNC     NEXT        ;判断Cy中是否为1,若不为1则转至NEXT
        INC     R1          ;若Cy为1,则令计数单元内容加1
NEXT:   DJNZ    R2,LOOP     ;判断是否够8次,若不够则继续执行移位
        MOV     31H,R1      ;将计数结果送入31H单元
        SJMP    $           ;停机
        END                 ;结束
```

本 章 小 结

本章主要介绍了单片机的寻址方式、指令系统常用符号及MCS-51单片机的指令系统。重点在于寻址方式以及各种指令的灵活应用，难点在于各种控制转移指令和位操作指令的理解和应用。

本章主要内容如下：

（1）MCS-51单片机共有7种寻址方式，对每一种寻址方式，需要掌握其工作原理，即在指令执行时寻找操作数的过程。另外转移指令中偏移量rel，转移地址addr11、addr16等在实际编程时都可以用标号来代替，不需要手动计算偏移量，汇编时由汇编程序自动计算。

（2）MCS-51单片机指令的格式，由[标号：] 操作码 [操作数] [,操作数] [；注释]几个部分组成，其中带[ ]的表示可有可无的，不同的指令可能操作数的有无或者个数不同，但是对任何指令而言，操作码都是必不可少的，它代表着指令的操作性质。

（3）MCS-51 单片机的指令系统组成。MCS-51 单片机指令系统一共有 111 条指令，是由助记符和操作数的各种寻址方式组合而成，包含了数据传送、算术运算、逻辑运算、控制转移、位操作等功能，要掌握每一类指令的助记符及其功能，并根据实际的需要灵活应用。在实际使用当中，往往需要把各种功能的指令融合到一起完成某个特定的功能，因此，必须熟练掌握这些基本的指令及其用法。

习题与思考题

一、选择题

1．将累加器中的数据送到片外 RAM 40H 单元，可执行指令（　）。

A．MOVX　40H,A　　B．MOV　R0,#40H

C．MOV　R6,#40H　　D．MOV　R0,#40H
　　MOVX　@R6,A　　　　MOVX　@R0,A

2．下列符号中只有（　　）是正确的 MCS-51 指令。

A．PUSH　R0　　B．PUSH　40H　　C．POP　@R0　　D．POP　#40H

3．对程序存储区数据进行传送，应采用的助记符为（　　）。

A．MOV　　B．MOVX　　C．MOVC　　D．PUSH

4．下列转移范围是 2KB 的控制转移指令是（　　）。

A．SJMP　rel　　B．LJMP　addr16　　C．AJMP　addr11　D．JMP　@A+DPTR

5．执行以下程序段后，A 和 B 的内容为（　　）。

```
MOV     SP,#3AH
MOV     A,#20H
MOV     B,#30H
PUSH    ACC
PUSH    B
POP     ACC
POP     B
```

A．20H，30H　　B．30H，20H　　C．3AH，30H　　D．3AH，3AH

6．假定(A)=83H，(R0)=17H，(17H)=34H，执行以下程序段后，A 的内容为（　）。

```
ANL     A,#17H
ORL     17H,A
XRL     A,@R0
CPL     A
```

A．0CBH　　B．03H　　C．0EBH　　D．0C8H

7．下列指令中画线部分操作数属于寄存器寻址方式的有（　　）。

A．MOV 30H, <u>Acc</u>　　B．MOV　30H, <u>C</u>

C．MOV 30H, <u>P0</u>　　D．INC <u>DPL</u>

8．下列指令中可能改变 Cy 的有（　　）。

A．CLR　A　　B．INC　A　　C．CPL　A　　D．RLC　A

9．在 CPU 内部，反映程序运行状态或反映运算结果的特征寄存器是（　　）。

A．PC　　B．PSW　　C．A　　D．SP

10．AJMP 指令的跳转范围是（　）。

A．256B　　B．1KB　　C．2KB　　D．64KB

11．下列指令中正确的是（　）。

A．MOV　P2.1, A　　B．JBC　TF0, L1

C．MOVX　B, @DPTR　　D．MOV　A, @R3

12．下列指令中错误的是（　　）。

A．SETB　50H.0　　B．MOV　A, B

C．JNC　LOOP　　D．SUBB　A, R0

13．数据指针 DPTR 在（　）中。

A．CPU 控制器　　B．CPU 运算器

C．外部程序存储器　　D．外部数据存储器

14．单片机应用程序一般存放在（　　）。

A．RAM　　B．ROM　　C．寄存器　　D．CPU

15．8031 复位后，PC 与 SP 的值为（　　）。

A．0000H，00H　　B．0000H，07H

C．0003H，07H　　D．0800H，00H

16．单片机的堆栈指针 SP 始终是（　）。

A．指示堆栈底　　B．指示堆栈顶　　C．指示堆栈地址　　D．指示堆栈长度

17．下列指令中错误的是（　　）。

A．MOV　A, R4　　B．MOV　20H, R4

C．MOV　R4, R3　　D．MOV　@R1, R1

18．下列指令中不影响标志位 Cy 的指令有（　　）。

A．ADD　A, 20H　　B．MOV　20H,C

C．RRC　A　　D．INC　A

19．LJMP 跳转空间最大可达到（　　）

A．2KB　　B．256B　　C．128B　　D．64KB

20．设累加器 A 的内容为 0C9H，寄存器 R2 的内容为 54H，Cy=1，执行指令 SUBB A, R2 后结果为（　）。

A．(A)=74H　　B．(R2)=74H　　C．(A)=75H　　D．(R2)=75H

21．设(A)=0C3H，（R0）=0AAH，执行指令 ANL　A, R0 后，结果为（　　）。

A．(A)=82H　　B．(A)=6CH　　C．(R0)=82　　D．(R0)=6CH

22．执行如下三条指令后，30H 单元的内容是（　　）。

```
MOV     R1,#30H
MOV     40H,#0EH
MOV     @R1,40H
```

A．40H　　B．30H　　C．0EH　　D．FFH

23．如下程序段执行结果是（　　）。

```
MOV     R0,#30H
```

```
SETB    C
CLR     A
ADDC    A,#00H
MOV     @R0,A
```

A．(30H)=00H　　B．(30H)=01H
C．(00H)=00H　　D．(00H)=01H

24．从地址 2132H 开始有一条绝对转移指令 AJMP addr11，指令可能实现的转移范围是（　　）。

A．2000H～27FFH　　B．2132H～2832H
C．2100H～28FFH　　D．2000H～3FFFH

25．如下程序段的执行结果为（　　）。

```
CLR     C
MOV     A,#0BCH
ADDC    A,#65H
```

A．(A)=21H　(Cy)=0　　B．(A)=21H　(Cy)=1
C．(A)=22H　(Cy)=0　　D．(A)=22H　(Cy)=1

26．对于 JBC　bit, rel 指令，下列说法正确的是（　　）。

A．bit 位状态为 1 时转移，同时对该位清零
B．bit 位状态为 0 时转移，同时对该位置 1
C．bit 位状态为 1 时不转移，只对该位清零
D．bit 位状态为 0 时不转移，只对该位置 1

27．关于指针 DPTR，下列说法正确的是（　　）。

A．DPTR 是 CPU 和外部数据存储器进行数据传送的唯一桥梁
B．DPTR 是一个 16 位寄存器
C．DPTR 可位寻址
D．可通过 INC 和 DEC 指令对 DPTR 加 1 和减 1

28．对程序存储器的读操作，只能使用（　　）。

A．MOV 指令　　B．PUSH 指令　　C．MOVX 指令　　D．MOVC 指令

29．假设指令“LCALL<子程序名>”的操作码地址是 2000H，则执行完子程序中的返回指令后，PC=（　　）。

A．2000H　　B．2001H　　C．2002H　　D．2003H

二、填空题

1．执行下列指令组后，(A)=________，(B)=________。

```
MOV     A,#33H;
ADD     A,#49H;
MOV     B,A;
ADD     A,#00H;
DA      A;
```

2．已知(R1)=3FH，(3FH)=11H，(40H)=00H 执行下列指令组后(R1)= ________，

(3FH)=________，(40H)=________。

```
INC     R1;
INC     @R1;
INC     40H;
```

3．已知(31H)=21H，(32H)=04H，执行下列指令组后 (31H)=________，(32H)= ________。

```
PUSH    31H
PUSH    32H
POP     31H
POP     32H
```

4．执行下列指令组后，(A)=________，(OV)=________，(P)=________。

```
MOV     A,#0B4H
ADD     A,#00H
SUBB    A,#51H
```

5．假定外部数据存储器 2000H 单元的内容为 80H，执行下列指令后，累加器 A 中的内容为________。

```
MOV     P2,#20H
MOV     R0,#00H
MOVX    A,@R0
```

6．假定累加器 A 的内容为 30H，执行下列指令后，把程序存储器中地址为________单元的内容送到累加器 A 中。

```
1000H:  MOVC A,@A+PC
```

7．假定(A)=85H，(R0)=20H，(20H)=0AFH。执行下列指令后，累加器(A)=________，(Cy)=________，(AC)=________，(OV)=________。

```
ADD     A,@R0
```

8．假定(A)=85H，(20H)=0FFH，(Cy)=1，执行下列指令后，累加器(A)=________，(Cy)=________，(AC)=________，(OV)=________。

```
ADDC    A,20H
```

9．假定(A)=0FFH，(R3)=0FH，(30H)=0F0H，(R0)=40H，(40H)=00H。执行下列指令后，累加器(A)=________，(R3)=________，(30H)=________，(40H)=________。

```
INC     A
INC     R3
INC     30H
INC     @R0
```

10．假定(A)=56H，(R5)=67H。执行下列指令后，累加器(A)=________，(Cy)=________。

```
ADD     A,R5
DA      A
```

11．假定(A)=0FH，(R7)=19H，(30H)=00H，(R1)=40H，(40H)=0FFH。执行下列指令后，(A)=________，(R7)=________，(30H)=________，(40H)=________。

```
DEC     A
DEC     R7
DEC     30H
DEC     @Ri
```

12．假定(A)=0C5H，执行下列指令后，累加器 A 的内容为________。

```
SWAP    A
```

13．执行下列指令序列后，所实现的逻辑运算式为________。

```
MOV     C,P1.0
ANL     C,P1.1
ANL     C,/P1.2
MOV     P3.0,C
```

14．访问 8031 片外数据存储器 MOVX 指令采用的是________寻址方式。访问片外程序存储器 MOVC 指令采用的是________寻址方式。

15．设(A)=55H，(R5)=AAH，则执行 ANL A,R5 指令后的结果是(A)=________，(R5)=________。

16．假定(SP)=40H，(39H)=30H，(40H)=60H。执行下列指令后，DPTR 的内容为________，SP 的内容是________。

```
POP     DPH
POP     DPL
```

三、判断题

1．MOV A, @R0 这条指令中，@R0 的寻址方式称之为寄存器间址寻址。

2．MOV A, 30H 这条指令执行后的结果是 (A)=30H。

3．MOV A, @R7，将 R7 单元中的数据作为地址，从该地址中取数，送入 A 中。

4．指令字节数越多，执行时间越长。

5．子程序调用时自动保护断点和现场。

6．内部寄存器 Rn（n=0～7）均可作为间接寻址寄存器。

7．算术运算类指令一般不影响标志位。

8．CPU 每取一个指令，立即使程序计数器 PC 自动加 1。

9．判断程序对错：十进制数 19 和 13 相减。

```
MOV     A,#19H
CLR     C
SUBB    A,#13H
DA      A
```

10．RL A 为循环左移指令。

11．MOV A, 30H 中的源操作数为立即寻址方式。

12．如果发生除法溢出错误，则 PSW 标志位 P 置 1。

13．如 JC rel 发生跳转时，目标地址为当前指令的地址加上偏移量 rel。

14．MOV A,@A+DPTR 是一条查询指令。

15．MUL AB 的执行结果是高 8 位在 A 中，低 8 位在 B 中。

16．MCS-51 的相对转移指令最大负跳距是 127B。

17．MCS-51 的特殊功能寄存器分布在 60H～80H 地址范围内。

18．MOVC A, @A +DPTR，这是条相对寻址指令。

20．当 MCS-51 上电复位时，堆栈指针 SP=00H。

21．调用子程序指令（如：LCALL）及返回指令（如：RET）与堆栈有关但与 PC 无关。

22．判断下面几条指令是否正确。

（1）MOV @R1,#80H （2）INC DPTR （3）CLR R0

（4）MOV @R1,#80H （5）ANL R1,#0FH （6）ADDC A,C

（7）XOR P1,#31H

23．在单片机应用系统中，外部设备与外部数据存储器传送数据时，使用 MOV 指令。

四、简答题

1．执行指令：MOV A,R4。在程序状态字 PSW 中：① RS1=0，RS0=0；② RS1=1，RS0=0 两种情况下，上述指令执行结果有何不同？

2．MCS-51 单片机堆栈有何特点？若(SP)=60H，(PC)=2000H，标号 LABEL 所在的地址为 3000H，执行长调用指令 LCALL LABEL 后，堆栈指针和堆栈的内容发生什么变化？PC 的值等于什么？

3．设指令 SJMP rel 中的 rel=7EH，并假设该指令存放在 2114H 和 2115H 单元中。当该条指令执行后，程序将跳转到哪个地址？

4．已知(SP)=25H，(PC)=2345H，(24H)=12H，(25H)=34H，(26H)=56H。问此时执行 RET 指令以后，(SP)和(PC)的内容分别是什么？

5．简述转移指令 AJMP addr11，SJMP rel，LJMP addr16 及 JMP @A+DPTR 的应用场合。

6．简述单字节双周期指令取指、执行时序。

7．简述 MCS-51 的汇编语言指令格式。

8．MCS-51 指令系统主要有哪几种寻址方式？试举例说明。

9．对访问内部 RAM 和外部 RAM，各应采用哪些寻址方式？

10．设内部 RAM(30H)=5AH，(5AH)=40H，(40H)=00H，端口(P1)=7FH，问执行下列指令后，各有关存储单元（即 R0，R1，A，B，P1，30H，40H 及 5AH 单元）的内容如何？

11．SJMP（短转移）指令和 AJMP（绝对转移）指令的主要区别是什么？

第 4 章　汇编语言程序设计

程序设计就是编制计算机的程序，即应用计算机所能识别的、接收的语言把解决问题的步骤有序地描述出来。

程序设计语言的种类有如下 3 种。

（1）机器语言：机器语言是用二进制代码表示的计算机唯一能识别和执行的最原始的程序设计语言。

（2）汇编语言：利用指令助记符来描述机器指令的程序设计语言。

（3）高级语言：高级语言接近于人类的自然语言，是面向过程而独立于机器的通用语言。

单片机只能识别用二进制数表示的指令，这就是机器指令（机器码），它的缺点是难记忆。而汇编语言与机器码有着一一对应的关系，非常有利于用户记忆，它是既面向机器又面向用户的语言。

在进行单片机应用系统设计时，除了需要熟悉单片机的硬件原理外，还需要掌握单片机的汇编语言指令系统，掌握程序设计的基本方法和技巧，尽可能设计出质量高、可读性好、代码长度最短和执行速度最快的程序。汇编语言程序设计不仅关系到单片机控制系统的效率，而且还与控制系统本身的硬件结构紧密相关。

MCS-51 单片机汇编语言，包含两类不同性质的指令。

（1）基本指令：即指令系统中的指令。它们都是机器能够执行的指令，每一条指令都有对应的机器码，是在程序运行过程中执行的指令。

（2）伪指令：汇编时用于控制对源程序进行汇编的指令，汇编完成后它们的使命也就完成了，并不会在目标文件中产生机器码，也就是说它们只在汇编过程中执行。

4.1　程序设计基础

程序就是完成某项工作的若干指令的有序集合。计算机的全部工作概括起来，就是执行指令序列的过程。组织、编写这一系列指令的过程称为程序设计。目前，可用于程序设计的语言基本上可分为 3 种：机器语言、汇编语言和高级语言。前面已经对这三种语言做了简要介绍，这里重点介绍汇编语言。

在程序设计语言发展的第二阶段，使用英文字符来代替机器语言，这些英文字符被称为助记符。用这种助记符表示指令系统的语言称为汇编语言或符号语言，用汇编语言编写的程序称为汇编语言程序。

汇编语言具有以下几个特点。

（1）助记符指令和机器指令一一对应，所以用汇编语言编写的程序效率高，占用存储空间小，运行速度快，因此汇编语言能编写出最优化的程序。

（2）使用汇编语言编程比使用高级语言困难。因为汇编语言是面向计算机的，汇编语言的程序设计人员必须对计算机硬件有相当深入的了解。

（3）汇编语言能直接访问存储器、输入与输出接口及扩展的各种芯片（比如 A/D、D/A 等），也可直接处理中断，因此汇编语言能直接管理和控制硬件设备。

（4）汇编语言缺乏通用性，程序不易移植，各种计算机都有自己的汇编语言，不同的单片机也具有不同的指令系统，并且不能通用。

但是，计算机不能直接识别在汇编语言中出现的字母、数字和符号，需要将其转换成用二进制代码表示的机器语言程序，计算机才能够识别和执行，通常把这一转换（翻译）工作称为汇编。汇编可以由程序员通过查指令表把汇编语言源程序转换为机器语言程序，这个过程称为人工汇编。目前基本上由专门的程序来进行汇编，这种程序称为汇编程序。经汇编程序汇编而得到的机器语言程序，计算机能够识别和执行，因此这一机器语言程序称为目的程序或目标程序，而汇编语言程序称为源程序。这三者之间的关系如图 4.1 所示。

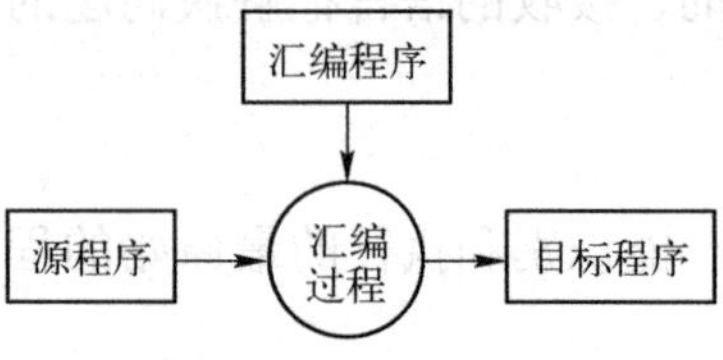

图 4.1 汇编过程示意图

4.1.1 汇编语言源程序设计的步骤

根据任务要求，采用汇编语言编制程序的过程称为汇编语言程序设计。在进行程序设计时，首先应根据需要解决的实际问题的要求和所使用计算机的特点，决定所采取的计算方法和计算公式，然后结合计算机指令系统特点，本着节省存储单元和提高执行速度的原则编制程序。一个应用程序的编制，通常可以分为以下几步。

1. 分析问题，确定算法

这是程序设计中最重要的一步。设计人员必须认真、仔细地考虑系统需要解决的各种问题以及将来系统功能的进一步扩展，明确知道程序要解决的问题和接收、处理、发送的数据范围以及使用什么样的算法。具体可分为：

（1）拟订设计任务书。设计者应根据现场的实际情况，写出比较明确的设计任务书，设计任务书包括：程序功能、技术指标、精度等级、实施方案、所需设备、工程进度、人员分配和研制经费等。

（2）建立数学模型。在了解设计任务的基础上，根据对象的特性建立数学模型。数学模型可以是多种多样的：可以是一系列的数学表达式，可以是运算状态的模拟，也可以是数学的推理和判断等。

（3）确定算法。设计者应根据对象的特性和逻辑关系确定算法。算法是进行程序设计的依据，它决定了程序设计的正确性和程序的质量，确定算法时，不但要根据问题的具体要求，还要考虑指令系统的特点，决定所采用的计算方法和计算公式。

2. 编制程序框图

这是程序的结构设计阶段，也是程序设计前的准备阶段。程序流程图是用各种图形、符号、有向线段来直观地表示程序执行的步骤和顺序。它可使人们通过流程图的基本线索，对全局有完整的了解。程序流程图中各部分的规定画法如图 4.2 所示。

3. 编写源程序代码

根据流程图和指令系统，使用相应的软件，用汇编语言指令实现流程图的每一个步骤，从而编写出汇编语言的源程序。

（a）开始框和结束框　　（b）处理框　　（c）判断框　　（d）流向线

图 4.2　程序流程图规定画法示意图

4. 调试、测试程序

调试是利用仿真器等开发工具，采用单步、设断点、连续运行等方法排除程序中的错误，直至正确为止。在调试程序时，一般将各模块分别调试完成后，再进行整个程序的联合调试。

5. 程序优化

程序的优化是在能够完成实际问题基本要求的前提下，以质量高、可读性好、节省存储单元和提高执行速度为原则，对程序做进一步的修改和完善。程序设计中经常采用循环和子程序的形式来缩短程序的长度，通过改进算法和择优使用指令来节省工作单元和减少程序的执行时间。

4.1.2　汇编语言的语句格式

各种计算机汇编语言的语法规则是基本相同的，且具有相同的语句格式，现结合 MCS-51 汇编语言作具体说明。

MCS-51 汇编语言的语句格式表示如下：

```
[<标号>]：<操作码>[<操作数>]；[<注释>]
```

即一条汇编语句是由标号、操作码、操作数和注释 4 个部分所组成，其中方括号括起来的是可选择部分，可有可无，视需要而定。

例 4.1　编写程序把片外存储器 2200H 单元中的数送入片内 70H 单元中。

解： 编程如下

```
标号      操作码    操作数                注释
BEGIN:    MOV       DPTR,#2200H           ;(DPTR)=2200H
          MOV       R0,#70H               ;(R0)=70H
          MOVX      A,@DPTR               ;(A)=((DPTR))
          MOV       @R0,A                 ;((R0))=(A)
```

下面分别介绍各个字段的含义。

（1）标号

标号是语句地址的标志符号，有了标号，程序中的其他语句才能访问该语句。有关标号的规定如下。

① 标号是由 1～8 个 ASCII 字符（字母、数字或下画线）组成，但第一个字符不能为数字。

② 不能使用本汇编语言已经定义了的符号作为标号，如指令助记符、伪指令记忆符以及寄存器的符号名称等。

③ 标号后必须连接冒号（:），但冒号本身不是标号的组成部分。

④ 同一标号在一个程序中只能定义一次，不能重复定义。

⑤ 一条语句可以有标号，也可以没有标号，标号的有无取决于本程序中的其他语句是

否需要访问这条语句。

一些常见的错误标号和正确标号如表 4.1 所示。

表 4.1 错误标号和正确标号

错误的标号	正确的标号
1BT:（以数字开头）	BT1:
BEGIN（无冒号）	BEGIN:
TA+TB:（+号不能出现在标号里）	TATB:
ADD:（指令助记符）	ADD1:

（2）操作码

操作码用于规定语句功能，以指令助记符或伪指令助记符表示，操作码是汇编语言指令格式中唯一不能缺省的部分。

（3）操作数

操作数用于给指令提供操作对象。在一条语句中，操作数可能是空白，也可能只包括一项，还可能包括两项、三项，各操作数之间以逗号分隔。MCS-51 的操作数可能有寄存器、直接、间接等 7 种不同的寻址方式。

（4）注释

注释不属于语句的功能部分，它只是对语句的解释说明。大多数汇编语言中规定注释由分号开头，在汇编时，只要遇见"；"，即表明本行在它之后皆为注释内容，因此，注释可单独占一行，也可位于一行的后半部分。使用注释可帮助程序员阅读程序，简化软件的维护。注释的长度不限，一行不够时可以换行接着书写，但换行时应注意在开头使用"；"号。

（5）分界符（分隔符）

分界符用于把语句格式中的各部分隔开，以便区分，包括空格、冒号、分号或逗号等多种符号。这些分界符号在 MCS-51 汇编语言中使用情况如下：

冒号（:） 用于标号之后

空格（ ） 用于操作码和操作数之间

逗号（,） 用于操作数之间

分号（;） 用于注释之前

4.1.3 汇编语言的伪指令

汇编语言程序的机器汇编是由计算机自动完成的。为此，在源程序中应有向汇编程序发出指令信息，告诉它应该如何完成汇编工作，这一任务是通过使用伪指令来实现的。伪指令具有控制汇编程序的输入输出、定义数据和符号、条件汇编、分配存储空间等功能，不同汇编语言的伪指令也有所不同，但一些基本的东西却是相同的。

伪指令是程序员发给汇编程序的命令，也称为汇编命令或汇编程序控制指令。只有在汇编前的源程序中才有伪指令。汇编得到目标程序后，伪指令已无存在的必要，所以，伪指令没有相应的机器代码，在目标程序中见不到与伪指令相对应的机器码。

下面介绍 MCS-51 汇编语言程序中常用的伪指令。

1. 汇编起始地址伪指令

汇编起始地址伪指令的一般格式如下：

```
ORG  表达式
```

该伪指令的功能是向汇编程序说明紧随其后的程序段的起始地址由表达式的值指定。表达式通常为十六进制的地址码。

在一个源程序中，可以多次使用 ORG 伪指令，以规定不同的程序段的起始位置。但所规定的地址应该是从小到大，而且不允许重叠，即不同的程序代码段之间不能有重叠地址。

例 4.2　分析以下程序的执行情况。

```
        ORG     3000H
START:  MOV     A,#7AH
        ……
```

解：这段程序汇编后目标代码在存储器中存放的起始地址是 3000H，标号 START 就是地址 3000H 的符号表示。

2. 汇编结束伪指令

汇编结束伪指令的一般格式如下：

```
END
```

常位于汇编语言源程序末尾，用来指示源程序到此结束，停止汇编。因此，在一个源程序中有且只能出现一条 END 语句，且必须放在整个程序的最后。如果 END 伪指令出现在中间，则在汇编时将忽略其后面的源程序。

3. 赋值伪指令

赋值伪指令的一般格式如下：

```
<字符名称>EQU<表达式>
```

功能是把 EQU 右边的表达式赋给左边的“字符名称”，“字符名称”不是标号，其后不能加“：”。赋给字符名称的值可以是数据地址、代码地址、位地址、常数，或者指令助记符、寄存器名等，一经赋值后不能再被赋值。给字符名称所赋的值可以是 8 位数，也可以是 16 位数。

例 4.3　分析以下代码的执行情况。

```
LOOP        EQU     2007H
```

解：程序执行后，LOOP 的值为 2007H。

说明：用 EQU 伪指令给一个字符名称赋值之后，在整个程序中该字符名称的值都是固定的，不能更改。另外，EQU 伪指令中的“字符名称”必须先定义后使用。

4. 数据地址赋值伪指令

数据地址赋值伪指令的一般格式如下：

```
<字符名称>DATA<地址表达式>
```

DATA 伪指令的功能和 EQU 有些相似，也用来给它左边的“字符名称”赋值，但使用时要注意它们有以下区别。

（1）EQU 伪指令必须先定义后使用，而 DATA 伪指令可以先使用后定义。

（2）用 EQU 伪指令可以把一个汇编助记符、寄存器名赋给一个字符名称，而 DATA 只能把数据或地址赋给字符名称。

（3）DATA 伪指令可将一个表达式的值赋给一个字符名称，所定义的字符名称也可以出现在表达式中，而 EQU 定义的字符则不能这样使用。DATA 伪指令在程序中常用来定义数据地址。

5. 定义标号值伪指令

定义标号值伪指令的一般格式如下：

```
<字符名称>DL<表达式>
```

例 4.4　分析以下程序的执行情况。

```
COUNT   DL  4064H            ;定义标号 COUNT 的值为 4064H
COUNT   DL  COUNT+3          ;重新定义 COUNT 的值为 4064H+3
```

解：第 1 条语句执行后，标号 COUNT 的值为 4064H，第 2 条语句执行后，COUNT 的值重新定义为 4064H+3。

说明：DL 和 EQU 的功能都是将表达式值赋予标号，但两者有差别：可用 DL 语句在同一源程序中给同一标号赋予不同的值，即可更改已定义的标号值；而用 EQU 语句定义的标号在整个源程序中不能更改。

6. 定义字节伪指令

定义字节伪指令的一般格式如下：

```
<标号：>DB<表达式或表达式列表>
```

本指令用于从指定的地址开始，在程序存储器的连续单元中定义字节数据，其中的“标号”代表这组连续单元在程序存储器中的首地址，是可选项。

字节数据可以是一个字节常数或字符，或用逗号分开的多个字符，或用引号括起来的字符串。例如：

```
DB  "how are you?"
```

将字符串中的字符按 ASCII 码存于连续的 ROM 单元中。

又例如：

```
DB  2,-4,-6,10,11,17
```

将 6 个数转换为十六进制表示（即 0FEH，0FCH，0FAH，0AH，0BH，11H），并连续存放在 6 个程序存储器单元中。

常使用本命令存放数据表格，例如存放数码管显示器使用的十六个十六进制数码符号的字型码，可使用多条 DB 命令定义：

```
LED:    DB  0C0H,0F9H,0A4H,0B0H
        DB  99H,92H,82H,0F8H
        DB  80H,90H,88H,83H
        DB  0C6H,0A1H,86H,84H
```

查表时，可根据第一条 DB 伪指令前的标号获得它们的首地址：MOV DPTR,#LED。

为确定数据区的起始地址，可采用两种方法。

（1）根据 DB 伪指令前一条指令的地址确定

将该地址加上它的字节数，就是 DB 所定义的数据字节的起始地址。例如：

```
        ORG     8100H
        MOV     A,#49H
TAB:    DB      0C0H,0F9H,0A4H,0B0H
        ……
```

本例定义的数码管字型码从 8102H 地址开始存放。因为 MOV A,#49H 指令是 2 字节指令。

（2）使用 ORG 命令明确指定

例如：

```
        ORG     8100H
TAB:    DB      0C0H,0F9H,0A4H,0B0H
        ……
```

本例定义的数码管字形码从 8100 地址开始存放。

例 4.5 分析以下程序的执行情况。

```
        ORG     4000H
TABLE:  DB      45H,67,100,32,00,-2
```

解：以上程序表示字节串数据存入由 TABLE 标号为起始地址的连续存储器单元中，即以 4000H 存储单元开始依次连续存放的数据为 45H，67，100，32，00，–2。

7. 定义字伪指令

定义字伪指令的一般格式如下：

```
<标号：>DW<表达式或表达式表>
```

DW 是从指定的地址开始定义若干 16 位数据，且把字的高字节数存入低地址单元，低字节数存入高地址单元，按顺序连续存放，其中的“标号”代表这组 16 位数据在程序存储器中的首地址，是可选项。例如：

```
W1: DW      "AA"                ;存入 41H,41H
W2: DW      "A"                 ;存入 00H,41H
    DW      "ABC"               ;不合法,因超过两个字节
    DW      100H,1ACH,-804      ;按顺序存入 01H,00H,01H,0ACH,0FCH,0DCH
```

例 4.6 分析以下程序的执行情况。

```
DATA:   DW      7064H,1234H,209H
```

解：以上程序表示从低地址到高地址按顺序存入 70H，64H，12H，34H，02H，09H。根据 DW 前的标号可获得它们的首地址：MOV DPTR,#DATA。

注意：DB 和 DW 定义的数据表，数的个数不得超过 80 个。如数据的数目较多时，可使用多个定义命令。在 MCS-51 程序设计应用中，常以 DB 来定义 8 位数据，以 DW 来定义 16 位地址。

8. 定义存储区伪指令

定义存储区伪指令的一般格式如下：

<标号：>DS<表达式>

本指令用于从程序存储器中指定地址开始，预留指定数目的字节单元，供程序运行使用，预留单元的字节数由表达式的值决定。汇编时，对这些单元不赋值。

例如：

```
ADDRTABL:   DS  20
```

从标号 ADDRTABL 代表的地址开始，保留 20 个连续的地址单元。

又例如：

```
        ORG     8100H
        DS      08H
X:      DB      10H
```

从 8100H 地址开始，预留 8 个连续的地址单元，因此，标号 X 后的字节数据 10H 存放在地址为 8108H 的单元中。

解 4.7 分析以下程序的执行情况。

```
ORG     4000H
DS      9H
DB      86H,A7H
```

解：汇编后，从 4000H 开始预留 9 个字节的内存单元，然后从 4009H 开始，按照下一条 DB 命令给内存单元赋值，即（4009H）=86H，（400AH）=A7H。保留的空间将由程序的其他部分决定它们的用途。

注意：对 MCS-51 单片机来说，DB、DW、DS 命令只能对程序存储器使用，而不能对数据存储器使用。

9. 位地址赋值伪指令

位地址赋值伪指令的一般格式如下：

<字符名称>BIT<位地址>

功能为将右边的位地址赋予左边的字符名称。

说明：其中，位地址可以是绝对地址，也可以是符号地址。

解 4.8 分析以下程序的执行情况。

```
A1  BIT P2.1
A2  BIT P3.0
```

解：程序执行后，把 P2.1 和 P3.0 位地址赋值给 A1 和 A2，在后面的编程中，A1、A2 就可作为位地址代替 P2.1、P3.0 使用。

解 4.9 8051 单片机常用伪指令的应用举例。请说明以下指令的运行结果。

```
        ORG     6070H
BUFFER  DS      45H
        DW      "EF"
        DW      1100H,209H,-814
```

解：（1）汇编后程序将 6070H 至 60B4H 空间作为缓冲区空间；

（2）（60B5H）='E',（60B6H）='F';

（3）60B7H 单元起依次存放 11H，00H，02H，09H，FCH，D2H。

4.1.4　MCS-51 单片机汇编语言源程序格式及上机过程

1. 源程序格式

单片机汇编语言源程序要比 80x86 汇编语言源程序简单得多，它不需要分段。在程序开始处用 ORG 伪指令将程序安排在某个地址处，在程序结束处用 END 伪指令结束程序即可。子程序和中断服务程序与主程序的接口也很简单，直接以第一条可执行指令前的标号作为该子程序名或该中断服务程序名，并且子程序和中断都允许嵌套。MCS-51 单片机汇编语言源程序一般框架如下：

```
                    ORG  0000H
                    SJMP(或 AJMP 或 LJMP)主程序名
                    ORG  0003H
                    SJMP(或 AJMP 或 LJMP)外中断 0 中断服务程序名
                    ……
主程序名:            主程序
……
子程序名:            子程序
                    ……;子程序代码
                    RET
外中断 0 中断服务程序名:
                    ……;外中断 0 中断服务程序
                    RETI
                    END
```

2. MCS-51 单片机汇编语言上机过程

计算机只能处理二进制机器代码，因此必须将汇编语言程序翻译成机器代码（目标程序），计算机才能执行，这个过程称为汇编。源程序到机器语言程序（二进制代码序列）的翻译有两种方法。一种是“人工汇编”，即根据指令表将程序中的每一条指令人工翻译成对应的机器代码，直接向计算机存储器中输入机器代码（这就是可执行程序），以便 CPU 执行。另一种方法是“自动汇编”，也称“机器汇编”，即向计算机存储器中输入源程序，然后由专用软件（汇编程序）自动地将源程序翻译成机器代码（可执行程序），以便计算机执行。在剖析软件产品时，有些情况下需要将二进制机器代码表示的目标程序还原成汇编语言源程序，这个过程称为反汇编，如图 4.3 所示。

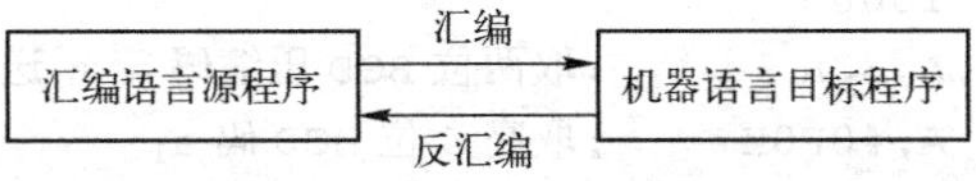

图 4.3　汇编与反汇编示意图

目前，在开发单片机软件时，一般都采用自动汇编方法。单片机开发系统都带有软、硬件开发环境。虽然不同开发系统的开发过程本质上是相同的（即编辑→汇编→运行），但在系统菜单中，具体命令格式上可能有所不同。

4.2 单片机汇编语言程序的控制结构

单片机程序设计和其他程序设计一样，程序结构一般也采用 3 种基本控制结构，即顺序结构、分支结构和循环结构。再加上使用广泛的子程序及中断服务子程序，共有 5 种控制结构。

4.2.1 顺序结构程序设计

顺序程序是最简单的程序结构，在顺序程序中既无分支、循环，也不调用子程序，程序执行时一条一条地按顺序执行指令，其执行流程图如图 4.4 所示。

比如可以使用顺序结构完成多字节加法。由于 MCS-51 指令系统中只有单字节加法指令，因此多字节相加时，必须从低位字节开始分字节进行运算。除最低字节可以使用 ADD 指令之外，其他字节相加时要把低字节的进位考虑进去，因此应使用 ADDC 指令。

例 4.10 将片内 RAM 30H 单元中的两位压缩 BCD 码转换成二进制数送到片内 RAM 40H 单元中。

解：两位压缩 BCD 码转换为二进制数的算法为：$(a_1a_0)_{BCD}=10\times a_1+a_0$，程序流程图如图 4.5 所示。

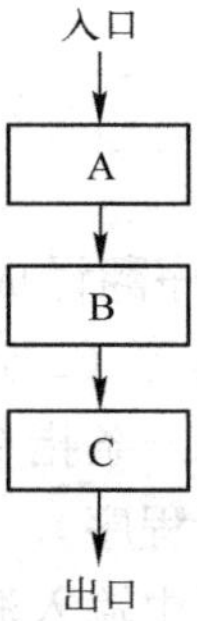

图 4.4 顺序结构执行流程

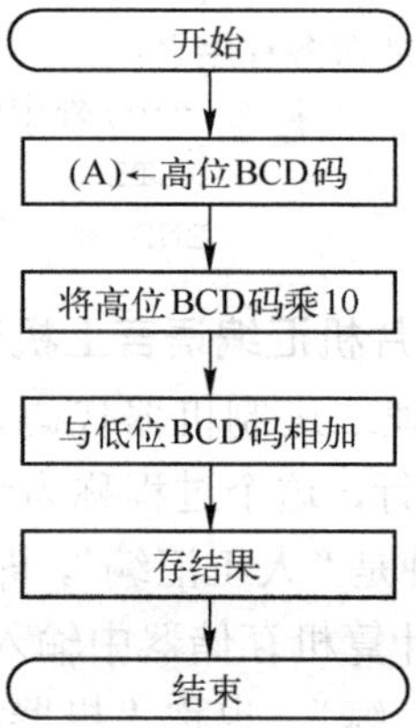

图 4.5 例 4.10 程序流程图

程序如下：

```
        ORG     1000H
START:  MOV     A,30H       ;取两位 BCD 压缩码 a1a0 送 A
        ANL     A,#0F0H     ;取高 4 位 BCD 码 a1
        SWAP    A           ;高 4 位与低 4 位换位
        MOV     B,#0AH      ;将 10 送入 B
        MUL     AB          ;将 10×a1 送入 A 中
        MOV     R0,A        ;结果送入 R0 中保存
        MOV     A,30H       ;再取两位压缩码 BCDa1a0 送 A
```

```
        ANL     A,#0FH          ;取低 4 位 BCD 码 a0
        ADD     A,R0            ;求 10×a1+a0
        MOV     40H,A           ;结果送入 40H 保存
        SJMP    $               ;程序执行完,"原地踏步"
        END
```

例 4.11 两个十进制数（BCD 码）相加，结果存于工作寄存器 R6 和 R4 中。设两个加数分别在工作寄存器 R0 和 R2 中。

程序流程图如图 4.6 所示。

源程序清单：设程序起始地址为 1000H

```
        ORG     1000H           ;初始化：指定起始地址
MAIN:   CLR     PSW.4           ;指定工作寄存器区(指
                                ;定为第 0 区)
        CLR     PSW.3
        MOV     A,R0            ;取第一个加数
        ADD     A,R2            ;加上第二个加数
        DA      A               ;十进制调整
        MOV     R4,A            ;保存结果低 8 位
        CLR     A
        ADDC    A,#0            ;处理进位位
        MOV     R6,A            ;保存结果高 8 位
        END
```

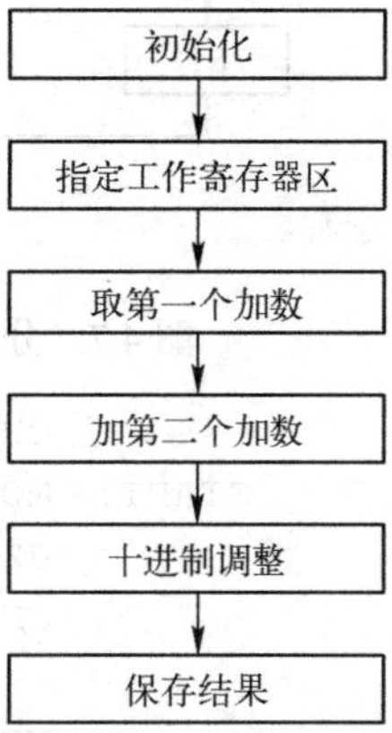

图 4.6 例 4.11 程序流程图

4.2.2 分支结构程序设计

分支结构程序设计的特点是根据不同的条件，确定程序的走向。它主要靠条件转移指令、比较转移指令和位转移指令来实现。

分支程序体现了计算机执行程序时的分析判断能力。若某种条件满足，则计算机就转移到另一分支上执行程序；若条件不满足，则顺序往下继续执行。如图 4.7 所示。

分支程序的设计要点如下：

（1）先建立可供条件转移指令测试的条件。

（2）选用合适的条件转移指令。

（3）在转移的目的地址处设定标号。

例 4.12 求符号函数的值。已知片内 RAM 的 40H 单元内有一自变量 X，编制程序按如下条件求函数 Y 的值，并将其存入片内 RAM 的 41H 单元中。

$$Y=\begin{cases}1 & X>0\\ 0 & X=0\\ -1 & X<0\end{cases}$$

解：此题有三种情况，所以有三个分支程序。这是一个三分支归一的条件转移问题。X 是有符号数，判断符号位是 0 还是 1 可利用 JB 或 JNB 指令。判断 X 是否等于 0 则直接可以使用累加器 A 的判 0 指令。程序流程图如图 4.8 所示。

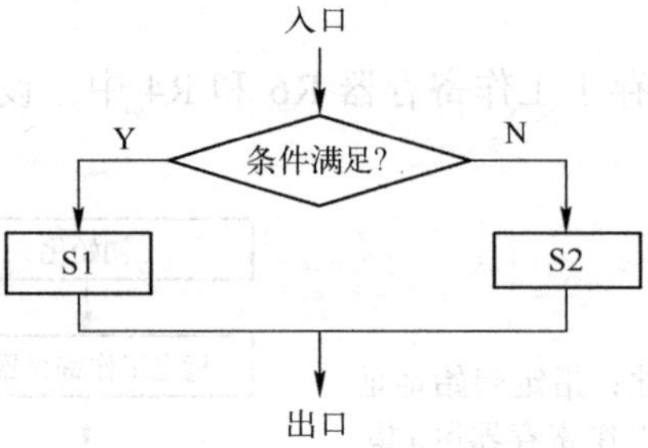

图 4.7　分支程序结构示意图

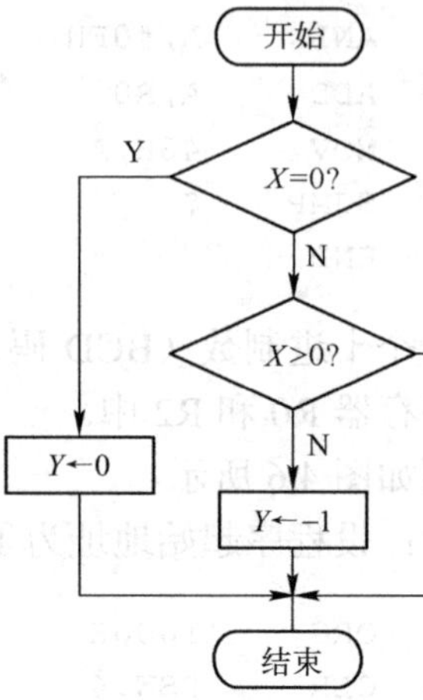

图 4.8　例 4.12 程序流程图

```
        ORG     1000H
START:  MOV     A,40H          ;将 X 送入 A 中
        JZ      COMP           ;若 A 为 0,转至 COMP 处
        JNB     ACC.7,POST     ;若 A 第 7 位不为 1(X>0),则程序转到 POST 处,
                               ;否则(X<0)程序往下执行
        MOV     A,#0FFH        ;将−1(补码)送入 A 中
        SJMP    COMP           ;程序转到 COMP 处
POST:   MOV     A,#01H         ;将+1 送入 A 中
COMP:   MOV     41H,A          ;结果存入 Y
        SJMP    $              ;程序执行完,"原地踏步"
        END
```

例 4.13　求单字节带符号数的补码。设该单字节数在累加器 A 中，求出的补码存于寄存器 B 中。程序流程图见图 4.9 所示。

源程序清单：设程序起始地址为 0200H

```
        ORG     0200H          ;初始化：设置程序起始地址
BEGIN:  JNB     ACC.7,L1       ;符号位为 1 吗？否,则转 L1
        MOV     C,ACC.7        ;是,则取出符号位,并存于 C
        CPL     A              ;A 中数全部取反
        ADD     A,#1           ;取反后加 1
        SETB    ACC.7          ;恢复符号位
L1:     MOV     B,A            ;保存结果
        END
```

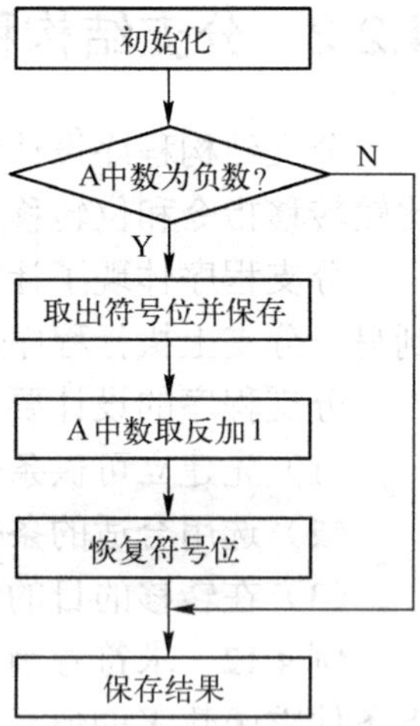

图 4.9　例 4.13 程序流程图

4.2.3　循环结构程序设计

循环程序的特点是程序中含有可以重复执行的程序段（循环体），采用循环程序可以有效地缩短程序，减少程序占用的内存空间，使程序的结构紧凑、可读性好。循环程序一般由下面四部分组成。

（1）循环初始化。位于循环程序开头，用于完成循环前的准备工作，如设置各工作单元的初始值以及循环次数。

（2）循环体。循环程序的主体，位于循环内，是循环程序的工作程序，在执行中会被多次重复使用。要求编写得尽可能简练，以提高程序的执行速度。

（3）循环控制。位于循环体内，一般由循环次数修改、循环条件修改和条件判断语句等组成，用于控制循环次数和修改每次循环时的参数。

（4）循环结束。用于处理执行循环程序所得的结果，以及恢复各工作单元的初值。

常见的循环结构有两种，一种是先循环处理，后循环控制（即先处理后控制），另一种是先循环控制，后循环处理（即先控制后处理），如图4.10所示。

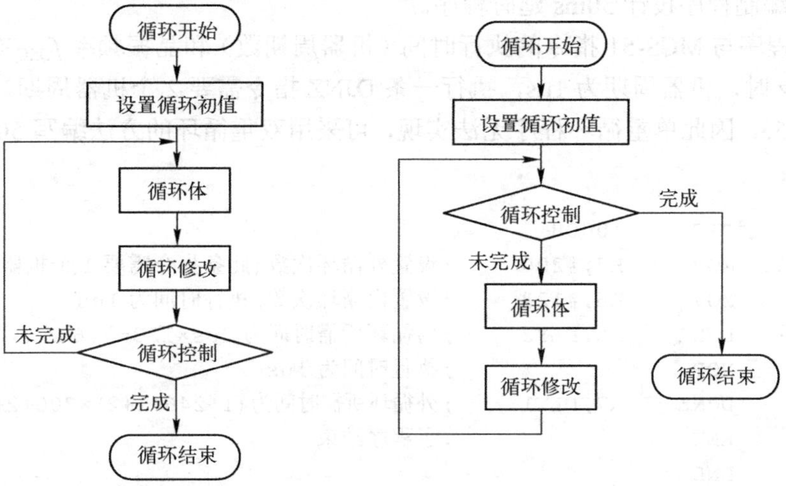

图4.10　循环程序结构类型

循环程序按结构形式，有单循环与多重循环。

1. 单循环程序

循环体内部不包括其他循环的程序称为单循环程序。

例4.14　已知片内RAM 30H～3FH单元中存放了16个无符号二进制数，编制程序求它们的累加和，并将其和数存放在R_4R_5中。

解：由于每次求和的过程相同，可以用循环程序实现。16个无符号二进制数求和，循环程序的循环次数应为16次（存放在R_2中），它们的和放在R_4R_5中（R_4存高8位，R_5存低8位）。

程序如下：

```
        ORG     1000H
START:  MOV     R0,#30H
        MOV     R2,#10H         ;设置循环次数(16)
        MOV     R4,#00H         ;和高位单元R4清零
        MOV     R5,#00H         ;和低位单元R5清零
LOOP:   MOV     A,R5            ;和低8位的内容送A
        ADD     A,@R0           ;将@R0与R5的内容相加并产生进位Cy
        MOV     R5,A            ;低8位的结果送R5
        CLR     A               ;A清零
        ADDC    A,R4            ;将R4的内容和Cy相加
        MOV     R4,A            ;高8位的结果送R4
```

```
        INC     R0        ;地址递增(加 1)
        DJNZ    R2,LOOP   ;若循环次数减 1 不为 0 则转到 LOOP 处循环,否则循环结束
        SJMP    $
        END
```

2. 多重循环程序

若循环中还有循环，则称为多重循环，也称为循环嵌套。最简单的多重循环为由 DJNZ 指令构成的软件延时程序。

例 4.15 编制程序设计 50ms 延时程序。

解：延时程序与 MCS-51 指令的执行时间（机器周期数）和晶振频率 f_{OSC} 有直接的关系。当 f_{OSC}=12MHz 时，机器周期为 1μs，执行一条 DJNZ 指令需要 2 个机器周期，时间为 2μs。50ms÷ 2μs>>255，因此单重循环程序无法实现，可采用双重循环的方法编写 50ms 延时程序。

程序如下：

```
        ORG     1000H
DELAY:  MOV     R7,#200   ;设置外循环次数(此条指令需要 1 个机器周期)
DLY1:   MOV     R6,#123   ;设置内循环次数,执行时间为 1us
DLY2:   DJNZ    R6,DLY2   ;内循环所需时间为 2us×123=246us
        NOP               ;执行时间为 1us
        DJNZ    R7,DLY1   ;外循环所需时间为(1+246+1+2)×200+2+1=50.003ms
        RET               ;子程序结束
        END
```

注意：应用软件延时的程序不允许被中断，否则将严重影响延时时间（定时）的准确性。

3. 设计循环程序时应注意的问题

（1）循环程序是一个有始有终的整体，它的执行是有条件的，所以要避免从循环体外直接转到循环体内部。

（2）多重循环程序是从外层向内层一层一层进入，循环结束时是由内层到外层一层一层退出的。在多重循环中，只允许外重循环嵌套内重循环，不允许循环相互交叉，也不允许从循环程序的外部跳入循环程序的内部。

（3）编写循环程序时，首先要确定程序结构，处理好逻辑关系。一般情况下，一个循环体的设计可以从第一次执行情况入手，先画出重复执行的程序框图，然后再加上循环控制和置循环初值部分，使其成为一个完整的循环程序。

（4）循环体是循环程序中重复执行的部分，应仔细推敲，合理安排，应从改进算法、选择合适的指令入手对其进行优化，以达到缩短程序执行时间的目的。

例 4.16 冒泡排序算法的实现：设 MCS-51 单片机内部 RAM 起始地址为 30H 的数据块中共存有 N=64 个无符号数，编制程序使它们按从小到大的顺序排列。

解：设 64 个无符号数在数据块中的顺序为：$e_{64}, e_{63},\cdots, e_2, e_1$，使其从小到大顺序排列的方法很多，现以冒泡法为例进行介绍。

冒泡法又称两两比较法。先比较 e_{64} 和 e_{63}，若 $e_{64}> e_{63}$，则两个存储单元中的内容交换，否则就不交换。然后比较 e_{63} 和 e_{62}，按同样的原则决定是否交换。一直比较下去，最后完成 e_2 和 e_1 的比较及交换，经过 N–1=63 次比较交换（常用内循环 63 次来实现）后，e_1 位置上必然是数组中的最大元素，每一个较小的数都往前移了一个元素的位置，犹如气泡从水底往上

冒一样，如图 4.11 所示（图中只画出了 6 个数的比较过程）。

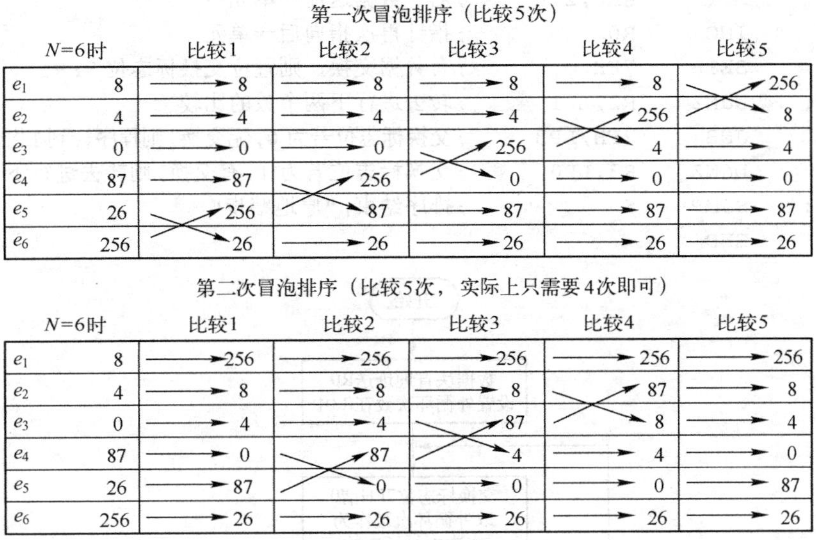

图 4.11　冒泡法排序过程图

第二轮冒泡过程和第一次完全相同，比较次数只需要 $N-2=62$ 次（因为 e_1 的位置上已是数据块中的最大数，不需要再参与比较），比较交换后在 e_2 的位置上得到数组中的次大数，如图 4.10 所示。如此循环冒泡共 $N-1=63$ 轮，第 i 轮进行 $N-i$ 次比较（i 依次为 1~63）便可完成 64 个数的排序。

实际编程时，可通过设置“交换标志”用来控制是否再需要继续冒泡：每轮冒泡前将交换标志清零，若冒泡过程中发生数据交换，则将交换标志置 1，在进行下一轮冒泡前先判断交换标志，若其为 1，则说明排序尚未完成，应继续进行下一轮冒泡；若其为 0，则说明没有发生数据交换，也就说明已排好序了，冒泡便可停止。例如：对于一个已经排好序的数组：1, 2, 3,…, 63, 64，排序程序只要进行一次循环便可根据“交换标志”的状态而结束排序过程，这自然可以减少 63−1=62 轮的冒泡时间。冒泡法程序流程图如图 4.12 所示。

程序如下：

```
        ORG     1000H
        MOV     R0,#30H         ;数据区首地址送 R0
        MOV     R3,#63          ;R3 为外循环计数器
LP0:    CLR     7FH             ;每轮冒泡前将交换标志位 2FH.7 清零
        MOV     A,R3            ;取外循环计数器的值作为内循环的循环次数
        MOV     R2,A            ;R2 为内循环计数器
LP1:    MOV     20H,@R0         ;数据区数据送 20H 单元中暂存
        MOV     A,@R0           ;数据区数据送 A
        INC     R0              ;修改地址指针(R0+1)
        MOV     21H,@R0         ;数据区中下一个地址的内容送 21H 暂存
        CLR     C               ;Cy 清零
        SUBB    A,21H           ;前一个单元的内容与下一个单元的内容通过相减进行比较
        JC      LP2             ;若有借位(Cy=1),前者小,不需交换,程序转移到 LP2,
                                ;若无借位(Cy=0),前者大,顺序执行进行,需交换
        MOV     @R0,20H         ;前一数据送后一单元
```

```
        DEC     R0          ;指针重新指向前一单元
        MOV     @R0,21H     ;后一数据送前一单元
        INC     R0          ;指针再次指向后一单元
        SETB    7FH         ;有数据交换，则置位交换标志位 7FH
LP2:    DJNZ    R2,LP1      ;转去进行下两个数的比较
        JNB     7FH,LP3     ;交换标志位若为 0,无交换,则程序转到 LP3 处结束循环
        DJNZ    R3,LP0      ;交换标志位若为 1,有交换,则转去进行下一轮冒泡
LP3:    SJMP    $           ;排序结束,"原地踏步"
        END
```

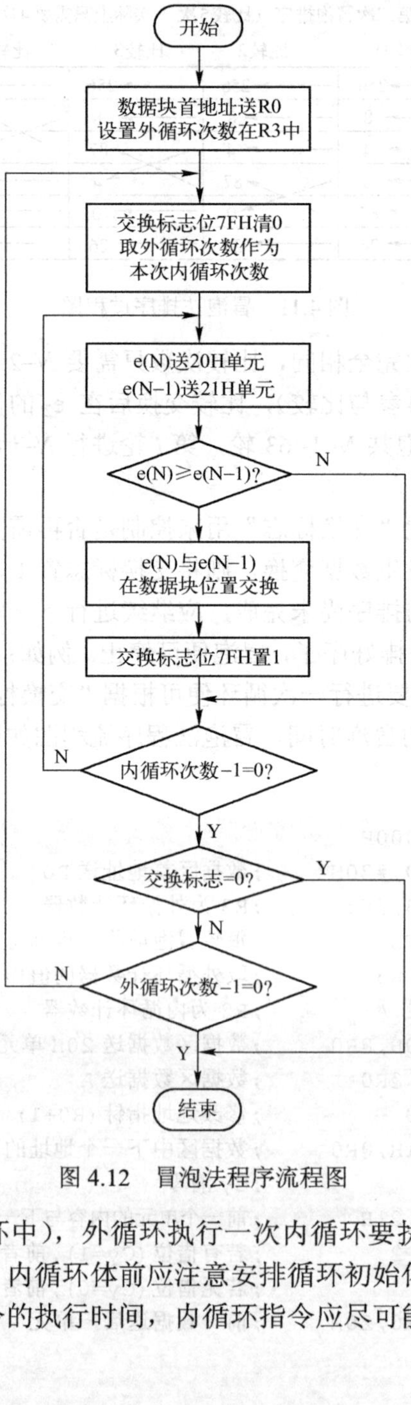

图 4.12　冒泡法程序流程图

在双重循环（或多重循环中），外循环执行一次内循环要执行若干次。因此，在双重循环和多重循环的程序设计中，内循环体前应注意安排循环初始化，内外循环不应相互交叉。此外，为了减少多重循环指令的执行时间，内循环指令应尽可能简捷。

4.2.4 子程序设计

在实际程序编制中，常常会遇到多次进行一些相同操作的情况，如数码转换、乘除运算、延时等。如果每次都重新编制一段这样的程序，不仅浪费存储空间、增加程序长度，而且十分烦琐。因此可以将经常使用的程序段从程序中单独抽取出来，供其他程序在需要时调用。这种独立的、有一定功能的程序段称为子程序，调用子程序的程序则称为主程序。

子程序在结构上与主程序的结构没有根本的区别，子程序也可以由顺序结构、分支结构或循环结构构成。不同的是子程序需要由其他程序来调用，执行完以后又需要将执行流程返回到调用该子程序的主程序中。子程序的执行过程如图 4.13 所示。

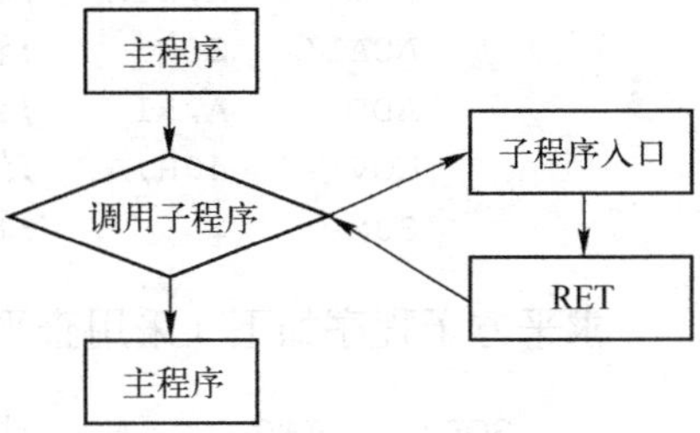

图 4.13　子程序调用过程示意图

1. 子程序调用的规则和应该注意的地方

在汇编语言源程序中调用子程序时，应注意解决以下问题：

（1）主程序与子程序之间的参数传递。

（2）保护现场和恢复现场。当然对每个具体的子程序是不是需要现场保护，哪些参数应当保护，还应视实际情况确定。

在 MCS-51 系列单片机的指令系统中，向用户提供了两条调用子程序的指令：ACALL、LCALL 以及一条返回主程序的指令 RET。

此外，子程序在运行过程中，还可以再调用其他的子程序，这种操作称之为程序嵌套。MCS-51 系列单片机对于子程序嵌套的层数没有限制（只要堆栈容量所允许）。在编制子程序时，需要注意以下几个方面的问题：

（1）子程序的首地址必须用标号（符号地址）表示，该标号是子程序的名称。子程序中一定要有一条返回指令。

（2）为了方便使用，每个子程序都应有适当的使用说明，如子程序功能的说明、出口条件、所占用的存储单元和寄存器等。

（3）子程序尽量编写成浮动地址程序，采用相对转移指令。

（4）子程序入口条件。在调用子程序之前，必须先将数据或参数送到主程序与子程序的某一共享存储单元或寄存器中。调用子程序后，子程序从共享存储单元或寄存器中取得参数，在返回主程序之前，子程序还必须把计算结果送到共享存储单元或寄存器中。这样在返回主程序之后，主程序才能从共享存储单元或寄存器中得到执行子程序后的结果。

（5）保护现场与恢复现场。在调用子程序时，单片机只是自动保护断点地址。但由调用程序转入子程序执行时，往往会破坏主程序或调用程序的有关寄存器（如工作寄存器和累加器等）的内容，也很可能破坏程序状态字 PSW 中的标志位，从而在子程序返回后引起出错。因此，必要时在子程序中将这些单元内容保护起来，即保护现场。对于 PSW、A、B 等可通过压栈指令进栈保护。工作寄存器 Rn 可采用选择不同工作寄存器组的方式来达到保护的目的。一般主程序选用工作寄存器组 0，而子程序选用其他工作寄存器组。

2. 常用子程序举例

例 4.17　编制程序实现 $c=a^2+b^2$，（a, b 均为 1 位十进制数）。

解：计算某数的平方可采用查表的方法实现，并编写成子程序。只要两次调用子程序，并求和就可得运算结果。设 a, b 分别存放于片内 RAM 的 30H, 31H 两个单元中，结果 c 存放于片内 RAM 的 40H 单元。程序流程图如图 4.14 所示。

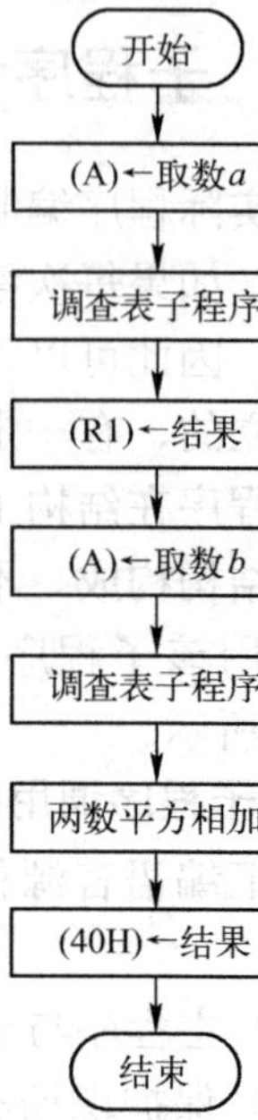

图 4.14　例 4.17 程序流程图

主程序如下：

```
        ORG     1000H
SR:     MOV     A,30H       ;将 30H 中的内容 a 送入 A
        ACALL   SQR         ;转求平方子程序 SQR 处执行
        MOV     R1,A        ;将 a² 结果送 R1
        MOV     A,31H       ;将 31H 中的内容 b 送入 A
        ACALL   SQR         ;转求平方子程序 SQR 处执行
        ADD     A,R1        ;a²+b² 结果送 A
        MOV     40H,A       ;结果送 40H 单元中
        SJMP    $           ;程序执行完，"原地踏步"
```

求平方子程序如下（采用查平方表的方法）：

```
SQR:    INC     A           ;因为查表指令与表之间相隔 1 字节
        MOVC    A,@A+PC
        RET
TABLE:  DB      0, 1, 4, 9, 16, 25, 36, 49, 64, 81
        END
```

例 4.18　使 P1 口所接 8 个发光二极管循环点亮，每点亮一个发光二极管，调用一次延时子程序。设主频 f=12MHz，延时时间为 20ms。主程序、子程序流程图分别如图 4.15 和图 4.16 所示。

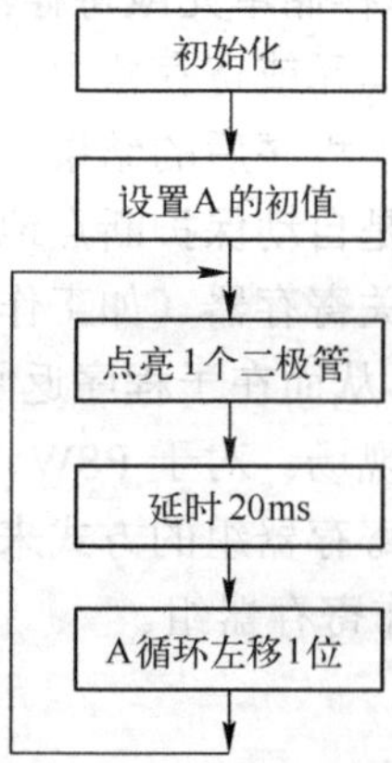

图 4.15　例 4.18 主程序流程图

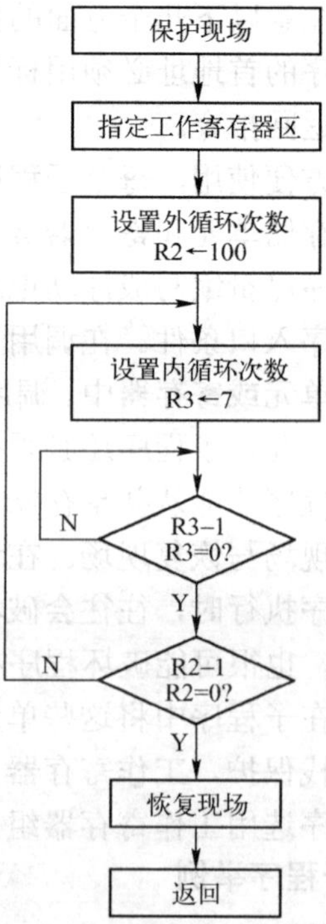

图 4.16　例 4.18 子程序流程图

源程序清单：

```
            ORG     0000H           ;初始化：设置起始地址
            AJMP    START
            ORG     0040H           ;设置主程序地址
START:      MOV     A,#1            ;设置点亮二极管的数据初值
START1:     MOV     P1,A            ;点亮一个二极管
            ACALL   DELAY           ;延时 20ms
            RL      A               ;A 循环左移 1 位,点亮下一个二极管
            AJMP    START1
DELAY:      PUSH    02H             ;子程序,保护现场
            PUSH    03H
            CLR     PSW.4           ;指定工作寄存器区
            CLR     PSW.3
            MOV     R2,#100         ;外循环次数
DELAY1:     MOV     R3,#7           ;内循环次数
            DJNZ    R3,$            ;内循环
            DJNZ    R2,DELAY1       ;外循环
            POP     03H             ;恢复现场
            POP     02H
            RET                     ;返回
            END
```

4.3 MCS-51 单片机汇编语言程序设计举例

4.3.1 数据传送程序设计

例 4.19　编程：现有两个双字节无符号数，分别存放在 R3、R4 和 R5、R6 中，高字节在前，低字节在后，通过编程使两数相加，和分别存放在 20H、21H、22H 单元中。

解：求和的方法与笔算类似，先加低位后加高位，其程序段如下：

```
ORG     4000H
CLR     C               ;清 C
MOV     A,R4            ;把被加数的低位放到 A
ADD     A,R6            ;将加数和被加数的低位相加
MOV     22H,A           ;把结果的低位存入 22H 单元
MOV     A,R3            ;把被加数的高位放到 A
ADDC    A,R5            ;将加数和被加数的高位相加并加低位和进位
MOV     21H,A           ;把结果的高位存入 21H 单元
MOV     A,#00H          ;清 A
ADDC    A,#00H          ;加进位
MOV     20H,A           ;存和的进位
END
```

4.3.2 算术运算程序设计

1. 加减法运算

(1) 多个单字节无符号数的加法

例如有多个单字节数，依次存放在外部 RAM 21H 开始的连续单元中，要求把它们的和计算出来存放在 R1 和 R2 中（假定相加的和为二字节数），其中 R1 为高位，R2 为低位。

```
        MOV     R0,#21H         ;设置数据指针
        MOV     R3,#N           ;字节个数
        MOV     R1,#00          ;和的高位清零
        MOV     R2,#00H         ;和的低位清零
LOOP:   MOVX    A,@R0           ;取一个和数
        ADD     A,R2            ;单字节数相加
        MOV     R2,A            ;和的低位送 R2
        JNC     LOOP1
        INC     R1              ;有进位则和的高位加 1
LOOP1:  INC     R0              ;指向下一单元
        DJNZ    R3,LOOP
```

(2) 两个多字节无符号数减法

设有两个 N 字节无符号数分别存放在内部 RAM 的单元中，低字节在前，高字节在后，分别由 R0 指定被减数单元地址，由 R1 指定减数单元地址，其差存放在原被减数单元中。

```
        CLR     C           ;清进位位
        MOV     R2,#N       ;设定字节数
LOOP:   MOV     A,@R0       ;从低位取被减数的一个字节
        SUBB    A,@R1       ;两数相减
        MOV     @R0,A       ;存字节相减的差
        INC     R0
        INC     R1
        DJNZ    R2,LOOP     ;两数相减完否
        JC      QAZ         ;最高字节有借位转溢出处理,此处省略了溢出处理代码
        RET
```

2. 乘法运算

由于乘法指令（MUL AB）是针对单字节的，因此单字节数的乘法运算使用一条指令就可直接完成，但对于多字节数的乘法就必须通过程序实现。

例 4.20 要进行两个双字节无符号数乘法运算，被乘数和乘数分别存放于内部 RAM 的 R0、R1 单元和 R2、R3 单元中（其中 R0 和 R2 分别为高位字节），相乘结果（积）依次存放在 R4、R5、R6、R7 单元中。

因为乘数和被乘数各为二个字节，因此需要进行 4 次乘法运算，得到 4 个部分积，假定部分积的高字节以“H”标志，部分积的低字节以“L”标志。此外，不要忘记对部分积相加产生的进位的处理。为了帮助大家对程序的了解，结合下列程序把乘法运算的实现过程用示意方法表示出来，如图 4.17 所示。

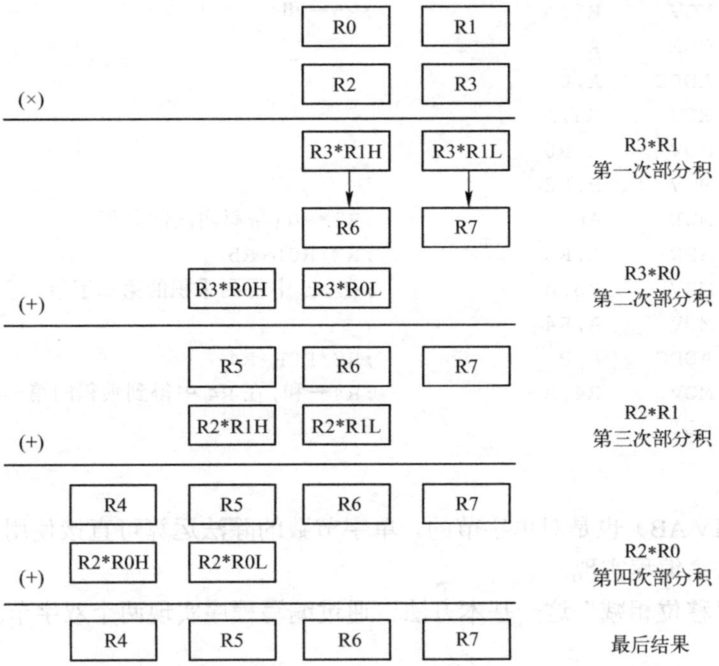

图 4.17　两个双字节无符号数乘法示意图

乘法程序如下：

```
DBMUL: MOV    R4,#0
       MOV    R5,#0
       MOV    R6,#0
       MOV    R7,#0
       MOV    A,R1
       MOV    B,R3
       MUL    AB            ;R3*R1(得第一次部分积)
       MOV    R7,A          ;R7←R3*R1L(在 R7 中得到积的第四字节)
       MOV    R6,B          ;R6←R3*R1H
       MOV    A,R0
       MOV    B,R3
       MUL    AB            ;R3*R0(得第二次部分积)
       ADD    A,R6          ; R3*R0L+R3*R1H(R6)
       MOV    R6,A          ; R6←和
       CLR    A
       ADDC   A,B           ;R3*R0H+(R3*R0L+R6 时产生的进位)
       MOV    R5,A          ;R5←和
       MOV    A,R1
       MOV    B,R2
       MUL    AB            ;R2*R1(得第三次部分积)
       ADD    A,R6          ;R2*R1L+R6
       MOV    R6,A          ;R6←A,即 R6←R2*R1L+R6(在 R6 中得到积的第三字节)
       MOV    A,R5
       ADDC   A,B           ;R2*R1H+R5+(R2R1L+R6 时产生的进位)
```

```
        MOV     R5,A          ;R5←和
        CLR     A
        ADDC    A,0
        MOV     R4,A
        MOV     A,R0
        MOV     B,R2
        MUL     AB            ;R2*R0(得第四次部分积)
        ADD     A,R5          ;R2*R0L+R5
        MOV     R5,A          ;在 R5 中得到乘积的第二字节
        MOV     A,R4
        ADDC    A,B           ;R2*R0H+R4
        MOV     R4,A          ;R4←和,在 R4 中得到乘积的第一字节(最高字节)
        RET
```

3. 除法运算

除法指令（DIV AB）也是对单字节的，单字节数的除法运算可直接使用该指令完成。而多字节数据的除法需编程实现。

例 4.21 按“移位相减”这一基本方法，通过编写程序实现两个双字节无符号数的除法运算。

相关数据的单元分配如下。

R_6R_7：执行前存被除数，程序执行后存商数（其中 R7 为高位字节）。

R_5R_4：存除数（其中 R_5 为高位字节）。

R_3R_2：存放每次相除的余数，程序执行后即为最终余数。

3AH：溢出标志单元。

R_1：循环次数计数器（16 次）。

为使阅读程序方便，再说明以下几个问题。

（1）除法运算需要对被除数和除数进行判定，若被除数为 0，而除数不为 0，则商为 0；若除数为 0，则除法无法进行，置标志单元 3AH 为“0”。

（2）除法运算是按位进行的，每一位是一个循环，一个循环都要做三件事，即：被除数左移一位、余数减除数、根据是否够减使商位得“1”或“0”。对于双字节被除数，如果循环共进行 16 次，除法就完成了。

（3）移位是除法运算的重要操作，最简单的方法是把被除数向余数单元左移，然后把被除数移位后腾出来的低位用于存放商数。这样，除法完成后，被除数已全部移到余数单元并逐次被减得到余数，而被除数单元却为商数所代替。

（4）除法结束后，可根据需要对余数进行四舍五入。为简单起见，这里把它省略了。

双字节数除法程序如下：

```
DBDIV:  MOV     3AH,#00H        ;清溢出标志单元
        MOV     A,R5
        JNZ     NZERO           ;除数不为 0 转
        MOV     A,R4
        JZ      OVER            ;除数为 0 转设置溢出标志
NZERO:  MOV     A,R7
        JNZ     START           ;被除数高字节不为 0 开始除法运算
```

```
        MOV     A,R6
        JNZ     START           ;被除数低字节不为 0 开始除法运算
        RET                     ;被除数为 0 则结束
START:  CLR     A               ;开始除法运算
        MOV     R2,A            ;余数单元清零
        MOV     R3,A
        MOV     R1,#10H         ;R1 为循环计数器
LOOP:   CLR     C               ;进行一位除法运算
        MOV     A,R6
        RLC     A               ;被除数左移一位,从低字节开始
        MOV     R6,A
        MOV     A,R7
        RLC     A
        MOV     R7,A
        MOV     A,R2            ;移出的被除数高位移入余数单元
        RLC     A
        MOV     R2,A
        MOV     A,R3
        RLC     A
        MOV     R3,A
        MOV     A,R2            ;余数减除数
        SUBB    A,R4            ;低位先减
        MOV     R0,A
        MOV     A,R3
        SUBB    A,R5            ;再减高位
        JC      NEXT            ;不够减转移
        INC     R6              ;够减商为 1
        MOV     R3,A            ;相减结果送回余数单元
        MOV     A,R0
        MOV     R2,A
NEXT:   DJNZ    R1,LOOP         ;不够 16 次继续循环
        ......                  ;四舍五入处理(省略)
        RET
OVER:   MOV     3AH,#0FFH       ;置溢出标志
        RET
```

4.3.3　数制转换程序设计

通常数制转换都采用子程序调用方法进行，即把具体的转换功能由子程序完成，而由主程序来做组织数据和安排结果等工作。

1. 十六进制数转换为 ASCII 码

例 4.22　在内部 RAM 的 hex 单元中存有 2 位十六进制数，试将其转换为 ASCII 码，并存放于 asc 和 asc+1 两个单元中。

主程序（MAIN）：

```
        Hex     data  25h
```

```
        Asc     data  26h
        MOV     SP,#3FH
MAIN:   PUSH    hex          ;十六进制数进栈
        LCALL   HASC         ;调用转换子程序
        POP     asc          ;第一位转换结果送 asc 单元
        MOV     A,hex        ;再取原十六进制数
        SWAP    A            ;高低半字节交换
        PUSH    ACC          ;交换后的十六进制数进栈
        LCALL   HASC
        POP     asc+1        ;第二位转换结果送 asc+1 单元
        SJMP    $
```

子程序（HASC）：

```
HASC:   DEC     SP           ;SP 减 2,以跨过堆栈中的返回地址
        DEC     SP
        POP     ACC          ;主程序中通过堆栈传递过来的参数出栈
        ANL     A,#0FH       ;屏蔽高位
        ADD     A,#7         ;修改变址寄存器内容
        MOVC    A,@A+PC      ;查表
        PUSH    ACC          ;将查表结果放入堆栈
        INC     SP           ;SP 加 2,使其指向返回地址
        INC     SP
        RET
ASCTAB: DB   '0123456789ABCDEF' ;ASCII 码表
```

这是一个很典型的程序，阅读本程序时请注意以下两个问题。

（1）本程序的一个特点就是堆栈的使用，这对读者加深堆栈的概念十分有利。在本程序中两种使用堆栈的方法都涉及了，一种是通过堆栈传送数据，被转换的数据在主程序中进栈而在子程序中出栈，最后再把转换结果通过堆栈返回主程序；另一种使用方法是系统自动的，即调用子程序要用堆栈来保护断点。由于是被转换的数据在主程序中先进栈，而断点地址是在调用子程序时才进栈，为此在子程序中要取出转换数据，就得修改堆栈指针 SP，以指向该数据。但切记在返回前要恢复堆栈指针 SP 的值。

（2）在 ASCII 码表中，以字符串形式列出十六进制数码字符，但在汇编时是以 ASCII 码形式写入存储单元的，因此读出来的是被转换数据的 ASCII 码，再压入堆栈返回主程序。

2. ASCII 码转换为十六进制数

例 4.23 将内部 RAM 30H～3FH 单元中相邻两单元内的 ASCII 码转换为一个两位十六进制数，依次存入内部 RAM 60H～67H 单元之中。

转换算法：把转换的 ASCII 码减 30H。若小于 0 则为非十六进制数；若为 0～9 之间，即为转换结果；若大于等于 0AH，应再减 7。减 7 后，若小于 0AH，则为非十六进制数；若在 0AH～0FH 之间，即为转换结果；若大于 0FH，还是非十六进制数。转换流程如图 4.18 所示。

因为一个字节可装两个转换后得到的十六进制数，即两次转换才能拼装为一个字节。为了避免在程序中重复出现转换程序段，因此通常采用子程序结构，把转换操作编写为子程序，主程序流程如图 4.19 所示。

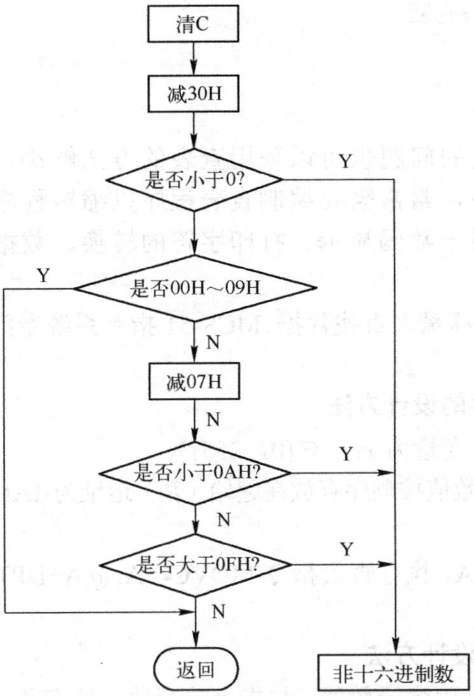

图 4.18　ASCII 码→十六进制数转换程序流程

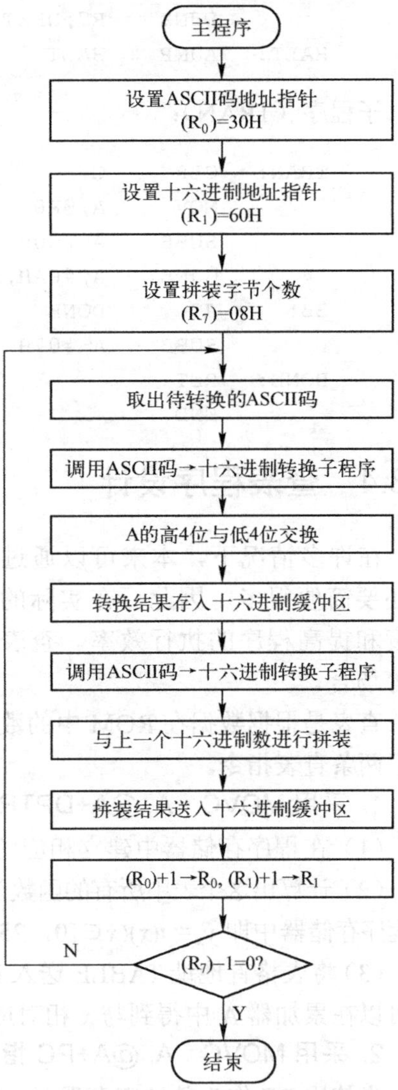

图 4.19　ASCII 码→十六进制数转换主程序

主程序（MAIN）:

```
MAIN:   MOV     R0,#30H         ;设置 ASCII 码地址指针
        MOV     R1,#60H         ;设置十六进制数地址指针
        MOV     R7,#08H         ;需拼装的十六进制数字节个数
        MOV     P2,#00H         ;外部 RAM 的页地址 00 送 P2 口
NEXT:   ACALL   TRAN            ;调用转换子程序
        SWAP    A               ;A 高低 4 位交换
        MOV     @R1,A           ;存放外部 RAM
        INC     R0
        ACALL   TRAN            ;调用转换子程序
        XCHD    A,@R1           ;十六进制数拼装
        INC     R0
        INC     R1
```

```
         DJNZ    R7,NEXT              ;继续
HALT:    AJMP    HALT
```

子程序（TRAN）：

```
TRAN:    CLR     C                    ;清进位位
         MOV     A,@R0                ;取 ASCII 码
         SUBB    A,#30H               ;减 30H
         CJNE    A,#0AH,BB
BB:      JC      DONE
         SUBB    A,#07H               ;大于等于 0AH,再减 07H
DONE:    RET
         END                          ;返回
```

4.3.4 查表程序设计

在许多情况下，本来可以通过计算才能解决的问题也可以采用查表的方法解决，而且还要简便得多。因此，在实际的单片机应用中，常常需要编制查表程序以缩短程序的长度和提高程序的执行效率。查表程序主要应用于数码显示、打印字符的转换、数据转换等场合。

查表是根据数据在 ROM 中的数据表格内的偏移量来查找数据。MCS-51 指令系统专门设置了两条查表指令。

1. 采用 MOVC A, @A+DPTR 指令查表程序的设计方法

（1）在程序存储器中建立相应的函数表（设自变量为 x，$x\in[0，255]$）。

（2）计算出这个表中所有的函数值 y。将这群函数值按顺序存放在起始（基）地址为 TABLE 的程序存储器中即 $y_x=f(x)(x\in[0，255])$。

（3）将表格首地址 TABLE 送入 DPTR，x 送入 A，执行查表指令 MOVC A, @A+DPTR，就可以在累加器 A 中得到与 x 相对应的 y_x 值。

2. 采用 MOVC A, @A+PC 指令查表程序的设计方法

当使用 PC 作为基址寄存器时，由于 PC 本身是程序计数器，与指令的存放地址有关，且不能直接修改 PC 的值让其指向表格首地址，所以查表时其操作有所不同。

（1）在程序存储器中建立相应的函数表（设自变量为 x，$x\in[0，255]$）。

（2）计算出这个表中所有的函数值 Y。将这群函数值按顺序存放在起始（基）地址为 TABLE 的程序存储器中即 $y_x=f(x)(x\in[0，255])$。

（3）x 送入 A，使用 ADD A, #data 指令对累加器 A 的内容进行修正，data 代表一个位移量，由公式“data=函数数据表首地址−PC”确定，即 data 值等于查表指令和函数表之间的字节数。注意：公式中的 PC 的值为 MOVC A, @A+PC 指令的下一条指令的地址。

（4）执行查表指令 MOVC A, @A+PC，就可以在累加器 A 中得到与 x 相对应的 y_x 值。

例 4.24 利用查表的方法编写 $Y=X^2$（$X=0, 1, 2,\cdots, 9$）的程序。

解： 设变量 X 的值存放在内存 30H 单元中，求得的 Y 的值存放在内存 31H 单元中。平方表存放在首地址为 TABLE 的程序存储器中。

方法一：采用 MOVC　A, @A+DPTR 指令实现，查表过程如图 4.20 所示。

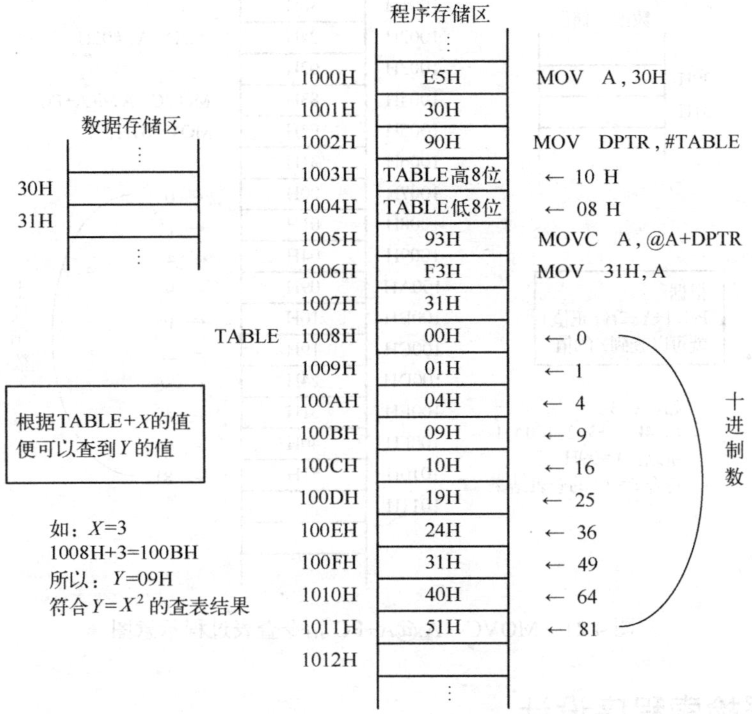

图 4.20　MOVC　A,@A+DPTR 指令查表过程示意图

程序如下：

```
START:  MOV     A,30H                       ;将查表的变量 X 送入 A
        MOV     DPTR,#TABLE                 ;将查表的 16 位基地址 TABLE 送 DPTR
        MOVC    A,@A+DPTR                   ;将查表结果 Y 送 A
        MOV     31H,A                       ;Y 值最后放入 31H 中
        SJMP    $
TABLE:  DB      0,1,4,9,16,25,36,49,64,81
        END
```

方法二：采用 MOVC　A,@A+PC 指令实现，查表过程如图 4.21 所示。

程序如下：

```
START:  MOV     A,30H                       ;将查表的变量 X 送入 A
        MOV     DPTR,#TABLE                 ;将查表的 16 位基地址 TABLE 送 DPTR
        ADD     A,#4
        MOVC    A,@A+PC                     ;将查表结果 Y 送 A
        MOV     31H,A                       ;Y 值最后放入 31H 中,本指令为 2 字节
        SJMP    $                           ;本指令为 2 字节
TABLE:  DB      0,1,4,9,16,25,36,49,64,81
        END
```

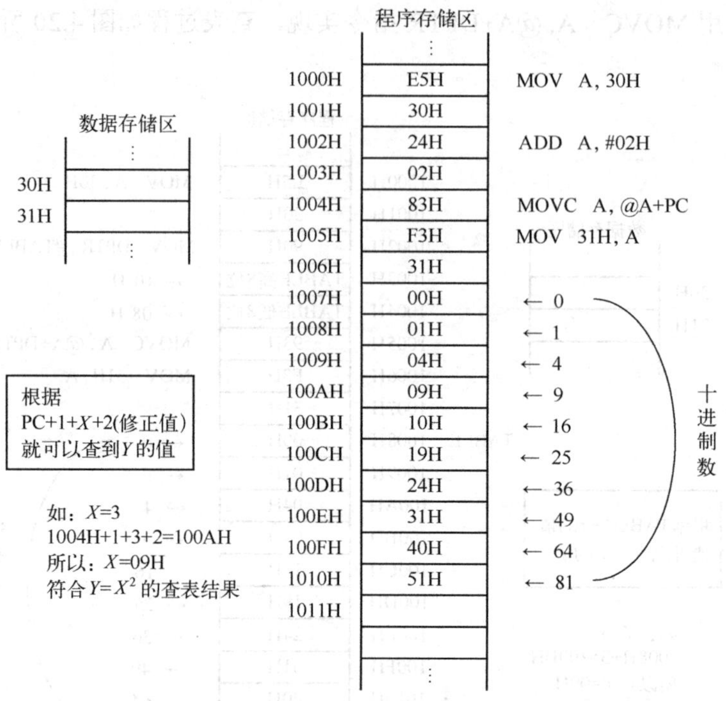

图 4.21　MOVC　A,@A+PC 指令查表过程示意图

4.3.5　数据检索程序设计

数据检索是在数据区中查找关键字的操作。有两种数据检索方法，即顺序检索和对分检索，下面分别介绍。

1. 顺序检索

所谓顺序检索就是把关键字与数据区中的数据从前向后逐个比较，判断是否相等。

例 4.25　假定数据区首地址是内部 RAM 20H，数据区长度为 8，关键字放在 2BH 单元，把检索成功的数据序号放在 2CH 单元中。

检索开始时应把 2CH 单元初始化为 00H。程序运行结束后，如 2CH 单元的内容仍为 00H，则表示没有检索到关键字；否则即为检索成功，2CH 单元的内容即为关键字在数据区中的序号（从 1 开始）。

程序设计如下：

```
          MOV     R0,#20H          ;数据区首地址
          MOV     R7,#08H          ;数据区长度
          MOV     2CH,#00H
          MOV     R2,#00H
NEXT:     INC     R2
          MOV     A,@R0            ;数据区取数
          CJNE    A,2BH,NOFOUND    ;与关键字比较
          SJMP    FOUND
NOFOUND:INC       R0
          DJNZ    R7,NEXT          ;继续
```

```
        MOV     R2,#00H
FOUND:  MOV     2CH,R2          ;送检索是否成功标志
HERE:   AJMP    HERE            ;结束
        END
```

2. 对分检索

对分检索（也称二分检索或折半检索）的前提是数据已排好序，以便于按对分原则取数进行关键字比较，具体过程是：取数组中间位置的数与关键字比较，如果相等则检索成功；如果大于关键字，则下次对分检索的范围是从数据区起点到本次取数位置；如果小于关键字，则下次对分检索的范围是从本次取数位置到数据区终点。以此类推，逐次缩小检索范围，直到最后。

对分检索可以减少检索次数，大大提高了检索速度。但对分检索是一种递归算法，具体实现时首先要确定检索范围，范围的起点是 0，而终点是把最后一个数的序号加 1，这样才能使最后一个数也处在有效的检索范围之内，因为在程序中对分序号是通过起点与终点相加，然后除 2 取整而得到的。

例 4.26　假定检索数据区在内部 RAM 中，首地址为 ARRAY，其数据为无符号数，并以按升序排序。工作单元定义如下。

2AH：存放检索范围的起点。

2BH：存放检索关键字。

R0：先指向数据区首地址。检索开始后，则为对分读数地址。

R2：检索成功标志。如检索成功，则数据序号（从 0 开始）放入其中；否则置为 0FFH。

R3：检索次数计数器。

R4：存放检索到的数据。

R7：存放检索范围的终点。

对分检索程序如下：

```
ORG     0000H
DVL     EQU     8
KEY     EQU     55H
ARRAY   DATA    20H
        MOV     2AH,#00H        ;检索范围起点
        MOV     R7,#DVL         ;检索范围终点
        MOV     2BH,#KEY        ;关键字
        MOV     R3,#01H         ;检索次数初值
LOOP1:  MOV     R0,#ARRAY       ;数据区首址
        MOV     A,2AH
        ADD     A,R7            ;起点加终点
        CLR     C
        RRC     A               ;除 2 取整
        MOV     R2,A            ;存放取数的序号
        CLR     C
        SUBB    A,2AH           ;判断是否到范围边缘
        JZ      LOOP3           ;是边缘则转
        INC     R3              ;检索次数加 1
        MOV     A,R2
```

```
        ADD     A,R0            ;形成取数地址
        MOV     R0,A
        MOV     A,@R0           ;取数
        MOV     R4,A            ;取数放 R4 中
        CLR     C
        SUBB    A,2BH           ;与关键字比较
        JZ      LOOP5           ;相等则检索成功
        JNC     LOOP2           ;取数大则转
        MOV     2AH,R2          ;取数小于 KEY,修改检索范围起点为取数位置
        SJMP    LOOP1           ;继续
LOOP2:  MOV     A,R2            ;取数大于 KEY,修改检索范围终点为取数位置
        MOV     R7,A
        SJMP    LOOP1           ;继续
LOOP3:  MOV     R0,#ARRAY       ;达到边缘,比较数据是否为关键字
        MOV     A,@R0
        CJNE    A,2BH,LOOP4
        MOV     R4,A            ;是关键字
        SJMP    LOOP5
LOOP4:  MOV     A,#0FFH         ;不是,送检索不成功标志
        MOV     R2,A
LOOP5:  SJMP    LOOP5           ;结束
        END
```

本 章 小 结

本章主要介绍了 MCS-51 系列单片机汇编语言的程序结构、汇编语言的伪指令，以及汇编语言程序的编辑、汇编、仿真调试和目标代码的写入和运行。

在程序结构中主要介绍了顺序程序、循环程序、分支程序，以及子程序调用。

（1）简单程序又称为顺序程序，是一种顺序执行的程序。在这种程序中，没有分支，没有循环，没有子程序的调用。其结构简单，能实现一定的功能，是组成复杂程序的基础。

（2）循环程序是一种按照某种控制规律重复执行若干次，完成大量相同任务的程序。采用循环程序，不仅可以缩短程序长度，节约存储空间，而且可以提高编程效率和质量。

（3）分支程序是一种根据对某种条件的判断结果，决定程序不同走向的一种程序。分支的选择是通过条件转移指令、转移指令表和转移地址表等方式来实现的，分支程序从结构上可以分成单分支和多分支结构。

（4）子程序的特点是执行过程中需要有其他程序来调用，等程序运行结束又需要返回指令使其回到调用该程序的程序中。在调用子程序过程中常常需要解决好主程序和子程序的参数传递、现场保护和现场恢复等问题。

模块化的程序设计方法具有明显的优点，所以，进行程序设计的学习应该建立模块化的设计思想。采用循环结构和子程序可以使程序的容量大大减小，提高程序的效率，节省内存。

需要说明的是，汇编语言程序设计是实践性较强的一种单片机应用技能，它需要较多的编程训练和实际应用经验的积累。

习题与思考题

一、填空题

1．若 A=11H，(11H)=22H，B=44H，分别填写执行下列指令后的结果：

（1）MOV　　R1,A　　执行结果为________；

（2）MOV　　R3,11H　　执行结果为________；

（3）MOV　　R3,#11H　　执行结果为________；

（4）MOV　　R3,B　　执行结果为________。

2．假设 A=83H，(R0)=17H，(17H)=34H，执行以下指令后，A 的内容为________。

```
ANL    A,#17H
ORL    17H,A
XRL    A,@R0
CPL    A
```

3．如果 DPTR=507BH，SP=32H，(30H)=50H，(31H)=5FH，(32H)=3CH，则执行下列指令后 DPH=________，DPL=________，SP=________。

```
POP    DPH
POP    DPL
POP    SP
```

4．已知程序执行前有 A=02H，SP=42H，（41H）=FFH，（42H）=FFH。下述程序执行后，A=________，SP=________，（41H）=________，（42H）=________，PC=________。

```
POP    DPH
POP    DPL
MOV    DPTR,#3000H
RL     A
MOV    B,A
MOVC   A,@A+DPTR
PUSH   ACC
MOV    A,B
INC    A
MOVC   A,@A+DPTR
PUSH   ACC
RET
ORG    3000H
DB     10H,80H,30H,80H,50H,80H
```

5．在片内 RAM 中，已知(30H)=38H，(38H)=40H，(40H)=48H，(48H)=90H，试分析以下程序中各条指令的作用，按顺序执行完指令后的结果为________。

```
MOV    A,40h
MOV    R1,A,
MOV    P1,#0F0H
```

```
MOV     @R1,30h
MOV     DPTR,#1234h
MOV     40H,38H
MOV     R1,30h
MOV     90H,R1
MOV     48H,#30H
MOV     A,@R1
MOV     P2,P1
```

二、根据要求写出指令

1. 写出完成如下要求的指令，但是不能改变未涉及位的内容。

（1）把 ACC.3， ACC.4，ACC.5 和 ACC.6 清零。

（2）把累加器 A 的中间 4 位清零。

（3）使 ACC.2 和 ACC.3 置 1。

2. 写出指令，完成以下数据传送过程。

（1）R1 的内容传送到 R0。

（2）片外 RAM 20H 单元的内容送 R0。

（3）片外 RAM 20H 单元的内容送片内 RAM 20H 单元。

（4）片外 RAM 1000H 单元的内容送片内 RAM 20H 单元。

（5）ROM 2000H 单元的内容送 R0。

（6）ROM 2000H 单元的内容送片内 RAM 20H 单元。

（7）ROM 2000H 单元的内容送片外 RAM 20H 单元。

三、编程题

1. 设有两个长度均为 15 的数组，分别存放在片外 RAM 以 2000H 和 2100H 开始的存储区中，试编程求其对应项之和，结果存放在以 2200H 为首地址的存储区中。

2. 设有 100 个 8 位有符号数，连续存放在片外 RAM 以 2000H 为首地址的存储区中，试编程统计其中正数、负数、零的个数。

3. 编程将片外 RAM 中地址为 1000H～1030H 的数据块，全部搬迁到片内 RAM 的 30H～60H 中，并将原数据块区域全部清零。

4. 编程把片外 RAM 中以 2040H 为首地址的连续 50 个单元中的 8 位无符号数按降序排列，存放到以 3000H 为首地址的存储区中。

5. 试编一查表程序，从首地址为 2000H、长度为 9FH 的数据块中找出第一个 ASCII 码 A，将其地址送到 20A0H 和 20A1H 单元中。

6. 在片外 RAM 以 2000H 为首地址的存储区中，存放着 20 个用 ASCII 码表示的 0～9 之间的数，试编程将它们转换成 BCD 码，并以压缩 BCD 码（即一个单元存放两位 BCD 码）的形式存放在以 3000H 开始的单元中。

7. 编程实现将片外 RAM 中 2400H～2450H 单元中的数传送到 2500H～2550H 单元中。

8. 在片外 RAM 的 2030H 和 2031H 单元中各有一个小于 16 的数，编程求这两个数的平方和，结果存放在 2040H 单元。要求用调用子程序方法实现。

第 5 章　C51 应用基础

C 语言是一种介于高级语言和低级语言之间的通用的计算机语言，一方面它和硬件比较接近，可以直接操纵硬件，具有汇编语言的特点；另一方面，它功能丰富、表达能力强、使用灵活方便、目标程序效率高、可以屏蔽不同 CPU 体系结构的差异、可移植性好、具有高级语言的特点。因此，C 语言既可用来开发底层的系统软件，也可用于编写上层的应用程序。

在单片机开发中，以前基本上是使用汇编语言。由于 C 语言具有使用方便、编程效率高、能直接控制硬件、仿真调试容易等特点，且 C 语言的学习和使用要比汇编语言容易，从上世纪 90 年代中期开始，使用 C 语言开发单片机便成为一种流行的趋势。目前，C 语言已广泛用于以单片机为基础的嵌入式系统领域。

运行于单片机平台的 C 语言称为 C51 语言。C51 语言从 C 语言继承而来，几乎具备 C 语言的所有优点，便于学习，同时具有汇编语言的硬件操作能力。对于具有 C 语言编程基础的读者，能够轻松地掌握单片机 C51 语言的程序设计。

C51 的编译器版本很多，如 American Automation、Avocet、BSO/TASKING、DUNFIELD SHAREWARE、KEIL/Franklin 等。各种编译器的基本相同，但具体处理时有一定的区别，其中，德国 Keil Software 公司专门为 8051 单片机开发的 Keil C51 编译器以它的代码紧凑和使用方便等特点优于其他编译器，使用特别广泛。本章将在 Keil C 编译器基础上介绍 MCS-51 单片机 C 语言程序设计的基本方法。

5.1　Keil C51 简介

Keil μVision 是 Keil C51 for Windows 的集成开发环境（IDE），可以完成编辑、编译、连接、调试、仿真等整个开发流程。开发人员可用 IDE 本身或其他编辑器编辑 C 或汇编源文件。然后由编译器编译生成目标文件（.OBJ），目标文件可由 LIB51 创建生成库文件，也可以与库文件一起经 L51 连接定位生成绝对目标文件(.ABS)，ABS 文件由 OH51 转换成标准的 Hex 文件，以供调试器 dScope51 或 tScope51 使用进行源代码级调试，也可由仿真器使用直接对目标板进行调试，还可以直接写入单片机系统的程序存储器如 EPROM 中。目前使用比较普遍的版本是 Keil μVision3。关于 Keil μVision3 的使用将在第 10 章中介绍。

5.2　C51 程序设计概述

5.2.1　C51 语言的特点

C51 语言包括如下特点。

（1）语言简洁、紧凑，使用方便、灵活。

（2）运算符丰富。

（3）数据结构丰富，具有现代化语言的各种数据结构。

（4）可进行结构化程序设计。

（5）可以直接对单片机硬件进行操作。

（6）生成的目标代码质量高，程序执行效率高。

（7）可移植性好。

5.2.2　C51 程序与标准 C 程序的区别

C51 程序与标准 C 程序有如下区别。

（1）C51 中定义的库函数和标准 C 语言定义的库函数不同。标准的 C 语言定义的库函数是按通用微型计算机来定义的，而 C51 中的库函数是按 MCS-51 单片机相应情况来定义的。

（2）C51 中的数据类型与标准 C 的数据类型也有一定的区别，在 C51 中还增加了几种针对 MCS-51 单片机特有的数据类型。

（3）C51 变量的存储模式与标准 C 中变量的存储模式不一样，C51 中变量的存储模式是与 MCS-51 单片机的存储器紧密相关。

（4）C51 的输入输出与标准 C 的输入输出处理不一样，C51 中的输入输出是通过 MCS-51 串口来完成的，输入输出指令执行前必须要对串行口进行初始化。

（5）C51 与标准 C 在函数使用方面也有一定的区别，如在 C51 中有专门的中断函数。

5.2.3　C51 的标识符与关键字

1. 标识符

标识符用于标识程序中某个对象的名字，这些对象可以是变量、常量、函数、数据类型及语句等。

标识符命名规则与 ANSI　C 中标识符的命名规则相同。

2. 关键字

关键字是 C51 用于说明数据类型、语句功能等专门用途的标识符，又称保留字。如 int、auto、while 等。

ANSI C 标准中的关键字共有 32 个，Keil C51 编译器除了支持 ANSI C 标准的关键字外，结合 MCS-51 单片机的特点扩展了一部分关键字。Keil C51 中较常用的新增关键字如表 5.1 所示。

表 5.1　常用 Keil C51 编译器新增关键字

关　键　字	用　　途	说　　明
_at_	地址定位	为变量进行存储器绝对地址定位
data	存储器类型声明	直接寻址的内部数据存储器
bdata	存储器类型声明	可位寻址的内部数据存储器
idata	存储器类型声明	间接寻址的内部数据存储器
pdata	存储器类型声明	分页寻址的外部数据存储器
xdata	存储器类型声明	外部数据存储器

续表

关键字	用途	说明
code	存储器类型声明	程序存储器
bit	位变量声明	声明一个可位寻址变量或位类型的函数
sbit	位变量声明	声明一个可位寻址变量
sfr	特殊功能寄存器声明	声明一个 8 位特殊功能寄存器
sfr16	特殊功能寄存器声明	声明一个 16 位特殊功能寄存器
small	存储器模式	指定使用内部数据存储器空间
compact	存储器模式	指定使用外部分页寻址的数据存储器空间
large	存储器模式	指定使用外部数据存储器空间
interrupt	中断函数声明	定义一个中断服务函数
using	寄存器组选择	选择函数使用的工作寄存器组

5.2.4　C51 语言程序的书写格式

在程序的书写格式方面，C51 语言有如下特点。

（1）与标准 C 语言程序一样，C51 语言程序在书写时格式也十分自由。

（2）一条语句可以写成一行，也可以写成几行。

（3）可以一行内写多条语句，但每条语句后面必须以分号“;”作为结束符。

（4）C 语言程序对字母大小写敏感，在程序中，同一字母的大小写系统将进行不同的处理。

（5）在程序中可以用“/*………*/”或“//”对任何部分进行注释，以增加程序的可读性。

5.3　C51 数据类型

5.3.1　C51 的数据类型

1．char：字符型（8 位整数）

用于存放 1 个字节的数据，可用于存储 8 位二进制数。分为以下两种类型。

（1）unsigned char：无符号字符型，所能表示的数据范围是 0～255。

（2）signed char：带符号字符型，其最高位为符号位，所能表示的数据范围是−128～+127。signed char 等价于 char。

2．int：整型（16 位整数）

一个整型数的长度为两个字节，可用于存储 16 位二进制数。分为以下两种。

（1）unsigned int：无符号整型，所能表示的数据范围是 0～65535。

（2）signed int：带符号位整型，所能表示的数据范围是−32768～+32767。signed int 等价于 int。

3．long：长整型（32 位整数）

一个长整型数据的长度为 4 个字节，可用于存储 32 位二进制数。分为以下两种。

（1）unsigned long：无符号长整型，所能表示的数据范围是 0～4294967295。

（2）signed long：带符号长整型，其最高位为符号位，所能表示的数据范围是-2147483648～+2147483647。Signed long 等价于 long。

4．float：单精度浮点型

一个单精度浮点型数的长度为 4 个字节，用浮点形式表示一个小数，具有 7 位有效数字。

5．*：指针型

存放另一数据地址的变量，即它存放的是所需寻址数据的地址。定义和使用指针型变量可以很方便地对 8051 单片机各部分物理地址直接进行操作。指针变量也要占据一定的内存单元，在 C51 中指针变量的长度为 1~3 个字节，这与 ANSI C 标准中指针变量的长度不同。

6．bit、sbit：位类型

bit、sbit 是 C51 编译器提供的扩展数据类型，它们的长度为 1bit。使用它们可定义位变量，但不能定义位指针，也不能定义位数组。

bit 位类型符用于在内部 RAM 的可位寻址区（bdata）中定义位变量，格式如下：

```
bit  位变量名;
```

例如：

```
bit flag;   //在 bdata 区为 flag 分配一个位单元
```

sbit 位类型符用于定义在内部 RAM 的可位寻址区或可位寻址的特殊功能寄存器定义位变量，但定义时须指明其位地址，格式如下：

```
sbit  位变量名=位地址;
```

位地址可以是：

（1）位直接地址

```
sbit   RS0=0xd3;    //定义 PSW 的第 3 位(等价于 sbit OV=PSW^3;)
sbit   ET0=0xa9;    //定义 IE 的第 1 位(等价于 sbit  ET0=IE^1;)
```

（2）用 bdata 定义了的可位寻址变量带位号

```
int     bdata var1;
sbit    var1_0=var1^0;
sbit    var1_15=var1^15;
```

（3）用 sfr 定义了的特殊功能寄存器名带位号

```
sbit    OV=PSW^2;
sbit    CY=PSW^7;
sbit    EA=IE^7;
sbit    P2_0=P2^0;
sbit    ACC_7=ACC^7;
```

编译器规定按位引用格式为“变量^Bit 位号”，而“^”又是“位异或”运算符，为了不引起混淆，编译器不允许直接用这种方法引用变量中的某位。因此，需要用 sbit 对变量中的位进行定义以为其指定一个新的名字。

部分特殊功能寄存器的可寻址位已经在 Keil C51 的头文件 reg51.h 中进行了定义，因此，只要包含了该头文件，就不需要在程序中再定义了。用户在使用前最好先查看一下 reg51.h 文件中是否包含了需要使用的所有位变量的定义，如果没有，则可根据需要在 reg51.h 中增加或在自己的源程序文件中定义需要的变量。

对于 bit 和 sbit 型变量的几点说明如下。

（1）bit 型位变量与其他变量一样，可以作为函数的形参，也可以作为函数的返回值，即函数的类型可以是位型的。

（2）不能定义 bit 型位变量指针，也不能定义 bit 型位数组。

（3）不能够用 sbit 对无位操作功能的位定义位变量。

（4）用 sbit 定义位变量时，必须放在函数外面作为全局位变量，而不能在函数内部定义。

（5）用 sbit 定义的是一种绝对定位的位变量（因为名字是与确定位地址对应的），具有特定的意义，在应用时不能像 bit 型位变量那样随便使用。用 bit 定义的位变量是由编译器动态分配位地址，可以用于函数内定义局部位变量。

7．sfr、sfr16：特殊功能寄存器

sfr、sfr16 也是 C51 编译器提供的扩展数据类型，用于访问单片机的特殊功能寄存器，sfr 型数据长度为 1 字节，sfr16 型数据长度为 2 字节，它们均为无符号整型，其取值范围分别是 0~255 和 0~65535。

在 C51 中，允许用户对单片机内部的所有特殊功能寄存器进行访问，但在访问前必须通过 sfr 或 sfr16 类型说明符进行定义。

特殊功能寄存器的定义格式如下：

```
sfr      特殊功能寄存器名=直接地址;
Sfr16    特殊功能寄存器名=直接地址;
```

例如：

```
Sfr PSW=0xd0;
sfr SCON=0x98;
sfr TMOD=0x89;
sfr P1=0x90;
sfr T0=0x8a;
sfr16 DPTR=0x82;
```

SFR 的地址是不能任意设置的，它必须与 MCS-51 系列单片机内部定义的地址完全相同。由于 MCS-51 系列单片机的 SFR 的数量与类型不尽相同，况且一般而言每一个 C51 源程序都会要用到 SFR，所以一般把 SFR 的定义放入一个头文件中，如 Keil C51 编译器的头文件“reg51.h”，用户可以根据具体的单片机型号对该文件进行增、删、改，也可针对不同型号的单片机定义不同的头文件。

由于在头文件“reg51.h”中已将 MCS-51 单片机中所有特殊功能寄存器进行了定义。所以，我们在程序中只要包含了该头文件，就可以不用定义而直接使用特殊功能寄存器了，但要注意特殊功能寄存器名是用大写字母定义的。

表 5.2 给出了 C51 支持的所有数据类型的类型标识符及每种数据类型的长度和取值范围。

表 5.2　C51 支持的数据类型及说明

数据类型	位数	字节数	数值范围	说明
bit	1		0 或 1	位类型
sbit	1		0 或 1	位类型
signed char	8	1	−128 ～ +127	有符号字符型
unsigned char	8	1	0 ～ 255	无符号字符型
enum	16	2	−32768 ～ +32767	枚举型
signed short	16	2	−32768 ～ +32767	有符号短整型
unsigned short	16	2	0 ～ 65535	无符号短整型
signed int	16	2	−32768 ～ +32767	有符号整型
unsigned int	16	2	0 ～ 65535	无符号整型
signed long	32	4	−2147483648 ～ 2147483647	有符号长整型
unsigned long	32	4	0 ～ 4294967295	无符号长整型
float	32	4	±1.175494E−38 ～ ±3.402823E+38	单精度浮点型
sfr	8	1	0 ～ 255	8 位特殊功能寄存器型
sfr16	16	2	0 ～ 65535	16 位特殊功能寄存器型

5.3.2　数据类型转换

1. 自动转换

在 C51 语言程序的表达式或变量赋值运算中，有时会出现运算对象的类型不一致的时候，同标准 C 一样，C51 语言允许任何标准数据类型之间自动转换（隐式转换）。自动转换按以下优先级别自动进行：

```
bit→char→int→long→float
signed→unsigned
```

其中箭头方向仅表示数据类型级别的高低，转换时由低向高进行，而不是数据转换时的顺序。例如，一个 bit 型数据与一个 int 型数据进行运算时，将把 bit 型变量的值直接转换成 int 进行运算。

2. 强制转换

与 ANSI C 一样，C51 除了支持隐式类型转换外，还可以通过强制类型转换符“()”对数据类型进行人为的强制转换（显式转换）。

5.4　C51 的运算量

5.4.1　常量

常量是指在程序执行过程中其值不能改变的量。C51 中有以下四种类型的常量。

1．整型常量

在 C 语言中，8 位整型和 16 位整型常量可表示为以下形式。

十进制形式：如 250，–12 等，其每个数字位可以是 0～9。

十六进制形式：以 0x 或 0X 开头，其后每个数位可以是 0～9，a～f 或 A～F。

八进制形式：以数字 0 开头，其后每个数位可以是 0～7。

2．浮点型常量

浮点型常量也就是实型常数。有十进制表示形式和指数表示形式。

十进制数表示：十进制表示形式又称浮点表示形式，由数字和小数点组成。如 3.14159，–135.267，9.9 等都是用十进制数的形式表示的浮点数。

指数形式：指数形式又称为科学记数法，它是为方便计算机对浮点数的处理而提出的。指数表示形式的格式为：[±] 数字 [.数字] e [±]数字。例如：123.456e–3、–3.123e2 等都是指数形式的浮点型常量。

3．字符型常量

字符型常量是由一对单引号括起来的一个字符，如，'A'，'*'和'8'等都是合法的字符型常量。除此之外，C51 还允许使用一些特殊的字符常量，这些字符常量都是以反斜杠字符'\'开头的字符，称为“转义字符”。表 5.3 给出了 C51 语言中由转义字符构成的控制符。

表 5.3　C51 语言中的转义字符及含义

字 符 形 式	功　　能
\n	换行
\t	横向跳格（即跳到下一个输出区）
\v	竖向跳格
\b	退格
\r	回车
\f	走纸换页
\\	反斜杠字符'\'
\'	单撇号字符
\"	双撇号字符

4．字符串常量

字符串常量是由一对双引号括起来的字符序列，如"string"就是一个字符串常量。一个字符串常量在内存中存放时不仅双引号内的字符一个占一个字节，而且系统会自动的在后面加一个转义字符“\0”（表示 ASCII 码为 0 的字符）作为字符串结束符。

例如字符串"I am a student"在内存中存储的形式如下：

I		a	m		a		s	t	u	d	e	n	t	\0

在 C51 语言中没有专门的字符串变量，如果要保存字符串常量，可用一个字符数组来存放。

5.4.2 变量

变量是指在程序运行过程中其值可以改变的量。在 C51 中，变量在使用前必须对其进行定义，指出变量的数据类型、存储类别和所在的存储器类型，以便编译系统为它分配相应的存储单元。

C51 中，变量定义的完整格式如下：

```
[存储类别] 数据类型 [存储器类型] 变量名 1[=初值] [_at_ 地址常数];
```

其中，“存储类别”、“存储器类型”、“初值”和“_at_ 地址常数”是可选项。

1. 变量的数据类型

在定义变量时，必须通过数据类型说明符指明变量的数据类型，可以是基本数据类型说明符，也可以是构造数据类型说明符，还可以是用 typedef 定义的类型别名。

在 C51 中，为了增加程序的可读性，允许用户用 typedef 为系统已有的数据类型说明符定义别名，格式如下：

```
typedef  c51 已有的数据类型说明符  别名;
```

例如：

```
typedef unsigned int WORD;
WORD a2=0xffff;                //等价于 unsigned int a2=0xffff
```

2. 变量的存储类别

C51 变量的存储类别有如下四种。

（1）自动（auto）：一般分配在内存的栈空间中，仅能用于函数体中的局部变量。

（2）外部（extern）：外部变量引用声明。

（3）静态（static）

内部静态变量：作用域为其所在的函数体，但具有全局寿命，且其值具有可继承性。

外部静态变量：说明不能被其他源文件访问的外部变量。

（4）寄存器（register）：尽可能将变量分配在 CPU 内部的寄存器中，仅能用于函数体中的局部变量。

在 C51 的函数中定义一个变量时，如果省略了存储类别选项，则默认该变量为自动变量（auto）。

3. 变量的存储器类型

在 C51 程序设计中，存储器类型是用于告知 C51 编译器将该变量分配到单片机的何种存储器区域。C51 编译器能识别的存储器类型有以下几种，如表 5.4 所示。

表 5.4　C51 编译器能识别的存储器类型

存储器类型	说　明
data	直接寻址的片内数据存储器（低 128B），访问速度最快
bdata	可位寻址的片内数据存储器（16B），允许位与字节混合访问
idata	间接寻址的片内数据存储器（低 128B+高 128B）
pdata	分页寻址时的片外数据存储器中的一页（256B），用 movx @Ri 指令访问的存储空间。
xdata	片外数据存储器（64KB），用 movx @DPTR 指令访问的存储空间
code	程序存储器（64KB），用 movc 指令访问的存储空间

变量定义时如果省略“存储器类型”，则按编译时所使用的存储器模式（small、compact 和 large）来规定默认存储器类型，确定变量的存储空间。

变量定义举例：

```
char data var1;                // 在片内 RAM 低 128 字节内定义字符型变量 var1
int idata var2;                // 在片内 RAM256 字节内定义整型变量 var2
int code var3=5;               // 在程序存储器中定义整型变量 var3
unsigned char bdata var4;      // 在片内位寻址区中定义无符号字符型变量 var4
int count;                     // 在默认存储器空间中定义整型变量 count
```

4. 变量在存储器中的地址

关键字_at_专门用于对变量的地址作绝对定位。当定义变量省略此选项时，将由编译器根据存储器的使用情况在存储器中为变量进行存储单元分配，变量的地址用户无法确定。当用户需要将某变量定位在某地址时，只需在定义变量时加上“_at_ 地址常数”选项，其中的地址常量用于告诉编译器，将此变量分配到该地址对应的存储单元。

例如：

```
char data i  _at_ 0x30;        //将变量 i 定位到 data 存储区的 0x30 单元
int xdata  p _at_ 0x7fff;      //将变量 j 定位到 xdata 存储区的 0x7fff 单元
```

对变量绝对定位的几点说明：

（1）绝对地址变量在定义时不能初始化，因此不能对 code 型变量绝对定位；

（2）绝对地址变量只能够是全局变量，不能在函数中对变量绝对定位；

（3）绝对地址变量多用于 I/O 端口，一般情况下不对普通变量绝对定位；

（4）位变量不能使用_at_绝对定位。

5.4.3　存储模式

存储模式也称为程序的编译模式，它决定了变量的默认存储区域和参数的传递方法，如果像 char xdata　i 这样显式地规定了变量的存放区，则以定义为准，不受存储模式影响。与标准 C 一样，C51 编译器也支持三种存储模式：small、compact、large。

1. SMALL 模式（小模式）

在 small 模式下，变量的默认存储区域是在片内 RAM 中（“data”、“idata”），即未指出存储区域的变量保存到片内数据存储器中，并且堆栈也安排在该区域中。

small 模式的特点：存储容量小，但速度快；程序代码不能超过 2KB。

2. COMPACT 模式（紧凑模式）

在 COMPACT 模式下，编译时，默认将函数参数和变量放在片外 RAM 的一页 256 字节空间（pdata），使用@Ri 进行间接寻址。这存储模式可提供最多 256 字节的变量。如果 COMPACT 模式使用多于 256 字节的外部存储区，高字节地址或页地址由 8051 的 P2 口提供，此时必须初始化 P2 口以使用正确的外部存储页，这可在起始代码（STARTUP.A51）中实现，同时必须为连接器指定 PDATA 的起始地址。

compact 模式的特点：存储容量较 small 模式大；速度较 small 模式稍慢，但比 large 模式要快。

3. LARGE 模式（大模式）

在 LARGE 模式下，编译时，默认将函数参数和变量放在片外 RAM 的 64K 字节空间，使用数据指针 DPTR 来间接访问变量。

large 模式的特点：存储容量大，速度慢。

在实际嵌入式控制系统设计中，通常需要使用 LARGE 模式。

在程序中，如果文件未指明编译模式，则编译器按 small 模式处理。可通过修改编译环境参数设定或通过在 C51 程序文件的开始用#pragma 预处理命令来指定整个文件中变量的存储模式，格式如下：

```
#pragma small/compact/large
```

另外，C51 还支持混合模式：即可以在函数定义的首部之后带上存储模式说明来指定函数的编译模式，以指定函数内变量的默认存储器类型。所以，在总的编译模式设置为 large 时，可以将某些函数的编译模式设置为 compact 模式或 small 模式，以提高变量的访问速度。

5.5 C51 的运算符和表达式

5.5.1 C51 运算符简介

C51 的运算符与 C 语言的运算符基本一致。它将除了控制语句和输入输出以外的几乎所有的基本操作都作为运算符处理，例如将赋值号“=”作为赋值运算符，方括号作为下标运算符。C51 的运算符有以下几类：

（1）算术运算符（+ － * / % ++ ––）；

（2）关系运算符（<> == <= >= !=）；

（3）逻辑运算符（ ! && || ）；

（4）位运算符（<<>> ～ & | ^）；

（5）赋值运算符（=及其扩展赋值运算符）；

（6）条件运算符（ ?:）；

（7）逗号运算符（,）；

（8）指针运算符（*&）；

（9）求字节运算符（sizeof）；

（10）强制类型转换运算符((类型))；
（11）下标运算符（[]）;
（12）分量运算符（. →）;
（13）其他运算符（如函数调用运算符()）。

5.5.2　算术运算符和算术表达式

算术运算符有：+（加或正号）、-（减或负号）、*（乘）、/（除）、%（取余）、++（自增）、--（自减）。

用算术运算符将运算对象连接起来的式子即为算术表达式，其一般形式为：

```
运算对象 1 算术运算符 运算对象 2
```

其中，运算对象可为常量、变量、或由常量、变量构成的表达式，运算符为自增和自减运算符时，将仅有运算对象 1（后自增或后自减）或运算对象 2（前自增或前自减）。

除法运算符"/"用于两个整数相除时，商为整除，舍去小数，如 34/5=6，1/2=0；求余运算符"%"，要求两侧均为整型数。如 11%3=2，9%5=4；运算符"+"、"-"可用于两个数相加或相减，此时它们为双目运算符，也可作为正号和负号，此时它们为单目运算符；运算符"*"、"/"为双目运算符。

例如：

```
unsinged int x;
unsigned char high,low;
high=x/256;      //x 除以 256 的商为 16 位整数的高 8 位
low=x%256;       //x 除以 256 的余数为 16 位整数的低 8 位
```

（1）自增运算符"++"有前自增和后自增两种用法。
前自增：++n 表示先使 n 的值增 1 然后再使用 n 的值。
后自增：n++表示先使用 n 的值然后再使 n 的值增 1。
（2）自减运算符"--"有前自减和后自减两种用法。
前自减：--n 表示先使 n 的值减 1 然后再使用 n 的值。
后自减：n--表示先使用 n 的值然后再使 n 的值减 1。
注意：自增运算符++和自减运算符--只能用于变量，不能用于常量或表达式。

5.5.3　关系运算符与关系表达式

C51 中有如下 6 种关系运算符：
（1）>表示"大于"；
（2）<表示"小于"；
（3）>=表示"大于等于（不小于）"；
（4）<=表示"小于等于（不大于）"；
（5）==表示"等于"；
（6）!= 表示"不等于"。
关系运算符是用于比较两个表达式大小关系的符号。用关系运算符将两个表达式连接起来的式子即为关系表达式，其一般形式为：

表达式 1 关系运算符 表达式 2

关系表达式通常用于表示某种条件是否成立，其值只有两种情况：关系成立时其值为真，用 1 表示；关系不成立时值为假，用 0 表示。

5.5.4 逻辑运算符与逻辑表达式

C51 提供了三种逻辑运算符：

&&（逻辑与）　　　　||（逻辑或）　　　　!（逻辑非）

其中逻辑与“&”和逻辑或“||”为双目运算符，逻辑非“!”为单目运算符。

用逻辑运算符将关系表达式或逻辑量连接起来的式子称为逻辑表达式。逻辑表达式的一般形式为：

表达式 1&&表达式 2　　或　　表达式 1||表达式 2　　或　　!表达式

5.5.5 位运算符

能对运算对象按位进行操作是 C 语言的一大特点，正是由于这一特点使 C 语言具有了汇编语言的一些功能，从而使之能直接对计算机的硬件进行操作。这是由于 C 语言最初是为了编写系统程序而设计的。位操作对单片机的编程非常重要，故对位操作符进行详细介绍。

C 语言中有如下 6 种位运算符：

（1）&表示“按位与”;

（2）|表示“按位或”;

（3）^表示“按位异或”;

（4）~表示“按位取反”;

（5）<<表示“左移位”;

（6）>>表示“右移位”。

位运算符的作用是对变量按位进行运算，并不改变参与运算的变量的值，若希望改变变量的值，则需要使用相应的赋值运算符。位运算符只能作用于字符型和整型数据，不能作用于浮点型数据。按位取反运算符“~”为单目运算符，除此以外，其他五个位运算符均为双目运算符。

1. 按位与运算符“&”

“按位与”的运算规则是：如果两个运算对象的对应二进制位都是 1，则相与的结果中对应位为 1，否则为 0。“按位与”的运算规则可简记为：见 0 为 0，全 1 为 1。

“按位与”运算的主要用途如下。

（1）将数据中的某些位清零（屏蔽某些位）

例如，假如 x 是字符型变量（占 8 个二进制位），要将 x 的第 2 位、第 5 位清零，可进行如下运算：

x = x & 0xdb；或写成　x & = 0xdb;

（2）可判断某些位是否全为 0

例如，为了判断 x 的低 4 位是否全为 0，可进行如下运算：

if((x & 0x0f) !=0)

若条件表达式为真，则低 4 位中至少有 1 位不为 0，即不全为 0，只有当低 4 位全部为 0 时条件才为假。

2. 按位或运算符“|”

“按位或”的运算规则是：只要两个运算对象的对应位有一个是 1，则结果的对应位为 1；否则为 0。“按位或”的运算规则可简记为：见 1 为 1，全 0 为 0。

“按位或”运算的主要用途：对一个数据（变量）中的某些位置 1，而其余位不变。

如将 x 中的第 6 位、第 3 位置 1，其余位不变，可进行如下运算：

x = x | 0x48；或写成　　x | = 0x48；

3. 按位异或运算符“^”

“按位异或”的运算规则是：如果两个运算对象的对应位不同，则结果的对应位为 1，否则为 0。“按位异或”的运算规则可简记为：同为 0，异为 1。

“按位异或”运算的主要用途：

（1）使数据中的某些位取反，其余位保持不变，即 0 变 1，1 变 0。方法为让需要变反的位与 1 异或，保持不变的位与 0 异或。

例如，要将 x 中的第 5 位、第 3 位取反，其余位不变，可进行如下的运算：

x = x ^ 0x28；或写成　　x ^ = 0x28；

（2）对一个变量清零：同一个数据进行“异或”运算后，结果为 0。

例如，要将 x 变量清零，可进行如下运算：

x ^ = x；

另外，“异或”运算还具有如下的性质，即

(x ^ y) ^ y = x

利用此性质，可对文本进行简单的加密和解密运算：加密和解密均通过 x^=y 实现，其中 y 为加、解密的密钥。

4. 按位取反运算符“~”

“按位取反”的运算规则是：将运算对象中的各位取反，即将 1 变 0，将 0 变 1。

5. 左移运算符“<<”和右移运算符“>>”

“左移”的运算规则是：将运算对象中的每个二进制位向左移动若干位，从左边移出去的高位部分被丢弃，右边空出的低位部分补零。

“右移”的运算规则是：将运算对象中的每个二制位向右移动若干位，从右边移出去的低位部分被丢弃。对无符号数来讲，右移后在左边空出的高位部分填补 0。对于带符号来讲，右移后在左边空出的高位部分填补移位前的最高位，即保持符号位不变。

例如，若 x=0x13，则语句 x = x << 2；表示将 x 中的每个二进制位左移 2 位后存入 x 中。由于 0x13 的二进制表示为 00010011，所以，左移 2 位后，将变为 01001100，即 x = x << 2 的结果为 0x4c，其中，语句 x = x << 2；可以写成 x << = 2。

例如，若 x=0x80，则语句 x = x >> 2；表示将 x 中的每个二进制位右移 2 位后存入 x 中。由于 0x80 的二进制表示为 10000000，所以，当 x 无符号数时，右移 2 位后，将变为 00100000，即 x = x >> 2 的结果为 0x20；当 x 为带符号数时，右移 2 位后，将变为 11100000，即 x = x >> 2

的结果为 0xE0。其中，语句 x = x >> 2；可写成 x >>= 2。

在进行“左移”运算时，对于无符号数，如果移出去的高位部分不包含 1，对于带符号数，如果移位前后最高位（符号位）未变，则左移 1 位相当于乘以 2，左移 2 位相当于乘以 4，左移 3 位相当于乘以 8，依此类推。因此，在实际应用中，经常利用“左移”运算进行乘以 2^n 的操作，其中 n 即为左移的位数（n 小于数的位数）。

在进行“右移”运算时，如果移出去的低位部分不包含 1，则右移 1 位相当于除以 2，右移 2 位相当于除以 4，右移 3 位相当于除以 8，依此类推。因此，在实际应用中，经常利用“右移”运算进行除以 2^n 的操作，其中 n 即为右移的位数（n 小于数的位数）。

6. 位操作的综合应用

（1）对变量的第 i 位清零或置 1 或求反

置 1：x|= (1<<i)，可定义一个对 x 的第 i 位置 1 的宏

```
#define SETBIT(x,i)  (x)  |  (1<<(i))
```

清零：x&=(~ (1<<i))，可定义一个对 x 的第 i 位清零的宏

```
#define CLRBIT(x,i)  (x)&  (1<<(i))
```

求反：x^= (1<<i) ，可定义一个对 x 的第 i 位求反的宏

```
#define CPBIT(x,i)   (x)  ^  (1 <<( i))
```

（2）判断 x 的第 i 位是否为 1

```
if  (x&(1<<i) )     //x 的第 i 位为 1 时条件成立
```

也可以定义获取 x 的第 i 位的宏

```
#define BitGet(x,i)   ((x)  >>  (i)&0x01))
```

（3）对 x 循环左移 i 位（设 x 变量的长度为 N 位）

```
y=x>>(N-i) ;    x<<=i;       x|=y;
或 x=(x>>(N-i))|(x<<i)
```

例 5.1 用位运算符将一个 16 位无符号数的高低 8 位分离出来。

用“右移”8 位分离出 16 位数的高 8 位。同 0x00ff“与”分离出 16 位数的低 8 位。

```
#include <reg51.h>
#include <stdio.h>
#include <intrins.h>
void main (void)
{
    unsigned int data x;  //定义在内部 RAM 中的无符号 16 位整数
    unsigned char datah,l; //定义在内部 RAM 中的无符号 8 位字符(整数)
    h=x>>8;                //将 x 的高 8 位移到低 8 位
    l=x&0x00ff;            //屏蔽 x 的高 8 位，保留 x 的低 8 位
    while(1);
}
```

5.5.6　赋值运算符和赋值表达式

C51 语言的赋值运算符是“=”，它的作用是将赋值运算符右边表达式的值赋给其左边的变量。利用赋值运算符将一个变量和一个表达式连接起来的式子称为赋值表达式，在赋值表达式的后面加一个分号“;”便构成了赋值语句。赋值表达式的格式如下：

```
变量名=表达式
```

赋值表达式的计算顺序是先计算赋值号“=”右边表达式的值，然后将该表达式的值赋给左边的变量。赋值表达式的值就是赋值后变量的值。例如：

```
x=0x12;        //将 0x12 赋给变量 x
y=5+x;         //将表达式 5+x 的值赋给变量 y
```

在赋值号“=”的左边只能是变量，而不能是常量或表达式，如不能写成：

```
2=x;或  x+y=a+b;
```

5.5.7　复合赋值运算符和复合赋值表达式

C 语言规定，凡是双目运算符都可以与赋值符“=”一起组成复合的赋值运算符。一共有 10 种，即：

```
+=  -=  *=  /=  %=  <<=  >>=  &=  |=  ^=
```

复合赋值运算符首先对变量进行某种运算，然后将运算的结果再赋给该变量，用复合赋值运算符构成的复合赋值表达式的一般格式为：

```
变量名 复合赋值运算符 表达式
```

例如：

```
b+=25          //等价于 b=b+25
x*=y+8         //等价于 x=x*(y+8)
a%=2           //等价于 a=a%2
x%=y+8         //等价于 x=x%(y+8)
x<<=8          //等价于 x=x<<8
y^=0x55        //等价于 y=y^0x55
x&=y+8         //等价于 x=x&(y+8)
```

使用这种复合的赋值运算符有两个优点：一是可以简化程序，使程序精炼；二是可以提高编译效果，产生质量较高的目标代码。

5.5.8　逗号运算符和逗号表达式

在 C 语言中，逗号“,”也是运算符，可以用它将两个或多个表达式连接起来组成一个逗号表达式，逗号表达式的格式为：

```
表达式1,表达式2,……,表达式n
```

逗号表达式的计算顺序为：从左至右依次计算出各个表达式的值，整个逗号表达式的值为最右边表达式的值。例如：

```
x=(y=5,z=9,y+z);    //将逗号表达式(y=5,z=9,y+z)的值14赋给变量x
```

5.5.9 条件运算符和条件表达式

“?:”就是C语言中的条件运算符，它是C语言中唯一的一个三目运算符，它要求有三个运算对象，用它可将三个表达式连接起来形成一个条件表达式。条件表达式的格式为：

```
逻辑表达式?表达式1:表达式2
```

条件表达式的计算过程为：首先判断逻辑表达式的值，若为真（非0），将表达式1的值作为整个表达式的值；若为假（为0时），则将表达式2的值作为整个表达式的值。例如：

```
min=x>y?x:y;        //将x,y中的较小者赋值给变量min
```

条件表达式中逻辑表达式的类型可以与表达式1和表达式2的类型不同，但表达式1与表达式2的类型应该相同。

5.5.10 指针和地址运算符

指针是C语言中的一个非常重要的概念。指针的本质就是地址，变量的指针就是该变量的地址。为了表示指针变量和它所指向的变量之间地址之间的关系，C语言提供了两个专门的运算符：

```
*   指针运算符（取内容）
&   取地址
```

取地址和取内容运算符的一般形式为：

```
指针变量=&目标变量
变量=*指针变量
```

取地址运算符的含义是将目标变量的地址赋值给左边的指针变量，取内容运算符是将指针变量所指向的目标变量的内容赋值给左边的变量。标准C中，指针变量中只能存放地址，不能将非指针类型的值赋值给一个指针变量，但在C51语言中，可以将一个存储单元的地址直接赋给指针变量。

5.5.11 sizeof 运算符

C语言中提供了一个用于获取数据类型、变量长度的运算符 sizeof，该运算符的一般使用形式为：

```
sizeof(数据类型) 或 sizeof(变量名)
```

应该注意的是，sizeof 是一种特殊的运算符，不要错误地认为它是一个函数。实际上，字节数的计算在程序编译时就完成了，而不是在程序执行时才计算出来的。

除了以上介绍的运算符外，还有强制类型转换运算符“()”、数组下标运算符“[]”、成员访问运算符“->”或“.”,它们的用法与在标准 C 中的用法完全相同。

表 5.5 给出了 C 语言中运算符在使用过程中的优先级和结合性，以供需要时查询。

表 5.5　C 语言运算符的优先级和结合性

优先级	运算符	名称或含义	使用形式	结合方向	说明
1	[]	数组下标	数组名[常量表达式]	左到右	
	()	圆括号	（表达式）/函数名（形参表）		
	.	成员选择（对象）	对象.成员名		
	->	成员选择（指针）	对象指针->成员名		
2	–	负号运算符	–表达式	右到左	单目运算符
	（类型）	强制类型转换	（数据类型）表达式		
	++	自增运算符	++变量名/变量名++		单目运算符
	--	自减运算符	--变量名/变量名--		单目运算符
	*	取值运算符	*指针变量		单目运算符
	&	取地址运算符	&变量名		单目运算符
	!	逻辑非运算符	!表达式		单目运算符
	~	按位取反运算符	~表达式		单目运算符
	sizeof	长度运算符	sizeof（表达式）		
3	/	除	表达式/表达式	左到右	双目运算符
	*	乘	表达式*表达式		双目运算符
	%	余数（取模）	整型表达式/整型表达式		双目运算符
4	+	加	表达式+表达式	左到右	双目运算符
	–	减	表达式–表达式		双目运算符
5	<<	左移	变量<<表达式	左到右	双目运算符
	>>	右移	变量>>表达式		双目运算符
6	>	大于	表达式>表达式	左到右	双目运算符
	>=	大于等于	表达式>=表达式		双目运算符
	<	小于	表达式<表达式		双目运算符
	<=	小于等于	表达式<=表达式		双目运算符
7	==	等于	表达式==表达式	左到右	双目运算符
	!=	不等于	表达式!=表达式		双目运算符
8	&	按位与	表达式&表达式	左到右	双目运算符
9	^	按位异或	表达式^表达式	左到右	双目运算符
10	|	按位或	表达式|表达式	左到右	双目运算符
11	&&	逻辑与	表达式&&表达式	左到右	双目运算符
12	||	逻辑或	表达式||表达式	左到右	双目运算符
13	?:	条件运算符	表达式 1? 表达式 2: 表达式 3	右到左	三目运算符

续表

<table>
<tr><th>优先级</th><th>运算符</th><th>名称或含义</th><th>使用形式</th><th>结合方向</th><th>说明</th></tr>
<tr><td rowspan="11">14</td><td>=</td><td>赋值运算符</td><td>变量=表达式</td><td rowspan="11">右到左</td><td></td></tr>
<tr><td>/=</td><td>除后赋值</td><td>变量/=表达式</td><td></td></tr>
<tr><td>*=</td><td>乘后赋值</td><td>变量*=表达式</td><td></td></tr>
<tr><td>%=</td><td>取模后赋值</td><td>变量%=表达式</td><td></td></tr>
<tr><td>+=</td><td>加后赋值</td><td>变量+=表达式</td><td></td></tr>
<tr><td>-=</td><td>减后赋值</td><td>变量-=表达式</td><td></td></tr>
<tr><td><<=</td><td>左移后赋值</td><td>变量<<=表达式</td><td></td></tr>
<tr><td>>>=</td><td>右移后赋值</td><td>变量>>=表达式</td><td></td></tr>
<tr><td>&=</td><td>按位与后赋值</td><td>变量&=表达式</td><td></td></tr>
<tr><td>^=</td><td>按位异或后赋值</td><td>变量^=表达式</td><td></td></tr>
<tr><td>|=</td><td>按位或后赋值</td><td>变量|=表达式</td><td></td></tr>
<tr><td>15</td><td>,</td><td>逗号运算符</td><td>表达式,表达式,…</td><td>左到右</td><td>从左向右顺序运算</td></tr>
</table>

5.6 C51 的基本语句

C51 语句，即 C51 语言中的操作命令，用于使单片机完成特定的功能。C51 的源程序是由一系列的语句组成的，这些语句可以完成变量声明、赋值和控制输入输出等操作。一条完整的语句必须以“;”结束。由于单片机能识别的是机器指令，因此一般一条语句经过编译后生成若干条机器指令来执行。C51 语言中的语句与标准 C 一样，包括说明、表达式语句、空语句、条件语句、开关语句、复合语句、循环语句和返回语句等。C51 语句在语法上与标准 C 语句完全相同，因此，本书将不再介绍这些语句的语法。对于没有 C 语言程序设计基础的读者可参考任何 C 语言程序设计相关的书籍。

5.6.1 表达式语句和空语句

表达式语句是 C 语言中最基本的一种语句。在表达式的后面加上分号“;”就构成了表达式语句。下面的均是 C 语言中合法的表达式语句：

```
y=y*6;        //赋值语句:赋值表达式后加分号
i++;
delay(10);  //函数调用语句
```

如果将表达式语句中的表达式去掉仅保留分号“;”，这种仅有分号“;”的语句称为空语句，空语句是表达式语句的一种特例。空语句在程序设计中有时起着重要的作用，当程序在语法上需要有一个语句，但又不需要执行任何操作，此时便可采用空语句。例如，当需要构造一个空循环时，就需要一条空语句：

```
for (i=0;i<100;i++);
```

5.6.2 复合语句

复合语句是用一对大括号“{}”将若干条语句组合而成的一种语句，它在功能上等价于一条简单语句。当程序在语法上仅允许一条语句的地方需要使用多条语句时，便需要使用大括号“{}”将这多条语句括起来构成复合语句。

复合语句中可以包含变量定义语句和执行语句，但在其中定义的变量属于局部变量，它只在本复合语句中有效。如果复合语句内定义的局部变量与复合语句外的变量同名，则将屏蔽复合语句外的同名变量，即此时复合语句外的同名变量暂时不起作用。

例 5.2　复合语句和复合语句中定义的局部变量的使用。

```
#include <stdio.h>
#include <reg51.h>
main()
{
    int i=5,j=9;
    SCON=0x52;          //初始化串口
    TMOD=0x20;
    TL1=0xfd;
    TH1=0xfd;
    TR1=1;
    {                   //复合语句开始
        int i=7;        //在复合语句中定义局部变量 i,屏蔽复合语句外的 i
        ++i;            //复合语句内的局部变量 i 加 1,复合语句外的 i 的值不变
        ++j;
        printf("i=%d,j=%d\n",i,j);
    }                   //复合语句结束
    printf("i=%d,j=%d\n",i,j);
}
```

程序执行结果：

```
i=8,j=10
i=5,j=10
```

由此可见，复合语句中的局部变量屏蔽了与之同名的主函数中的变量 i，所以，改变复合语句内的局部变量 i 的值，并不会影响主函数中变量 i 的值。由于在复合语句中没有定义与主函数中变量 j 同名的局部变量，因此，变量 j 在复合语句中仍然有效。

5.6.3 条件语句

条件语句又称为选择语句或分支语句。C 语言中提供了三种形式的条件语句。

格式 1：

```
if (条件表达式)
    语句 1
```

其含义为：当条件表达式的值为真（非 0）时，就执行语句 1，反之就跳过语句 1，语句 1 可以是复合语句。这种格式的条件语句的执行流程如图 5.1（a）所示。

格式 2：

```
if (条件表达式)
    语句 1
else
    语句 2
```

其含义为：当条件表达式的值为真（非 0）时，执行语句 1，否则执行语句 2。语句 1 和语句 2 均可以是复合语句。这种格式的条件语句的执行流程如图 5.1（b）所示。

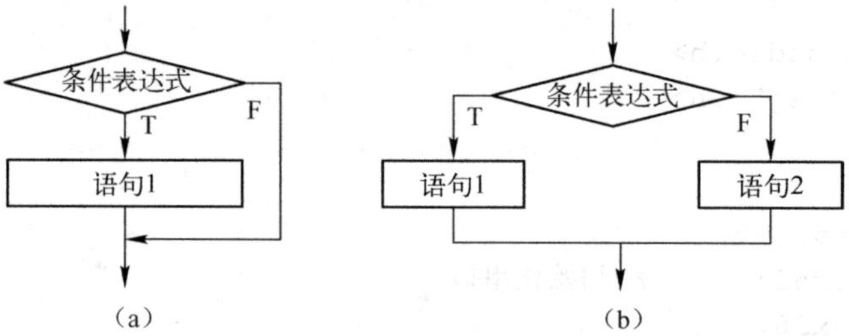

图 5.1　if 和 if…else…结构的执行流程

格式 3：

```
if  (条件表达式 1)
    语句 1
else if  (条件表达式 2)
    语句 2
else if  (条件表达式 3)
    语句 3
……
else if  (条件表达式 m)
    语句 m
else
    语句 n
```

其含义为：若条件表达式 1 为真（非 0），则执行语句 1，否则判断条件表达式 2；若条件表达式 2 的值为真，则执行语句 2；若条件表达式 2 的值为假（0），则判断条件表达式 3，以此类推。若所有 if 后的条件表达式均为假，则执行语句 n。这种格式的条件语句的执行流程如图 5.2 所示。

例 5.3　从键盘输入三个数，然后将其按由大到小的顺序输出。

```
#include    <stdio.h>
#include    <reg51.h>
main()
{
    int a,b,c;
    SCON=0x52;       //初始化串口
    TMOD=0x20;
```

```
    TL1=0xfd;
    TH1=0xfd;
    TR1=1;
    scanf("%d%d%d",&a,&b,&c);
    if (a>b)
        if(b>c)               printf("%d,%d,%d\n",a,b,c);
        else if (a>c)         printf("%d,%d,%d\n",a,c,b);
        else                  printf("%d,%d,%d\n",c,a,b);
    else
        if(a>c)               printf("%d,%d,%d\n",b,a,c);
        else if (b>c)         printf("%d,%d,%d\n",b,c,a);
        else                  printf("%d,%d,%d\n",c,b,a);
}
```

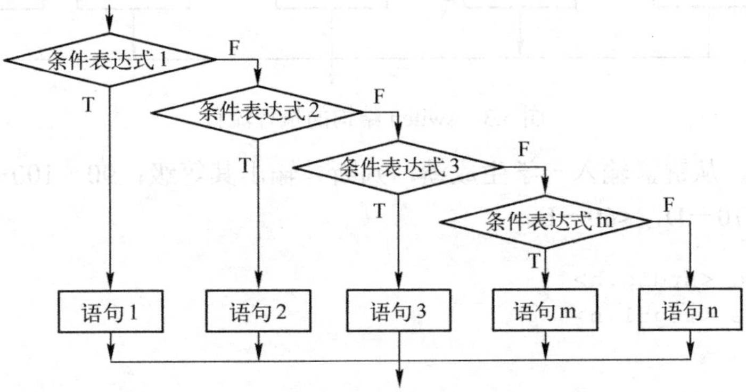

图 5.2　if…else if…结构的执行流程

5.6.4　开关语句

开关语句也是一种用来实现多分支的语句。虽然采用 if…else if…结构也可以实现多分支，但当分支比较多时程序会变得冗长，导致可读性变差。使用开关语句处理多分支，可使程序结构更加清晰，可读性更好。开关语句的格式为：

```
Switch(表达式)
{
    case 常量表达式1:     语句1;[break;]
    case 常量表达式2:     语句2;[break;]

    case 常量表达式m:     语句m;[break;]
    default:              语句n
}
```

开关语句的执行过程为：先计算出 switch 后表达式的值，然后将其与各 case 后的常量表达式的值逐个进行比较，若遇到相等时，则执行相应 case 后面的语句；若该语句后有 break 语句，则执行 break 语句，跳出 switch 语句；若无 break 语句，则继续执行下一个 case 后面的语句，直到遇到 break 语句再跳出 switch 语句，或执行完后面所有语句再跳出 switch 语句。若表达式的值与所有 case 后的常量表达式的值均不相等，则执行 default 后面的语句。switch

语句的执行流程如图 5.3 所示，图中虚线箭头表示无 break 语句时的执行顺序。

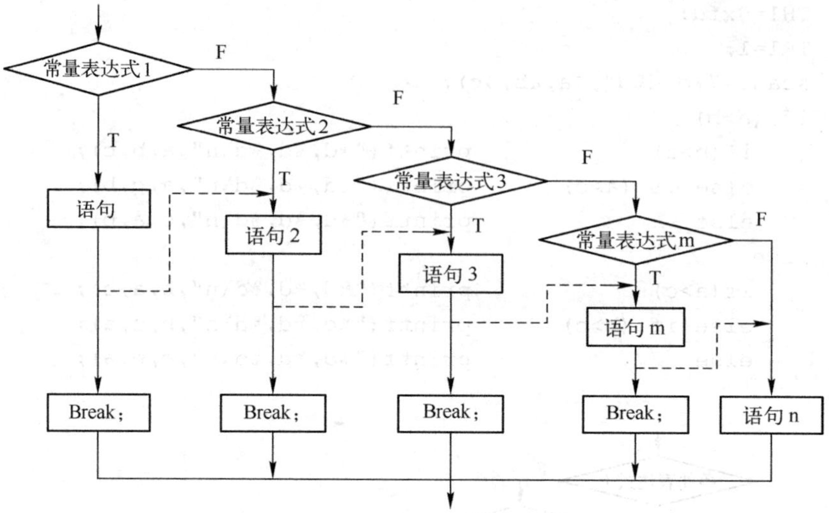

图 5.3　switch 结构的执行流程

例 5.4　例如，从键盘输入一学生成绩，判断并输出其等级：90～100－A，80～90－B，70～80－C，60～70－D，<60－E。

```
#include <stdio.h>
#include <reg51.h>
main ()
{
    int score,k;
    unsigned char grade;
    SCON=0x52;      //初始化串口
    TMOD=0x20;
    TL1=0xfd;
    TH1=0xfd;
    TR1=1;
    do{
        printf("Input score(0~100):");
        scanf("%d",&score);
    }while(score>100||score<0)
    k=score/10;
    switch(k)
    {
        case 10:
        case 9: grade='A';  break;
        case 8: grade='B';  break;
        case 7: grade='C';  break;
        case 6: grade='D';  break;
        default:   grade='E';
    }
    printf("Score=%d,Grade=%c\n",score,grade);
    while(1);
}
```

5.6.5　循环结构

实际编程时，经常需要在一定条件下重复执行某种操作，此时便需要采用循环语句来实现。C 语言提供了三种循环语句：for 语句、while 语句、do-while 语句，同时还提供了两个与循环控制有关的两个控制语句：break 语句和 continue 语句。

1．for 循环语句

在 C 语言中，for 循环语句使用最为灵活，它的功能也很强，因此应用也更为广泛。

for 循环语句的一般形式如下：

```
for(循环初值设定表达式;循环终止条件表达式;循环变量更新表达式)
    语句(循环体语句)
```

for 循环语句中的三个表达式之间用分号“;”隔开，其中：

（1）循环初值设定表达式通常用于为循环变量赋初值。

（2）循环终止条件表达式用于判断循环条件是否满足，不满足则结束循环。

（3）循环变量更新表达式通常用于控制循环变量的更新。

（4）“语句”即 for 循环语句的“循环体”部分。

for 循环语句的执行过程如下：

（1）计算循环初值设定表达式 1 的值。

（2）计算循环终止条件表达式的值，若值为“真”（非 0），执行第（3）步；若值为“假”（0），则转第（6）步。

（3）执行循环体中的语句。

（4）计算循环变量更新表达式的值。

（5）转第（2）步继续执行。

（6）结束循环，执行 for 循环语句后的其他语句。

注意：如果循环体由一个以上的语句组成，则应用{}将循环体括起来形成复合语句。

for 循环语句的执行流程如图 5.4 所示。

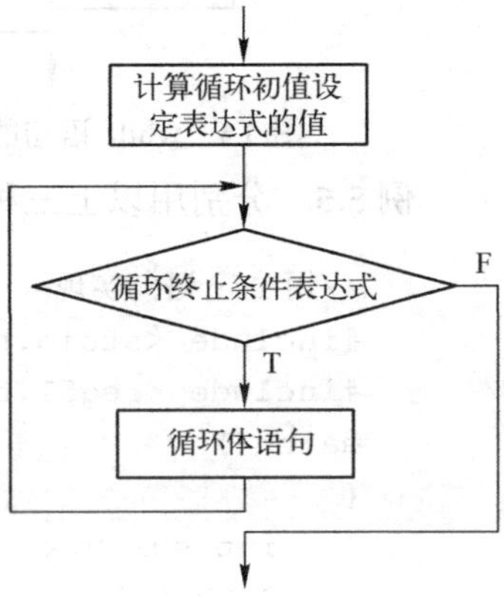

图 5.4　for 语句的执行流程

2．While 语句

while 循环语句的格式如下：

```
while(表达式)
    语句
```

其执行过程如下：

（1）计算 while 后圆括号内表达式的值，若为“真”（非 0），执行（2）；若为“假”（0），执行第（4）步。

（2）执行循环体内语句。

（3）转向第（1）步执行。

（4）结束 while 循环，去执行 while 语句后的其他语句。

while 循环的特点是“先判断，后执行”，因此，如果“表达式”的值一开始就为假，则循环体语句一次也不会被执行。

注意：如果循环体由一个以上的语句组成，则应用{}将循环体括起来形成复合语句。

while 循环语句的程序流程如图 5.5 所示。

3．do-while 语句

do-while 循环语句的格式为：

```
Do{
    语句
}while(表达式);
```

do-while 语句的执行过程如下：

（1）先执行 do-while 之间的循环体语句；

（2）计算 while 后圆括号内表达式的值，若为“真”（非 0），则返回第（1）步；若值为“假”（0），则执行第（3）步；

（3）结束循环，去执行 do-while 循环语句后的其他语句。

do-while 循环的特点是“先执行，后判断”，因此，循环体语句至少要被执行一次。

do-while 循环语句的执行流程如图 5.6 所示。

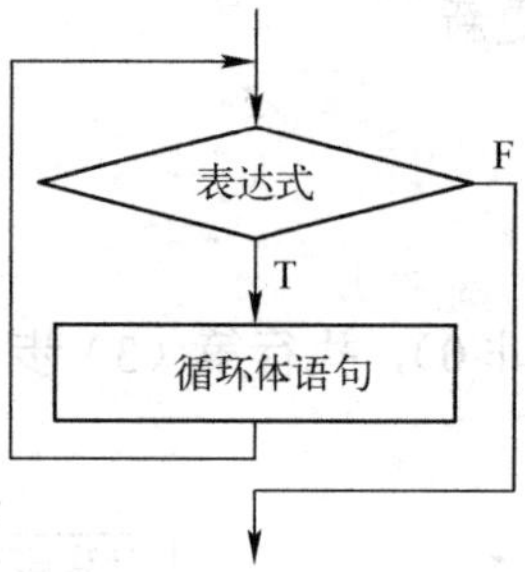

图 5.5　while 语句的执行流程

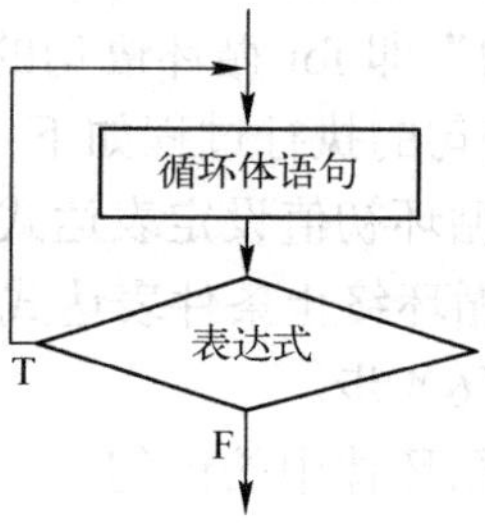

图 5.6　do-while 语句的执行流程

例 5.5　分别用以上三种循环语句实现计算并输出 1～99 之间奇数的和。

```
//用 for 语句实现
#include <stdio.h>
#include <reg51.h>
main ()
{
    int sum=0,k;
    SCON=0x52;  //初始化串口
    TMOD=0x20;
    TL1=0xfd;
    TH1=0xfd;
    TR1=1;
    for ( k=1;k<=99;k+=2)
        sum+=k;
    printf("1+3+...+99=%d\n",su
m);
    while(1);
}
```

```
//用 while 语句实现
#include <stdio.h>
#include <reg51.h>
main ()
{
    int sum=0,k=1;
    SCON=0x52;  //初始化串口
    TMOD=0x20;
    TL1=0xfd;
    TH1=0xfd;
    TR1=1;
    while(k<=99){
        sum+=k;
       k+=2;
    }
    printf("1+3+...+99=%d\n",su
m);
    while(1);
}
```

```
//用 do-while 语句实现
#include    <stdio.h>
#include    <reg51.h>
main ()
{
    int sum=0,k=1;
    SCON=0x52;  //初始化串口
    TMOD=0x20;
    TL1=0xfd;
    TH1=0xfd;
    TR1=1;
    do{
        sum+=k;
        k=k+2;
      }
    while(k<=99);
    printf("1+3+...+99=%d\n",sum);
    while(1);
}
```

4．break 语句和 continue 语句

（1）break 语句

break 语句不仅可以用于 switch 语句中，而且还可以用于循环语句中。当 break 语句用于 for、while、do-while 循环语句的循环体中时，其作用是从当前循环体中跳出，不再继续循环。在循环体中 break 语句通常与 if 语句结合使用，即在满足一定条件时跳出循环。

注意：

① 当 break 语句位于某循环体中的 switch 语句中时，它只是从 switch 语句中跳出来，并不会从循环体中跳出。

② 当 break 语句位于多重循环中时，它只从它所在的循环体中跳出，即只向外跳一层。

（2）continue 语句

for、while、do-while 循环语句的循环体中还可以使用 continue 语句。与 break 语句的一个不同点是，continue 的功能是结束本次循环：跳过循环体中剩余的语句，转去判断下次循环条件是否满足，即结束本次循环开始下一次循环。与 break 语句的另一个不同之处是，break 语句不仅可以用于循环语句中，还可以用于 switch 语句中，而 continue 语句只能用于循环语句中。与 break 语句相同的是，continue 语句通常也是与 if 语句结合使用，即在满足一定条件时结束本次循环。

5.7　C51 的指针

指针是 C 语言中一个非常重要的概念，指针类型数据在 C 语言程序中应用十分普遍，尤其是利用 C51 语言对单片机进行编程时，指针的使用更加重要。正确地使用指针类型数据，可以有效地表示复杂的数据结构，动态地分配存储器，直接处理内存地址，直接访问 I/O 端口。Keil C51 编译器支持“基于存储器的指针（专用指针）”和“通用指针（或一般指针）”两种指针类型。

5.7.1 C51 指针变量

由于 MCS-51 单片机有三种不同类型的存储空间（程序存储空间、片内数据存储空间和片外数据存储空间），并且还有不同的存储区域，因此 C51 指针的内容更丰富，C51 指针变量的定义与标准 C 语言指针变量的定义有所不同，其一般形式如下：

```
数据类型  [存储器类型 1]  *[存储器类型 2] 指针变量名[,……];
```

其中，数据类型：说明指针变量所指向的变量的数据类型。

存储器类型 1：用于指定指针变量指向的对象所在的存储器类型，所定义的指针为基于存储器的指针，只能指向位于特定存储器空间中的对象。无此选项时，所定义的指针变量为通用指针，可以指向位于任何存储器空间中的对象。这两种指针的区别在于它们的存储字节不同。

存储器类型 2：用于指定指针变量本身所在的存储器类型。缺省时，指针变量的存储器类型由编译模式决定。

1. 通用指针

通用指针变量占用 3 个字节：第一字节用于存放该指针所指向的存储器类型的编码，第二和第三字节分别用于存放该指针变量所指向的存储器地址的高 8 位和低 8 位。通用指针变量的存储结构如表 5.6 所示。

表 5.6 一般指针变量的存储结构

第一字节	第二字节	第三字节
存储器类型编码	指针的高 8 位	指针的低 8 位

存储器类型的编码如表 5.7 所示。

表 5.7 存储器类型编码

存储器类型	idata	xdata	pdata	data	code
编码	1	2	3	4	5

通用指针变量可以指向任意存储器类型，而不必考虑目标变量在 MCS-51 单片机的哪种存储器空间。许多 C51 库函数就使用了通用指针，这些函数利用通用指针来存取位于任何存储器空间的数据。

当通用指针变量指向 code 或 xdata 存储区时，第二、三字节的内容为目标单元的 16 位地址；当通用指针变量指向 data、bdata、idata、pdata 存储区时，第二字节的内容为 0，仅第三字节的内容为目标单元的地址，因为访问这些存储器空间时仅需要 8 位地址。

通用指针的特点：定义简单；可访问单片机的所有存储空间；访问速度较慢；占内存单元较多。

例如，以下定义的指针变量均属通用指针，它们可以指向位于任何存储器类型中的相应数据类型的变量，指针变量本身的存储位置则由编译模式决定。

```
unsigned char *cpt;
int *dpt;
```

```
long  *l pt;
```

又如，以下定义的通用指针位于指定的存储区中：

```
int *data p1;            //位于 data 存储区的 int 型数据的通用指针
char *pdata p2;          //位于 pdata 存储区的 char 型数据的通用指针
long *xdata p3;          //位于 xdata 存储区的 long 型数据的通用指针
```

2．基于存储器的指针（专用指针）

通用指针所指对象的存储器类型需要在运行期间根据其第一字节内容才能确定，编译器在编译期间无法优化存储方式，必须生成一段代码以保证能对任意空间的对象进行访问。因此，通用指针所产生的代码运行速度较慢，如果希望加快运行速度，则应采用基于存储器的指针——专用指针。专用指针所指对象具有明确的存储器空间，指针长度固定为 1 字节（目标变量的存储器类型为 idata、bdata、data、pdata）或 2 字节（目标变量的存储器类型为 code、xdata）。

例如：

```
char  data  *cpt1, *cpt2;          //定义指向 data 区的 char 型指针
int  idata  *dpt1, *dpt2;          //定义指向 idata 区的 int 型指针
unsigned  char  pdata  *ppt;       //定义指向 pdata 区的 long 型指针
unsigned  char  code  *ccpt;       //定义指向 code 区的 unsigned  char 型指针
```

上面所定义的指针虽然所指向的空间不同，但指针变量本身都存储在默认的存储区域。

又如，以下专用指针在定义时指定了指针变量本身的存储器类型：

```
unsigned  char  data  *idata  cpt1,*idata  cpt2;
//cpt1 和 cpt2 位于 idata 区，它们用于指向存于 data 区的 unsigned  char 型数据
int  idata  *data  dpt1, *data  dpt2;
//dpt1 和 dpt2 位于 data 区，它们用于指向存于 idata 区的 int 型数据
long  xdata  *xdatalpt1, *xdata  lpt2;
//lpt1 和 lpt2 位于 xdata 区，它们用于指向存于 xdata 区的 long 型数据
```

定义指针变量时，若省略了指针变量本身所在的存储器类型，指针变量本身保存在缺省的存储区域中。缺省指针存储的区域，显得简单，并且对初学者更容易理解。

3．指针变量间的赋值

（1）指向不同存储器空间的专用指针间一般不能相互赋值，虽然采用强制类型转换进行赋值在编译时不会出错，但这种赋值没有意义。

（2）指向同一存储器空间中相同数据类型的专用指针之间可以相互赋值。

（3）指向同一存储器空间中不同数据类型的专用指针之间不能直接相互赋值。

（4）可以将任意存储器类型的专用指针赋值给目标数据类型相同的通用指针变量。

（5）通用指针经强制类型转换后可赋值给目标数据类型相同的专用指针。

（6）可以在绝对地址（整型常量）前加上存储器类型编码后赋值给通用指针，使通用指针指向存储器类型编码对应的存储器空间。也可不加存储器类型编码直接将绝对地址赋值给通用指针，此时通用指针的存储器类型编码默认为 0。

（7）可以将绝对地址（整型常量）直接赋值给专用指针，但要注意绝对地址和专用指针的长度要一致。

例如：

```
int *p;
int xdata *px= 0x1234;        //将绝对地址通过强制类型转换赋值给专用指针
int idata *pi;
p=px;                         //专用指针赋值给通用指针
pi=(idata *)px;               //编译不出错,但由于只将 px 的双字节值中的低
                              //字节赋值给 pi,因此无意义
px=(int xdata *) p;           //将通用指针强制类型转换后赋值给通用指针
p=0x30020;                    //在绝对地址前加上存储器类型编码赋值给 p,让其指
                              //向 pdata 区(存储器类型码为 3)的 0x20 单元
```

5.7.2 指针的运算

指针的运算涉及以下几个方面。

1．赋值

在 C51 中，可以将变量的地址、存储器的绝对地址或空指针（NULL）赋值给指针变量。

2．指针变量与整数的加减

指针变量可以与一个整数表达式进行加减运算，从而获得该指针当前所指位置前面或后面某个位置的地址，此时的整数称为地址偏移量。注意，指针变量与整数的加减，并不是绝对地址加或减，而是一个逻辑加或减。设 p 为某数据类型的指针变量，该数据类型的长度为 L，n 为一整型常量，$P\pm n$ 实际上是在 p 中加或减了 $n*L$，并不是只在 p 中加或减了 n。

3．指针与指针相减

在 C51 中，两个指向同一存储空间、同一数据类型的指针可以进行相减，其差值为一整数，表示两个指针之间数据个数或元素个数。指向不同存储空间、指向不同数据类型的指针相减无意义的；只有两个通用指针的存储器类型编码相同时相减才有意义。

4．指针与指针的比较

在 C51 中，两个指向同一存储空间、同一数据类型的指针可以进行比较运算，从而确定两指针的位置关系（前后关系）。

5.7.3 通过指针宏访问存储器

在单片机中，由于不使用操作系统，指针的应用就更为灵活，可以独立于变量，独立地指向所需要访问的存储空间。因此，可通过定义指向存储器绝对地址的指针宏来访问存储器。

1．指针宏的定义格式

指向存储器绝对地址的指针宏的定义格式如下：

```
#define  宏名  ((数据类型 volatile 存储器类型*)0)
```

含义：定义一个指针宏，指向由“存储器类型”指定的存储区中的 0 地址单元（根据需要也可以指定其他地址），指针指向的目标数据类型由“数据类型”指定。

其中：

数据类型——指定指针宏指向的数据类型，主要为无符号字符型、无符号整型。

存储器类型——指定指针宏指向的存储区域，主要使用 data、pdata、xdata 和 code 类型，不使用 bdata 和 idata 存储区类型，因为这两类存储区的起始地址不为 0。

volatile——C 语言中的关键字，用于指定变量在程序执行中可被隐含地改变而编译器无法检测到，告知编译器不要做优化处理，使应用者能够得到正确的变量值。通常，C 语言编译器会对用户书写的代码进行优化，譬如如下代码：

```
unsigned char xdata portA _at_ 0xfff8;
……
unsigned char a,b,c;
a = portA;          // 读 I/O 端口 0xfff8 的内容存入 a 变量
b = a;
a =portA;
c=a;
```

很可能被编译器优化为：

```
unsigned char xdata portA _at_ 0xfff8;
……
unsigned char  a,b,c;
a = portA;
b = a;
c = a;
```

但是这样的优化结果可能导致错误：如果 I/O 端口 0xfff8 的内容在执行第一次读操作后被其他程序或由硬件进行了修改，则其实第 2 次读操作读出的内容与第一次不同，b 和 c 的值应该不同。

在定义变量 portA 时加上 volatile 关键字便可以防止编译器的类似优化：

```
unsigned char volatile xdata portA _at_ 0xfff8;
```

volatile 可用于如下几种情况：

（1）设备的硬件寄存器（如状态寄存器）；

（2）中断服务子程序中需要访问到的全局变量；

（3）多线程应用中被几个任务共享的变量。

2. 库函数指针宏的定义

为了方便用户按绝对地址访问单片机的存储器，C51 编译器在头文件 absacc.h 中提供了两组指针宏，用于存储器绝对地址访问，使用时只需包含该头文件即可。

（1）按字节访问存储器的指针宏定义

```
#define CBYTE ((unsigned char volatile code*)0) //code 区字节访问指针宏
#define DBYTE ((unsigned char volatile data*)0) //data 区字节访问指针宏
#define PBYTE ((unsigned char volatile pdata*)0) //pdata 区字节访问指针宏
#define XBYTE ((unsigned char volatile xdata*)0) //xdata 区字节访问指针宏
```

（2）按整型双字节访问存储器的指针宏定义

```
#define CWORD ((unsigned int volatile code*)0)    //code 区字访问指针宏
#define DWORD ((unsigned int volatile data*)0)    //data 区字访问指针宏
```

```
#define PWORD ((unsigned int volatile pdata*)0)   //pdata 区字访问指针宏
#define XWORD ((unsigned int volatile xdata*)0)   //xdata 区字访问指针宏
```

3. 存储器绝对访问指针宏的使用

指针宏实际上是等价于一个指向某种存储器类型中某种数据类型的指针常量（0 地址），因此，可以像访问数组元素那样使用指针宏来访问存储器中某个单元：

```
宏名[下标]
```

指针宏名相当于数组名（数组首地址），下标对应于相对数组首地址的偏移量。

对于字节访问指针宏来说，下标就是偏移量，对于字访问指针宏来说，下标*2 则为偏移量。例如：

```
DBYTE[0x30]=0x48;        //给片内 RAM 地址为 0x30 的字节单元赋值
XBYTE[0x2000]=0x36;      //给片外 RAM 地址为 0x2000 的字节单元赋值
DWORD[0x30]=0x1234;      //给片内 RAM 地址为 0x60、0x61 的字单元赋值
XWORD[0x2000]=0x5678;    //给片外 RAM 地址为 0x4000、0x4001 的字单元赋值
```

这种通过指针宏访问存储器的方法，特别适用于访问外部 I/O 口。

注意：使用字访问指针宏时的下标与存储器的地址是 2 倍关系。

5.8　C51 的函数

函数也是 C51 语言程序的基本组成部分。在 C51 语言中，一个程序仍由一个主函数 main()和若干个其他函数构成。由主函数调用其他函数，其他函数之间也可以互相调用，程序最后在 main()函数中结束。

5.8.1　C51 函数分类

在 C51 语言中可从不同的角度对函数分类。

从函数定义的角度看，函数可分为库函数和用户定义函数两种。

（1）库函数

由 C51 编译器提供，用户无须定义，也不必在程序中做类型说明，只需在程序中包含有该函数原型说明的头文件即可调用。如 printf、scanf、getchar、putchar、gets、puts 等函数均属此类。不过 C51 与标准 C 语言对上述函数处理不一样。标准 C 语言中上述函数的输入来自键盘，输出是显示器。而 C51 的输入输出均是串行口。同时 C51 除具有与标准 C 语言相同的库函数外，还有一些与单片机硬件有关的特殊库函数。

（2）用户定义函数

用户定义函数是由用户按需要编写的函数。对于用户自定义函数，如果定义在后，使用在前，则不仅要在程序中定义函数本身，而且在调用该函数前还须对该被调函数进行原型声明。

根据函数有无返回值来分，又可把函数分为有返回值函数和无返回值函数两种。

（1）有返回值函数

此类函数被调用执行完后将向调用者返回一个执行结果，称为函数返回值，数学函数即属于此类函数。用户定义的返回函数值的函数，必须在函数定义和函数原型声明中明确函数

返回值的类型。

（2）无返回值函数

此类函数用于完成某项特定的处理任务，执行完成后不向调用者返回函数值。这类函数类似于其他语言的过程。由于函数无须返回值，用户在定义此类函数时可指定它的返回为“空类型”，空类型的说明符为“void”。

从主调函数和被调函数之间数据传送的角度看，又可将函数分为无参函数和有参函数两种。

（1）无参函数

函数定义、函数原型声明及函数调用中均不带参数。主调函数和被调函数之间不进行参数传送。此类函数通常用来完成某一固定的功能，可以返回或不返回函数值。

（2）有参函数

此函数也称为带参函数。在函数定义及函数说明时都有参数，称为形式参数（简称为形参）。在函数调用时也必须给出参数，称为实际参数（简称为实参）。进行函数调用时，主调函数将把实参的值传送给形参，供被调函数使用。

5.8.2　C51 函数的定义

在 C51 语言中，扩展了标准 C 函数的定义，这些扩展主要包括：

① 指定一个函数作为一个中断处理函数；

② 指定函数所用的寄存器组；

③ 选择函数所使用的编译模式；

④ 指定函数为可重入函数。

因此，C51 函数的定义与 ANSI C 相似，但有更多的属性要求。本节先讨论函数的一般定义，然后专门给出中断函数的定义，因为中断函数有其特殊性。

```
类型标识符 函数名(形式参数表)[small|compact|large][reentrant][interrupt m][using n]
        {  局部变量定义
           执行语句
        }
```

其中：

类型标识符指明了本函数返回值的类型，可以是 C51 中除 sfr、sfr16、sbit 以外的所有类型，包括 bit 类型、结构体类型、指针类型。

函数名是用户为自定义函数取的名字，以便调用函数时使用。函数名后的括号中若无形参，则此函数为无参函数，否则为有参函数。形参的类型可为 C51 中除 sfr、sfr16、sbit 以外的所有类型，包括 bit 类型、结构体类型、指针类型。

{} 中的内容称为函数体。函数体由局部变量定义和函数体语句构成。

small|compact|large：指定函数的编译模式，缺省时则使用文件的编译模式。

reentrant：表示再入函数。所谓再入函数，就是允许被同时调用的函数。reentrant 是 C51 定义的扩展关键字。在编译时，C51 编译器会为再入函数生成一个模拟栈，通过这个模拟栈来完成参数的传递和存放局部变量。再入函数不能使用 bit 型参数；函数返回值也不能是 bit 型。比如递归函数应该定义为再入函数。

interrupt m：中断函数关键字和中断号。interrupt 是 C51 的扩展关键字。C51 最多支持 32 个中断源。中断入口地址与各中断号 m 的关系：中断入口地址＝3＋8×m。其中，m 根据具体单片机型号不同有不同的取值范围，如常用的 8051 系列单片机有 5 个中断源，m 可为 0～4，8052 系统单片机有 6 个中断源，m 可为 0～5。8051 系列单片机的中断源与中断号的对应关系如表 5.8 所示。

表 5.8 8051 系列单片机的中断源与中断号的对应关系

中断源	外中断 0	T0 中断	外中断 1	T1 中断	串行中断
中断号	0	1	2	3	4
中断入口地址	0x0003	0x000b	0x0013	0x001b	0x0023

using n：选择工作寄存器组，n 可以为 0～3，对应第 0 工作寄存器组到第 3 工作寄存器组。关键字 using 是 C51 的扩展关键字。注意：如果函数有参数或返回值，不能使用该属性，因为参数和返回值都是通过寄存器传递，函数返回时要恢复原来的寄存器组，将导致返回值错误。该关键字通常用于指定中断函数所使用的工作寄存器组。

5.8.3 C51 中断函数的定义

C51 函数的定义实际上已经涵盖了中断服务函数的定义，但为了强调，这里专门给出中断处理函数的具体定义形式：

```
void  函数名(void) [small|compact|large]  interrupt m  [using n]
{
    局部变量定义
    执行语句
}
```

在 C51 程序设计中，当函数定义时用了 interrupt m 修饰符，系统编译时把对应函数转化为中断函数，自动加上程序头段（寄存器入栈保护）和尾段（寄存器出栈及中断返回），并按 MCS-51 系统中断的处理方式自动把中断程序安排在程序存储器中的相应位置。

编写和使用中断服务函数需要注意以下几点。

① 中断函数不能有参数。

② 中断函数没有返回值，建议在定义中断函数时将其定义为 void 类型。

③ 在任何情况下都不能直接调用中断函数。

④ 如果在中断函数中调用了其他函数，则被调用函数所使用的寄存器组必须与中断函数相同。

⑤ C51 编译器对中断函数编译时会自动在程序开始和结束处加上相应的内容，具体如下：在程序开始处对 ACC、B、DPH、DPL 和 PSW 入栈，结束时出栈。中断函数未加 using n 修饰符的，开始时还要将 R0～R1 入栈，结束时出栈。如中断函数加了 using n 修饰符，则在开始将 PSW 入栈后还要修改 PSW 中的工作寄存器组选择位。

⑥ C51 编译器在绝对地址 8*n+3 处产生一条到中断函数入口地址的绝对跳转指令。

⑦ 中断函数最好写在文件的尾部。

5.8.4　C51 的部分头文件和库函数

C51 编译器提供了丰富的库函数，使用库函数可以大大减化程序设计过程、提高编程效率。由于 MCS-51 系列单片机本身的特点，某些库函数的参数和调用格式与 ANSIC 标准有所不同，在使用时要加以注意。例如，islower、isdigit、isspace 等判断函数的返回值均是位值，而不是整数值。这样做既可以减少程序的体积，又可以提高函数的性能。

同标准 C 一样，每个库函数都在相应的头文件中给出了函数原型声明。如果需要使用库函数，必须在源程序的开始采用预处理命令#include 将有关的头文件包含进来。C51 的库函数非常多，限于篇幅，本书仅介绍 C51 编程中较常用的头文件和部分库函数。如果需要了解更多的 C51 库函数功能和用法，可以查看 Keil C51 提供的相关头文件或查阅其他有关资料。

1．寄存器头文件 reg51.h

reg51.h 是 C51 编程中使用最为频繁的头文件之一。在 reg51.h 的头文件中定义了 MCS-51 单片机的所有特殊功能寄存器和相应的位，定义时都用大写字母。当在程序的头部把寄存器头文件 reg51.h 包含后，在程序中就可以直接使用 MCS-51 中的特殊功能寄存器和相应的位。下面给出的是 reg51.h 中部分特殊功能寄存器和位名称的定义。

```
sfr P0 = 0x80;
sfr P1 = 0x90;
sfr P2 = 0xA0;
sfr P3 = 0xB0;
sfr ACC = 0xE0;
sfr TCON = 0x88;
sfr TMOD = 0x89;
sfr SCON = 0x98;
sfr SBUF = 0x99;
sbit CY = 0xD7;
sbit TF1 = 0x8F;
sbit TR1 = 0x8E;
sbit EA = 0xAF;
sbit RI = 0x98;
```

建议初学者在进行 C51 编程时应当先熟悉头文件 reg51.h 的内容，以了解 C51 中特殊功能寄存器和位的访问名称。

其实，在 C51 中并未给出 MCS-51 中的所有特殊功能寄存器中的可寻址位的定义，如果需要，用户可编辑头文件 reg51.h，在其中增加自己常用的位名称定义，以免需要时每次都在程序中进行定义，但这些位一定要是特殊功能寄存器中的可位寻址位。例如：

```
//增加 P1 口中各位的位名称定义
sbit P1_0=P1^0
sbit P1_1=P1^1
……
sbit P1_7=P1^7
//增加累加器 A 中的位名称定义
sbit ACC_0=ACC^0
```

```
sbit ACC_1=ACC^1
……
sbit ACC_7=ACC^7
```

2. C51 的输入/输出函数说明

C51 的输入和输出函数的形式虽然与 ANSI C 的一样，但实际意义和使用方法却大不一样，因此，需要专门介绍一下 C51 的输入/输出函数。

在 C51 的 I/O 函数库中定义的 I/O 函数，都是以_getkey 和 putchar 函数为基础。这些 I/O 函数包括：字符输入/输出函数 getchar 和 putchar，字符串输入/输出函数 gets 和 puts，格式输入/输出函数 printf 和 scanf 等。

C51 的输入/输出函数，都是通过单片机的串行接口实现的。在使用这些 I/O 函数之前，必须先对单片机的串行口、定时器/计数器 T1 进行初始化。假设单片机的晶振为 11.0592MHz，波特率为 9600bps，则初始化程序段为：

```
SCON=0x52;      //设置串口方式 1 收发
TMOD=0x20;      //设置 T1 以模式 2 工作
TL1=0xfd;       //设置 T1 低 8 位初值
TH1=0xfd;       //设置 T1 自动重装初值
TR1=1;          //开 T1
```

例 5.6　用 C51 编程输出“Hello world!”。

```
#include <stdio.h>
#include <reg51.h>
main ()
{
    unsigned char cc;
    SCON=0x52;      //初始化串口
    TMOD=0x20;
    TL1=0xfd;
    TH1=0xfd;
    TR1=1;
    do
    {
        scanf("%c",&cc);
    }   while (cc!='\n');
    printf("Hello,world!\n");
    while(1);
}
```

以上程序运行时将在 Keil μVision3 的串行窗口中等待用户按键，如果用户按下的是回车键，则可看到熟悉的“Hello world!”。

3. C51 内部函数

用汇编语言编写的这类库函数就是 C51 的内部函数。编译内部函数时，产生的是插入代码，而不是产生 ACALL 或 LCALL 指令去调用一个功能函数，可省去返回地址的保护和恢复，从而可减少代码量，提高程序效率。内部函数在 C51 中已按 C 的规范用汇编语言写好，用户可以直接当作 C 语言函数调用。内部函数原型说明放在 intrins.h 文件中。

（1）循环左移函数

函数原型：

```
unsigned  char  _crol_(unsigned  char  var,unsigned  char  n);
unsigned  int   _irol_(unsigned  int  var,unsigned  char  n);
unsigned  long  _lrol_(_unsigned  long  var,unsigned  char  n);
```

功能：将变量 var 循环左移 n 位，它们与 MCS-51 单片机的左移指令相关。这 3 个函数的不同之处在于变量的类型与返回值的类型不一样。

例 5.7　将一个无符号整数的高四位移至低四位。

```
#include<intrins.h>
void  main()
{
    unsigned  int  y;
    y=0xFF00;
    y=_irol_(y,4);
}
```

（2）循环右移函数

函数原型：

```
unsigned  char  _cror_(unsigned  char  var,unsigned  char  n);
unsigned  int   _iror_(unsigned  int  var,unsigned  char  n);
unsigned  long  _lror_(_unsigned  long  var,unsigned  char  n);
```

功能：将变量 var 循环右移 n 位，它们与 MCS-51 单片机的右移指令相关。这 3 个函数的不同之处在于变量的类型与返回值的类型不一样。

（3）空操作函数

函数原型：void　_nop_(void);

功能：相当于一条 MCS-51 单片机的 nop 指令。

例如，循环语句 for (i=10;i>0;i--) _nop_(); 对应的反汇编代码为：

```
C:0x002A    7F0A    MOV     R7,#0x0A
C:0x002C    00      NOP
C:0x002D    DFFD    DJNZ    R7,C:002C
```

（4）位测试函数

函数原型：bit　_testbit_(bit　b);

功能：对位进行测试并清零。如为 1 返回 1，如为 0 返回 0。该函数只能对可寻址位进行测试。

例 5.8　位测试函数的应用

```
#include<intrins.h>
bit flag;
char val;
void main()
```

```
    {
        if(!_testbit_(flag))
            val- -;
    }
```

5.9 C51 程序设计应用举例

5.9.1 8051 单片机 I/O 口操作

例 5.9 通过开关控制 LED 指示灯。从 P1 口接收 8 个开关的状态，然后通过 P3 口输出控制 8 个 LED 指示灯。

```
#include <reg51.h>
#include <stdio.h>
void main (void)
{
P1 = 0xFF;              //输入之前先 1
while (1)
    {
        P3 = P1;        //读 P1 口开关状态,并从 P3 输出
    }
}
```

例 5.10 通过 I/O 口实现跑马灯效果。假设 8051 单片机的 P1.0～P1.7 分别接到 L1～L8 共 8 个发光二极管的正极，发光二极管的负极接地。编程实现 8 个发光二极管按如下顺序循环点亮：L1L2→L2L3→L3L4→L4L5→L5L6→L6L7→L7L8→L8L1。

```
#include <reg51.h>
#include <stdio.h>
#include <intrins.h>
void delay(unsigned char x)
{
    unsigned char i;
    for (i=0;i<x;i++)
        _nop_();
}
void main (void)
{
    unsigned char ch=0x03;
    while(1)
    {
        P1=ch;                      //ch 内容送 P1 口
        ch=_crol_(ch,1);            //ch 内容循环左移 1 位
        delay(100);                 //调用延时程序延时
    }
}
```

5.9.2 再入函数的定义

再入函数就是可以同时由几个应用调用的函数。比如，一个函数在执行过程产生了中断，而在中断程序中又调用该函数，便出现了再入。递归调用也将产生再入。不具有再入属性的 C51 函数是不可再入的，因为 C51 函数中的局部变量通常都存放在固定的存储器位置，再入将导致变量覆盖。C51 允许将函数定义成再入函数，再入函数可以被多重调用或递归调用而不用担心变量覆盖，因为编译器为再入函数生成一个模拟栈，通过这个模拟栈可完成参数传递和存放局部变量。每次调用再入函数时，局部变量都将被单独保存在模拟栈中。

reentrant 属性用于声明函数为再入函数，具有再入属性的函数可以再入。中断函数中调用的函数需要定义成再入函数，递归函数也要定义成再入函数。递归在实际工作中常见，但函数的递归调用使用却较少，尤其是在嵌入式系统编程中更少采用。如果不得已需要使用递归，也应适当限制递归的次数，否则可能造成堆栈溢出。这是因为递归调用需要占用较多的内存空间模拟栈，而嵌入式系统的内存资源相对有限。在此介绍递归函数的编写，旨在说明 C51 中可重入函数的编写方法：编写可重入函数时需要加上关键字 reentrant。如果将下面例 5.11 的递归函数定义中的关键字 reentrant 去掉，将得不到正确的结果。

需要注意的是，再入函数不能传递 bit 类型的参数，也不能定义局部位变量。

例 5.11 采用递归方式求阶乘。

```
#include <stdio.h>
#include <reg51.h>
float fact(int n)  compact reentrant
{
        if(n==0||n==1)
            return(1);
        else
        return (n*(fact(n-1)));
}
 main() {
        int num;
        SCON=0x52;
        TMOD=0x20;
        TL1=0xfd;
        TH1=0xfd;
        TR1=1;
        printf("\n intput num");
    scanf("%d",&num);
        printf("\n %d!=%0.1f",num,fact(num));
}
```

5.9.3 排序和查找

排序和查找在实际应用中使用非常广泛，常用的排序和查找算法很多，这里仅通过例子给出冒泡法排序和二分查找的 C51 实现。

例 5.12 自定义一个采用冒泡法对任意个无符号整数按降序排序的函数 sort()，然后调用该函数对存放在外部 RAM 中的 10 个无符号整数按降序排序并输出。

```
#include <stdio.h>
#include <reg51.h>
main ()
{
    void sort(unsigned int * ,int);
    unsigned int xdata a[10]={33,56,77,192,536,999,333,123,555,1};
    char i;
    SCON=0x52;                                                //初始化串口
    TMOD=0x20;
    TL1=0xfd;
    TH1=0xfd;
    TR1=1;
    sort(a,10);
    for(i=0;i<10;i++)
        printf("%5d",a[i]);
    printf("\n");
    while(1);
}
void sort(unsigned int * p,int n)
{
    unsigned char i,j;
    unsigned int t;
    for ( i=0;i<n;i++)
        for(j=0;j<n-1-i;j++)
            if(p[j]<p[j+1])
            {
                t=p[j];
                p[j]=p[j+1];
                p[j+1]=t;
            }
}
```

由于 sort()函数中的第一个形参定义为 unsigned int 类型的通用指针，因此，可以接收指向任意存储区的 unsigned int 指针。所以，如果需要对片内 RAM 中的数据进行排序，只需将数组 a 的存储器类型由 xdata 改为 data 即可。

例 5.13 使用二分法在一组已排好序的数组中查找指定的元素。

二分查找又称折半查找，它是一种效率较高的查找方法。二分查找要求线性表是有序表，即表中结点按关键字有序（假设为升序）。

二分查找的基本思想是（为简单起见，以一维整型数组为例。设 R 为整型数组，R[low..high]是当前的查找区间，元素个数为 n，初始时 low=0,high=n–1）：

（1）首先确定该区间的中点下标：mid=(low+high)/2

（2）然后将待查找的 Key 值与 R[mid]比较：若相等，则查找成功并返回此位置（下标），否则须确定新的查找区间，继续二分查找，具体方法如下。

① 若 R[mid] >Key，则由数组的有序性可知 R[mid..n−1]均大于 Key，因此若数组中存在值等于 Key 的元素，则该元素必定是在下标 mid 前面的元素 R[0..mid−1]中，故新的查找区间是 R[0..mid−1]。

② 类似地，若 R[mid]<Key，则要查找的 Key 必在下标 mid 后面的元素 R[mid+1..n−1]中，即新的查找区间是 R[mid+1..n−1]。下一次查找是针对新的查找区间进行的。

因此，从初始的查找区间 R[0..n−1]开始，每经过一次与当前查找区间的中点元素的比较，就可确定查找是否成功，不成功则当前的查找区间就缩小一半。这一过程重复直至找到值为 Key 的元素，或者直至当前的查找区间为空(low>high)时为止。

```
#include <stdio.h>
#include <reg51.h>
main ()
{
    int search(unsigned int arr[],char n,unsigned int keynum);
    void sort(unsigned int *p,int n);
    unsigned int Table[10]={32,66,89,25,45,87,4,69,6,88};
    unsigned int key,index;
    char i;
    SCON=0x52;                    //初始化串口
    TMOD=0x20;
    TL1=0xfd;
    TH1=0xfd;
    TR1=1;
    scanf("%d",&key);
    sort(Table,10);               //先对待查找数组按升序排序
    index=search(Table,10,key);
    for(i=0;i<10;i++)
        printf("%5d\t",Table[i]);
    if(index!=-1)
        printf("\nindex=%d,value=%d\n",index,Table[index]);
    else
        printf("\nNot Found!\n");
    while(1);
}
int search(unsigned int arr[],char n,unsigned int keynum)
{
    char low, high, mid;
    low=0;
    high=n-1;
    while(low<=high)
    {
        mid=(low+high)/2;         //计算中间元素下标
        if(keynum<arr[mid])
        {
            high=mid-1;
        }
        else if(keynum>arr[mid])
```

```
            {
                low=mid+1;
            }
                else
            {
                return mid;                //查找成功,返回找到的元素的下标
            }
        }
        return -1;                         //查找失败,返回-1
    }
    void sort(unsigned int *p,int n){
        unsigned char i,j;
        unsigned int t;
        for ( i=0;i<n;i++)
            for(j=0;j<n-1-i;j++)
                if(p[j]>p[j+1])
                {
                    t=p[j];
                    p[j]=p[j+1];
                    p[j+1]=t;
                }
    }
```

5.9.4　码制转换

在嵌入式应用开发中，经常涉及各种编码之间的转换，如将十进制数转换为十六进制数、将十进制数的各位分离出来再转换为对应的 ASCII 码或 LED 显示器的段码、将 BCD 码转换为十进制数等。本小节给出了无符号整数到十六进制数的 ASCII 码、无符号整数转换为 BCD 码的实现。

例 5.14　定义一个能将任意无符号整数转换为十六进制数的 ASCII 码并放于指定位置的函数 uint2hex()，然后调用该函数将用户输入的无符号整数以十六进制数的形式输出。

在 C51 中，一个无符号整数为 16 位，对应 4 位十六进制数。要以十六进制数的形式进行输出，需要将每 4 位二进制数转换为对应的十六进制数的 ASCII 码。要将 4 位二进制数转换为 1 位十六进制数的 ASCII 码，可以采用判断法：4 位二进制数对应的十六进制数为 0～9 时，加 0x30，为 A～F 时加 0x37。也可以采用查表法：按顺序建立一个 0～9、A～F 的 ASCII 码表，即定义一个字符数组 unsigned char code Hex_Ascii_Table[]="0123456789ABCDEF"，然后以待转换的 4 位二进制值为下标访问数据 a，便可得到其对应的十六进制数的 ASCII 码。本例采用查表法实现。

```
#include <stdio.h>
#include <intrins.h>
#include <reg51.h>
unsigned char code Hex_Ascii[]="0123456789ABCDEF"; //在程序存储器中创建
                                                    //0~9,A~F 的 ASCII 码表
main ()
```

```
{
    unsigned int uint;
    unsigned char asc[5]={0};
    void uint2hex(unsigned int,unsigned char *);
    SCON=0x52;                     //初始化串口
    TMOD=0x20;
    TL1=0xfd;
    TH1=0xfd;
    TR1=1;
    scanf("%d",&uint);
    uint2hex(uint,asc);
    printf("\n%s\n",asc);
    while(1);
}
void uint2hex(unsigned int x,unsigned char *p)
{
    unsigned char i,t,ascii;
    for ( i=0;i<4;i++)             //变量 x 为 16 位二进制数,4 次循环,每次实现 4
                                   //位二进制数到 1 位十六进制数的转换
        {
            x=_irol_(x,4);         //将变量 x 的高 4 位循环左移到低 4 位
            t=x&0x000f;            //将变量 x 的低 4 位送变量 t
            *p++=Hex_Ascii[t]; //查表将 4 位二进制转换为对应的 ASCII 码
            printf("%c",ascii);
        }
}
```

例 5.15　将一个无符号整数转换为 BCD 码并输出。

在 C51 编程中，经常需要将无符号十进制数的各位分离出来，再转换为其他编码，如 ASCII 码、LED 显示器的段码等。采用将无符号十进制数模 10 的方法可分离出它的个位对应的 BCD 码，然后将十进制数除以 10 的商再模 10，可得无符号十进制数的十位对应的 BCD 码，以此类推，可得到无符号十进制数中的各位对应的 BCD 码。要将得到的 BCD 码转换为其 ASCII 码，可采用计算法：在 BCD 码基础上加 0x30 便可得到对应的 ASCII 码，也可采用查表法。如果要将得到的 BCD 码转换为 LED 的显示器的段码，通常采用查表法，因为 BCD 码与对应的 LED 段码之间无简单的计算关系。因此，本例采用查表法实现 BCD 码到 ASCII 码的转换，当需要将 BCD 码转换为 LED 段码时，只需将程序中的 BCD-ASCII 码表换成 BCD-LED 段码即可。

```
#include <stdio.h>
#include <reg51.h>
unsigned char code Bcd_Ascii[]="0123456789"; //在程序存储器中创建 0~9 的
                                             //ASCII 码表
main ()
{
    unsigned int uint;
    unsigned char bcd[5]={0};
    unsigned char bcd_asc[6]={0};
```

```
    unsigned char *ptr1=bcd,*ptr2=bcd_asc,i;
    void uint2bcd(unsigned int,unsigned char *);
    SCON=0x52;                          //初始化串口
    TMOD=0x20;
    TL1=0xfd;
    TH1=0xfd;
    TR1=1;
    scanf("%d",&uint);
    uint2bcd(uint,ptr1);
    for(i=0;i<5;i++)
        *ptr2++=Bcd_Ascii[*ptr1++];//查表将各位 BCD 码转换为对应的 ASCII 码
    printf("\n%s\n",bcd_asc);
    while(1);
}
void uint2bcd(unsigned int x,unsigned char *p)
{
    unsigned char i,t;
    p=p+4;
    for ( i=0;i<5;i++) //变量 x 为 16 位二进制数,5 次循环可将其转换为 5 位 BCD 码
    {
        t=x%10;
        *p--=t;
        x=x/10;
    }
}
```

本 章 小 结

本章的重点是单片机的存储器类型及其与不同存储器空间的对应关系、C51 新增的数据类型、C51 中变量的定义格式、指针的分别和定义、函数的定义格式，这些也是学习 C51 单片机编程的难点。由于使用 C51 进行单片机编程时，经常需要使用位操作对硬件寄存器中的部分位进行访问，从而使位操作运算在 C51 中的应用更加广泛和重要。

MCS51 单片机的存储器分为程序存储器 ROM、片内 RAM、片外 RAM。片内 RAM 的低 128B 称为 data 区，其中 0x20~0x2F 地址范围的 16 字节为位寻址区，在 C51 中称为 bdata 区。对 52 系统单片机，内部增加了高 128B 的片内 RAM，这 128B 只能采用间接寻址方式访问，整个片内的 256B 的 RAM 称为 idata 区。片外 RAM 的最大容量为 64KB，称为 xdata 区，分页寻址方式访问的片外 RAM 区称为 pdata 区。MCS51 单片机存储器的这种特殊性使得 C51 变量定义与标准 C 中变量定义有很大区别：需要指定变量的存储器类型、可以指定变量的绝对地址、定义指针变量时需要指定指针变量指向的存储区和数据类型，从而使 C51 中的变量定义变得比标准 C 中变量定义更加复杂，这是学习 C51 编程的难点，也是学习 C51 的重点。本章使用了大量篇幅介绍了 C51 中变通变量和指针变量的定义和使用，同时还介绍了 C51 中对存储单元的绝对地址访问的几种方式。

另外，C51 编程与标准 C 编程的另一个较大区别是 C51 中的函数定义。在 C51 中，可以

定义中断函数、以指定函数中参数和局部变量使用的寄存器组，对于需要进行递归调用的函数，需要指定再入属性，尤其要注意 C51 中中断函数的特殊性。

习题与思考题

一、选择题

1. C51 中定义函数时可利用（　　）关键字指定函数使用的工作寄存器组。

A．interrupt　　B．sfr　　C．while　　D．using

2. C51 中通用指针变量占用（　　）字节，pdata 类型的专用指针点为（　　）字节。

A．一个　　B．两个　　C．三个　　D．四个

3. 使用指针宏来访问绝对地址时，需包含的头文件是（　　）。

A．reg51.h　　B．absacc.h　　C．intrins.h　　D．stdio.h

二、填空题

1．C51 支持的指针有________和________。

2．C51 中，没有专门的循环移位运算符和语句，我们可以用内部函数________完成 1 个字节的循环左移，用________完成 2 个字节的循环左移，用________完成 4 个字节的循环右移。

3．C51 中变量的存储器类型有________、________、________、________、________、________。

4．Keil C51 支持的存储模式有________、________和________。

三、判断题

1．若一个函数的返回类型为 void，则表示其没有返回值。

2．在 C51 的头文件 reg51.h 中，特殊功能寄存器的名字全部为大写。

3．sbit 不可以用于定义内部 RAM 的可位寻址区，只能用于 SFR 中的可寻址位。

4．continue 和 break 都是用来跳出循环体。

5．C51 中定义的函数都具有再入属性。

6．C51 中的指针变量都是 2 字节。

7．C51 中，*(int xdata *)0x2000=0x1234 的作用是将常量 0x1234 送外部 RAM 中地址为 0x2000 和 0x2001 两个单元，其中 0x2000 单元放高字节。

8．C51 中定义变量时，若未指定存储器类型，则该变量默认为位于内部 RAM 中。

9．C51 中，可用 P1^3 的形式访问 P1.3。

10．C51 中，在指定了文件的编译模式后还可以对某个函数指定不同的编译模式。

四、简答题

1．简述 C51 语言的特点。

2．简述 C51 的变量存储器类型及其对应的存储器空间和地址范围。

3．C51 中定义变量的一般格式是什么？其中哪些是 C51 对标准 C 的扩展？

4．C51 中函数定义的一般形式是什么？格式中 C51 新增的选项起什么作用？

5．在 C51 中，有哪几种方法可以直接访问 DATA 空间、PDATA 空间、XDATA 空间、CODE 空间的确定地址单元？请举例说明。

6．C51 中定义中断函数需要注意什么？

7. 按照给定的数据类型和存储类型，写出下列变量的说明形式。

（1）在 data 区定义字符变量 var1。

（2）在 idata 区定义整型变量 var2。

（3）在 xdata 区定义无符号字符型数组 var3[4]。

（4）在外部 RAM 中定义一个无符号整型变量，并使其地址为 0x1234。

（5）在 xdata 区定义一个指向 char 类型的指针 px。

（6）定义可位寻址变量 flag。

（7）定义特殊功能寄存器变量 P3。

（8）定义标志寄存器的可寻址位 RS0 和 RS1。

（9）定义指向无符号整型数据的通用指针变量 ptr。

（10）在内部 RAM 中定义指向外部 RAM 中无符号字符型数据的指针变量 xptr。

（11）在外部 RAM 中定义指向内部 RAM 中无符号整数的指针变量 iptr。

五、编程题

1. 如图 5.7 所示，单片机 P1 口的 P1.0 和 P1.1 各接一个开关 S1、S2，P1.4、P1.5、P1.6 和 P1.7 各接一只发光二极管。编写程序，根据 S1 和 S2 的不同状态来确定哪些发光二极管被点亮，开关状态和点亮二极管的对应关系如表 5.9 所示。

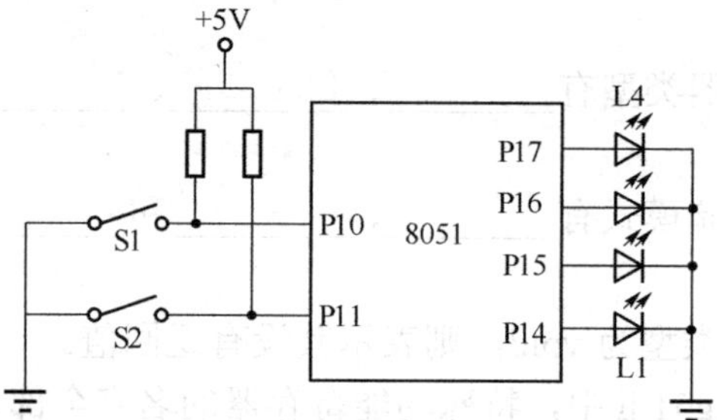

图 5.7　开关、二极管与单片机的连接示意图

表 5.9　开关状态和点亮二极管的对应关系

S2	S1	被点亮的二极管
0	0	L1
0	1	L1、L2
1	0	L1、L2、L3
1	1	L1、L2、L3、L4

2. 编写一个 C51 函数，能将从键盘输入的 5 位十进制数转换成一个无符号整型数（假设转换结果未超出无符号整数范围）返回。设从键盘输入的十进制数的 ASCII 码存放在一无符号字符数组中，下标为 0 的元素放的是个位数，下标为 4 的元素放的是万位数。

3. 在数字滤波中有一种称为“中值滤波”的技术，就是对采集的数据按照从大到小或者从小到大进行排序，然后取其中在中间位置的数作为采样值。试编写程序，对存放在片内数据存储器中从 0x30 开始的 32 个单元的采样数据用冒泡法排序后进行中值滤波，把得到的采样数据存放到 0x4f 单元中。

第 6 章　MCS-51 单片机的硬件资源及其应用

第 2 章中我们已对 MCS-51 系列单片机的内部结构、存储器的结构及使用方法作了详细的介绍。本章将对单片机内部集成的并行 I/O 端口、中断系统、定时/计数器、串行接口等功能部件分别加以阐述。

6.1　并行 I/O 端口

6.1.1　端口功能

MCS-51 单片机有 4 个 8 位并行双向输入/输出（I/O）口，每个端口都包括有一个输出锁存器（属于特殊功能寄存器，分别记作 P0、P1、P2、P3）、一个输出驱动器和输入缓冲器，端口结构如图 6.1 所示。通常把 4 个端口笼统地称为 P0 口、P1 口、P2 口、P3 口。每个端口有 8 个引脚，共 32 个引脚，既可按字节输入、输出，也可以按位进行输入、输出。它们是典型的 CPU 与外部设备的输入/输出端口，可以很方便地实现 CPU 与外部设备及芯片的信息交换。各端口功能如下。

（1）P0 口（P0.0～P0.7）：双功能 8 位 I/O 口，字节地址为 80H，位地址为 80H～87H。它既可以作为通用输入/输出端口使用，又可以在单片机扩展外部设备或芯片时作为地址/数据总线使用。在作为地址/数据总线使用时，可分时传送低 8 位地址和 8 位数据。

（2）P1 口（P1.0～P1.7）：唯一的一个单功能并行 I/O 口，字节地址为 90H，位地址为 90H～97H。只能用作通用的数据输入/输出端口。在 EPROM 编程和程序验证时，它接收低 8 位地址。（注：在增强型 MCS-51 芯片中，P1.0 和 P1.1 引脚具有第二输入/输出功能，即除了可作为一般的 I/O 引脚使用外，P1.0 引脚还可作为定时/计数器 T2 的计数输入端或定时时钟输出端，而 P1.1 引脚作为定时/计数器 T2 外部触发输入端 T2EX。）

（3）P2 口（P2.0～P2.7）：双功能 8 位并行 I/O 口，字节地址为 0A0H，位地址为 0A0H～0A7H。它可以作为通用的输入/输出端口使用，在单片机扩展外部设备或芯片时，它又可以用作高 8 位地址总线，与 P0 口的低 8 位地址线一起构成 16 位片外地址总线。

（4）P3 口（P3.0～P3.7）：双功能 8 位并行 I/O 口，字节地址为 0B0H，位地址为 0B0H～0B7H。作为通用 I/O 口时，功能与 P1 口相同。在 MCS-51 单片机中，这 8 个引脚还兼有专用功能，如表 6.1 所示。

表 6.1　P3 口的第二功能定义

引脚名	符号：功能
P3.0	RXD：串行输入口
P3.1	TXD：串行输出口
P3.2	$\overline{INT0}$：外部中断 0 输入
P3.3	$\overline{INT1}$：外部中断 1 输入
P3.4	T0：定时器/计数器 0 的外部计数脉冲输入
P3.5	T1：定时器/计数器 1 的外部计数脉冲输入
P3.6	$\overline{WR}$：片外数据存储器写选通信号输出
P3.7	$\overline{RD}$：片外数据存储器读选通信号输出

6.1.2 端口原理及操作

MCS-51 单片机的 4 个 I/O 端口的线路设计非常巧妙。了解端口的逻辑电路，不但有利于正确合理地使用端口，而且能给设计单片机的外围电路带来启发。图 6.1 为 I/O 口位结构图。

1．P0 口

（1）结构组成：P0 口的位结构如图 6.1（a）所示。

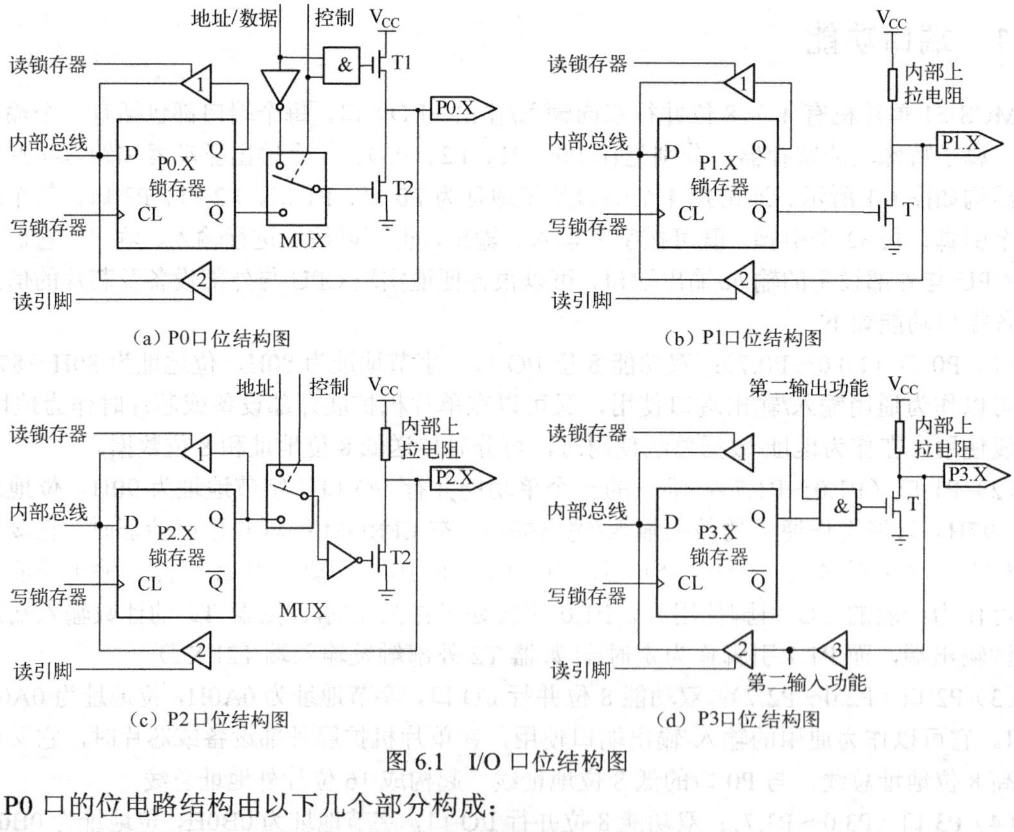

图 6.1　I/O 口位结构图

P0 口的位电路结构由以下几个部分构成：

① 一个输出锁存器，用于进行输出数据的锁存；

② 两个三态输入缓冲器，分别用于锁存器和引脚数据的输入缓冲；

③ 一个多路开关，它的一个输入来自锁存器，另一个输入是地址/数据信号的反相输出，

多路开关在内部控制信号的控制下能实现对锁存器输出端和地址/数据线之间的切换；

④ 由两个场效应管组成的输出驱动电路。

（2）对于内置了 ROM、EPROM、OTPROM 或者 Flash ROM 的 MCS-51 单片机来说，当不使用外部存储器（程序存储器和数据存储器）时，P0 口可作为通用输入/输出口使用，当需要扩展外部存储器时，P0 口用作地址低 8 位/数据总线。

① P0 口作为通用输入/输出口使用。

当 P0 口用作通用输入/输出口时，电路中控制线上的开关控制信号为 0，多路开关受控制信号的作用将输出锁存器 $\overline{Q}$ 端与效应管 T1 的栅极接通，并封锁与门，使与门输出为 0，效应管 T1 截止，使输出驱动器工作在需要外接上拉电阻的漏极开路方式。

- P0 口用作输出口：当 P0 口用作输出口时，内部数据总线上的数据在 CPU 写锁存器信号的作用下，由 D 端进入锁存器，经锁存器的 $\overline{Q}$ 端送至场效应管 T2 的栅极，再经 T2 反相，使 P0.X 引脚输出状态正好与内部总线上的状态相同（需外接上拉电阻才能有高电平输出）。
- P0 口用作输入口：当 P0 口用作输入口时，根据指令的不同，有读锁存器 Q 端的数据（读锁存器）和读引脚上的数据（读引脚）两种读入方式。在执行指令时，究竟是读引脚还是读锁存器，CPU 内部会自行判断发读引脚信号还是读锁存器信号。读锁存器时，锁存器的状态由 Q 端经上方的三态缓冲器 1 进入内部总线；读引脚时，应使锁存器的输出状态为“1”，即 $\overline{Q}$=0，从而使 T1 截止，引脚的状态经下方的缓冲器 2 进入内部总线。

② P0 口用作地址/数据总线。

在扩展系统中，P0 口作为地址/数据总线使用时，用作低 8 位地址总线和 8 位数据总线。这时单片机内控制信号为 1，控制多路开关接向反相器的输出端，并使与门的输出状态只由地址/数据的状态决定。

- 分时输出低 8 位地址及 8 位数据。P0 口分时输出低 8 位地址及 8 位数据时，若地址/数据总线的状态为 1，则场效应管 T1 导通，T2 截止，引脚状态为 1；若地址/数据总线的状态为 0，则场效应管 T1 截止，T2 导通，引脚状态为 0；P0.X 的状态正好与地址/数据的状态相同。
- 分时输出低 8 位地址及输入 8 位数据。P0 口分时输出低 8 位地址及输入 8 位数据时，先按上述原理输出地址，然后控制信号自动转为 0，使多路开关拨向锁存器 $\overline{Q}$ 端，CPU 自动向 P0 口写入 FFH，这时 T1 和 T2 同时截止，引脚悬空（高阻状态），在读引脚信号的作用下，传送到引脚上的外部数据经缓冲器三态门 2 读入内部数据总线（高阻抗输入）。

（3）P0 口的特点如下。

① P0 口是一个双功能的端口：地址/数据复用口和通用 I/O 口。

② 具有高阻抗输入的 I/O 口称为真正的双向口，真正的双向口是具有高电平、低电平和高阻抗三种状态的端口。因此，P0 口作为地址/数据总线复用口时，相当于一个真正的双向 I/O 口。而用作通用 I/O 口时，由于引脚上需要外接上拉电阻，端口不存在高阻（悬空）状态，此时 P0 口只是一个准双向口。

③ 为保证引脚上的信号能正确读入，在读入操作前应首先向锁存器写 1。单片机复位后，

锁存器被自动置 1，但如果 P0 口由原来的输出状态变为输入状态时，也应首先将锁存器置 1 方可执行输入操作。

④ P0 口能驱动 8 个 TTL 负载。

2. P1 口

（1）结构组成：P1 口的位结构如图 6.1（b）所示。

P1 口的位电路结构由以下几个部分组成：

① 一个输出锁存器，用于进行输出数据的锁存；

② 两个三态输入缓冲器，三态门 1 用于读锁存器，三态门 2 用于读引脚；

③ 数据输出驱动电路，由场效应管 T 和片内上拉电阻组成。

（2）作为通用输出口使用：P1 口作为通用输出口使用时，数据经内部总线、锁存器反相输出端 $\overline{Q}$、场效应管 T 的栅极和漏极到 P1.X 引脚。若 CPU 输出 1，在写锁存器时钟作用下，锁存器反相输出端 $\overline{Q}$ 为低电平，场效应管 T 截止，漏极输出高电平，P1.X 引脚输出 1；若 CPU 输出 0，在写锁存器时钟作用下，锁存器反相输出端 $\overline{Q}$ 为高电平，场效应管 T 导通，漏极输出低电平（场效应管漏、源之间的导通电阻很小，仅为几十欧到几百欧，而漏极等效上拉电阻一般为数十千欧，分压后，P1.X 引脚电位近似为 0，故 P1.X 引脚输出低电平），P1.X 引脚输出 0。

（3）作为通用输入口使用：P1 口作为通用输入口使用时，根据指令的不同，也有读锁存器和读引脚两种输入方式。读锁存器时，锁存器输出端 Q 的状态经输入缓冲器三态门 1 进入内部总线；读引脚时，必须先向锁存器写 1，使场效应管 T 截止，P1.X 引脚上的电平状态经输入缓冲器三态门 2 进入内部总线。

（4）P1 口的特点如下。

① P1 口由于有内部上拉电阻，没有高阻态，所以称为准双向口。作为输出口时，不需要在片外接上拉电阻。

② P1 口读引脚输入时，必须先向锁存器写入 1，其原理与 P0 口相同。

③ P1 口引脚能驱动 4 个 TTL 负载。

3. P2 口

（1）结构组成：P2 口的位结构如图 6.1（c）所示。

P2 口的位电路结构由以下几个部分组成：

① 一个数据输出锁存器，用于进行输出数据的锁存；

② 两个三态输入缓冲器，三态门 1 用于读锁存器，三态门 2 用于读引脚；

③ 一个多路开关，它的一个输入来自锁存器的 Q 端，另一个输入来自内部地址的高 8 位；

④ 数据输出驱动电路，由反相器、场效应管 T 和片内上拉电阻组成。

（2）P2 口可用作通用输入/输出口，也是一个准双向口。P2 口用作通用输入/输出口时，电路中控制线上的开关控制信号为 0，多路开关受开关控制信号的作用，将开关拨向锁存器的 Q 端。

① P2 口用作输出口时，若 CPU 输出 1，内部数据总线上的数据在写锁存器信号的作用下由 D 端进入锁存器，则 Q=1，Q 端的状态通过多路开关经反相器反相后送至场效应管 T，使场效应管 T 截止，所以 P2.X 引脚的输出为 1；同理，若 CPU 输出 0，则 Q=0，场效应管 T 导通，P2.X 引脚的输出为 0。

② P2 口用作输入口时，根据指令的不同也有读锁存器和读引脚两种输入方式。读锁存

器时，锁存器的输出端 Q 的状态经输入缓冲器进入内部总线；读引脚时，必须先向锁存器写 1，使场效应管 VT 截止，外部传送到 P2.X 引脚上的电平状态经输入缓冲器三态门 2 进入内部总线。

（3）P2 口作为高 8 位地址输出线使用时（与 P0 口输出的低 8 位地址一起构成 16 位地址总线），开关控制信号为 1，这时多路开关拨向地址线位置，地址信号经反相器和场效应管两次反相送到 P2.X 引脚。因此，若地址线为 1，经反相后使场效应管 T 截止，所以 P2.X 引脚的输出为 1；若地址线为 0，经反相后使场效应管 T 导通，P2.X 引脚的输出为 0。

应当注意：当 P2 口的 8 位不需要全部用作地址总线时（根据片外存储器的扩展容量而定），剩余的口线不可以再用作通用输入/输出端口。

（4）P2 口的特点如下。

① P2 口作为高 8 位地址输出线应用时，与 P0 口输出的低 8 位地址一起构成 16 位地址总线，可寻址 64KB 的地址空间。

② 当 P2 口作为高 8 位地址输出口时，其输出锁存器原锁存的内容保持不变。

③ 作为通用 I/O 口使用时，P2 口为一准双向口，功能与 P1 口一样。

④ P2 口能驱动 4 个 TTL 负载。

4．P3 口

（1）结构组成：P3 口是双功能 8 位输入/输出端口，内部结构中增加了第二输入/输出功能。其结构组成如图 6.1（d）所示。

P3 口的位电路结构由以下几个部分组成：

① 一个数据输出锁存器，用于进行输出数据的锁存；

② 3 个三态输入缓冲器，三态门 1 用于读锁存器，三态门 2、三态门 3 用于读引脚和第二功能数据缓冲的输入；

③ 数据输出驱动电路，由与非门、场效应管 T 和片内上拉电阻组成。

（2）当用作通用输入/输出口时，单片机内部硬件自动将第二功能输出端置 1，这时与非门相当于一个反相器，锁存器的输出可通过与非门反相后送至场效应管，再输出到引脚。

若 CPU 输出 1，则 Q=1，场效应管 VT 截止，P3.X 引脚的输出为 1；若 CPU 输出 0，则 Q=0，场效应管 T 导通，P3.X 引脚的输出为 0。

当读引脚输入时，也需要先对锁存器写 1，使场效应管 T 截止，传至引脚上的信息通过缓冲器三态门 3 和三态门 2 进入内部总线。

当实现读锁存器输入时，锁存器 Q 端的信息通过缓冲器三态门 1 进入内部总线。

（3）在作为第二功能使用时，单片机内部硬件自动将锁存器的 Q 端置 1，打开与非门。

① 输出时，第二功能输出端的信息通过与非门和场效应管 T 送到引脚。若第二功能输出端输出为 1，Q=1，与非门的输出为 0，场效应管 T 截止，P3.X 引脚的输出为 1；若第二功能输出端输出为 0，Q=1，与非门的输出为 1，场效应管 T 导通，P3.X 引脚的输出为 0。

② 输入时，第二功能输出端与 Q 端均为高电平 1，场效应管 T 截止，P3.X 引脚的第二功能信号通过缓冲器三态门 3 送到第二功能输入端。

P3 口第二功能的信号是单片机的主要控制信号，在实际使用时，总是按需要优先选用它的第二功能，剩下不用的才作为输入/输出口线使用。

（4）P3 口的特点如下。

① P3 口内部有上拉电阻，不存在高阻态，是一个准双向口。

② P3 口作为第二功能的输出/输入或作为通用输入时，均需将相应的锁存器置 1。实际应用中，由于复位后 P3 口锁存器自动置 1，已满足第二功能运作条件，所以可以直接进行第二功能操作。

③ P3 口的某位不作为第二功能使用时，则自动处于通用输出/输入口的功能，可作为通用输出/输入端口使用。

④ 作为通用输出/输入端口使用时，输入信号取自缓冲器三态门 2 的输出端；作为第二功能使用时，输入信号取自缓冲器三态门 3 的输出端。

⑤ 能驱动 4 个 TTL 负载。

6.1.3 并行口应用举例

例 6.1 利用单片机的 P1.4～P1.7 接 4 个发光二极管，P1.0～P1.3 接 4 个开关，要求当开关动作时，对应（低位对低位）的发光二极管亮或灭，请编程实现。

解：要求对应的发光二极管亮或灭，只需把 P1 口的内容读入后，把高低四位互换，通过 P1 口输出即可。

汇编参考程序：

```
        ORG     1000H
LOOP:   MOV     P1,#0FH             ;设定 P1 口低四位为输入状态
        MOV     A,P1
        SWAP    A
        MOV     P1,A
        SJMP    LOOP
        END
```

C51 参考程序：

```
#include <reg51.h>
#include <stdio.h>
void  main  (void)
{   for(;;)
    {   P1=0x0F;                    //设定 P1 口低四位为输入状态
        P1=P1<<4;                   //左移 4 位后再从 P1.4～P1.7 引脚输出
    }
}
```

例 6.2 根据图 6.2 所示电路，设计闪烁亮灯程序，要求 8 支发光二极管闪烁点亮，点亮时间为 200ms，f_{osc}=6MHz。

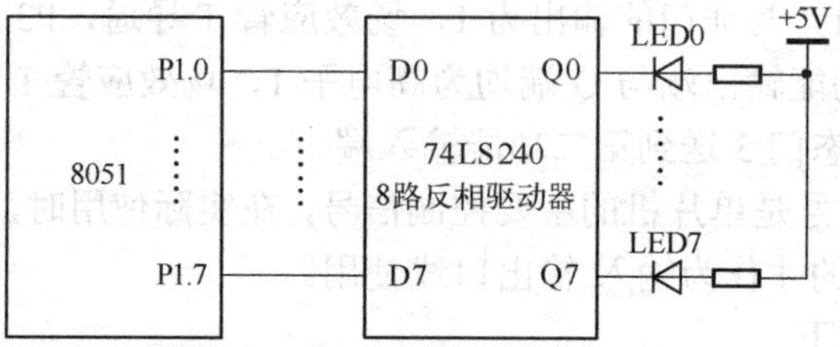

图 6.2 LED 闪烁电路

解：根据硬件电路图可知当 P1.x 输出高电平时，LED 灯亮。

汇编参考程序：

```
LOOP:   MOV     A,#00H
        MOV     P1,A
        LCALL   DELAY
        MOV     P1,#0FFH
        LCALL   DELAY
        SJMP    LOOP
DELAY:  ……                          ;请读者自编 200ms 延时子程序
        END
```

C51 参考程序：

```
#include < reg52.h >
void delay02s(void)                //延时 0.2s 子程序
{   unsigned char i,j,k;
for(i=20; i>0;i--)
    for (j=20;j>0;j--)
        for (k=250;k>0;k--);
}
void  main (void)
{   while (1)
    {   P1=0;
        delay02s();
        P1=0XFF;
        delay02s();
    }
}
```

6.2　MCS-51 的中断系统

中断技术是现代微机系统的核心技术之一，它是解决 CPU 与外部设备的速度矛盾而提出的。中断机制常用于计算机与外部设备间数据的传送，利用中断机制可较好地实现 CPU 与外部设备之间的同步工作，进行实时处理。与程序查询方式相比，利用中断机制可大大提高 CPU 的工作效率。

计算机的“中断”（Interrupt）就是指由于外部或内部事件改变原来 CPU 正在执行的指令顺序的一种工作机制。单片机的中断系统包括中断源、中断入口地址、中断优先级、中断允许、中断标志、中断响应等。

MCS-51 系列单片机的中断与定时系统简单且实用，其中 51 子系列具有 3 类共 5 个中断源，其中包括 2 个外部中断请求源，2 个定时/计数器中断请求源和 1 个串行口中断请求源。每个中断源都可以选择两个优先级。为了实现对各中断源的控制，MCS-51 还有 4 个用于中断控制的寄存器 IE、IP、TCON 和 SCON 等。当 CPU 支持中断屏蔽指令时，可将一部分或所有的中断关断，只有打开相应的中断控制位后，方可接收相应的中断请求。可通过程序设置中断控制寄存器的允许或屏蔽，设置中断的优先级。52 子系列具有 3 类共 6 个中断源。

6.2.1　MCS-51 中断系统的组成及中断源

1．中断系统的组成

MCS-51 单片机的中断系统由中断源、中断控制电路和中断入口地址电路等部分组成。其结构框图如图 6.3 所示。

从结构框图中可看出，中断系统涉及 4 个寄存器：定时/计数器控制寄存器 TCON、串行口控制寄存器 SCON、中断允许寄存器 IE 和中断优先级寄存器。中断事件与外部输入引脚 $\overline{INT0}$、$\overline{INT1}$、T0、T1、TX、RX 有关。

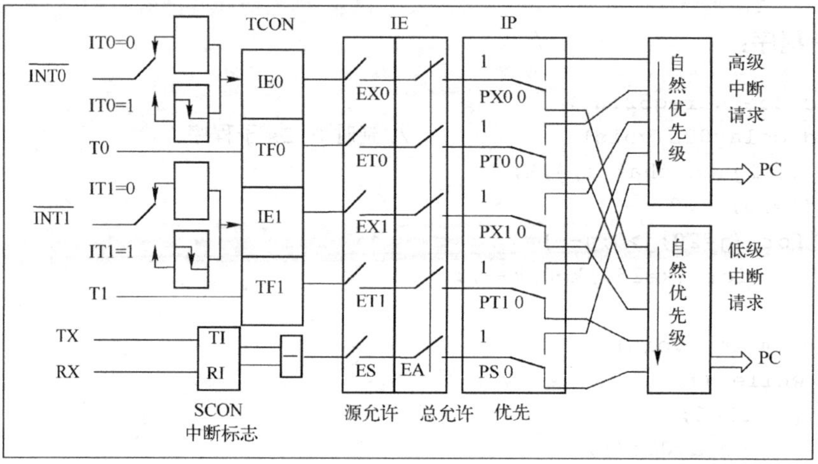

图 6.3　MCS-51 单片机中断系统的结构

2．中断源及中断入口

MCS-51 系列单片机的中断系统结构中含有 5 个中断源，它们是两个外部中断 $\overline{INT0}$（P3.2）、$\overline{INT1}$（P3.3），三个内部中断，其中包括两个片内定时/计数器溢出中断 TF0、TF1 和一个串行口中断请求源 TI/RI。如图 6.3 所示。

- $\overline{INT0}$：外部中断 0 请求，低电平或下降沿有效，引脚为 P3.2。
- $\overline{INT1}$：外部中断 1 请求，低电平或下降沿有效，引脚为 P3.3。
- TF0：定时器/计数器 0 溢出中断请求。
- TF1：定时器/计数器 1 溢出中断请求。
- TI/RI：串行口中断请求。MCS-51 有一个全双工的串行接口，既可作为串行异步通信接口（UART），也可以作为同步移位寄存器方式下的串行扩展接口。当串口完成一帧数据的发送或接收时，便请求中断。

各中断源中断服务程序的入口地址如表 6.2 所示。

表 6.2　中断源中断服务程序入口地址

中断源	中断服务程序入口地址
外部中断 1（$\overline{INT0}$）	0003H
定时器/计数器 T0 中断	000BH
外部中断 1（$\overline{INT1}$）	0013H
定时器/计数器 T1 中断	001BH
串行口中断 TI/RI	0023H

6.2.2　MCS-51 的中断控制

1. 中断请求标志

（1）定时器控制寄存器 TCON 中的中断请求标志位

TCON 寄存器的格式如表 6.3 所示。

表 6.3　TCON 寄存器的格式

TCON	D7	D6	D5	D4	D3	D2	D1	D0
	TF1	TR1	TF0	TR0	IE1	IT1	IE0	IT0
位地址	8FH	8EH	8DH	8CH	8BH	8AH	89H	88H

TCON 被分成两部分，高 4 位用于定时器/计数器的控制，低 4 位用于外部中断的控制。各位含义如下。

- IT0：外部中断 0 的中断触发方式控制位。

当 IT0=0 时，外部中断 0 程控为电平触发方式，低电平触发。CPU 在每一个机器周期 S5P2 期间采样引脚 P3.2 的输入电平。若外部中断 0 请求为低电平，则置 IE0 位为 1；若外部中断 0 请求为高电平，则置 IE0 位为 0。

当 IT0=1 时，外部中断 0 程控为边沿触发方式，下降沿触发。CPU 在每一个机器周期 S5P2 期间采样引脚 P3.2 的输入电平。如果在相继的两个机器周期采样过程中，前一个机器周期采样到 P3.2 引脚为高电平，接着的下一个机器周期采样到 P3.2 引脚为低电平，则置 IE0 位为 1。直至 CPU 响应此中断时，硬件使 IE0 位清零。

该位可以位寻址，可以被应用程序清零或置位。如：

```
SETB    IT0        ; IT0 被置位,设定 INT0 为下降沿触发模式
CLR     IT0        ; IT0 被清零,设定 INT0 为低电平触发模式
```

- IE0：外部中断 0 的中断请求标志位。当 CPU 检测到外部中断引脚 P3.2 上存在有效的中断请求信号时，硬件自动将 IE0 置 1。若触发方式为边沿触发，当 CPU 响应此中断时由硬件自动将 IE0 位清零，若触发方式为电平触发时，当 CPU 响应此中断时需要在中断服务程序中由软件将 IE0 位清零。
- IT1：外部中断 1 的中断触发方式控制位。其含义与 IT0 相同。
- IE1：外部中断 1 的中断请求标志位。其含义与 IE0 相同。
- TF0：定时器/计数器 T0 的溢出中断请求标志位。当启动 T0 计数以后，T0 从初值开始加 1 计数，计数器计到最高位产生溢出时，由硬件自动将 TF0 置 1，并向 CPU 发出中断请求。当 CPU 响应此中断时，由硬件自动将 TF0 位清零。
- TF1：定时器计/数器 T1 的溢出中断请求标志位。其含义与 TF0 相同。

（2）串行口控制寄存器 SCON 的中断请求标志位

串行口控制寄存器 SCON 的格式如表 6.4 所示。

表 6.4　SCON 寄存器的格式

SCON	D7	D6	D5	D4	D3	D2	D1	D0
	SM0	SM1	SM2	REN	TB8	RB8	TI	RI
位地址							99H	98H

表中的 D2～D7 位用于串行口方式设置和串行口发送/接收控制，D1～D0 两位是串口的接收中断和发送中断标志 TI 和 RI，其意义如下：

- TI：串行口发送中断请求标志位。当 CPU 将一个数据写入发送缓冲器 SBUF 时，就启动发送。每发送一帧串行数据后，硬件自动将 TI 置 1。当 CPU 响应此中断时，并不清除 TI，必须在中断服务程序中由软件对 TI 清零。
- RI：串行口接收中断请求标志位。在串行口允许接收时，每接收完一帧串行数据后，由硬件置位 RI。与 TI 位相同，CPU 响应中断时不自动清除 RI，用户必须用软件对 RI 清零。

CPU 响应中断时不自动清除 TI 和 RI，是因为单片机内的串行口是全双工，可能同时产生接收中断请求和发送中断请求，且接收中断请求和发送中断请求对应同一中断源，所以在中断服务程序中需要查询 TI 和 RI，确定是接收中断请求还是发送中断请求或者二者皆有，据此进行串行数据的收、发处理。处理完成后再用软件对 TI 或（和）RI 清零。

定时器控制寄存器 TCON 和串行口控制寄存器 SCON 中与中断有关的位在中断系统中的位置和作用如图 6.1 所示。

2．中断允许控制

在 MCS-51 系列单片机的中断系统中，中断的允许或禁止是由片内可进行位寻址的 8 位中断允许寄存器 IE 来控制的，如表 6.5 所示。

表 6.5　IE 寄存器的格式

IE	D7	D6	D5	D4	D3	D2	D1	D0
	EA	-	-	ES	ET1	EX1	ET0	EX0
位地址	AFH			ACH	ABH	AAH	A9H	A8H

中断允许控制寄存器 IE 对中断源实施开放或屏蔽两级控制。所谓两级控制，是指有一个总的开关中断控制位 EA(或 IE.7)，当 EA=0 时，屏蔽所有的中断申请，即任何中断申请都不接受；当 EA=1 时，CPU 开放中断，但 5 个中断源还要由 IE 低 5 位中的对应控制位的状态进行中断允许控制。

表 6.5 中 D5，D6 两位未用，其余各位意义如下。

- EX0：外部中断 0 的中断允许位。EX0=0，禁止外部中断 0 中断；EX0=1，允许外部中断 0 中断。
- ET0：定时器/计数器 T0 的溢出中断允许位。ET0=0，禁止 T0 中断；ET0=1，允许 T0 中断。
- EXl：外部中断 1 的中断允许位。EX1=0，禁止外部中断 1 中断；EX1=1，允许外部中断 1 中断。
- ETl：定时器/计数器 T1 的溢出中断允许位。ET1=0，禁止 T1 中断；ET1=1，允许 T1 中断。
- ES：串行口中断允许位。ES=0，禁止串行口中断；ES=1，允许串行口中断。
- EA：全局中断控制位。EA=0，屏蔽所有的中断申请；EA=1，CPU 开放中断。对各中断源的中断请求是否允许，还要取决于各中断源的中断允许控制位的状态。

比如允许外部中断 0、1 的中断，禁止其他中断，可设置 IE。

（1）用字节操作指令

汇编参考程序：`MOV IE,#85H` 或 `MOV A8H,#85H`　　C51 参考程序：`IE=0x85;`

（2）用位操作指令

汇编参考程序：

```
SETB    EX0 ;外部中断 0 允许中断
SETB    EX1 ;外部中断 1 允许中断
SETB    EA  ;CPU 开放中断
```

C51 参考程序：

```
EX0=1;
EX1=1;
EA=1;
```

3．中断优先级控制

MCS-51 有两个中断优先级，即高优先级和低优先级，每个中断源都可设置为高或低中断优先级，以便 CPU 对所有的中断实现两级中断嵌套。在响应中断时，CPU 先响应高优先级中断，然后响应低优先级中断。如果有一低优先级的中断正在执行时出现高优先级的中断请求时，CPU 则会暂停正在执行的低优先级中断处理，去响应这个高优先级的中断请求，即高优先级的中断请求可以打断低优先级的中断处理。若 CPU 正在处理一个高优先级的中断时出现低优先级的中断请求，CPU 不会理会这个中断，直到正在执行的中断服务程序执行结束后，才去响应新的中断请求。

中断优先级控制寄存器 IP 是用户对中断优先级控制的寄存器。若 IP 中某位设为 1，相应的中断就设置为高优先级，否则就设置为低优先级。中断优先级控制寄存器的格式如表 6.6 所示。

表 6.6　IP 寄存器的格式

IP	D7	D6	D5	D4	D3	D2	D1	D0
	-	-	-	PS	PT1	PX1	PT0	PX0
位地址				BCH	BBH	BAH	B9H	B8H

IP 寄存器中的有效控制位的含义如下。

- PX0：外部中断 0 的中断优先级控制位，PX0=1，外部中断 0 被定义为高优先级中断；PX0=0，外部中断 0 被定义为低优先级中断。
- PT0：定时器/计数器 T0 的中断优先级控制位，PT0=1，定时器/计数器 T0 被定义为高优先级中断；PT0=0，定时器/计数器 T0 被定义为低优先级中断。
- PXl：外部中断 1 的中断优先级控制位，其作用同 PX0。
- PTl：定时器/计数器 T1 的中断优先级控制位，其作用同 PT0。
- PS：串行口中断优先级控制位。PS=1，串行口中断被定义为高优先级中断；PS=0，串行口中断被定义为低优先级中断。

当多个同优先级的中断源同时产生中断请求时，MCS-51 内部中断系统对各中断源的中断优先级有一个统一的查询顺序，称为自然优先级或缺省优先级，缺省优先级如表 6.7 所示。

表 6.7　MCS-51 内部各中断源中断优先级的顺序

中断源	中断标志	缺省优先级
外部中断 0	IE0	最高 ↓ 最低
定时器/计数器 T0	TF0	
外部中断 1	IE1	
定时器/计数器 T1	TF1	
串行口中断	TI,RI	

CPU 在中断优先级 IP 寄存器的配合下，可实现如下控制功能。

（1）按内部查询顺序排队

因为单片机系统中有多个中断源，时常会出现数个同优先级的中断源同时提出中断请求的情况。这时 CPU 则依据表 6.7 的查询顺序给予响应。

（2）实现中断嵌套

若 CPU 正在响应一个中断请求时，又出现了一个优先级比它高的中断请求，则 CPU 中止正在处理的中断服务程序，保护当前断点，转去响应优先级更高的中断请求，并为其服务。待服务结束后，再继续执行原来被中止的优先级较低的中断服务程序。这种处理中断的过程称为中断嵌套，此中断系统称为多级中断系统。中断嵌套的流程如图 6.4 所示。

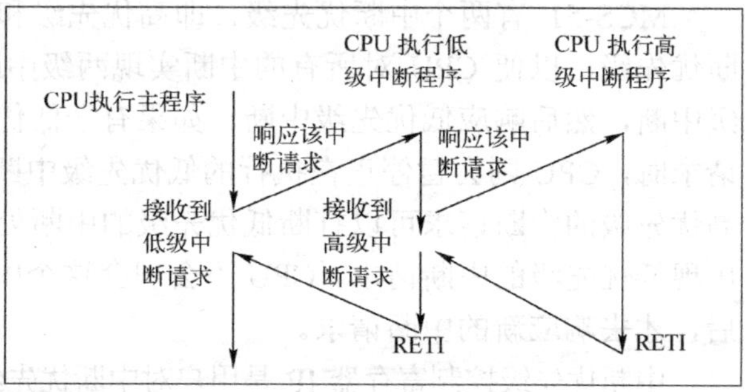

图 6.4　中断嵌套的流程

例 6.3　试根据要求设置 IP 寄存器。设 MCS-51 的片外中断为高优先级（INT0、INT1），片内中断为低优先级（T0、T1、串行口）。

解：① 用字节操作指令。

```
MOV  IP,#05H
MOV  0B8H,#05H
```

② 用位操作指令。

```
SETB    PX0 ;置外部中断 0 为高优先级
SETB    PX1 ;置外部中断 1 为高优先级
CLR     PT0 ;置 T0 的溢出中断为低优先级
CLR     PT1 ;置 T1 的溢出中断为低优先级
CLR     PS  ;置串行口的中断为低优先级
```

在 51 系列单片机中，5 个中断源发起中断请求以后，中断允许控制寄存器 IE 的相应位的设置情况决定着是否接受这些中断请求，在接受的情况下 CPU 结合中断优先级控制寄存器 IP 的设置情况和缺省优先级做出相应的处理，也就是中断响应。

6.2.3　MCS-51 的中断响应过程

中断处理过程分为四个阶段：中断请求、中断响应、中断服务、中断返回。MCS-51 系列单片机的中断处理流程如图 6.5 所示。

1．中断响应

（1）中断请求信号的检测

8051 中断请求信号是由中断请求标志、中断允许标志和中断优先级标志经逻辑运算而得到的。其中中断请求标志是分别由五个中断源提出中断请求而使中断请求标志置位。中断允许标志则由中断允许寄存器 IE 实行两级控制，可通过指令设置。中断优先级标志则由中断优先级寄存器 IP 加以控制，也是通过指令设置。

CPU 工作时，在每个机器周期中都会去查询中断请求信号，比如外部中断 0 为电平触发时，CPU 在每一个机器周期 S5P2 期间采样引脚 P3.2 的输入电平。若 P3.2 为低电平，则置位外部中断 0 的中断请求标志 IE0。

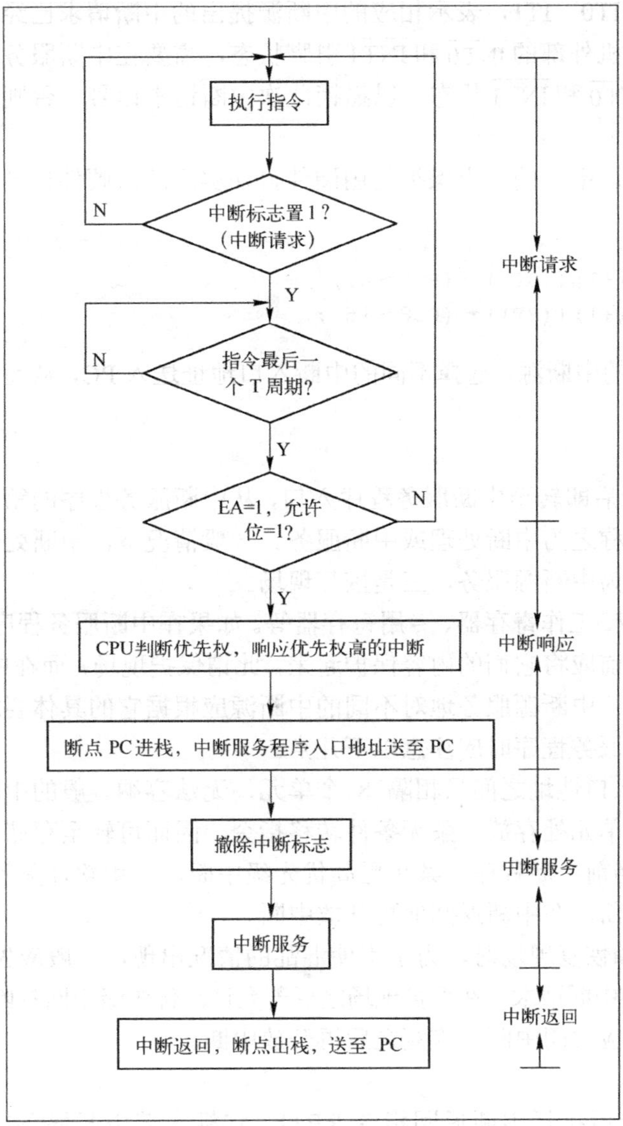

图 6.5　中断处理流程图

（2）中断请求的响应条件

8051 的 CPU 在每个机器周期的 S5P2 期间，顺序采样每个中断源是否有中断请求，在下一个机器周期 S6 期间按优先级顺序查询中断请求标志，如查询到某个中断标志为 1，此时还必须满足下列条件，才能在下一个机器周期的 S1 期间按优先级进行中断处理。

① 无同级或更高级的中断在服务。

② 现行的机器周期是指令的最后一个机器周期。

③ 当前正执行的指令不是中断返回指令（RETI）或访问 IP、IE 寄存器等与中断有关的指令。

（3）中断响应的过程

CPU 一旦响应中断后，首先要设置标志。由硬件自动设置与中断有关的标志。如置位一个与中断优先级有关的内部触发器，以禁止同级或低级的中断嵌套。另外还会复位有关中断标志，如 IE0、IE1、IT0、IT1，表示相应的中断源提出的中断请求已经响应，可以撤销相应的中断请求。但单片机外部的 $\overline{\text{INT0}}$ 和 $\overline{\text{INT1}}$ 引脚状态，需要在中断服务程序中，通过指令控制接口电路来改变 $\overline{\text{INT0}}$ 和 $\overline{\text{INT1}}$ 状态，以撤销此次中断请求信号。否则，中断返回后，将会再次进入中断。

其次要保护断点。中断的断点保护是由硬件自动实现的。硬件把当前 PC 寄存器的内容压入堆栈：

```
(SP) ←(SP)+1;((SP))←(PC7～0);
(SP) ←(SP)+1;((SP))←(PC8～15);
```

最后，根据不同的中断源，选择不同的中断入口地址送入 PC，从而转入相应的中断服务程序。

2. 中断处理

CPU 在响应中断后即转至中断服务程序入口，从中断服务程序的第一条指令开始到返回指令为止，这个过程称之为中断处理或中断服务。一般情况下，中断处理包括三部分内容：一是保护现场，二是为中断源服务，三是恢复现场。

现场通常有 PSW、工作寄存器、专用寄存器等。如果在中断服务程序中要用这些寄存器，则在进入中断服务之前应将它们的内容保护起来，此谓保护现场，而在中断结束，执行 RETI 指令之前应恢复现场。中断源服务地对不同的中断源应根据它的具体要求进行中断服务。

用户在编写中断服务程序时应注意以下几点。

① 各中断源的入口地址之间只相隔 8 个单元，无法容纳一般的中断服务程序。通常是在中断入口矢量地址单元处存放一条无条件转移指令，因而可转至存储器任意空间中去。

② 若要在执行当前中断程序时禁止更高优先级中断，可用软件关闭 CPU 的中断，或屏蔽更高级中断源的中断，在中断返回前再开放中断。

③ 在保护现场和恢复现场时，为了不使混乱的情况出现，一般应先关闭 CPU 的中断，使 CPU 暂不响应新的中断请求。在保护现场之后若允许高优先级中断打断它，则应开放中断。同样在恢复现场之前应关闭中断，恢复之后再开放中断。

3. 中断返回

中断服务程序最后执行中断返回指令 RETI，它标志着中断服务的结束。恢复断点操作如下：

```
(PC8～15) ← ((SP)) ; (SP) ← (SP) -1;
(PC7～0) ← ((SP)) ; (SP) ← (SP) -1;
```

除此以外，RETI 指令还会复位内部与中断优先级有关的触发器，表示 CPU 已脱离一个相应优先级的中断响应状态。

4. 中断请求的撤除

MCS-51 的 5 个中断源分为三种类型，即外部中断、定时器/计数器溢出中断和串行口中断。这三种类型的中断请求撤除的方法是不同的，现分别介绍如下。

（1）外部中断请求信号的撤除

外部中断请求有两种触发方式：电平触发和下降沿触发。对于这两种不同的触发方式，其中断请求撤除的方法是不同的。

在下降沿触发方式下，外部中断标志位 IE0 或 IE1 是依靠 CPU 两次检测 $\overline{\text{INT0}}$ 或 $\overline{\text{INT1}}$ 上的电平状态而置位的。CPU 在响应中断时，由硬件自动复位 IE0 或 IE1，用户不需负责它们的撤除。

在电平触发方式下，外部中断标志位 IE0 或 IE1 是依靠 CPU 检测 $\overline{\text{INT0}}$ 或 $\overline{\text{INT1}}$ 上的低电平而置位的。尽管 CPU 在响应中断时能由硬件自动复位 IE0 或 IE1，但若外部中断源不能及时撤除它在 $\overline{\text{INT0}}$ 或 $\overline{\text{INT1}}$ 上的低电平，就会使已经复位的 IE0 或 IE1 再次置位，这是绝对不允许的。因此，电平触发型外部中断请求标志的撤除必须使 $\overline{\text{INT0}}$ 或 $\overline{\text{INT1}}$ 上的低电平随着其中断被响应而变为高电平。一种可供采用的电平触发型外部中断请求撤除的电路如图 6.6 所示。

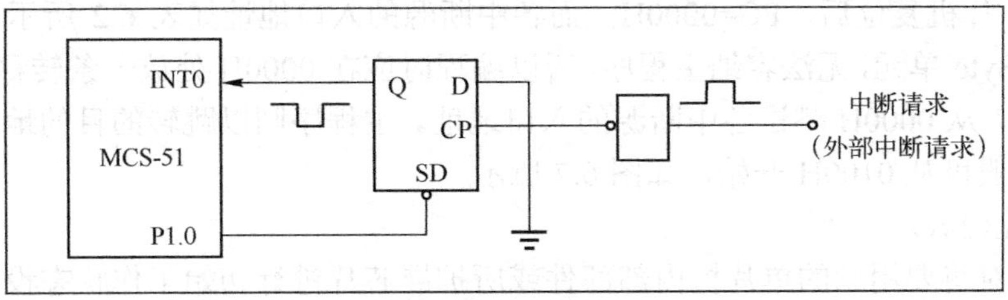

图 6.6　电平触发型外部中断请求撤除的电路

图 6.6 中，D 锁存器的作用是锁存外部中断请求的低电平信号，并由 Q 端输出至 $\overline{\text{INT0}}$ 或 $\overline{\text{INT1}}$ 端，供 CPU 检测。D 触发器的异步置 1 端接 MCS-51 的一条 I/O 口线(如 P1.0)，此口线平时为“1”，对 D 触发器的输出状态无影响，此口线平时为“0”，D 触发器的 Q 端将变为高电平。因此，当中断响应后，只要在 P1.0 口输出一个负脉冲，使触发器置 1，便可撤除低电平的中断请求。负脉冲信号可以在中断服务程序中用如下指令来实现。

```
CLR     P1.0
SETB    P1.0
```

（2）定时器/计数器溢出中断请求的撤除

定时器/计数器溢出中断请求的标志位 TF0 和 TF1 因定时器/计数器溢出而置位，在定时器/计数器溢出中断得到响应时，由硬件自动复位成“0”状态，用户不需负责它们的撤除。

（3）串行口中断请求的撤除

串行口中断请求的标志位 TI 和 RI 不能由硬件自动复位。这是因为 MCS-51 进入串行口中断服务程序后需要对它们进行检测，以判断串行口产生的是接收中断还是发送中断或者二者皆有。因此，为了防止 CPU 再次重复响应这类中断，用户需要在中断服务程序的适当位置通过如下指令将它们撤除：

```
CLR     TI              ;撤除发送中断请求标志
CLR     RI              ;撤除接收中断请求标志
```

或采用字节型指令：ANL　SCON,#0FCH。

6.2.4　MCS-51 的中断程序设计

用户对中断的控制和管理，实际上是对 4 个与中断有关的寄存器 IE、TCON、IP、SCON 进行控制或管理。这几个寄存器在单片机复位时是清零的，因此必须根据需要对这几个寄存器的有关位进行预置。在中断程序的编制中应注意：

① 开中断总控开关 EA，置位中断源的中断允许位；

② 对于外部中断 INT0、INT1，应选择中断触发方式是低电平触发，还是下降沿触发；

③ 对于多个中断源中断，应预置 IP 设定中断优先级。

1. 怎样编写中断服务程序

中断程序的结构及内容与 CPU 对中断的处理过程密不可分，它通常分为两大部分，即主程序和中断服务程序。

（1）主程序

① 设置主程序起始地址。

51 系列单片机复位后，PC=0000H，而各中断源的入口地址如表 6.2 所示。因 0000H～0002H 只有 3Byte 单元，无法容纳主程序，所以编程时应在 0000H 处放一条转移指令，使 CPU 在执行程序时，从 0000H 跳过各中断源的入口地址。主程序则以跳转的目的地址为起始地址开始存放，一般可从 0100H 开始，如图 6.7 所示。

② 初始化内容。

初始化是对将要用到的单片机内部部件或所扩展芯片进行初始工作状态设置。当 51 系列单片机复位后，中断控制寄存器 IE 和中断优先级寄存器 IP 的内容均为 00H，所以应对 IE、IP 进行初始化编程，以开放中断，即允许某些中断源中断和设置中断优先级等。

（2）中断服务程序

① 中断服务程序的起始地址。

当 CPU 接收到中断请求信号并给予响应后，CPU 把断点处的 PC 内容压入栈中保存，之后转入相应的中断服务程序入口处执行。MCS-51 单片机的中断系统内 5 个中断源的入口地址彼此相距很近，仅为 8Byte，如果中断服务程序很短，且少于 8Byte，则可从系统规定的中断服务程序入口地址开始，直接编写中断服务程序。通常中断服务程序的长度是远远大于 8Byte 的，那么应采取与主程序相同的方法，只在对应的入口地址处写入一条转移指令，并以转移指令的目的地址为中断服务程序的起始地址进行程序编写。该目的地址不应落在主程序存储空间中，如图 6.8 所示。

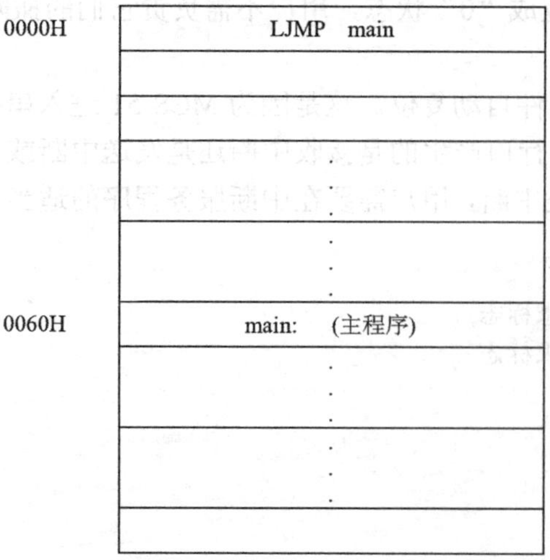

图 6.7 主程序在程序存储器中的安排

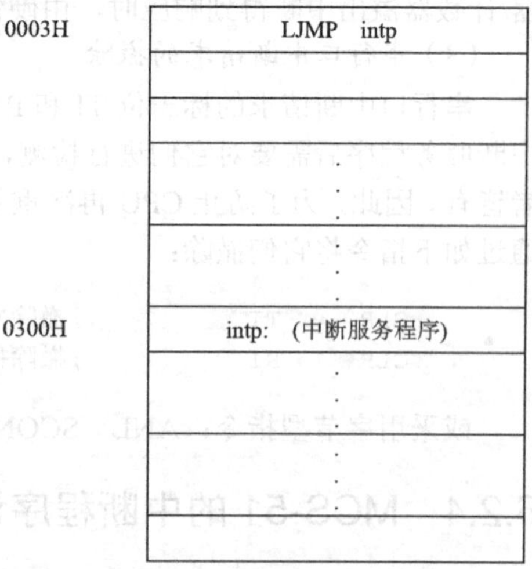

图 6.8 中断服务程序在程序存储器中的安排

② 中断服务程序编制中的注意事项。

首先，需要进行现场保护；其次，要及时清除那些不能被硬件自动清除的中断请求标志位，以避免产生错误的中断；最后，在中断服务程序中，PUSH 指令与 POP 指令必须成对使用，否则不能正确地返回断点处。

2．中断服务程序举例

例 6.4　某工业监控系统，具有温度、压力、PH 值等多路监控功能，中断源的连接如图 6.9 所示。当 PH<7 时向 CPU 申请中断，CPU 响应中断后使 P1.7 引脚输出高电平，使加碱管道电磁阀接通 1 秒钟，以调整 PH 值。

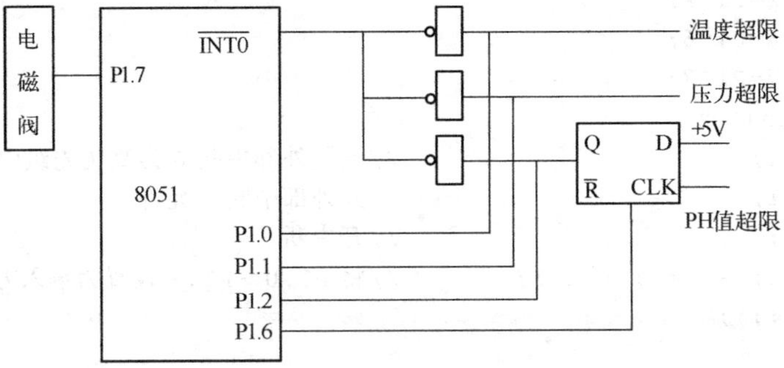

图 6.9　某工业监控系统示意图

解：系统监控通过外中断 INT0 来实现，多个中断源通过“线与”接于 INT0 上。无论哪个中断源提出请求，系统都会响应中断，进入中断服务程序，在中断服务程序中通过对 P1 口线的逐一检测来确定哪一个中断源提出了中断请求，进一步转到对应的中断服务程序入口位置执行对应的处理程序。这里只针对 PH<7 时的中断构造了相应的中断服务程序 INT02。

汇编参考程序：

```
          ORG     0000H
          LJMP    START
          ORG     0003H              ;外部中断 0 中断服务程序入口
          JB      P1.0,INT00         ;查询中断源,转向对应的中断服务子程序
          JB      P1.1,INT01
          JB      P1.2,INT02
          ORG     0030H
START:    MOV     P1,#0FFH           ;设定 P1 口为输入状态
          SETB    EA
          SETB    EX0
          CLR     IT0                ;设置外中断 0 为电平触发方式
          SJMP    $
          ORG     0080H              ;PH 值超限中断服务程序
INT02:    PUSH    PSW                ;保护现场
          SETB    PSW.3              ;工作寄存器设置为 1 组,以保护原 0 组的内容
          SETB    P1.7               ;接通加碱管道电磁阀
          ACALL   DELAY              ;调用延时 1s 子程序
          CLR     P1.7               ;1s 钟到关加碱管道电磁阀
```

```
        CLR     P1.6
        SETB    P1.6                    ;这两条用来撤除 PH<7 的中断请求
        POP     PSW
        CLR     IEO
        RETI
        END
```

C 语言参考程序：

```
#include  <reg51.h>
sbit  P10=P1^0;
sbit  P11=P1^1;
sbit  P12=P1^2;
sbit  P16=P1^6;
sbit  P17=P1^7;
void main()
{   PX0=1;                          //设置外部中断 0 为高优先级中断
    EX0=1;                          //开外部中断 0 允许
    EA=1;                           //开中断
    P10=1; P11=1; P12=1;            //将 P1.0～P1.2 设置为输入方式
    for(;;);
}
void  int0( )  interrupt  0  using 1
{
    void  int00();
    void  int01();
    void  int02();
    if (P10==1)           {int00( );}
    else  if  (P11==1)    {int01( );}
    else  if  (P12==1)    {int02( );}
}
void  int02()
{
    unsigned  char  i;
    P17=1;                          //接通加碱管道电磁阀
    for (i=0;i<255;i++) ;
    P17=0;                          //关加碱管道电磁阀
    P16=0;P16=1;                    //撤除 PH<7 的中断请求
}
```

6.3 MCS-51 单片机的定时/计数器

6.3.1 定时/计数器的功能概述

在工业检测、控制系统及智能仪器等应用中，经常需要用到外部时钟，以实现定时或者延时控制。也经常需要用到外部计数器，以实现对外部事件的计数。为满足这方面的需要，几乎所有的单片机系统都集成了定时/计数器。MCS-51 单片机提供了两个 16 位的定时/计数器，即 T0 和 T1，它们均可作定时器或计数器使用，为单片机提供计数或定时功能。

对于定时/计数器来说，不管是独立的定时器芯片还是单片机内集成的定时器，一般都具有以下共性。

（1）定时/计数器有多种工作模式，可以是定时模式，也可以是计数模式。

（2）定时/计数器的计数值是可变的，但计数的最大值是有限的，取决于计数器的位数。计数器的最大长度限定了定时器的最大值。

（3）当到达设定的定时或计数值时能发出中断请求，以便实现定时控制。

MCS-51 单片机中的定时/计数器有两种工作模式，即计数器工作模式和定时器工作模式。当工作在计数模式时，计数器记录的是外界发生的事件，当工作在定时模式时，定时器由单片机内部提供的一个非常稳定的时钟源进行定时。这两种工作模式并没有本质的区别，只是计数脉冲的来源不同而已。

（1）计数器工作模式

当计数源来自单片机 I/O 引脚的外部信号时，称为计数模式。计数功能是对外来脉冲进行计数。MCS-51 单片机芯片有 T0（P3.4）和 T1（P3.5）两个输入引脚，分别是这两个计数器的计数输入端。每当计数器的计数输入引脚的脉冲发生负跳变时，计数器加 1。

（2）定时器工作模式

当计数源来自相对稳定的系统时钟信号时称为定时模式。这个计数源是由单片机的晶振经过 12 分频以后获得的一个脉冲信号，其周期就是机器周期。设单片机的晶振是 12MHz，则它提供给计数器的脉冲信号的周期是 1μs。定时器计数脉冲的时间间隔与晶振有关。

MCS-51 单片机的定时/计数器有 4 种工作方式，即方式 0、方式 1、方式 2、方式 3，其控制字均在相应的特殊功能寄存器中，通过对它的特殊功能寄存器的编程，用户可以方便地选择定时/计数器的 2 种工作模式和 4 种工作方式（如是定时还是计数；硬件启动还是软件启动；计数长度，即作为 16 位计数器使用还是作为 8 位计数器使用；溢出后是重装初值还是从 0 开始计数等）。

在了解了 MCS-51 单片机内定时/计数器的基本功能后，下面具体介绍 MCS-51 单片机内定时/计数器的结构、功能、工作方式、初始化，有关的特殊功能寄存器、状态字、控制字的含义，以及工作模式和工作方式的选择等。

6.3.2 定时/计数器的结构、控制及工作方式

MCS-51 单片机内两个 16 位的可编程定时/计数器 T0、T1，均是二进制加法计数，当计数器计满溢出时能自动产生溢出中断请求，表示设定时间已到或者计数已满。两个定时/计数器是可编程的，即可通过编程设定其作为定时器用还是作为计数器用。每种模式下的工作方式也由程序设定，其控制字和状态字均在相应的特殊功能寄存器中，通过对特殊功能寄存器的编程，就可方便地选择适当的工作方式。此外，定时模式下的定时时间和计数模式下的计数值都可通过编程实现。

1. 定时/计数器内部结构

MCS-51 单片机内定时/计数器 T0、T1 的结构如图 6.10 所示。

由图 6.10 可知，MCS-51 单片机定时/计数器由定时器 T0、定时器 T1、定时器方式控制寄存器 TMOD 和定时器控制寄存器 TCON 组成。

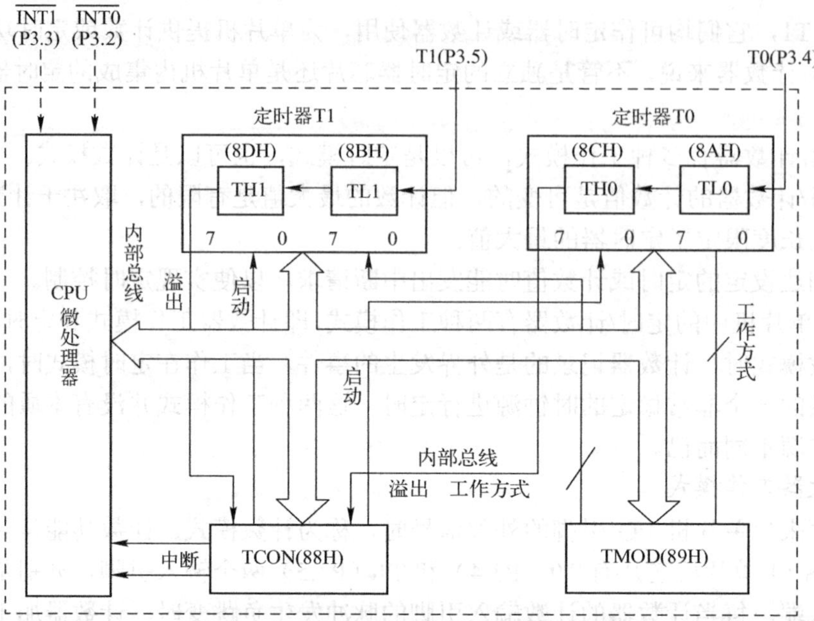

图 6.10 定时/计数器 T0、T1 的逻辑结构图

定时/计数器的核心是 16 位的加法计数器，由两个 8 位的特殊功能寄存器 TH0/TH1（高 8 位）和 TL0/TL1（低 8 位）构成。TH0 和 TL0 的访问地址分别为 8CH、8AH，TH1 和 TL1 的访问地址分别为 8DH 和 8BH，每个寄存器可单独访问。在 MCS-51 单片机中与定时/计数器 T0、T1 有关的寄存器为 TMOD 和 TCON。其中，工作方式控制寄存器 TMOD 用于设定定时/计数器 T0、T1 的工作模式、工作方式及启动与外中断是否有关，控制寄存器 TCON 用于控制定时/计数器 T0、T1 的启动与停止，同时管理定时器的溢出标志。

TMOD 和 TCON 与定时器 T0、定时器 T1 通过内部总线及逻辑电路连接。

当设置了定时器的工作方式并启动定时器工作后，定时器将按照设定的工作方式独立工作，不再占用 CPU 的操作时间，只有在计数器计满溢出时才可能中断 CPU 当前的操作。

2. 定时/计数器控制

在启动定时/计数器工作之前，CPU 必须将一些命令（称为控制字）写入定时/计数器中，这个过程称为定时/计数器的初始化。定时/计数器的初始化通过写定时/计数器的方式寄存器 TMOD 和控制寄存器 TCON 完成。

（1）工作方式控制寄存器 TMOD

TMOD 的功能是用于控制定时/计数器 T0、T1 的工作模式和工作方式。TMOD 寄存器不能位寻址，只能用字节传送指令设置其内容，字节地址为 89H，其格式及每位的含义如图 6.11 所示。

TMOD：字节地址89H

GATE	$C/\overline{T}$	M1	M0	GATE	$C/\overline{T}$	M1	M0
启动方式	定时/计数	工作方式		启动方式	定时/计数	工作方式	
定时器T1工作方式字段				定时器T0工作方式字段			

图 6.11 TMOD 寄存器格式及各位含义

由图可知，TMOD 的低 4 位(D3～D0)控制定时/计数器 T0，而高 4 位（D7～D4）则控制定时/计数器 T1。

M1M0 是工作方式选择位，定时/计数器一共有 4 种工作方式，如表 6.8 所示。

表 6.8　定时/计数器工作方式

M1M0	工作方式	方式说明
00	方式 0	13 位定时/计数器，此种方式由于装入初值容易出错，故不推荐使用
01	方式 1	16 位定时/计数器
10	方式 2	具有自动重装初值功能的 8 位定时/计数器
11	方式 3	定时/计数器 T0 可以工作在这一方式，相当于两个 8 位的定时/计数器。但 T0 工作于方式 3 时，占用了定时/计数器 T1 的部分资源，限制了 T1 的使用范围（此时 T1 可作为串行口发送/接收波特率发生器）

$C/\overline{T}$ 是定时/计数器模式选择位。当 $C/\overline{T}=0$ 时，计数脉冲来自 CPU 内，计数脉冲频率是系统时钟信号频率的 12 分频，为定时模式；当 $C/\overline{T}=1$ 时，计数脉冲来自 P3.4 或 P3.5 引脚，为计数模式。定时/计数器到底作为哪一种功能用，可由用户根据需要通过编程自行设定。

GATE 是启动方式控制位，用于控制定时/计数器的启动是否受外部中断请求信号的影响，如果 GATE=1，则定时/计数器 T0 的启动由 TCON 中 TR0 位和芯片引脚 $\overline{INT0}$ (P3.2)共同控制，定时/计数器 T1 的启动由 TCON 中 TR1 位和引脚 $\overline{INT1}$ (P3.3)共同控制；如果 GATE=0，则定时/计数器的启动与引脚 $\overline{INT0}$、$\overline{INT1}$ 无关，只受 TCON 中 TR 位控制。

（2）定时器控制寄存器 TCON

TCON 高四位的功能是控制定时/计数器 T0、T1 的启动与停止，以及管理定时器的溢出标志，低四位是与外中断有关的控制位。该寄存器的格式及各位含义如图 6.12 所示。

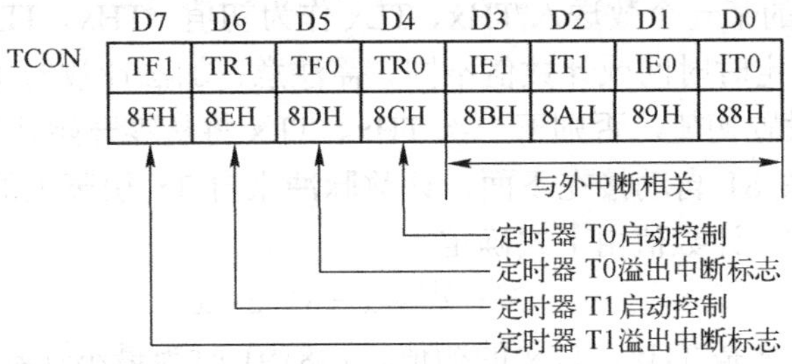

图 6.12　TCON 寄存格式及各位含义

TCON 的低 4 位（D3～D0）用于外部中断的控制（已在中断控制中讲过），高 4 位（D7～D4）用于定时/计数器的中断控制。

TR0 和 TR1：TR0 为定时/计数器 T0 的启动/停止控制位，其状态可通过软件设定。若 TR0=1，则定时/计数器 T0 启动立即开始计数；若 TR0=0，则定时/计数器 T0 停止计数。例如，可用指令 SETB TR0 置位 TR0 以启动定时/计数器 T0 运行；用指令 CLR TR0 复位指令关闭定时/计数器 T0 的工作。TR1 为定时/计数器 T1 的启动/停止控制位，其功能同 TR0。

TF0 和 TF1：TF0 为定时/计数器 T0 的溢出中断标志位。当 T0 计数溢出（由全“1”变为全“0”）时，TF0 置 1，并在允许中断的情况下，向 CPU 发出中断请求信号，当 CPU 响应中断并转向中断服务程序时，TF0 被硬件自动复位（TF0=0）。TF1 为定时/计数器 T1 的溢出中断标志位，其功能同 TF0。

3. 定时/计数器的工作方式

MCS-51 单片机的定时/计数器有 4 种工作方式，即方式 0、方式 1、方式 2、方式 3，主要用于定时和计数。只有定时/计数器 T0 才能工作在方式 3，通常在 T1 作为串行异步通信口的波特率发生器时才使定时/计数器 T0 工作在方式 3。需注意的是，初始化时如果将定时/计数器 T1 置为方式 3，则 T1 将停止工作。

（1）工作方式 0——13 位定时/计数器

当 M1M0 初始化为 00（M1M0=00）时，定时/计数器设定为工作方式 0，其计数单元由 TLx 中的低 5 位和 THx 中的 8 位共 13 位构成，即 13 位定时/计数器。其逻辑结构如图 6.13 所示（图中 x 为 0 或 1，分别代表 T0 或 T1 的有关信号）。

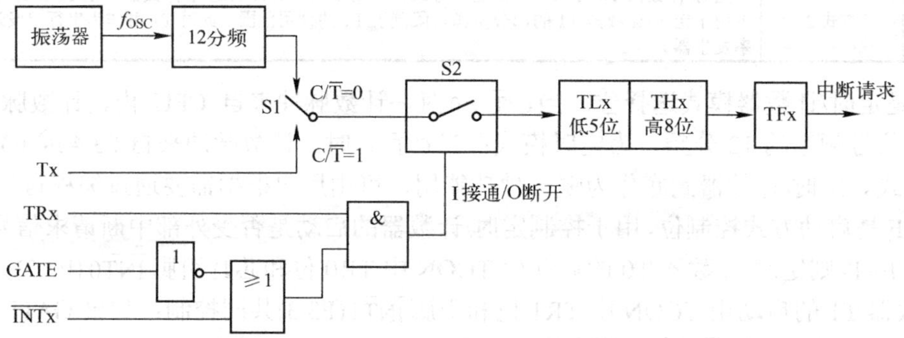

图 6.13　定时/计数器工作于方式 0 的结构

THx 是高 8 位加法计数器，TLx 是低 8 位加法计数器，TLx 的高 3 位未用。TLx 加法计数器低 5 位溢出时向 THx 进位，THx 加法计数器溢出时使 TFx=1，最大计数值为 2^{13}。可用程序将 0～8191(2^{13}–1)的某一个数送入 THx、TLx 作为初值。THx、TLx 从初值开始计数，直到溢出。故初值不同，定时时间或计数值不同。需注意：加法计数器 THx 溢出后，必须用程序对 THx、TLx 重新设置初值，否则下一次 THx、TLx 将从零开始计数。

当 $C/\overline{T}=1$ 时，开关 S1 自动接在下面，计数脉冲来自 Tx 引脚上的外部脉冲计数，定时/计数器工作在计数模式。计数值由下式确定

$$N = 2^{13} - x = 8192 - x$$

式中 N 为计数值，x 是 THx、TLx 的初值。x=8191 时为最小计数值 1，x=0 时为最大计数值 8192，即计数范围为 1～8192。

当 $C/\overline{T}=0$ 时，开关 S1 自动接在上面，计数脉冲来自主频信号的 12 分频信号，定时/计数器工作在定时模式，加法计数器对机器周期脉冲 T_{cy} 计数，每个机器周期 TLx 加 1。定时时间由下式确定

$$T = N \times T_{cy} = (8192 - x) \times T_{cy}$$

式中 T_{cy} 为单片机的机器周期，x 是 THx、TLx 的初值。如果振荡频率是 12MHz，则 T_{cy}=1μs，定时范围为 1～8192μs。

定时/计数器的启动与停止由 TRx 控制。当 GATE=0 时，只需用软件置 TRx=1，开关 S2 闭合，定时/计数器开始工作；当置 TRx=0，S2 断开，定时/计数器停止工作。GATE=1 为硬件启动方式。此时，仅当 TRx=1 且 $\overline{INT_X}$ 引脚上出现高电平（即无外部中断请求信号），S2 才闭合，定时/计数器开始工作。如果 $\overline{INT_X}$ 引脚上出现低电平（即有外部中断请求信号），则定时/计数器停止工作。所以，在硬件启动方式下，定时/计数器的启动受到外部中断请求的

影响，可用来测量 $\overline{\text{INT}_\text{X}}$ 引脚上出现的正脉冲宽度。

（2）工作方式 1——16 位定时/计数器

当 M1M0=01 时，定时/计数器设定为工作方式 1，计数单元由 TL_x 中的 8 位和 TH_x 中的 8 位共 16 构成，即 16 位定时/计数器，即计数长度为 16 位，其结构如图 6.14 所示。此时，除了 THx、TLx 都是 8 位加法计数器外，其他与工作方式 0 相同。

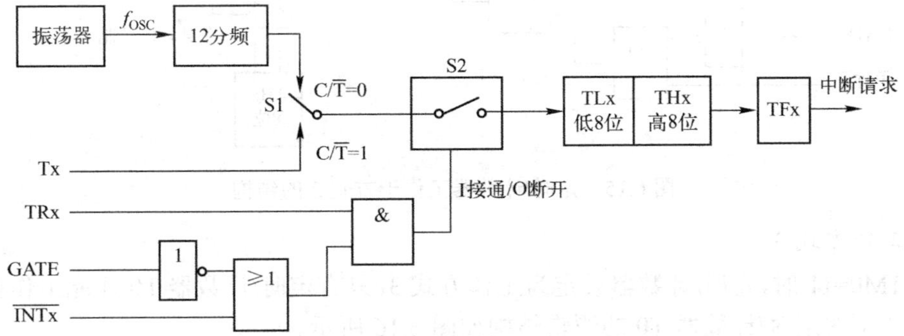

图 6.14　定时/计数器工作于方式 1 的结构

在工作方式 1 下，计数器的计数值由下式确定

$$N = 2^{16} - x = 65536 - x$$

计数范围为 1～65536。

定时器的定时时间由下式确定

$$T = N \times T_{cy} = (65536 - x) \times T_{cy}$$

如果振荡频率是 12MHz，则 T_{cy}=1μs，定时范围为 1～65536μs。

（3）工作方式 2——自动重装初值功能的 8 位定时/计数器

当 M1M0=10 时，定时/计数器设定为工作方式 2，计数单元为 TL_x，TH_x 用于暂存计数初值，构成具有自动重装初值功能的 8 位定时/计数器，其逻辑结构如图 6.15 所示。使用方式 2 时，通常在对 TL_x、TH_x 初始化时装入相同的定时/计数器初值，以便以相同的初值进行连续定时或计数。

方式 2 的定时/计数过程与方式 0 基本相同，只是当 TLx 计数溢出时，不仅置位 TFx，而且发出重装载信号，使图 6.15 中的三态门打开，将暂存在 THx 中的初值自动装入 TLx，使其重新从初值开始计数。重装初值后，THx 的内容保持不变。如此反复，省去了每次溢出后都需给计数器重新赋值的麻烦，而且计数准确度也提高了。

在工作方式 2 下，计数器的计数值由下式确定

$$N = 2^{8} - x = 256 - x$$

计数范围为 1～256。

定时器的定时时间由下式确定

$$T = N \times T_{cy} = (256 - x) \times T_{cy}$$

如果振荡频率是 12MHz，则 T_{cy}=1μs，定时范围为 1～256μs。

定时/计数器工作方式 2 也有其局限性，即只有 8 位，计数值有限，最大计数值只有 256。所以这种工作方式一般适合在那些重复计数的应用场合。如可以通过这样的计数方式产生中断，从而产生一个固定频率的脉冲，也可当做串行数据通信的波特率发生器使用。

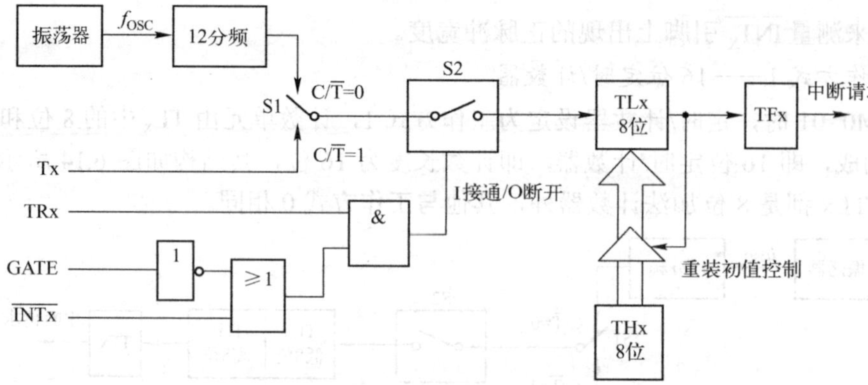

图 6.15 定时/计数器工作于方式 2 的结构

（4）工作方式 3

当 M1M0=11 时，定时/计数器设定为工作方式 3。只有定时/计数器 T0 才能工作在方式 3。工作方式 3 下的定时/计数器 T0 的逻辑结构如图 6.16 所示。

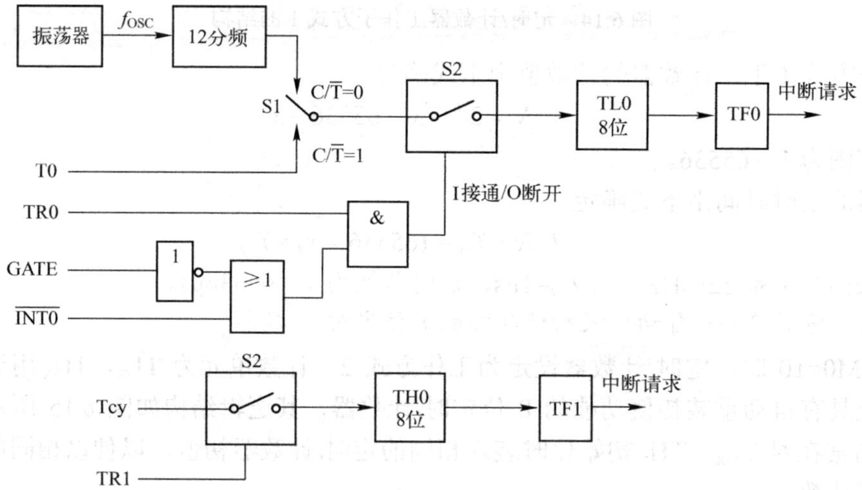

图 6.16 定时/计数器 T0 工作于方式 3 的结构

T0 工作在方式 3 时，定时/计数器 T0 被拆成两个独立的 8 位计数器 TL0、TH0。其中，TL0 既可作计数器用也可作定时器用，原定时/计数器 T0 的各控制位和引脚信号全归它使用。当 TL0 溢出时，定时器 T0 溢出中断标志位 TF0 置 1。而 TH0 只能作简单的定时器使用，其启动只受 TR1 的控制，且当 TH0 溢出时，是将定时器 T1 的溢出中断标志位 TF1 置 1。由于 TL0 既能作为计数器用也能作为定时器用，而 TH0 只能作为定时器用，故方式 3 下的定时/计数器 T0 可以构成两个 8 位定时器或者一个 8 位定时器和一个 8 位计数器。

由于工作方式 3 下的定时/计数器 T0 占用了 T1 的启动控制位 TR1 和溢出中断标志位 TF1，使定时/计数器 T1 的功能受到限制。这种情况下，定时/计数器 T1 虽仍可用于方式 0、1、2，但不能使用中断方式，通常将 T1 作为串行口的波特率发生器使用，T1 当做波特率发生器使用时只需设置好工作方式，即可自动运行。如要停止工作，只需送入一个把它设置为方式 3 的方式控制字就可以了。

方式 3 下定时/计数器的定时、计数的范围和定时/计数值的确定同方式 2。

6.3.3　定时/计数器的编程及应用

1．定时/计数器的初始化步骤及初值的计算

（1）定时/计数器的初始化步骤

定时/计数器在应用时，其工作方式和工作过程均可通过程序设定和控制，因此，定时/计数器在工作前必须对其进行初始化，计算和设置初值。定时/计数器的初始化顺序如下。

① 根据任务要求，通过方式寄存器 TMOD 设置定时/计数器的工作方式。

② 根据要求计算定时/计数器的初值 TC。

③ 初始化计数器，将初值 TC 送定时/计数器高、低位（即 TH、TL）。

④ 如果允许定时器溢出中断，则需初始化定时/计数器的中断优先级（需要设置 IP 寄存器）；初始化中断控制寄存器 IE，能使相应定时/计数器中断，并开中断。

⑤ 启动定时器。

（2）定时/计数器的定时、计数范围

由于定时/计数器的定时、计数范围与计数器的模值 M 有关，而 M 的值又与定时/计数器的工作方式有关，故不同工作方式的定时、计数范围是不同的。

① 工作方式 0：13 位定时/计数器方式，因此最多可以计到 2^{13}，即 1～8192 次。

② 工作方式 1：16 位定时/计数器方式，因此最多可以计到 2^{16}，即 1～65536 次。

③ 工作方式 2 和工作方式 3：都是 8 位的定时/计数器方式，因此最多可以计到 2^{8}，即 1～256 次。

（3）定时/计数器初值的计算

MCS-51 单片机定时/计数器采用增量式计数，即加法计数，其内部的计数器在定时器方式下对机器周期加“1”计数，在计数器方式下对外部引脚上的脉冲加“1”计数，计数器加满回零溢出时，置中断请求标志 TF。如果允许定时/计数器中断，则可进入中断服务程序，并作相应的操作。

在不同的工作方式下，定时/计数器初值的计算方法基本相同，只是采用了不同长度的计数器，设置时间常数时略有不同。

（1）计数器初值的计算

定时/计数器在计数器模式下工作时，必须给计数器预置初值，并通过程序送入 TH（TH0/TH1）和 TL（TL0/TL1）中。预置初值的计算方法是用最大计数量减去需要的计数次数，即

$$\mathrm{TC} = M - C$$

其中，TC：计数器需要预置的初值。

M：计数器的模值（最大计数值），方式 0 时，$M=2^{13}$；方式 1 时，$M=2^{16}$；方式 2、3 时，$M=2^{8}$。

C：计数器计满回零所需的计数值，即设计任务要求的计数次数。

（2）定时器初值的计算

定时/计数器在定时模式下，计数器的计数脉冲是由单片机系统主频经 12 分频后提供的。因此，定时器的定时时间 T 的计算公式为

$$T=(M-\mathrm{TC})T_{\mathrm{cy}}$$

或
$$TC = M - \frac{T}{T_{cy}}$$

其中，T：定时器的定时时间，即设计任务要求的定时时间。

T_{cy}：计数器计数脉冲的周期，即单片机系统时钟周期的 12 倍。

M：计数器的模值，意义同上。TC：定时器需要预置的初值。

若 TC=0，则定时器定时时间为最大，由于 M 的值与定时器的工作方式有关，因此，不同的工作方式，定时器的最大定时时间 T_{max} 也不一样。若设单片机系统主频为 12MHz，则各种工作方式定时器的最大定时时间为

工作方式 0：$T_{max}=2^{13}\times1\mu s=8.192ms$

工作方式 1：$T_{max}=2^{16}\times1\mu s=65.536ms$

工作方式 2、3：$T_{max}=2^{8}\times1\mu s=0.256ms$

2．定时/计数器应用举例

例 6.5 设系统时钟频率为 12MHZ，利用定时/计数器 T0 编程实现从 P1.0 输出周期为 20ms 的方波。

解：从 P1.0 输出周期为 20ms 的方波，只需对 P1.0 每隔 10ms 取反一次则可。当系统时钟为 12MHZ，定时/计数器 T0 工作于方式 1 时，最大的定时时间为 65.536ms，能满足 10ms 的定时要求。系统时钟为 12MHZ，则 $T_{cy}=1\mu s$，计数值=10ms/1μs=10000，初值 TC=65536−10000=55536=0D8F0H，则 TH0=0D8H、TL0=0F0H。

方法 1：采用查询方式编程

汇编参考程序：

```
        ORG     0000H
        AJMP    MAIN
        ORG     0300H
MAIN:   MOV     TMOD,#01H          ;定时/计数器 T0 工作于方式 1
        MOV     TH0,#0D8H          ;预置初值
        MOV     TL0,#0F0H
        SETB    TR0                ;启动定时器 T0
LOOP:   JNB     TF0,$              ;查询计数是否溢出,没有则原地等待
        CLR     TF0                ;将溢出标志 TF0 清零
NEXT:   CPL     P1.0               ;P1.0 取反
        MOV     TH0,#0D8H          ;重装初值
        MOV     TL0,#0F0H
        SJMP    LOOP
        SJMP    $
        END
```

C 语言参考程序：

```
#include  <reg51.h>
sbit  P1_0=P1^0;
void  main()
{
TMOD=0x01;                          //定时/计数器 T0 工作于方式 1
TH0=0Xd8;  TL0=0Xf0;                //预置初值
```

```
    TR0=1;                              //启动定时器 T0
    while(1)
    {
        while  (!TF0);                  //等待定时器 T0 溢出
        P1_0=! P1_0;                    //P1.0 取反
        TF0=0;                          //将溢出标志 TF0 清零
        TH0=0Xd8; TL0=0Xf0;             //重装初值
     }
    }
```

方法 2：采用中断方式编程

汇编参考程序：

```
        ORG     0000H
        LJMP    MAIN
        ORG     000BH           ;中断处理程序
        CPL     P1.0            ;P1.0 取反
        MOV     TH0,#0D8H       ;重装初值
        MOV     TL0,#0F0H
        RETI
        ORG     0200H           ;主程序
MAIN:   MOV     TMOD,#01H       ;定时/计数器 T0 工作于方式 1
        MOV     TH0,#0D8H       ;重装初值
        MOV     TL0,#0F0H
        SETB    EA              ;开中断
        SETB    ET0
        SETB    TR0             ;启动定时器 T0
        SJMP    $
        END
```

C 语言参考程序：

```
#include  <reg51.h>                     //包含特殊功能寄存器库
sbit  P1_0=P1^0;
void  main()
{
 TMOD=0x01;                             //定时/计数器 T0 工作于方式 1
 TH0=0XD8;TL0=0XF0;
 EA=1;ET0=1;                            //开中断
 TR0=1;                                 //启动定时器 T0
 while(1);
}
void  time0_int(void)  interrupt 1 //中断服务程序
{
 P1_0=!P1_0;                                //P1.0 取反
 TH0=0XD8;TL0=0XF0;                         //重装初值
}
```

例 6.6　利用定时器 T0 测量某正脉冲信号宽度，脉冲从 P3.2 输入。已知此脉冲宽度小

于 10ms，系统时钟频率为 12MHz。要求测量此脉冲宽度，并把结果顺序存放在片内 30H 单元为首地址的数据存储单元中。

解：利用门控位的功能，当 GATE 为 1 时，在软件使 TRx 置 1 后只有 INTx=1，定时器才能启动。利用这个特性，便可测量输入脉冲的宽度（系统时钟周期数）。

汇编参考程序：

```
        ORG     0000H
        AJMP    MAIN
        ORG     0300H
MAIN:   MOV     TMOD,#09H        ;定时/计数器 T0 工作于计数方式,GATE=1
        MOV     TH0,#00H         ;装入计数初值 0,从 0 开始定时
        MOV     TL0,#00H
LP:     JB      P3.2,LP          ;先等待 INT0 变低
        SETB    TR0              ;准备开始计数
LOOP:   JNB     P3.2,LOOP        ;等待 INT0 变高,即脉冲上升沿,开始计数
HERE:   JB      P3.2,HERE        ;等待 INT0 变低,即脉冲下降沿,停止计数
        CLR     TR0              ;使 TR0=0,以防止 INT0 再变高又继续计数
        MOV     30H,TL0          ;读取计数结果,该结果乘以机器周期即为下
                                 ;脉冲的宽度
        MOV     31H,TH0
        SJMP    $
        END
```

C 语言参考程序：

```
#include<reg51.h>
sbit P3_2=P3^2;
void main()
{
 unsigned char *P;
 P=0x30;                        //指针指向片内 30H 单元
 TMOD=0x09;                     //GATE=1,工作方式为计数器
 TL0=0x00;TH0=0x00;             //装入初值 0
 while(P3_2);                   //等待 INT0 变低
 TR0=1;                         //准备开始计数
 while(!P3_2);                  //等待 INT0 变高,即脉冲上升沿,开始计数
 while(P3_2);                   //等待 INT0 变低,即脉冲下降沿,停止计数
 TR0=0;                         //使 TR0=0,以防止 INT0 再变高又继续计数
 *P=TL0;                        //读入 TL0 值(十六进制)存放在 30 单元
 P++;
 *P=TH0;
}
```

6.4 MCS-51 单片机的串行接口及其串行通信

本节主要讲述串行通信基本常识，并说明 MCS-51 单片机串行口 UART 结构和串行口的四种工作方式及其应用。

6.4.1　串行通信的基本概念

计算机与外界的数据交换称为通信，可分为并行通信和串行通信两种基本方式，如图 6.17 所示。

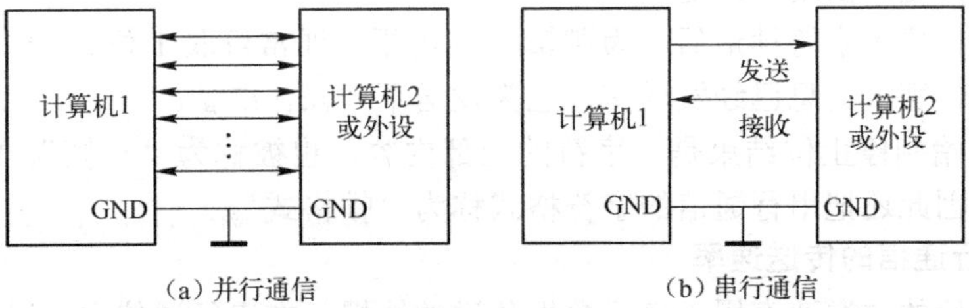

图 6.17　两种通信方式的示意图

并行通信是指各个数据位同时进行传送的数据通信方式。因此有多少个数据位，就需要多少根数据线，并行数据传送速度快、效率高，但成本高，通常只适合近距离内的数据传送。串行通信是指各个数据位按时间先后顺序在单条数据线上进行传送的数据通信方式，进行双向通信时最少只需要二根传输线即可完成。因此，传送速度慢、效率低，但传送距离远，而且可使用现有的通信通道（如电话线、各种网络等），故在集散控制系统等远距离通信中使用很广。

根据同步方式的不同，串行通信可分为异步串行（或称为串行异步）通信和同步串行通信两种方式。在单片机中大都是使用异步串行通信，在此仅介绍异步串行通信方式。

1．异步串行通信的字符格式

在异步通信中，接收端是依靠字符帧格式来判断发送端是何时开始发送，何时结束发送的。字符帧格式是异步通信的一个重要指标。

字符帧也称为数据帧，由起始位、数据位、奇偶校验位和停止位 4 部分组成，如图 6.18 所示。

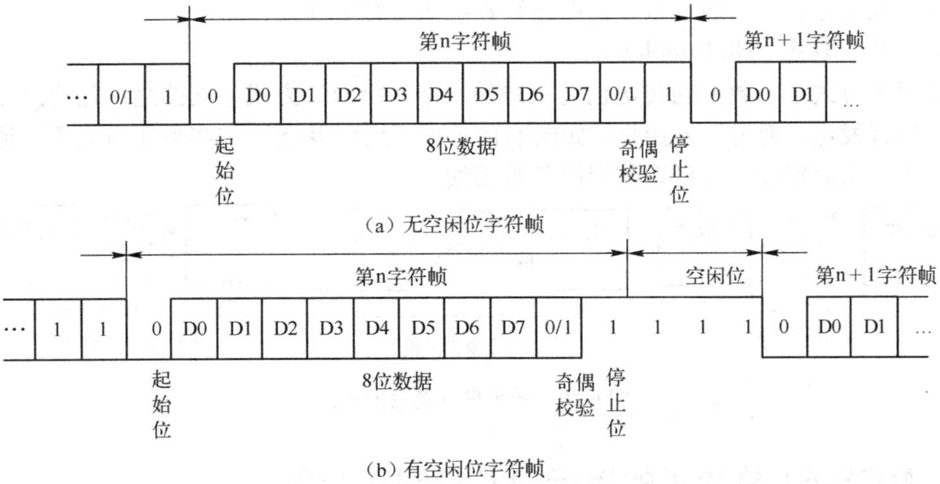

图 6.18　异步通信的字符帧格式

（1）起始位：位于字符帧开头，只占一位，为逻辑 0 低电平，用于向接收设备表示发送端开始发送一帧信息。

（2）数据位：紧跟起始位之后，用户根据情况可取 5 位、6 位、7 位或 8 位，发送时低位在前高位在后。

（3）奇偶校验位：位于数据位之后，仅占一位，用来表征串行通信中是否发生错误，采用奇校验还是偶校验，由用户决定。

（4）停止位：位于字符帧最后，为逻辑 1 高电平。通常可取 1 位、1.5 位或 2 位，用于向接收端表示一帧字符信息已经发送完，也为发送下一帧作准备。

从起始位开始到停止位结束是一字符的全部内容，也被称为“一帧”。帧是一个字符的完整通信格式，因此还把串行通信的字符格式称为“帧格式”。

2．异步串行通信的传送速率

异步串行通信的传送速率用于表示数据传送的快慢。在串行通信中，以每秒钟传送二进制的位数来表示，也称之为波特率（baud rate），单位为位/秒（bps）或波特（baud）。波特率既反映了串行通信的速率，也反映了对传输通道的要求，波特率越高，要求传输通道的频带也越宽。在异步通信时，波特率为每秒传送的字符个数和每字符所含二进制位数的乘积。例如，某异步串行通信每秒传送的速率为 120 个字符/秒，而该异步串行通信的字符格式为 10 位（1 个起始位，7 个数据位，1 个偶校验位和 1 个停止位），则该串行通信的波特率为：

120 字符/秒×10 位/字符=1200 位/秒=1200 波特

通常，异步通信的波特率为 50～9600bps。

3．异步串行通信的形式

根据同一时刻串行通信的数据方向，异步串行通信可分为以下三种数据通信形式。

（1）单工形式（Simplex）

在单工方式下，数据的传送是单向的。通信双方中，一方固定为发送方，另一方固定为接收方。如图 6.19（a）所示。在单工方式下，通信双方只需一根数据线进行数据传送。

（2）全双工形式（Full-duplex）

在全双工方式下，数据的传送是双向的，且可以同时接收和发送数据。如图 6.19（b）所示。在全双工方式下，通信双方需两根数据线进行数据传送。

（3）半双工形式（Half-duplex）

在半双工方式下，数据的传送也是双向的，但与全双工方式不同的是：任何时刻只能由其中一方进行发送，而另一方接收。如图 6.19（c）所示。因此，在半双工方式下，通信双方既可以使用一条数据线，也可以使用两条数据线。

图 6.19　异步串行通信的形式

6.4.2　MCS-51 单片机的串行口及控制寄存器

MCS-51 单片机的串行口是全双工的串行口，而且其异步通信的接收发送器也已集成在芯片内部，作为单片机的组成部分。它既可以实现串行异步通信，也可作为同步移位寄存器使用。深入了解单片机串行口的结构，对用户来说非常重要。

1. MCS-51 串行口结构

MCS-51 内部有两个独立的接收、发送缓冲器 SBUF。SBUF 属于特殊功能寄存器。发送缓冲器只能写入不能读出，接收缓冲器只能读出不能写入，二者共用一个字节地址（99H）和名字 SBUF。串行口的结构如图 6.20 所示。

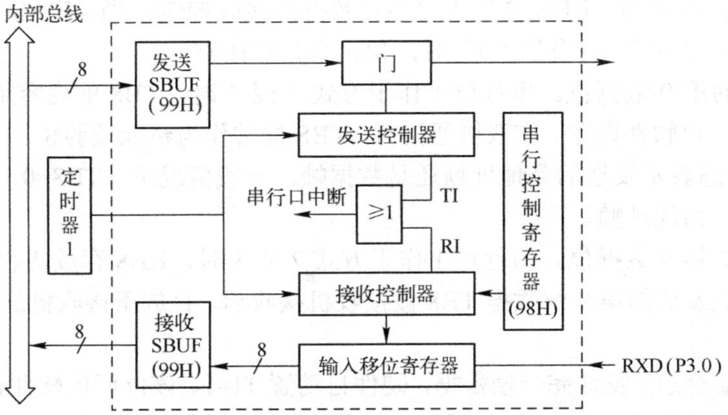

图 6.20　串行口结构示意图

当数据由单片机内部总线传送到发送 SBUF 时，即启动一帧数据的串行发送过程。发送 SBUF 将并行数据转换成串行数据，并自动插入格式位，在移位时钟信号的作用下，将串行二进制信息由 TxD（P3.1）引脚按设定的波特率一位一位地发送出去。发送完毕，TxD 引脚呈高电平，并置 TI 标志位为“1”，表示一帧数据发送完毕。

当 RxD（P3.0）引脚由高电平变为低电平时，表示一帧数据的接收已经开始。输入移位寄存器在移位时钟的作用下，自动滤除格式信息，将串行二进制数据一位一位地接收进来，接收完毕，将串行数据转换为并行数据传送到接收 SBUF 中，并置 RI 标志位为“1”，表示一帧数据接收完毕。

2. MCS-51 串行口控制寄存器

在 51 单片机中，与串行通信有关的控制寄存器如下：

（1）串行口控制寄存器 SCON

SCON 寄存器是 MCS-51 单片机的一个可位寻址的专用寄存器，用于串行数据通信的控制，其字节地址为 98H，位地址为 98H～9FH。SCON 寄存器内容表示如下：

SM0	SM1	SM2	REN	TB8	RB8	TI	RI

各位功能为，SM0SM1：串行口工作方式选择位。其定义如表 6.9 所示。

表 6.9　串行口工作方式

SM0　SM1	工作方式	功能	波特率
0　0	方式 0	8 位同步移位寄存器	$f_{osc}/12$
0　1	方式 1	10 位 UART	可变
1　0	方式 2	11 位 UART	$f_{osc}/64$ 或 $f_{osc}/32$
1　1	方式 3	11 位 UART	可变

SM2：多机通信控制位。仅当串行口工作于方式 2 或方式 3 时，该位才有意义。

当串行口工作于方式 2 或方式 3 接收时，若 SM2=1，则只有当接收到第 9 数据位（RB8）=1 时，才将前 8 位数据送入 SBUF 中，并置 RI=1 产生中断请求，否则将接收到的 8 位数据丢弃；而当 SM2=0 时，不管接收的第 9 数据位为“0”或为“1”，都将前 8 位数据送入接收缓冲 SBUF，并使 RI=1 产生中断。当串行口工作于方式 0 时，SM2 一定要设为“0”。

REN：接收允许控制。REN 位用于对串行数据的接收控制。当 REN 位设置为“1”时，允许串行口接收；当 REN 位设为“0”时，禁止串行口接收。

TB8：发送的第 9 数据位。串行口工作于方式 2 或 3 时，TB8 的内容是将要发送的第 9 数据位，其值由用户软件设置。在双机通信时，TB8 位常作为奇偶校验位用；在多机通信时，常以 TB8 位的状态表示发送的是地址帧还是数据帧，一般情况下，TB8=0，发送的前 8 位为数据帧；TB8=1，为地址帧。

RB8：接收的第 9 数据位。串行口工作于方式 2 或 3 时，RB8 存放接收到第 9 位数据。也就是说，发送机发送的第 9 位数据 TB8 被接收机接收后，存放于接收机的 SCON 寄存器的 RB8 位中。

TI：发送中断标志。发送完一帧数据，硬件自动置 TI=1。该位可供软件查询或申请中断。与其他四个中断标志位不同，TI 位必须要由软件清“0”。

RI：接收中断标志。接收完一帧数据，硬件自动置 RI=1。该位可供软件查询或申请中断。与其他四个中断标志位不同，RI 位必须要由软件清“0”。

例：某用户使用指令“MOV SCON,#50H”，则表示：设置 51 串行口工作于方式 1，允许接收方式。

（2）电源控制寄存器 PCON

PCON 寄存器专为 CHMOS 单片机的电源控制而设置，其单元字节地址为 87H，不可位寻址。PCON 寄存器各位内容如下：

SMOD	/	/	/	GF1	GF0	PD	IDL

PD 和 IDL：是 CHMOS 单片机用于进入低功耗方式的控制位。

GF1 和 GF0：用户使用的一般标志位。

SMOD：串行口波特率倍增位，当 SMOD=1 时，串行口波特率增加一倍。系统复位时，SMOD=0。

IE、IP、SCON、PCON 四个寄存器与串行通信有关。如要设置 MCS-51 单片机串行口工作于方式 1，允许接收，允许串行口中断，并使串行口中断处于高优先级别。可使用下面三条指令完成。

```
MOV  SCON,#50H
MOV  IP,#10H
MOV  IE,#90H
```

6.4.3 MCS-51 单片机的串行通信工作方式

MCS-51 的串行口有 4 种工作方式，通过 SCON 中的 SM1、SM0 位来选择，下面分别介绍各种工作方式。

1. 串行工作方式 0——同步移位寄存器方式

在方式 0 下，串行口作为同步移位寄存器使用，其主要特点是：以 RxD（P3.0）引脚接收或发送数据，TxD（P3.1）引脚发送同步移位脉冲。数据的接收和发送以 8 位为一帧，低位在前，高位在后。方式 0 时，SM2 必须为 0，这种方式常用于使用串行口扩展并行 I/O 口。

（1）数据发送过程

当数据写入串行口发送缓冲器后，在移位时钟 TxD 控制下，由低位到高位以 fosc/12 的波特率将数据从 RxD 引脚传送出去，发送完毕，硬件自动使 SCON 的 TI 位置 1，再次发送数据之前，必须由软件将 TI 清零。此时，若配以串入并出移位寄存器，如 CD4094、74LS164 等芯片，即可以将 RxD 引脚送出的串行数据重新转换为并行数据，实际上也就是把串行口当并行输出口用了。

（2）数据接收过程

在满足 REN=1 和 RI=0 的条件下，串行口即开始从 RxD 端以 $f_{osc}/12$ 的波特率输入数据（低位在前），当接收完 8 位数据后，置中断标志 RI 为 1，请求中断。在再次接收数据之前，必须由软件将 RI 清零。若将并入串出移位寄存器（如 CD4014 或 74LS165 等芯片）的输出连接到单片机的 RxD 引脚，当串行口工作于方式 0 接收时，即可以接收到 CD4014 或 74LS165 输入端的并行数据。此时，相当于把串行口当并行输入口用了。

2. 串行工作方式 1

当设置 SCON 寄存器的 SM0、SM1 位为 01 时，单片机串行口进入工作方式 1。

在方式 1 下，串行口是 10 位为一帧的异步串行通信方式，主要包括：1 位起始位、8 位数据位和 1 位停止位。其主要特点是：以 RxD（P3.0）引脚接收数据，TxD（P3.1）引脚发送数据；数据位的接收和发送为低位在前，高位在后。帧格式为：

起始位	D0	D1	D2	D3	D4	D5	D6	D7	停止位

（1）数据的串行发送、接收过程

当数据写入串行口发送缓冲寄存器 SBUF 后，硬件自动添加起始位和停止位，与 8 个数据位组成 10 位完整的帧格式，以设定的波特率，由 TxD 引脚一位一位地发送出去。发送完毕，硬件自动使 TI 位为“1”，通知单片机发送下一个字符。

当 SCON 寄存器的 REN 位设置为“1”时，即表示允许串行口接收。若采样到 RxD 引脚由“1”到“0”的跳变时，就认定是一帧数据的起始位了。串行口将随后的 8 位数据移入移位寄存器，并转换为并行数据，在接收到停止位后，将并行数据送入接收 SBUF，再置 RI 位为“1”，表示一帧数据接收完毕，通知单片机从接收 SBUF 取字符。

（2）波特率计算

串行口工作于方式 0 时，其波特率是固定的；但在方式 1 下，波特率是可变的，与定时器/计数器 1 的溢出率有关。通常以定时器/计数器 1 工作于方式 2，即 8 位重装计数初值方式，作为串行口工作于方式 1 时的波特率发生器。方式 1 的波特率为：

$$\text{波特率}=\frac{2^{SMOD}}{32}\times(\text{T1溢出率})$$

其中 SMOD 为电源控制寄存器 PCON 的最高位，即波特率倍增位。

当定时器/计数器 1 工作于方式 2 定时方式时，是对内部机器周期计数，若设置计数初值

为 X，那么定时器/计数器 1 的溢出周期为

$$\frac{12}{f_{\text{osc}}}\times(256-X)$$

溢出率为溢出周期的倒数，则波特率为

$$\frac{2^{\text{SMOD}}}{32}\times\frac{f_{\text{osc}}}{12\times(256-X)}$$

通常使用定时器/计数器 1 工作于方式 2 作为波特率发生器，是因为该方式具有自动重装计数初值功能，可避免因反复重装计数初值而带来的定时误差，使波特率更加稳定。而在实际应用时，总是先确定波特率，再计算定时器/计数器 1 的计数初值，按上式，可推得计数初值为

$$X=256-\frac{f_{\text{osc}}\times2^{\text{SMOD}}}{384\times\text{波特率}}$$

例 6.7 单片机以方式 1 进行串行数据通信，波特率为 1200bps。若晶体振荡频率 f_{osc} 为 6MHz，试确定定时器/计数器 1 的计数初值。

解题分析：串行口工作于方式 1 时的波特率由定时器/计数器 1 的溢出率决定，计数初值为 $X=256-\dfrac{f_{\text{osc}}\times2^{\text{SMOD}}}{384\times\text{波特率}}$，式中晶体振荡频率 f_{osc}=6MHz，波特率=1200bps 已由题中给出，设 SMOD 位为“0”，可得计数初值

$$X=256-\frac{f_{\text{osc}}\times2^{\text{SMOD}}}{384\times\text{波特率}}=256-\frac{6\times10^6\times1}{384\times1200}=256-13=243\text{D}=\text{F3H}$$

因此，通过下面指令可以对单片机的串行通信进行初始化，包括串行口的工作方式和波特率设置：

```
MOV     SCON,#50H        ;串行口工作于方式 1,允许接收
MOV     PCON,#00H        ;smod=0,波特率不倍增
MOV     TMOD,#20H        ;定时器/计数器 1 工作于方式 2 定时方式
MOV     TH1,#0F3H        ;定时器/计数器 1 得计数初值为 F3H
MOV     TL1,#0F3H
SETB    TR1              ;启动定时/计数器 1 工作,开始提供 1200 波特率
MOV     IE,#00H          ;不允许中断
```

3. 串行工作方式 2

当设置 SCON 寄存器的 SM0、SM1 位为 10 时，单片机串行口进入工作方式 2。

在方式 2 下，串行口是 11 位为一帧的异步串行通信方式，主要包括：1 位起始位、9 位数据位和 1 位停止位。其主要特点是：以 RxD（P3.0）引脚接收数据，TxD（P3.1）引脚发送数据；数据位的接收和发送为低位在前，高位在后。格式为：

起始位	D0	D1	D2	D3	D4	D5	D6	D7	D8	停止位

（1）数据的串行发送、接收过程

在数据发送前，使用位操作指令“SETB TB8”或“CLR TB8”先将第 9 位数据 TB8 预置好，再由向 SBUF 写入数据的指令启动数据的串行发送过程。串行口按一定波特率发完

1 个起始位、8 个数据位后，按次序将 D8（即 TB8）和停止位也从 RxD 引脚发出。发送完毕，置 TI 位为“1”。

方式 2 的接收过程也与方式 1 相似，所不同的只是第 9 位数据 D8 的接收上。当 SM2=1 时，如果接收到的第 9 位数据 D8（RB8）也为 1 时，串行口将前 8 位数据传送到接收 SBUF，再置 RI 位为“1”，表示一帧数据接收完毕，通知单片机从接收 SBUF 取字符；如果接收到的第 9 位数据 D8（RB8）为 0，则将收到的前 8 位数据丢弃。而当 SM2=0 时，不管接收的第 9 数据位为“0”或为“1”，都将前 8 位数据送入接收缓冲 SBUF，并使 RI=1 产生中断。

第 9 数据位 TB8、RB8 可作串行通信的奇偶校验位用，也可作为多机通信时的地址、数据帧识别用。

（2）波特率计算

串行口工作于方式 2 时的波特率是固定的，为 $\frac{2^{SMOD}}{64}\times f_{osc}$。当 PCON 寄存器的 SMOD 位为“0”时，波特率为 $\frac{f_{osc}}{64}$；而当 PCON 寄存的 SMOD 位为“1”时，波特率为 $\frac{f_{osc}}{32}$。

4. 串行工作方式 3

当设置 SCON 寄存器的 SM0、SM1 位为 11 时，单片机串行口将进入工作方式 3。

在方式 3 下，串行口是以 11 位为一帧的异步串行通信方式，其通信过程与方式 2 完全相同，所不同的是波特率。在方式 2 下，通信波特率固定为两种：$\frac{f_{osc}}{64}$ 或 $\frac{f_{osc}}{32}$；而方式 3 的波特率由定时器/计数器 1 的溢出率决定，与方式 1 的波特率计算相同。

6.4.4　串行口应用举例

1. 串行口的初始化

串行口使用时必须对它进行初始化编程，主要是设置产生波特率的定时器 1、串行口控制和中断控制。一般步骤如下：

（1）设定串口的工作方式：设定 SCON 寄存器。

（2）设置波特率

对于方式 0，不需要设置波特率；对于方式 2，设置波特率仅需对 PCON 中的 SMOD 位编程；对于方式 1 和 3，设置波特率不仅需对 PCON 中的 SMOD 位编程，还需对 T1 编程。

（3）选择查询方式或中断方式，在中断工作方式时，需对 IE 和 IP 编程。

2. 串行口的应用举例

利用方式 0 扩展并行 I/O 口；利用方式 1 实现点对点的双机通信；利用方式 2 或方式 3 实现带检错功能的双机通信或多机通信。

（1）利用方式 0 扩展并行 I/O 口

例 6.8　用 8051 单片机的串行口外接串入并出的芯片 CD4094 扩展并行输出口控制一组发光二极管，使发光二极管从左到右依次点亮，并反复循环。如图 6.21 所示。

解：由硬件连接可知，要使某一个发光二极管点亮，必须使驱动该发光二极管的 CD4094 并行输出端输出高电平。因此，要点亮 Q0 对应的发光二极管，串行口应送出 80H，要实现将发光二极管由左到右依次循环点亮，只需使串行口依次循环送出 80H→40H→20H→10H→08H→04H→02H→01H 即可。串行口数据传送时，为避免 CD4094 并行输出端 Q0～Q7 的不断变化而使发光二极管闪烁，在串行传送前，使 P1.0=0（即 STB=0），每次串行口数据传送完毕，即 SCON 的 TI 位为 1 时，再使 P1.0=1（即 STB=1），Q0～Q7 输出控制相应发光二极管点亮。

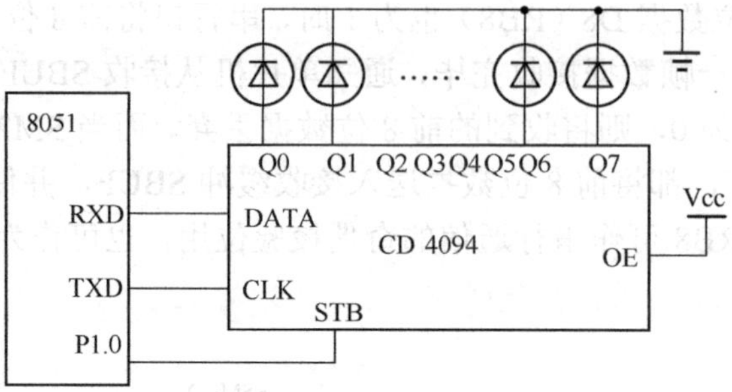

图 6.21　串口利用 CD4094 扩展 I/O 口连接图

汇编参考程序：

```
          MOV     SCON,#00H        ;设置串行口工作于方式 0
          MOV     A,#80H           ;点亮最左边的发光二极管的数据
LOOP:     CLR     P1.0             ;串行传送时,切断与并行输出口的连接
          MOV     SBUF,A           ;串行传送
          JNB     TI,$             ;等待串行传送完毕
          CLR     TI               ;清发送中断标志
          SETB    P1.0             ;串行传送完毕,选通 CD4094 进行并行输出
          ACALL   DELAY            ;状态维持
          RR      A                ;选择点亮下一发光二极管的数据
          LJMP    LOOP             ;继续串行传送
DELAY:    MOV     R7,#05H          ;延时子程序
LOOP1:    MOV     R6,#0FFH
          DJNZ    R6,$
          DJNZ    R7,LOOP1
          RET
          END
```

C 语言参考程序：

```
# include  <reg51.h>
sbit  P1_0=P1^0;
void  main()
{
    unsigned  char  i,j;
    SCON=0x00;
    j=0x80;                             //点亮最左边的发光二极管的数据
    while(1) {
        P1_0=0;
        SBUF=j;
        while (!TI) ;                   //未移位发送完则等待
        P1_0=1;TI=0;
        for (i=0;i<=254;i++);           //延时
```

```
            j>>=1;              //右移 1 位
            if (j==0x00)  j=0x80;   //8 个发光二极管均点亮一遍后对 j 重新赋值
        }
    }
```

在上述程序中，有几点要特别注意：第一，SCON 的 SM2 位一定要为“0”；第二，若使用中断方法编写上面功能的程序，也不能忘记软件清 TI 位；第三，DELAY 是一延时子程序，若没有延时，程序执行后，由于人眼的视觉惰性，8 只发光二极管看起来像同时被点亮一样。

（2）利用方式 1 或方式 2 实现点对点的双机通信

利用单片机的串行口，可以实现单片机与单片机、单片机与通用微机间点对点的串行通信。单片机之间在进行串行异步通信时，其串行接口的连接形式有多种，应根据实际需要进行选择。

① 近距离通信连接

若传输率距离不超过 1.5m，这时双方的串行口可以直接连接，如图 6.22 所示。

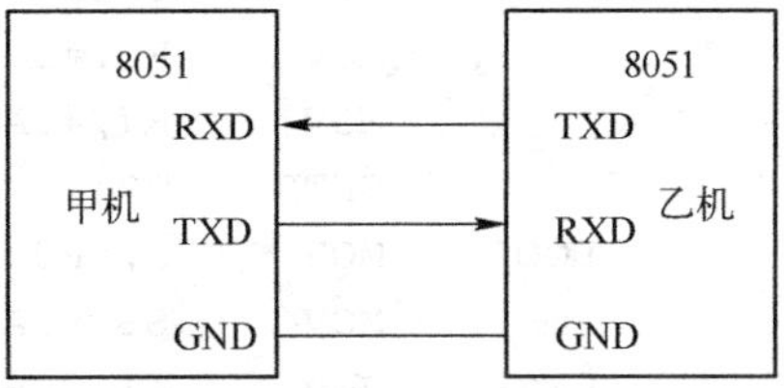

图 6.22　单片机甲、乙之间近距离通信图

② 远距离通信连接

若传输率距离超过 1.5m，不大于 15 m，传输速率最大为 20 kb/s 时就要采用 RS-232C 电平信号传输。RS-232C 是美国电子工业协会（EIA）推荐的串行通信总线标准，其全称为“使用二进制进行交换的数据终端设备（DTE）和数据通信设备（DCE）之间的接口标准”。当前几乎所有计算机都使用符合 RS-232C 传输协议的串行通信接口。

RS-232C 标准规定了传送的数据和控制信号的电平，其中数据线上的信号电平规定为：

MASK（逻辑 1）= –3～–15V，SPACE（逻辑 0）= +3～+15V

控制和状态线上的信号电平规定为：

ON（逻辑 0）= +3～+15V，OFF（逻辑 1）= –3～–15V

以上信号电平与 TTL 电平显然不匹配，为了实现 TTL 电平和 RS-232C 电平的连接，必须进行信号的电平转换。以往一般多采用芯片 MC1488 和 MC1489 进行转换。现在可采用新型的芯片如 MAX232，能实现上述两个芯片的功能。MAX232 为单一+5V 供电，一个芯片能完成发送转换和接收转换的双重功能。其引脚及连接如图 6.23 所示。

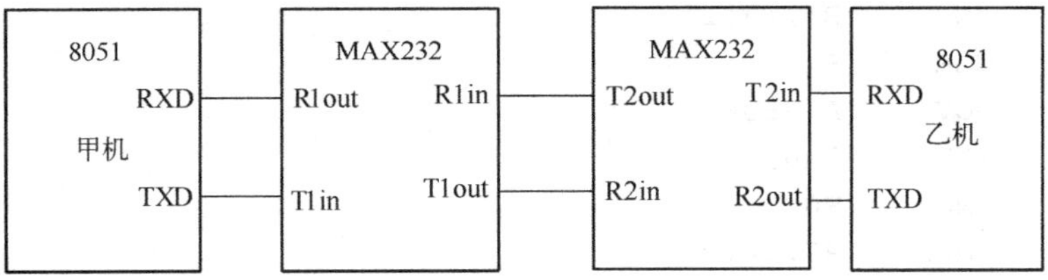

图 6.23　单片机甲、乙之间远距离通信图

例 6.9　通过串行口方式 1，波特率为 1200，实现将甲机的片内 RAM 中 30H～39H 单元的内容传送到乙机的片内 RAM 的 50H～59H 单元中。

解：由于选择的是方式 1，波特率由定时/计数器 T1 的溢出率和电源控制寄存器 PCON 中的 SMOD 位决定。

设 SMOD=0，定时/计数器 T1 选择为方式 2，则初值为：

$$初值=256-f_{osc}\times 2^{SMOD}/(12\times 波特率\times 32)$$
$$=256-12000000/(12\times 1200\times 32)\approx 230=0E6H$$

根据要求定时/计数器 T1 的方式控制字为 20H。

汇编参考程序如下。

甲机的发送程序：

```
        ORG     0000H
        LJMP    START
        ORG     0300H
START:  MOV     TMOD,#20H
        MOV     TL1,#0E6H
        MOV     TH1,#0E6H
        MOV     SCON,#40H
        MOV     R0,#30H
        MOV     R7,#0AH
        SETB    TR1
LOOP:   MOV     A,@R0
        MOV     SBUF,A
HERE:   JNB     TI,HERE
        CLR     TI
        INC     R0
        DJNZ    R7,LOOP
        SJMP    $
```

乙机接收程序：

```
MAIN:   MOV     TMOD,#20H
        MOV     TL1,#0E6H
        MOV     TH1,#0E6H
        MOV     PCON,#00H
        MOV     R0,#50H
        MOV     R7,#0AH
        SETB    TR1
LOOP:   MOV     SCON,#50H
WAIT:   JNB     RI,WAIT
        CLR     RI
        MOV     A,SBUF
        MOV     @R0,A
        INC     R0
        DJNZ    R7,WAIT
        SJMP    $
```

例 6.10 用汇编程序和 C 语言编程实现双机通信。

分析：要求甲机发送，乙机接收，在收发时先要确定具体的通信协议和握手信号。当甲机开始发送时，先送出一个 0AAH 信号，乙机收到后发回一个 0BBH 信号，表示同意接收。当甲机收到 0BBH 信号后，开始发送数据，每发送一次求一个“校验和”，以提高数据的可靠性。设数据块为 10 个字节，数据缓冲区的起始地址为 40H，数据块发完后发送“校验和”。乙机接收数据并将其转存到 50H 开始的缓冲区，每接收到一个数据也求一次“校验和”，一个数据块收完后，再接收甲机发来的“校验和”，并与乙机求出的结果相比较。如两者相等，说明接收正确，乙机发回 00H；若不等，说明接收错误，乙机发回 0FFH，请求重发。甲机收到 00H 的回答后，结束发送。否则，将数据重发一次。双方约定工作在串行方式 2。

汇编参考程序如下。

甲机发送程序：

```
        ORG     0000H
        MOV     PCON,#0
        MOV     SCON,#90H
JT1:    MOV     SBUF,#0AAH          ;发送联络信号
LP1:    JBC     TI,JR1              ;等待发送
        SJMP    LP1
JR1:    JBC     RI,JR2              ;等待乙机回答
        SJMP    JR1
JR2:    MOV     A,SBUF
        XRL     A,#0BBH
        JNZ     JT1                 ;未收到回答,继续联络
JT2:    MOV     R0,#40H             ;准备取数发送
        MOV     R2,#0AH
        MOV     R3,#0               ;清校验和寄存器
JT3:    MOV     SBUF,@ R0           ;发送一个数据字节
        MOV     A,R3
        ADD     A,@ R0
        MOV     R3,A                ;保存校验和
        INC     R0
LP2:    JBC     TI,JT4
        SJMP    LP2
JT4:    DJNZ    R2,JT3              ;判断数据块是否发完
        MOV     SBUF,R3             ;发送校验和
LP3:    JBC     TI,JR3
        SJMP    LP3
JR3:    JNB     RI,JR3              ;等待乙机回答
        CLR     RI
        MOV     A,SBUF
        JNZ     JT3                 ;收到回答出错信息,重发
        RET
```

乙机接收程序：

```
        MOV     SCON,#90H
        MOV     PCON,#0
YR1:    JBC     RI,YR2              ;等待甲机联络信号
        SJMP    YR1
YR2:    MOV     A,SBUF
        XRL     A,#0AAH
        JNZ     YR1                 ;判断甲机是否有请求
        MOV     SBUF,#0BBH          ;发应答信号
LP1:    JBC     TI,YR3
```

```
        SJMP    LP1
YR3:    MOV     R0,#50H
        MOV     R5,#0AH
        MOV     R6,#0
YR4:    JBC     RI,YR5
        SJMP    YR4
YR5:    MOV     A,SBUF
        MOV     @ R0,A
        INC     R0
        ADD     A,R6                ;求校验和
        MOV     R6,A
        DJNZ    R5,YR4              ;判断数据块是否发完
LP2:    JBC     RI,YR6              ;接收甲机校验和
        SJMP    LP2
YR6:    MOV     A,SBUF
        XRL     A,R6
        JZ      OVER
        MOV     SBUF,#0FFH          ;校验和错误,发 FF 数据
LP3:    JBC     TI,YR3
        SJMP    LP3                 ;数据出错,重新接收
OVER:   MOV     SBUF,#0             ;反馈正确信息
        RET
```

C 语言参考程序如下。

甲机发送程序:

```
#include  <reg51.h>
#define  uchar unsigned char
uchar       idata   buf[10];
uchar       sum;
uchar       i;
void main()
{
    PCON=0x00;
    SCON=0x90;                      //串行口工作在方式 2,允许接收
    do {
        SBUF=0xaa;                  //发送联络信号"AA"
        while(TI==0);
        TI=0;
        while(RI==0);
        RI=0;                       //等待乙机回答
    }while((SBUF^0xBB)!=0);         //乙机未准备好,继续联络
    do{
        sum=0;
        for(i=0;i<10;i++)
        {
            SBUF=buf[i];
            sum+=buf[i];            //求校验和
```

```
            while(TI==0);
            TI=0;
        }
        SBUF=sum;                         //发送校验和
        while(TI==0);
        TI=0;
        while(RI==0);
        RI=0;                             //等待乙机应答
    }while(SBUF!=0);                      //出错则重发
}
```

乙机接收程序：

```
#include <reg51.h>
#define uchar   unsigned   char
uchar   idata  buf[10];
uchar   sum;
uchar   i;
void    main( )
{
    PCON=0x00;
    SCON=0x90;                            //串行口工作在方式 2,允许接收
    do{
        while(RI==0);
        RI=0;
    }while((SBUF^0xaa)!=0);               //判断 A 机是否发出请求
    SBUF=0xbb;                            //发送应答信号"BB"
    while(TI==0);                         //等待结束
    TI=0;
    while(1)
    {
        sum=0;                            //清校验和
        for(i=0;i<10;i++)
        {
            while(RI==0);
            RI=0;
            buf[i]=SBUF;                  //接收数据
            sum+=buf[i];
        }
        while(RI==0);                     //等待接收校验和
        RI=0;
        if((SBUF^sum)==0)                 //比较检验和
        {
            SBUF=0x00;
            break;
        }                                 //校验和相同则发"00"
    else
        {
            SBUF=0xFF;                    //出错发"FF",重新接收
```

```
                while(TI==0);
                TI=0;
            }
        }
    }
```

3．多机通信

利用单片机串行口工作于方式 2、方式 3 可实现多机通信。

（1）多机通信基本原理

在单片机串行口控制器 SCON 中，设有多机通信控制 SM2 位。当串行口以方式 2 或 3 接收时，若 SM2=1，则必须接收到第 9 数据位（RB8）=1 时，才将前 8 位数据送入接收 SBUF 中，并置 RI=1；否则将接收到的 8 位数据丢弃。而当 SM2=0 时，不管接收的第 9 数据位为"0"或为"1"，都将前 8 位数据送入接收 SBUF，并使 RI=1。利用这一特性，便可实现主机与多个从机之间的串行通信。

设主机与多个从机如图 6.24 所示连接进行串行通信，各从机有不同的地址。主机用第 9 数据位 TB8 进行地址/数据帧辨别。若 TB8=0，表示发送的是数据帧；若 TB8=1，表示发送的是地址帧。

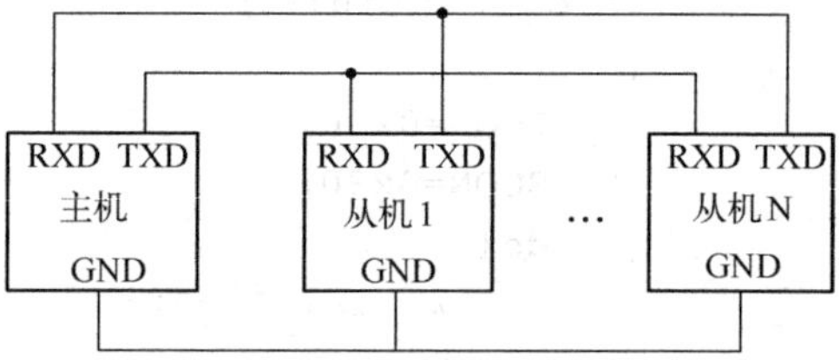

图 6.24　多机通信硬件连接图

（2）多机通信的程序设计

多机通信的过程如下。

① 首先各从机编地址。

② 设置主、从机工作于方式 2 或 3，相同波特率，允许接收，并使各从机 SM2 位为"1"，准备接收地址帧。

③ 主机使 TB8=1，发地址帧，即呼叫从机地址。

④ 各从机因 SM2 位为"1"，接收到的 RB8 为"1"而使 RI=1 接收到地址，并在各自对 RI=1 的处理程序中判别是否被寻址，若是则清本从机的 SM2 位，否则维持 SM2 位为"1"不变。

⑤ 主机使 TB8=0，发数据。

⑥ 只有被呼叫的从机由于 SM2=0 产生接收中断 RI=1，接收主机发送的数据信息。其余从机由于 SM2=1，而接收到 RB8=0 而丢失接收数据，不产生接收中断。

⑦ 主机数据发送完毕，再发送一特殊信息（复位命令），原被寻址的从机执行该命令，恢复其 SM2=1。等待接收下一地址帧。

通信协议的约定如下。

要保证通信的可靠且有条不紊，主、从机相互通信时，必须要有严格的通信协议。一般通信协议都有通用标准，协议较完善，但很复杂。这里为了说明 MCS-51 单片机多机通信程序设计的基本原理，仅介绍几条最基本的条款。

① 规定系统中从机容量数及地址编号。

② 规定对所有从机都起作用的控制命令，即复位命令，命令所有从机恢复 SM2=1 的状态。

③ 设定主、从机数据通信的长度和校验方式。

④ 制定主机发送的有效控制命令代码，其余即为非法代码。从机接收到命令代码后必须先进行命令代码的合法性检查，检查合法后才执行主机发出的命令。

⑤ 设置从机工作状态字，说明从机目前状态。如：从机是否准备好，从机接收数据是否正常等。

本 章 小 结

MCS-51 单片机共有 4 个 8 位并行 I/O 端口，分别记为 P0、P1、P2、P3，共有 32 根 I/O 线，每一根 I/O 线都能够独立地用作输入/输出线。每个并行口主要由 4 个部分组成：端口锁存器、输入缓冲器、输出驱动器和外部引脚，P0～P3 口被归入特殊功能寄存器之列，具有字节寻址和位寻址能力。

MCS-51 的 5 个中断源中，两个为外部输入中断请求 $\overline{\text{INT0}}$（P3.2 脚）和 $\overline{\text{INT1}}$（P3.3 脚），两个为片内定时器/计数器溢出中断请求 IT0（P3.4 脚）和 IT1（P3.5 脚），一个为片内串行口中断请求 TX（发送中断）或 RX（接收中断）。这些中断请求标志分别由特殊功能寄存器 TCON 和 SCON 的相应位锁存。TCON 还可以选择外中断的中断触发方式——电平触发还是边沿触发。

中断允许控制寄存器 IE 决定哪个中断请求被接受，而在优先级控制寄存器 IP 中可以设置各中断源的优先级，每个中断源都可设置为高或低中断优先级，再结合缺省优先级，CPU 能够对所有的中断实现两级中断嵌套。一个正在执行的低优先级中断服务程序能被高优先级中断申请所中断，但不能被另一个低优先级中断源所中断。正在执行的高优先级中断服务程序不能被其他中断申请所打断。

MCS-51 的中断响应过程分为中断请求、中断响应、中断服务、中断返回四个阶段，缺一不可。如果需要撤除中断请求还应该根据中断源的不同选择相应的方式。

MCS-51 单片机非常实用的部分——定时/计数器。当需要对外部时间进行计数或定时输出一个信号用于控制外部事件时，可以充分利用 T0 或 T1 的功能加以实现。对于定时/计数器的工作模式和 4 种工作方式的选择，可以通过灵活设置 TMOD 和 TCON 专用寄存器的相应位来实现。在本章中，对定时/计数器的设计提供了实例，供读者参考。

对于 MCS-51 单片机而言，片内提供 UART 异步串行通信接口，实现单片机与外部设备之间的信息传输。本章也详细介绍了串口通信的基本概念和单片机串行通信接口的结构、特点、工作方式以及控制寄存器设置，最后还简单介绍了单片机串口通信的应用。

习题与思考题

一、选择题

1. 各中断源发出的中断请求信号，都会标记在（　　）寄存器。
   A．TMOD/SCON　　B．TCON/PCON　　C．IE/TCON　　D．TCON/SCON
2. 帧格式为 1 个起始位，8 个数据位，1 个停止位的异步串行通信方式是（　　）。
   A．方式 0　　B．方式 1　　C．方式 2　　D．方式 3
3. 在数据传送过程中，数据由串行变为并行可通过（　　）实现。
   A．数据寄存器　　B．移位寄存器　　C．锁存器　　D．A/D 转换器
4. 中断查询，查询的是（　　）。
   A．中断请求信号　　B．中断标志
   C．外中断方式控制位　　D．中断允许控制位

5. 外部中断 1 的中断入口地址为（　　）。

A. 0003H　　B. 000BH　　C. 0013H　　D. 001BH

6. 串行口的移位寄存器方式为（　　）。

A. 方式 0　　B. 方式 1　　C. 方式 2　　D. 方式 3

7. 执行中断返回指令，要从堆栈弹出断点地址，以便去执行被中断了的主程序，从堆栈弹出的断点地址送（　　）。

A. DPTR　　B. PC　　C. Cy　　D. A

8. 在定时器操作中，选择其工作方式的寄存器是（　　）。

A. TMOD　　B. TCON　　C. IE　　D. SCON

9. 8051 单片机共有（　　）个中断源。

A. 4　　B. 5　　C. 6　　D. 7

10. 8051 单片机共有（　　）个中断优先级。

A. 2　　B. 3　　C. 4　　D. 5

11. 在应用系统中，芯片没有地址锁存器的 D/A 转换器，不能直接接到 80C51 的 P0 口上使用，这是因为（　　）实现。

A. P0 口不具有锁存功能

B. P0 口位地址数据复用

C. P0 口不能输出数字量信号

D. P0 口只能用作地址输出而不能用作数据输出

12. 中断是一种（　　）。

A. 资源共享技术　　B. 数据转换技术

C. 数据共享技术　　D. 并行处理技术

13. 执行 MOV　I E，# 81H 指令的意义是：（　　）。

A. 屏蔽中断源　　B. 开放外部中断源 0

C. 开放外部中断源 1　　D. 开放外部中断源 0 和 1

14. P0、P1 口作输入用途之前必须（　　）。

A. 相应端口先置 1　　B. 相应端口先置 0

C. 外接高电平　　D. 外接上拉电阻

15. INTEL 8031 的 P0 口，当使用外部存储器时它是一个（　　）。

A. 传输高 8 位地址口　　B. 传输低 8 位地址口

C. 传输低 8 位数据口　　D. 传输低 8 位地址 / 数据总线口

16. 以下所列的特点中，不属于串行工作方式 2 的是（　　）。

A. 11 位帧格式　　B. 有第 9 数据位

C. 使用一种固定的波特率　　D. 使用两种固定的波特率

17. 启动 T1 运行的指令是（　　）。

A. SETB ET0　　B. SETB ET1

C. SETB TR0　　D. SETB TR1

18. CPU 允许串行口中断的指令为（　　）。

A. SETB EX0　　B. SETB ES　　C. SETB ET0　　D. SETB ET1

19. 8051 系统中，若设置以下四个中断源为同一优先级，则当它们同时产生中断请求时，最先得到处理的是（　　）。

A．INT0　　B．T0　　C．INT1　　D．T1

20．某异步通信接口的波特率为 4800，则该接口每秒钟传送（　　）。

A．4800 位　　B．4800 字节　　C．9600 位　　D．9600 字节

21．下面哪一段程序能准确地读取 P1 口引脚信号（　　）。

A．MOV A，#00H ；MOV P1，A ；MOV A，P1

B．MOV A，#0FFH ；MOV P1，A ；MOV A，P1

C．MOV P1，#0FFH ；MOV A，P1

D．MOV P1，#00H ；MOV A，P1

22．MCS-51 单片机的四个并行 I/O 中，其驱动能力最强的是（　　）。

A．P0 口　　B．P1 口　　C．P2 口　　D．P3 口

23．MCS-51 单片机用来开放或禁止中断的控制寄存器是（　　）。

A．IP　　B．TCON　　C．IE　　D．SCON

24．在工作方式 0 下，计数器是由 TH 的全部 8 位和 TL 的 5 位组成，因此其计数范围是（　　）。

A．1～8492　　B．0～8191　　C．0～8192　　D．1～4096

25．串行通信的传送速率单位是波特，而波特的单位是（　　）。

A．字符/秒　　B．位/秒　　C．帧/秒　　D．帧/分

26．外中断初始化的内容不包括（　　）。

A．设置中断响应方式　　B．设置外中断允许

C．设置中断总允许　　D．设置触发方式

27．在 MCS-51 中，需要外加电路实现中断撤除的是（　　）。

A．定时中断　　B．脉冲方式中断的外部中断

C．串行中断　　D．电平方式的外部中断

28．在中断流程中有“关中断”的操作，对于外部中断 0，要关中断应复位中断允许寄存器的（　　）。

A．EA 和 ET0 位　　B．EA 和 EX0 位

C．EA 和 ES 位　　D．EA 和 EX1 位

29．在下列寄存器中，与定时/计数控制无关的是（　　）。

A．TCON（定时控制寄存器）　　B．TMOD（工作方式控制寄存器）

C．SCON（串行控制寄存器）　　D．IE（中断允许控制寄存器）

30．执行返回指令时，返回的断点是（　　）。

A．调用指令的首地址　　B．调用指令的末地址

C．调用指令下一条指令的首地址　　D．返回指令的末地址

二、填空题

1．MCS-51 输入/输出口线共有________条，它们都是________端口。

2．MCS-51，有________个中断源，分为________个优先级。

3．与定时/计数器控制有关的寄存器________、________、________和________。

4．MCS-51 单片机有________个________位定时器/计数器。

5．远距离传输通常应采用________通信。

6．MCS-51 单片机上电复位时，中断源________优先级最高。

7．MCS-51 单片机的外部中断请求信号若设定为电平方式，只有在中断请求引脚上采样到有效的________信号时，才能激活外中断。而在脉冲方式时，只有在中断请求引脚上采样到脉冲的________有效信号时，才能激活外中断。

8．PCON 寄存器中与串行通信有关的只有 D7 位（SMOD），该位为波特率倍增位。当 SMOD=________时，串行口波特率增加一倍；当 SMOD=________时，串行口波特率不增倍。

9．定时器的计数方式是对来自 T0、Tl 引脚的脉冲计数，输入的外部脉冲在________时有效，计数器加 1。定时功能也是通过计数器计数来实现的，定时功能下的计数脉冲来自单片机内部的________电路。

10．串行通信工作在方式 3 时，对于 TH0 只能作定时功能使用，同时借用了定时/计数器 1 的运行控制位 TR1 和溢出标志位 TF1，并占用了 T1 的中断源。TH0 启动和停止仅受________控制，而计数溢出时则置位________。

三、简答题

1．若要求晶振主频为 12MHz，如何使用定时器 T0 来测试频率为 0.5 kHz 左右的方波周期？试编写初始化程序。

2．请简要叙述什么是单工串行口，半双工串行口，全双工串行口？

3．串行口异步通信为什么必须按规定的字符格式发送与接收？

4．MCS-51 单片机串行口由哪些面向用户的特殊功能寄存器组成？它们各有什么作用？

5．MCS-51 单片机串行口有几种工作方式？如何选择与设定？

6．MCS-51 单片机串行口的四种方式各自的功能是什么？如何应用？

7．请简要叙述串行口方式 0 和方式 1 发送与接收的工作过程。

8．哪些特殊功能寄存器与 MCS-51 中断系统有关？各具有什么功能？

9．请简要叙述定时/计数器 TCON 各位（TCON.6 和 TCON.4 除外）的功能？

10．请简要叙述串行口控制寄存器 SCON.0 和 SCON.1 的功能？

11．MCS-51 有几个中断优先级？如何设置？当两级中断时，MCS-51 内部如何管理中断嵌套？

12．中断嵌套与子程序嵌套有何异同之处？

13．MCS-51 中断响应的条件是什么？当某中断暂时受阻时，CPU 是否放弃该中断请求？

14．请简要叙述中断响应的过程，如何计算中断响应的时间？

15．外部中断有几种触发方式？如何选择？MCS-51 中断系统对外部请求信号有何要求？

16．在一个实际系统中，晶振主频为 12MHz，一个外部中断请求信号的宽度为 300ns 的负脉冲，应该采用哪些触发方式？如何实现？

17．MCS-51 的中断处理程序能否放在 64K 程序存储器的任意区域？如何实现？

18．在一个实际系统中，若外部请求源多于 2 个，能否在不增加任何硬件的情况下，用其内部中断代替？如何初始化其内部中断？

19．在一个实际系统中，若有 8 个外部中断请求源，如何设计其硬件和中断服务程序？

20．已知晶振频率为 12MHz，请用 T0 的工作模式 1 定时及溢出中断方式编程，实现从 P1.0 引脚输出频率为 100Hz 的方波。要求先确定定时时间并给出定时初值的计算步骤，然后编写程序。

第 7 章　MCS-51 单片机系统扩展及其应用

学习 MCS-51 的最终目的是要用它来组成实际应用系统。MCS-51 具有体积小、功能强的特点，对于简单的控制，最小系统即可满足要求。所谓最小系统是指利用 MCS-51 自身的资源，无须外加其他功能性的器件所形成的控制系统。如一片 89S51（加上自身需要的晶体振荡器部分）就构成了一个最小应用系统。但实际使用中由于测控对象要求的多样性和复杂性，许多情况下 MCS-51 自身的资源和功能还不够，需要连接外部器件进行资源和功能的扩充，才能构成符合实际要求的 MCS-51 单片机应用系统。

7.1　存储器的扩展

7.1.1　扩展技术的原理和方法

1. MCS-51 单片机用于扩展的端口及控制线

P0 口：既可作为 8 位数据总线，又可经锁存器锁存后作为地址的低 8 位（PCL、DPL）总线，二者分时使用。

P2 口：用作地址的高 8 位（PCH、DPH）总线。

ALE：低 8 位地址锁存信号，高电平期间输出低八位地址，低电平时则锁存。

$\overline{PSEN}$：片外程序存储器读信号，低电平有效（执行读外部 ROM 时产生）。

$\overline{WR}$、$\overline{RD}$：片外数据存储器及 I/O 口读写信号，低电平有效（读写外部 RAM 时产生）。

2. CPU 读外部程序存储器及读写外部数据存储器（I/O 口）时序

（1）执行非 MOVX 指令时（片内操作）

作用：读取外部程序存储器中的指令，其时序图如图 7.1 所示。

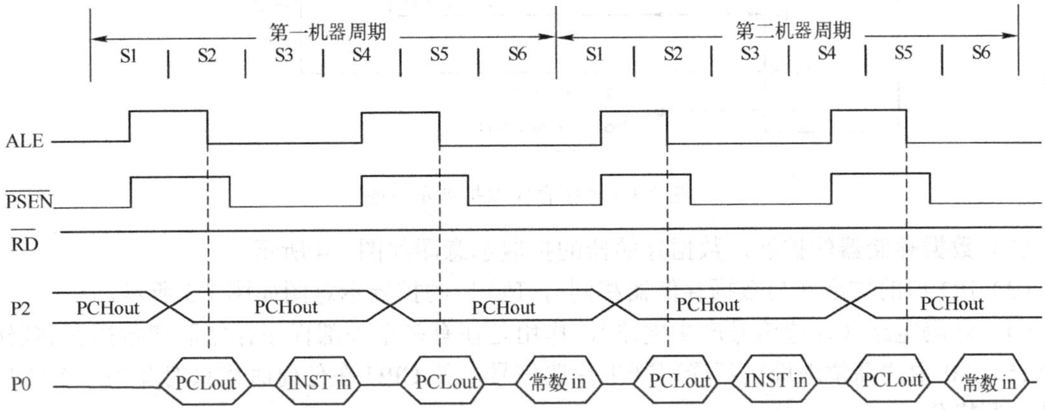

图 7.1　执行非 MOVX 指令时的操作时序图

（2）执行 MOVX 时（片外操作）

作用：读写外部数据存储器（I/O 口），读外部数据存储器（I/O 口）的时序图如图 7.2 所示。

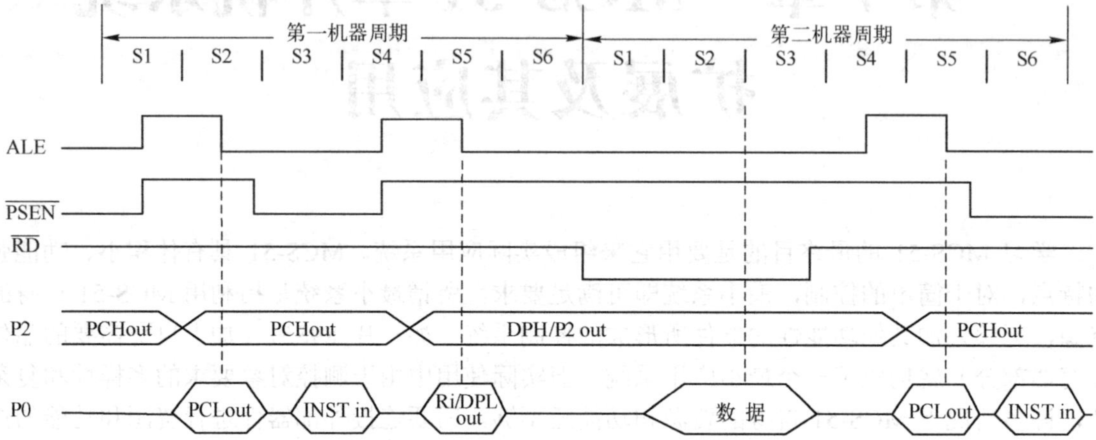

图 7.2　执行 MOVX A,@Ri 或 MOVX A,@DPTR 指令的操作时序图

注意：① 当执行 MOVX @Ri,A 或 MOVX A,@Ri 时，P2 口不输出 DPH 而是输出 P2 特殊功能寄存器内容；

② 执行 MOVX 时，ALE 将被 $\overline{WR}/\overline{RD}$ 屏蔽，即在执行 MOVX 指令时会少一个 ALE 脉冲，因此，当用 ALE 做定时脉冲时，应注意执行 MOVX 指令对脉冲的影响；

③ $\overline{PSEN}$ 和 $\overline{WR}/\overline{RD}$ 不会同时出现，所以 MCS-51 可以独立扩展 64K 程序存储器和 64K 数据存储器。

3．MCS-51 系统扩展的方法

（1）程序存储器的扩展

采用 8031 无 ROM 单片机或采用 8751 程序长度大于 4K（8K）时需要外接程序存储器，外接程序存储器示意图如图 7.3 所示。

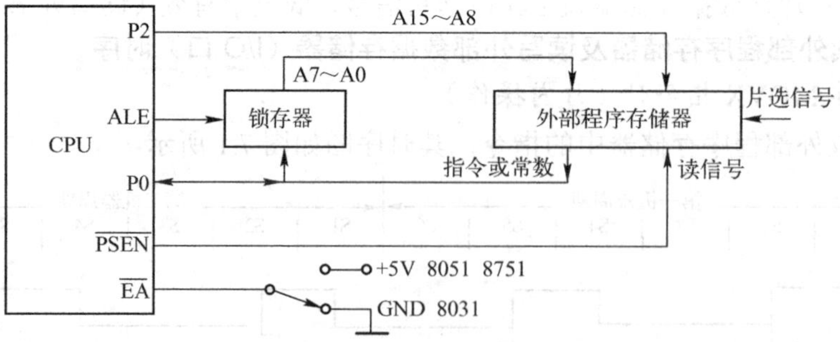

图 7.3　程序存储器扩展示意图

（2）数据存储器的扩展，数据存储器的扩展示意图如图 7.4 所示。

（3）I/O 口的扩展（与数据存储器相同），I/O 口的扩展示意图如图 7.5 所示。

（4）译码电路（片选信号产生电路），作用是在有多个外部程序存储器和数据存储器时，对 A15～A0 中的高位地址进行译码产生片选信号，使 CPU 在任何时候只对其中一个芯片进行读、写操作。

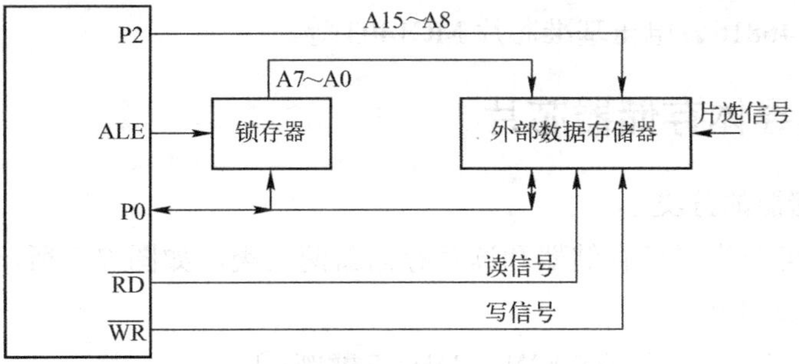

图 7.4　数据存储器扩展示意图

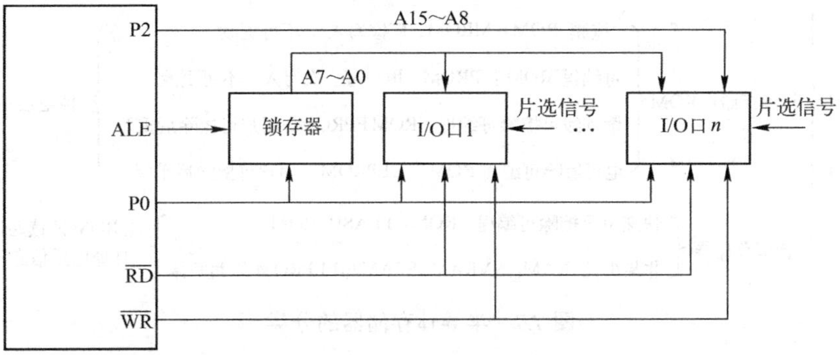

图 7.5　I/O 口扩展示意图

采用译码电路可以利用有限的地址线访问更多的芯片。如利用三根地址线采用 3 线–8 线译码器则可对八个芯片进行操作（如图 7.6 所示），不用译码器时（线选法）则只能对三个芯片进行选择。

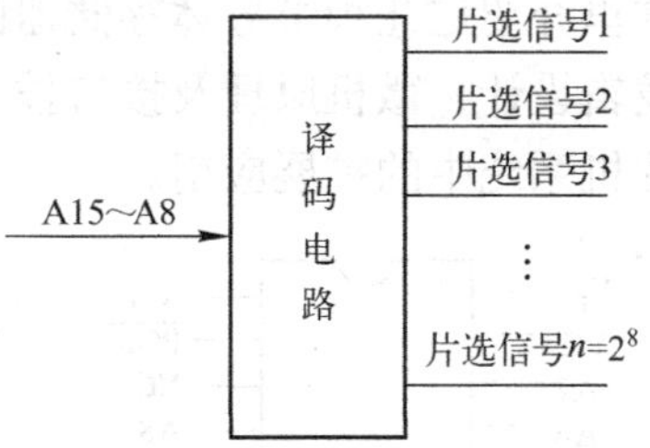

图 7.6　译码电路产生片选信号示意图

4．MCS-51 单片机常用系统扩展芯片

（1）程序存储器（EPROM）

常用程序存储器有 27××系列，××表示了存储容量的大小，单位为 Kb。如 2716 为 16Kb，通常写成 2K×8bit（2K 字节）。本系列产品还有 2732（4K×8）、2764（8K×8）、27128（16K×8）、27256（32K×8）、27512（64K×8）。

（2）数据存储器（SRAM）

常用数据存储器有 6116（2K×8）、6264（8K×8）、62256（32K×8）、62512（64K×8）。

（3）I/O 接口

① 并行口：8255 含有 3 个 8 位并行口。8155：含有 2 个 8 位、1 个 6 位并行口、256×8 SRAM 和 1 个 14 位减 1 定时/计数器。TTL 芯片：74LS373、74LS244、74LS273、74LS374，它们常用作锁存器。

② 串行口：74LS164 为串行输入并行输出芯片，用于串－并转换；74LS165 为并行输入和串行输出，用于并－串转换；8251 为可编程通用异步串行口接口芯片。

③ A/D：常用芯片有 ADC0809 和 LM14433 等，常用于数据采集系统中的模/数转换。

④ D/A：常用芯片有 DAC0832 和 AD558 等，完成数/模转换。

⑤ 其他专用电路：常用的单片机接口电路还有键盘及显示器接口专用控制芯片 8279、

时钟日历芯片 MC146816、电压基准芯片 MC1403 等。

7.1.2 常用半导体存储器芯片

1. 半导体存储器的分类

半导体存储器可分为只读存储器和读写存储器两大类，如图 7.7 所示，图中将一些新型半导体存储器也单独列出。

- 半导体存储器
  - 读写存储器RAM（掉电后信息丢失）
    - 静态 RAM：SRAM，不需刷新
    - 动态 RAM：DRAM，需要刷新
  - 只读存储器 ROM（掉电后不会丢失信息）
    - 掩膜 ROM：MROM，厂家写入，不可更改
    - 可编程 ROM：PROM，用户可一次写入，不可更改
    - 紫外线可擦除可编程：ROMEPROM，用户可擦除后重写
    - 电可擦除可编程 ROM：EEPROM，用户可擦除后重写
  - 新型存储器（比 ROM 的读写速度快，且掉电后信息不丢失）
    - 快速电可擦除可编程 ROM：FLASH–ROM
    - 非易失性 RAM：NVRAM，SRAM与EEPROM的共同体

图 7.7 半导体存储器的分类

2. 单片机系统中常用的典型半导体存储器芯片介绍

上述半导体存储器中，单片机系统较常使用的有 SRAM、EPROM 和 EEPROM，因此，这里介绍这几种半导体存储器的典型芯片。这些器件的内部结构和工作原理已在数字电路与逻辑设计、微机原理及接口技术等前修课程中学过，本节主要介绍它们的外部特性及其在单片机系统中的扩展应用。

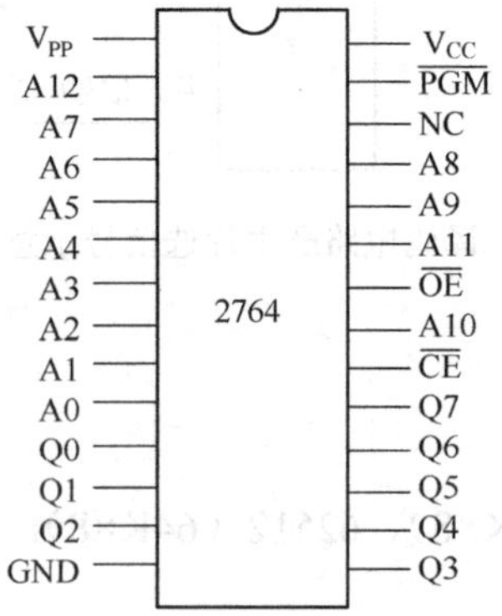

图 7.8 EPROM2764 电路引脚图

（1）EPROM 芯片：EPROM 芯片有许多系列，这里介绍一种常用的系列 27×××。

这个系列的 EPROM 存储器芯片有 2716、2732、2764、27128、27256、27512、27010、27020、27040，它们的存储器容量分别是 2K×8、4K×8、8K×8、32K×8、64K×8、128K×8、256K×8、512K×8。图 7.8 给出了 2764 的引脚图。

27×××系列芯片的地址引脚数=$\log_2$容量，数据引脚 8 条，控制引脚共有 4 条：$\overline{CE}$、$\overline{PGM}$、$\overline{OE}$、V_{PP}。

引脚功能说明如下。

数据引脚：Q_7～Q_0，三态双向。8 位数据线表示每个存储单元 8 位二进制数据。

地址引脚：A_{12}～A_0，输入。13 位地址线能寻址 8K 个单元。

控制引脚：$\overline{CE}$，片选信号，输入，低电平有效。当$\overline{CE}$=“0”时，EPROM2764 被选中

$\overline{OE}$，读控制信号，输入，低电平有效。当$\overline{OE}$=“0”时，选中单元的内容被读出。

$\overline{PGM}$，编程脉冲，输入。当对 2764 写入内容时，$\overline{PGM}$引脚接一个约 50ms 的负脉冲信号。

电源引脚：V_{CC}，工作电压，输入，+5V。

GND，接地端。

V_{PP}，编程电压，输入，其电压值视型号和生产厂家而定，范围为 12.5V～25V。

空脚：NC 为无定义的空脚。

2764 的操作方式见表 7.1 所示。

表 7.1　2764A 和 27128A 的操作方式

方式＼引脚	$\overline{CE}$ (20)	$\overline{OE}$ (22)	$\overline{PGM}$ (27)	V_{PP} (1)	V_{CC} (28)	Q_0～Q_7 (11～13 15～19)
读	V_{IL}	V_{IL}	V_{IH}	V_{CC}	5V	D_{OUT}
禁止输出	V_{IL}	V_{IH}	V_{IH}	V_{CC}	5V	高阻
维持	V_{IH}	×	×	V_{CC}	5V	高阻
编程	V_{IL}	V_{IH}	V_{IL}	*	**	D_{IN}
编程校验	V_{IL}	V_{IL}	V_{IH}	*	**	D_{OUT}
编程禁止	V_{IH}	×	×	*	**	高阻

注意：×表示任意状态。

（2）SRAM 芯片：这里介绍 2 种 SRAM 芯片，即 6116 和 62×××系列。

6116 是存储容量为 2K×8 的高速静态 CMOS 可读写半导体存储器集成电路。其引脚图见图 7.9，工作方式列于表 7.2 中。

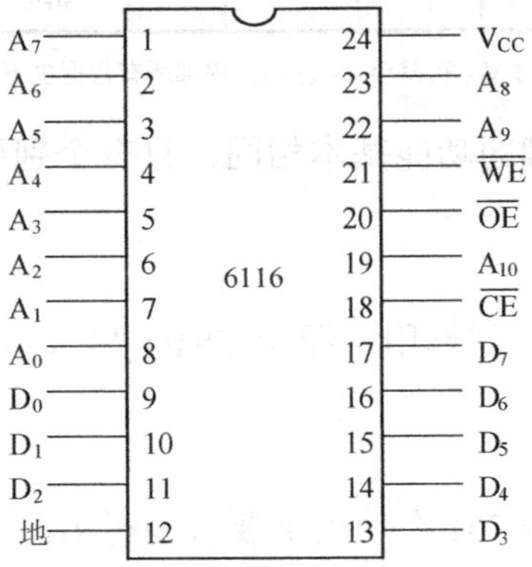

图 7.9　6116 引脚图

表 7.2　6116 的工作方式

方式＼引脚	$\overline{CE}$	$\overline{OE}$	$\overline{WE}$	D_0~D_7
未选中（待用）	H	X	X	高阻
读出	L	L	H	D_{out}
写入	L	H	L	D_{in}

注：L—低电平，H—高电平，X—任意电平。

引脚说明如下。

数据引脚：D_7～D_0，三态双向。用于传送读写数据，8 位数据线说明每个单元 8 位二进制数据。

地址引脚：A_{10}～A_0，输入。用于选中某一存储单元，11 位地址线可寻址 2K 个存储单元。

控制引脚：$\overline{CE}$，片选信号，输入，低电平有效，$\overline{CE}$=“0”时 6116 被选中。

$\overline{OE}$，读控制信号，输入，低电平有效，$\overline{OE}$=“0”时，选中单元数据被读出。

$\overline{WE}$，写控制信号，输入，低电平有效，$\overline{WE}$=“0”时，向选中单元写入数据。

电源引脚：V_{cc}，工作电压，+5V。

GND，接地端。

62×××系列：62×××系列 SRAM 有 6264、62128、62256 等，它们的存储容量分别为 8K×8、16K×8、32K×8。引脚见图 7.10，工作方式列于表 7.3。

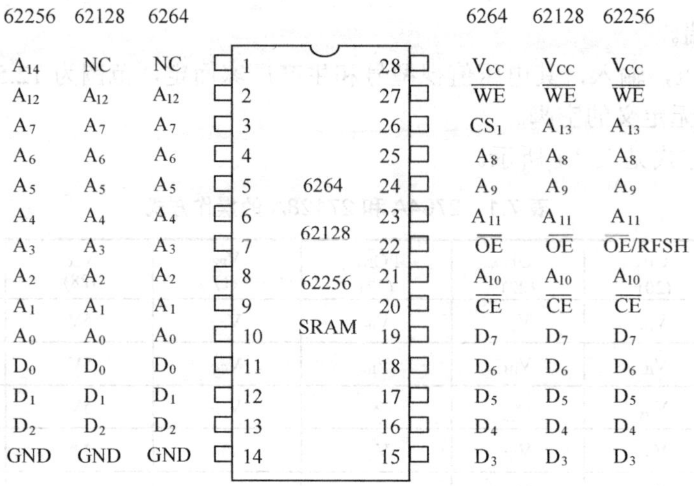

图 7.10　62×××系列 SRAM 引脚图

表 7.3　62×××系列 SRAM 工作方式

方式＼引脚	$\overline{CE}$	$\overline{OE}$	$\overline{WE}$	$D_0 \sim D_7$
读	0	0	1	D_{out}
写	0	1	0	D_{in}
维持*	1	×	×	高阻

注：对于 CMOS 静态 RAM 电路，$\overline{CE}$ 为高电平时，电路处于降耗状态，此时 V_{CC} 可降至 3V 左右，内部所有数据也不会丢失。

引脚说明：62×××SRAM 的引脚功能与 6116 引脚的功能基本相同，只有个别引脚有区别，现说明如下。

NC：空脚。

CS1：片选信号，输入高电平有效。此引脚与 $\overline{CE}$ 同时起作用，即当 CS1=“1”，且 $\overline{CE}$=“0”时，芯片被选中。

（3）E^2PROM 芯片

E^2PROM 是电可擦除可编程的半导体存储器，比 EPROM 在使用上要方便得多，它具有 RAM 的在线随机读写性能，掉电后信息不丢失。+5V 供电下即可进行编程，而且对编程脉冲宽度一般没有特殊要求，不需专门的编程器和擦除器，是一种特殊的可读写存储器。

由于 E^2PROM 具有在线写入功能，常用作需要改写个别操作数据的系统中。尽管 E^2PROM 允许擦/写次数在 10000 次以上，写入信息可保持 20 年，远比 EPROM 的可擦/写的性能高，仍不宜作为需要频繁改写数据的存储器使用。E^2PROM 虽然具有在线擦除功能，但放在 E^2PROM 中的程序还是在专用编程器上写入较为方便。较新的 E^2PROM 产品在写入时自动完成擦除。在芯片引脚的设计上，2KB 的 E^2PROM 2817 与相同容量的 EPROM 2716 和静态 RAM 6116 是兼容的；8KB E^2PROM 2864 与相同容量的 EPROM 2764 和静态 RAM 6264 是兼容的；大容量的稍有区别，可查阅有关手册。所以这里把 E^2PROM 归并到数据存储器类，当然也可以将其归并到 ROM 类。这些特点给硬件线路设计和调试带来不少方便。

以 E^2PROM 2864 为例，其引脚排列如图 7.11 所示，图中引脚符号功能如下。

$A_0 \sim A_{12}$：地址输入线。

$I/O_0 \sim I/O_7$：双向三态数据线。

$\overline{CE}$：片选线。"0"有效。

$\overline{OE}$：读允许线。"0"有效。

$\overline{WE}$：写允许线。"0"有效。

V_{CC}：+5V 工作电源，GND 接地。

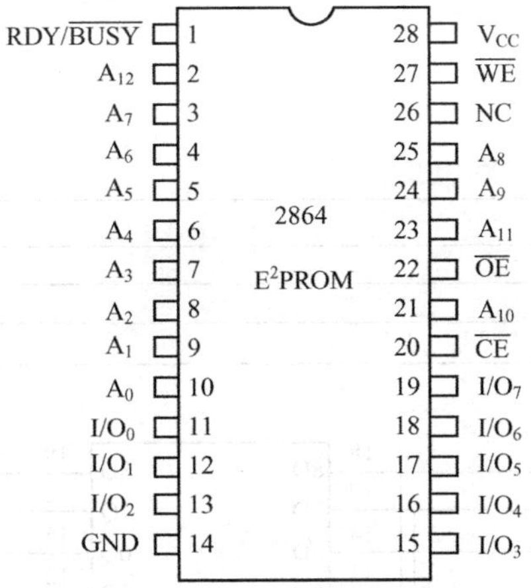

图 7.11　E^2PROM2864 引脚图

在单片机测控系统中常用的 E^2PROM 芯片型号有 2817（2816）、2864、28256、28512 等芯片，主要技术指标如表 7.4 所示。

表 7.4　2817、2864、28256、28512 等芯片主要技术指标

型号	2817（2KB）	2864（8KB）	28256（32KB）	28512（64KB）
维持电流（μA）	*	≤200	≤300	≤300
工作电流（mA）	*	40	50	60
读出时间（ns）	250	*150～250	*150～350	*75～250

E^2PROM 的操作方式主要有读、写、维持、擦除等几种。表 7.5 给出了各种操作方式和主要引脚控制电平的有关状态。

表 7.5　E^2PROM 操作方式

方式 \ 引脚	$\overline{CE}$（20）	$\overline{OE}$（22）	$\overline{WE}$（27）	I/O_0～I/O_7（11～13，15～19）
读	0	0	1	D_{out}
写	0	1	0	D_{in}
维持	1	×	×	高阻
输出禁止	×	1	×	高阻
整片擦除	0	12±0.5V	0	高阻

注：×表示任意状态。

7.1.3　程序存储器扩展

单片机外部程序存储器芯片常选用 EPROM 或 E^2PROM，MCS-51 系列单片机外部程序存储空间最大可达 64KB。现以 EPROM 27XXX 系列存储器芯片为例给出程序存储器扩展实例。

① 数据线的连接：2764 的数据线直接与单片机的数据总线（P0 口）对应相接，如图 7.12 所示。

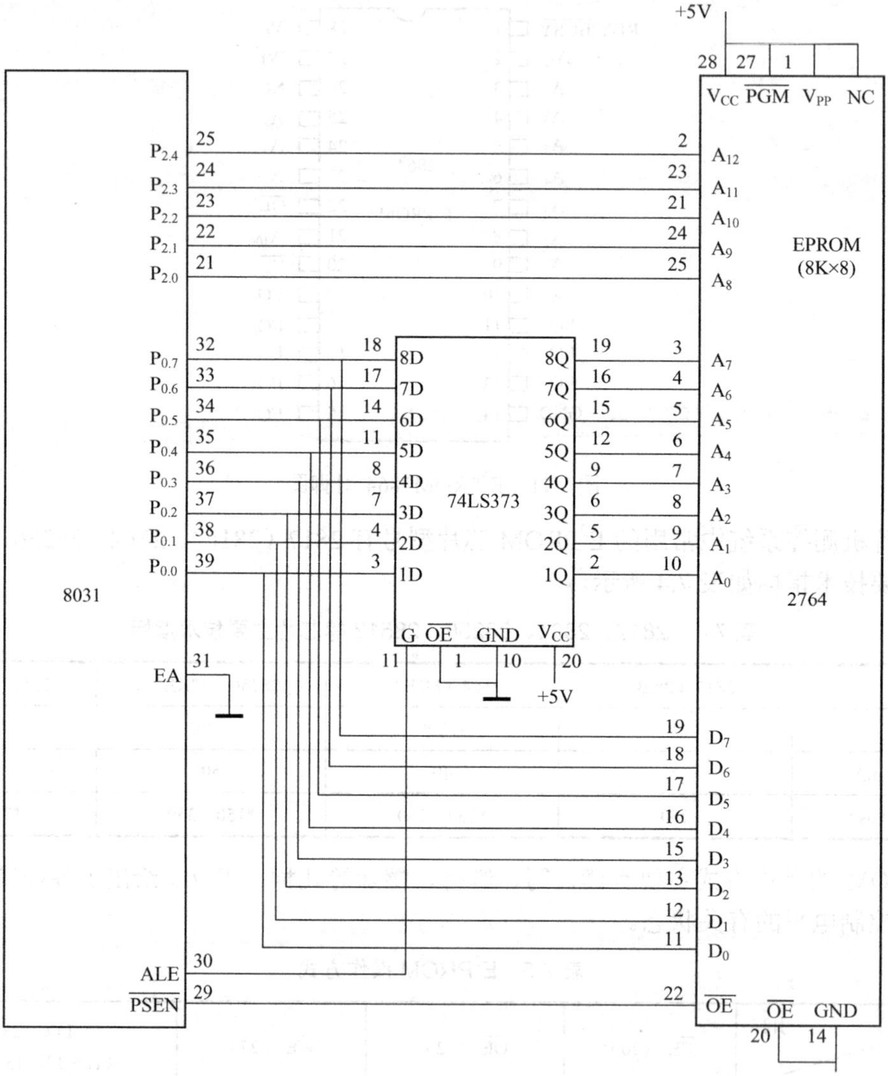

图 7.12　EPROM2764 扩展连接电路图

② 地址线的连接：由于 MCS-51 系列单片机的数据总线与低 8 位地址总线分时复用，所以 P_0 口输出的信息经 74LS373 锁存后才是低 8 位地址总线，与 2764 的低 8 位地址线对应相接，高 5 位地址与单片机 P_2 口输出的高 8 位地址总线中的低 5 位 A_8～A_{12}（$P_{2.0}$～$P_{2.4}$）对应相接。

③ 控制线的连接：由于是单片存储器扩展，所以其 $\overline{CE}$ 可直接接地。特别要注意的是，MCS-51 系列单片机读外部程序存储器的控制信号为专用信号 $\overline{PSEN}$，所以一定要将程序存储器的读信号 $\overline{OE}$ 接 $\overline{PSEN}$ 引脚，而不能接 $\overline{RD}$。

④ 电源线等的连接：在读方式下，编程电压 V_{PP} 和编程脉冲 $\overline{PGM}$ 以及空脚都与工作电

源引脚 V_{CC} 一起接至“+5V”。

按图中接法，单片机发出 64K 中的任何一个地址都可以选中 2764 的某一个单元。即它占用了 8 个 8K 存储空间。地址范围为：0000H～1FFFH，2000H～3FFFH，4000H～5FFFH，6000H～7FFFH，8000H～9FFFH，A000H～BFFFH，C000H～DFFFH，E000H～FFFFH。

7.1.4　数据存储器扩展设计

图 7.13 所示为 8031 系统中使用 1 片 6116 的硬件连接。

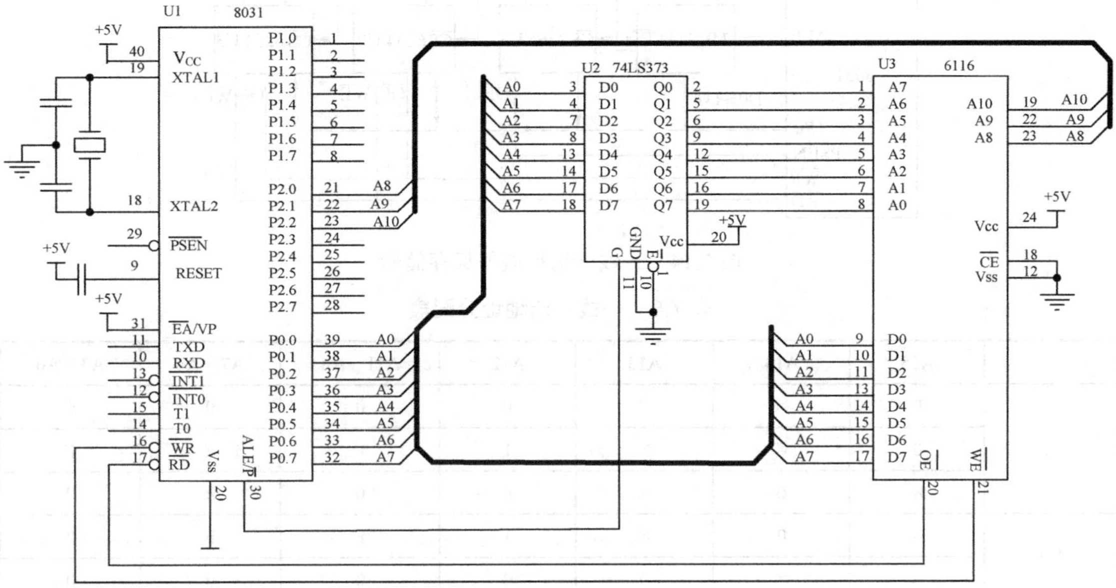

图 7.13　SRAM6116 扩展连接电路图

图中数据线、地址线以及电源线（V_{CC}、GND）的连接方法与扩展程序存储器时相同。下面对控制信号的连接加以说明。

① 片选信号 $\overline{CE}$ 接单片机 $P_{2.7}$，即最高位地址 A_{15}，这在存储器选址方式中属于线选法。而地址线 A_{14}、A_{13}、A_{12}、A_{11} 未使用，因此 HM6116 的寻址空间不能唯一确定，而是占用 64K 数据存储空间的前 32K。也就是说将前 32K 空间分成了 16 个 2K 的空间，这 32K 中的任意一个地址都对应 HM6116 的某一个单元。计算出 16 个 2K 的空间分别为：

0000H～07FFH、0800H～0FFFH、1000H～17FFH、1800H～1FFFH

2000H～27FFH、2800H～2FFFH、3000H～37FFH、3800H～3FFFH

4000H～47FFH、4800H～4FFFH、5000H～57FFH、5800H～5FFFH

6000H～67FFH、6800H～6FFFH、7000H～77FFH、7800H～7FFFH

② 读信号 $\overline{OE}$ 接单片机 $\overline{RD}$。在 MCS-51 系列单片机中外部程序存储器的读信号用 $\overline{PSEN}$（已如前述），外部数据存储器和扩展的 I/O 接口的读信号用 $\overline{RD}$。

③ 写信号 $\overline{WE}$ 接单片机 $\overline{WR}$。

7.1.5　单片机扩展外部存储器空间地址分配

访问多片外扩存储器中的单元，有两次选择：第一次是选择要访问单元所处的芯片——

片选；第二次是选择该片中的某一存储单元——字选。片选的方法有：线选法，译码法。

1. 线选法

利用高位地址线直接做片选信号，分为一线一选（如图 7.14 和表 7.6 所示）、一线二选（如图 7.15 所示）和混合线选（如图 7.16 所示）。

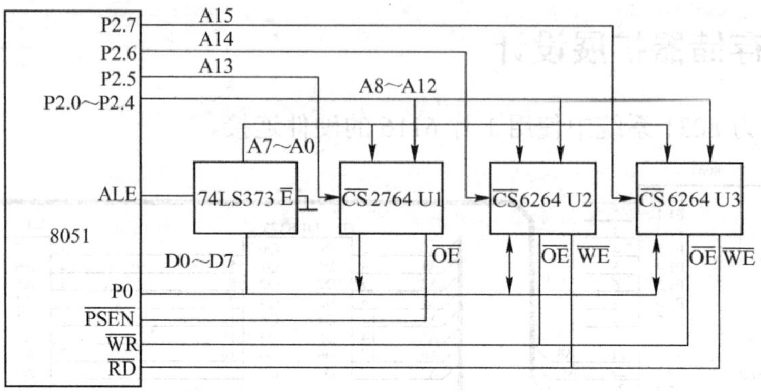

图 7.14　一线一选扩展外部存储器

表 7.6　一线一选地址分配表

	A15	A14	A13	A12	A11～A8	A7～A4	A3～A0
U3	0	×	×	0	0	0	0
	0	×	×	1	F	F	F
	×	0	×	0	0	0	0
U2	×	0	×	1	F	F	F
	×	×	0	0	0	0	0
U1	×	×	0	1	F	F	F

U3：0000H～1FFFH　　8K　　2000H～3FFFH　　8K

　　4000H～5FFFH　　8K　　6000H～7FFFH　　8K

对于同一芯片有多个地址的情况，也有地址的浮动，一般只选用其中一组地址。

U2：0000H～1FFFH　　8K　　2000H～3FFFH　　8K

　　8000H～9FFFH　　8K　　A000H～BFFFH　　8K

两个芯片占用同一个地址，为地址的重叠，需要用软件区分。

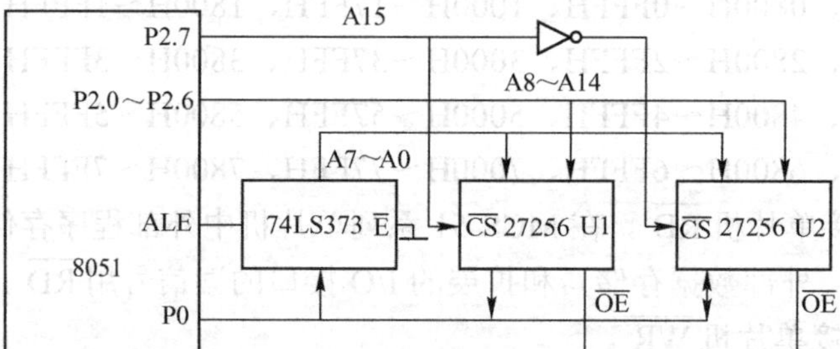

图 7.15　一线二选扩展外部存储器

U1：0000H～7FFFH　　　U2：8000H～FFFFH

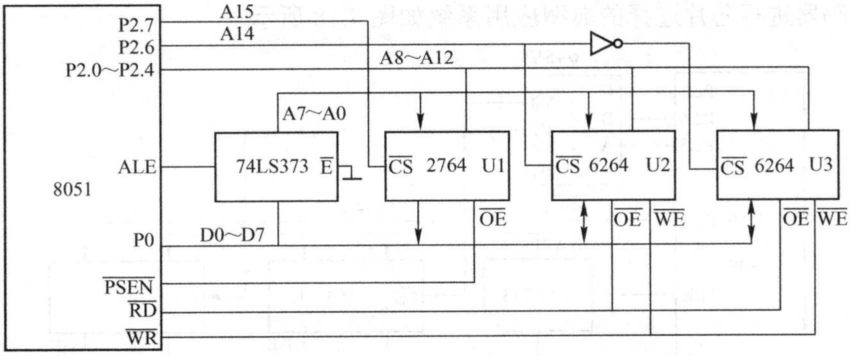

图 7.16　混合线选扩展外部存储器

U1：0××A12～A0；U2：×0×A12～A0；U3：×1×A12～A0，“×”表示任意电平。

2．全地址译码法

用译码电路产生片选信号，以译码器 74LS138（3 线–8 线译码器）为例。

（1）译码器 74LS138 引脚图，如图 7.17 所示。引脚说明如下。

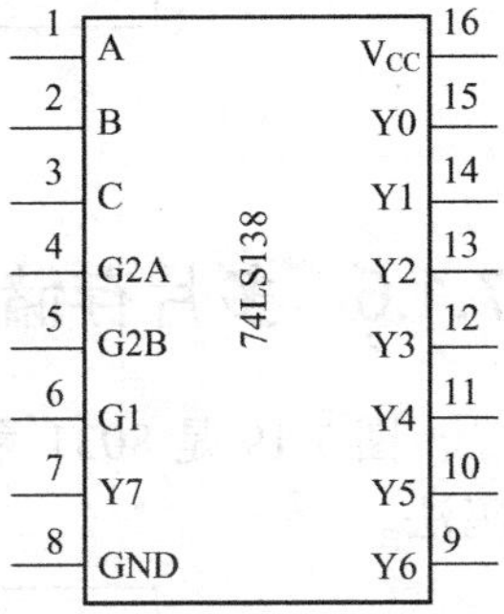

图 7.17　74LS138 引脚图

A、B、C：译码信号输入端；

$\overline{Y0}$～$\overline{Y7}$：译码信号（片选信号）输出端，低电平有效；

G1：控制信号，高电平有效；

$\overline{G_{2A}}$、$\overline{G_{2B}}$：控制信号，低电平有效（$G2=\overline{G_{2A}}+\overline{G_{2B}}$）。

（2）74LS138 功能表如表 7.7 所示。

表 7.7　74LS138 功能表

输入						输出							
$\overline{G_{2B}}$	$\overline{G_{2A}}$	G1	C	B	A	$\overline{Y7}$	$\overline{Y6}$	$\overline{Y5}$	$\overline{Y4}$	$\overline{Y3}$	$\overline{Y2}$	$\overline{Y1}$	$\overline{Y0}$
1	×	×	×	×	×	1	1	1	1	1	1	1	1
×	1	×	×	×	×	1	1	1	1	1	1	1	1
×	×	0	×	×	×	1	1	1	1	1	1	1	1
0	0	1	0	0	0	1	1	1	1	1	1	1	**0**
0	0	1	0	0	1	1	1	1	1	1	1	**0**	1
0	0	1	0	1	0	1	1	1	1	1	**0**	1	1
0	0	1	0	1	1	1	1	1	1	**0**	1	1	1
0	0	1	1	0	0	1	1	1	**0**	1	1	1	1
0	0	1	1	0	1	1	1	**0**	1	1	1	1	1
0	0	1	1	1	0	1	**0**	1	1	1	1	1	1
0	0	1	1	1	1	**0**	1	1	1	1	1	1	1

当 G1=1，G2=$\overline{G_{2A}}+\overline{G_{2B}}$=0 时，与 C、B、A 值相应的$\overline{Yi}$端输出低电平（片选信号）。采用译码器进行芯片选择的典型应用系统如图 7.18 所示。

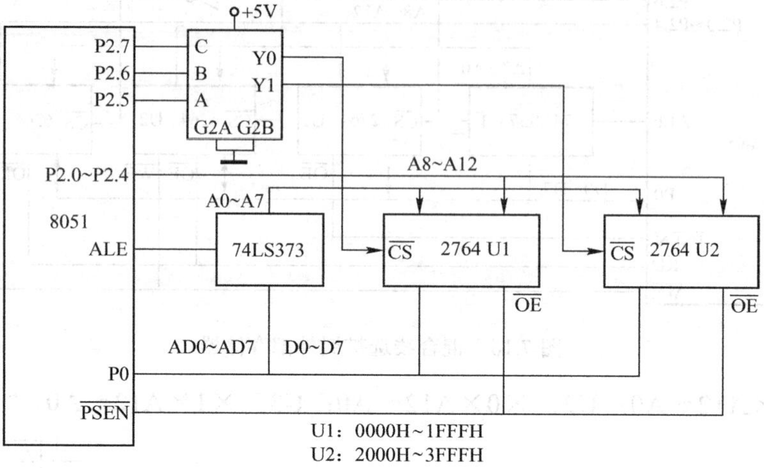

图 7.18　译码法扩展外部存储器

7.1.6　多片存储器扩展设计

图 7.19 是 8031 系统中扩展 3 片 2764 的连接图，图中对 3 片 2764 的选址采用完全译码法。

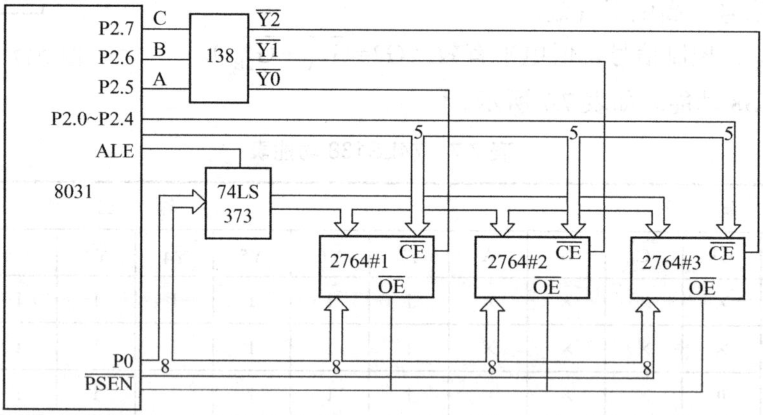

图 7.19　3 片 2764 扩展连接图

3 片 2764 的片选信号$\overline{CE}$分别连接译码器 74LS138 的$\overline{Y0}$、$\overline{Y1}$和$\overline{Y2}$，因此它们的寻址空间分别为：0000H～1FFFH、2000H～3FFFH 和 4000H～5FFFH，并且寻址空间唯一确定。

图 7.20 是 8031 系统中同时扩展 1 片程序存储器和 1 片数据存储器的连接图。图中 EPROM 27256 占用程序存储空间的后 32K，SRAM 62256 占用数据存储空间的前 32K，因此，它们的寻址空间分别为 0000H～7FFFH 和 8000H～FFFFH，而 27256 使用$\overline{PSEN}$信号读程序代码，62256 用$\overline{RD}$和$\overline{PSEN}$读数据，用$\overline{WR}$写数据。

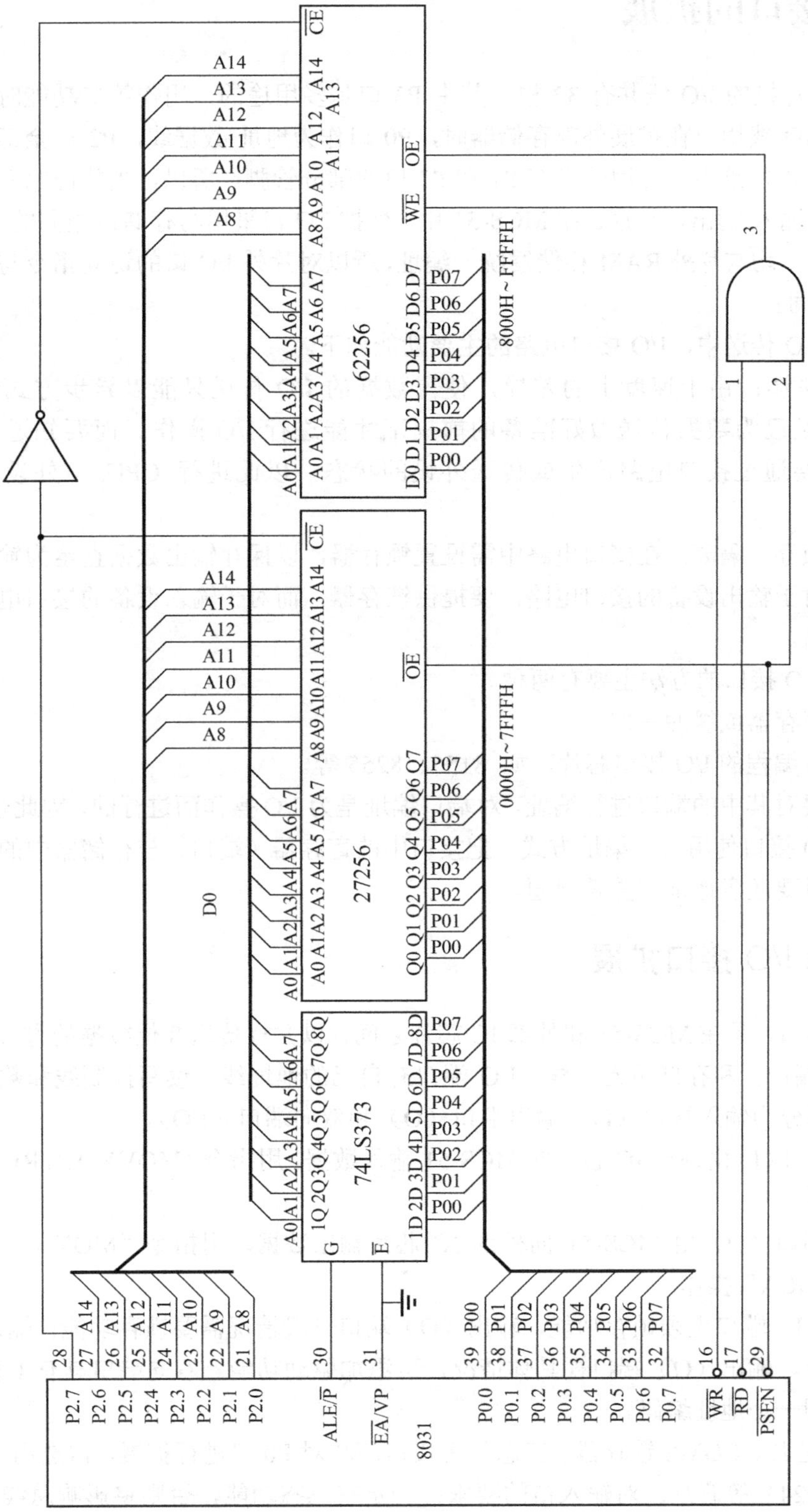

图 7.20　同时扩展 27256 和 62256 的连接电路图

7.2 I/O 接口的扩展

MCS-51 单片机的 I/O 线共有 32 根，其中 P3 口是多用途的，用作第二功能时，通常不能作为一般的 I/O 线用。在扩展外部存储器时，P0 口作为地址/数据线，P2 口全部或部分作为地址线专用，提供给用户使用的只有 P1 和 P2 口的部分管脚。所以，当片内输入输出口不够用时，要进行输入/输出口扩展。在 MCS-51 中，外扩 I/O 口采用与存储器相同的寻址方法，所有的扩展 I/O 口均与片外 RAM 存储器统一编址，所以对片外 I/O 口的访问指令与访问片外 RAM 的指令相同。

在数据的 I/O 传送中，I/O 接口电路的主要功能如下。

（1）速度协调：由于速度上的差异，使得数据的 I/O 传送只能以异步方式进行，即只能在确认外设已为数据传送做好准备的前提下才能进行 I/O 操作。而要知道外设是否准备好，就需要通过接口电路产生或传送外设的状态，以此进行 CPU 与外设之间的速度协调。

（2）数据锁存、隔离：在接口电路中需设置锁存器，以保存输出数据直至为输出设备所接收。为此，对于输出设备的接口电路，要提供锁存器，而对于输入设备的接口电路，要使用三态缓冲电路。

扩展并行 I/O 接口的方法主要有两种。

（1）利用锁存器或缓冲三态门。

（2）采用可编程的 I/O 接口芯片，如 8155、8255 等。

接口电路要对其中的端口进行编址。对端口编址是为 I/O 操作而进行的，因此也称为 I/O 编址。80C51I/O 接口使用统一编址方式。把接口中的寄存器（端口）与存储器中的存储单元同等对待，所以要注意地址的重叠问题。

7.2.1 简单 I/O 接口扩展

并行 I/O 端口，是在 MCS-51 和外部 IC 芯片之间，以并行传送 8 位数据的方式，实现输入/输出操作的端口。和存储单元一样，I/O 端口有自己的地址线、读写控制线和数据线。并行 I/O 端口可细分为输入端口（I）、输出端口（O）和双向端口（I/O）。

（1）输入端口（I）由外部 IC 芯片向 MCS-51 输入数据，用指令“MOVX A,@Ri 或 MOVX A,@DPTR”操作。

（2）输出端口（O）由 MCS-51 向外部 IC 芯片输出数据，用指令“MOVX @Ri,A 或 MOVX @DPTR,A”操作。

（3）输入（I）端口无须锁存功能，输出（O）端口一般情况需要锁存功能；输入（I）端口无须驱动功能，输出（O）端口视具体情况，可添加驱动功能。双向端口具有 I 和 O 的双重功能，使用同一个地址编码。

利用 TTL 芯片、COMS 锁存器、三态门等接口芯片对 P0 口进行扩展，常选用 74LS273、74LS373、74LS244 等芯片。对输入口的要求：一定有三态功能，否则将影响总线的正常工作，输出带锁存的电路即可。

例 7.1　图 7.21 是利用 74LS373 和 74LS244 扩展的简单 I/O 口，要求实现 K0～K7 开关的状态通过 L0～L7 发光二极管显示，请编程实现。

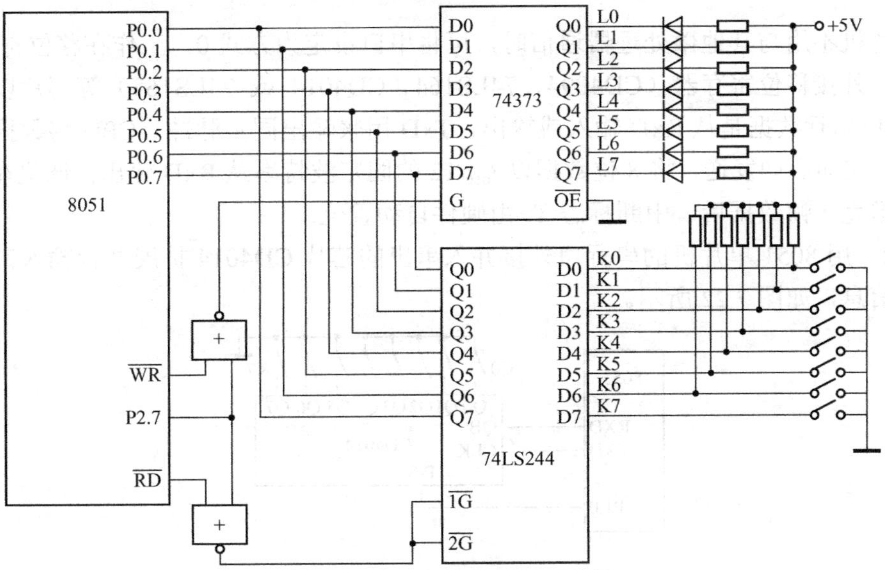

图 7.21　单片机简单 I/O 扩展电路

由电路图可知：74LS373 扩展并行输出口，74LS244 扩展并行输入口。74LS373 是一个带输出三态门的 8 位锁存器，8 个输入端 D0～D7，8 个输出端 Q0～Q7，G 为数据锁存控制端，当 G 为高电平，则把输入端的数据锁存于内部的锁存器，$\overline{\text{OE}}$ 为输出允许端，低电平时把锁存器中的内容通过输出端输出。74LS244 是单向数据缓冲器，带两个控制端$\overline{\text{1G}}$和$\overline{\text{2G}}$，当它们为低电平时，输入端 D0～D7 的数据输出到 Q0～Q7。

汇编参考程序：

```
LOOP:   MOV     DPTR,#7FFFH
        MOVX    A,@DPTR
        MOVX    @DPTR,A
        SJMP    LOOP
```

C 语言参考程序：

```
#include    <reg51.h>
#include    <absacc.h>
#define uchar  unsigned  char
uchar   i;
void    main (void)
{
    while(1)
    {
        i=XBYTE[0x7fff];
        XBYTE[0x7fff]= i;
    }
}
```

7.2.2 用串行口扩展并行 I/O 接口

当单片机不用与其他微处理器通信时，可将串口设定为方式 0，工作在移位寄存器输入/输出方式，外接移位寄存器（CD4094、74LS164、CD4014 或 74LS165）等芯片以扩展并行 I/O 口。8 位串行数据是从 RxD 输入或输出，TxD 用来输出同步脉冲。CPU 将数据写入发送寄存器时，立即启动发送，将 8 位数据以 $f_{osc}/12$ 的固定波特率从 RxD 输出，低位在前，高位在后。发送完一帧数据后，中断标志 TI 由硬件自动置位。

例 7.2 用 8051 单片机的串行口外接并入串出的芯片 CD4014 扩展并行输入口，接收一组开关的信息，如图 7.22 所示。

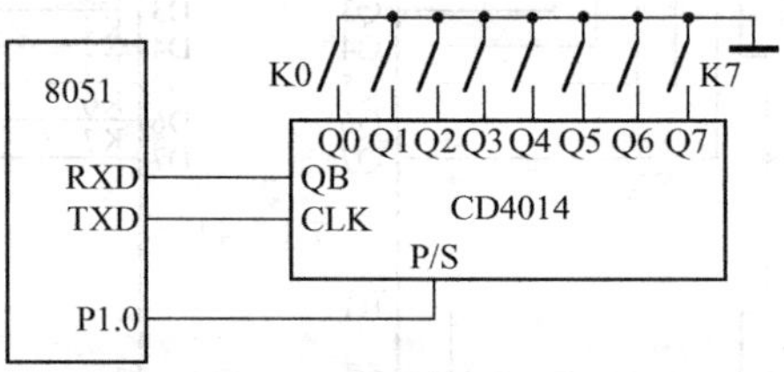

图 7.22 8051 与 CD4014 的连接

解：采用查询 RI 的方式来判断数据是否输入。参考程序如下。

汇编参考程序：

```
        ORG     0000H
        LJMP    MAIN
        ORG     0100H
MAIN:   MOV     SCON,#10H
        SETB    P1.0
        CLR     P1.0
LOOP:   JNB     RI,LOOP
        CLR     RI
        MOV     A,SBUF
        SJMP    $
```

C 语言参考程序：

```
#include  <reg51.h>
Sbit P1_0=P1^0;
void main()
{
    unsigned  char  i;
    SCON=0x10;
    P1_0=1;
    P1_0=0;
    while (!RI);
    RI=0;
```

```
        i=SBUF;
        while(1);
    }
```

7.2.3　可编程 I/O 接口扩展

在单片微机 I/O 扩展中常用的并行可编程接口芯片有：8255 可编程通用并行接口芯片、8155 带 RAM 和定时器/计数器的可编程并行接口芯片、8279 可编程键盘/显示器接口芯片。这些芯片的功能可以由用户编程来控制，因此可以使用一个接口芯片实现多种不同的接口功能。

1．8255A 可编程并行 I/O 接口内部结构及引脚功能

8255 和 MCS-51 相连，可以为外设提供三个 8 位的 I/O 端口：A 口、B 口和 C 口，三个端口的功能完全由编程来决定。图 7.23 为 8255 的内部结构和引脚图。

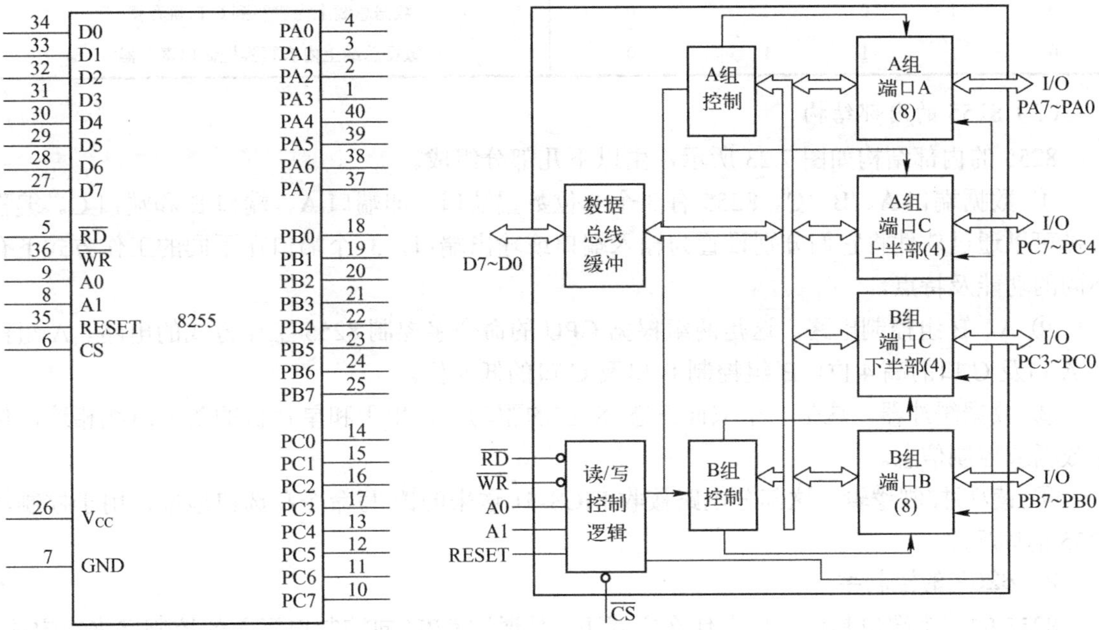

图 7.23　8255 的内部结构和引脚图

（1）8255 的芯片引脚

8255 是一种有 40 个引脚的双列直插式标准芯片，其引脚排列如图 7.23 所示。除电源 V_{CC}（+5V）和接地（GND）以外，其他信号可以分为两组。

① 与外设相连接（24 脚）

PA7～PA0：A 口数据线。

PB7～PB0：B 口数据线。

PC7～PC0：C 口数据线。

② 与 CPU 相连接

D7～D0：8255 的数据线和系统数据总线相连。

RESET：复位信号，高电平有效。当 RESET 有效时，所有内部寄存器都被清零。

$\overline{CS}$：片选信号，低电平有效。只有当$\overline{CS}$有效时，芯片才被选中。

$\overline{RD}$：读信号，低电平有效。当$\overline{RD}$有效时，CPU 可以从 8255 中读取输入数据。

$\overline{WR}$：写信号，低电平有效。当$\overline{WR}$有效时，CPU 可以往 8255 中写入控制字或数据。

A1、A0：端口选择信号。8255 内部有 3 个数据端口和 1 个控制端口，由 A1A0 编程选择。

A1、A0 和$\overline{CS}$、$\overline{RD}$及$\overline{WR}$组合所实现的各种功能如表 7.8 所示。

表 7.8　8255 端口及工作状态选择表

$\overline{CS}$	A1	A0	$\overline{RD}$	$\overline{WR}$	I/O 操作
0	0	0	0	1	读 A 口寄存器内容到数据总线
0	0	1	0	1	读 B 口寄存器内容到数据总线
0	1	0	0	1	读 C 口寄存器内容到数据总线
0	0	0	1	0	数据总线上内容写到 A 口寄存器
0	0	1	1	0	数据总线上内容写到 B 口寄存器
0	1	0	1	0	数据总线上内容写到 C 口寄存器
0	1	1	1	0	数据总线上内容写到控制口寄存器

（2）8255 的内部结构

8255 的内部结构如图 7.23 所示，由以下几部分组成。

① 数据端口 A、B、C。8255 有 3 个 8 位数据端口，即端口 A、端口 B 和端口 C。编程人员可以通过软件将它们分别设置为输入端口或输出端口，3 个端口在不同的工作方式下有不同的功能及特点。

② A、B 组控制电路。这是两组根据 CPU 的命令字控制 8255 工作方式的电路。A 组控制 A 口及 C 口的高 4 位，B 组控制 B 口及 C 口的低 4 位。

③ 数据缓冲器。这是一个双向三态 8 位的驱动口，用于和单片机的数据总线相连，传送数据或控制信息。

④ 读/写控制逻辑。这部分电路接收 MCS-51 送来的读/写命令和选口地址，用于控制对 8255 的读/写。

2．8255 的控制字

8255 的三个端口具体工作在什么方式下，是通过 CPU 向控制口写入的控制字来决定的。8255 有两个控制字：方式选择控制字和 C 口置/复位控制字。用户通过编程把这两个控制字送到 8255 的控制寄存器，这两个控制字以 D7 来作为标志。

（1）方式选择控制字

方式选择控制字的格式和定义如图 7.24（a）所示。

D7 位为特征位。D7=1 表示为工作方式控制字。D6、D5 用于设定 A 口的工作方式。D4、D3 用于设定 A 口和 C 口的高 4 位是输入还是输出。D2 用于设定 B 口的工作方式。D1、D0 用于设定 B 口和 C 口的低 4 位是输入还是输出。

例 7.3　设 8255 控制字寄存器的地址为 7FFFH，请编程设定 A 口为方式 0 输出，B 口为方式 0 输入，PC4～PC7 为输出，PC0～PC3 为输入。

解：根据 8255 控制字格式得控制字为 10000011B=83H。

初始化汇编参考程序：

```
MOV     DPTR,#7FFFH
MOV     A,#83H
MOVX    @DPTR,A
```

初始化 C 语言参考程序：

```
#include  <reg51.h>
#include  <absacc.h>
#define  uchar  unsigned  char
uchar  i;
void  main (void)
{
    i= 0x83;
    XBYTE[0x7fff]= i;
}
```

（2）C 口置/复位控制字

C 口置/复位控制字的格式和定义如图 7.24（b）所示。

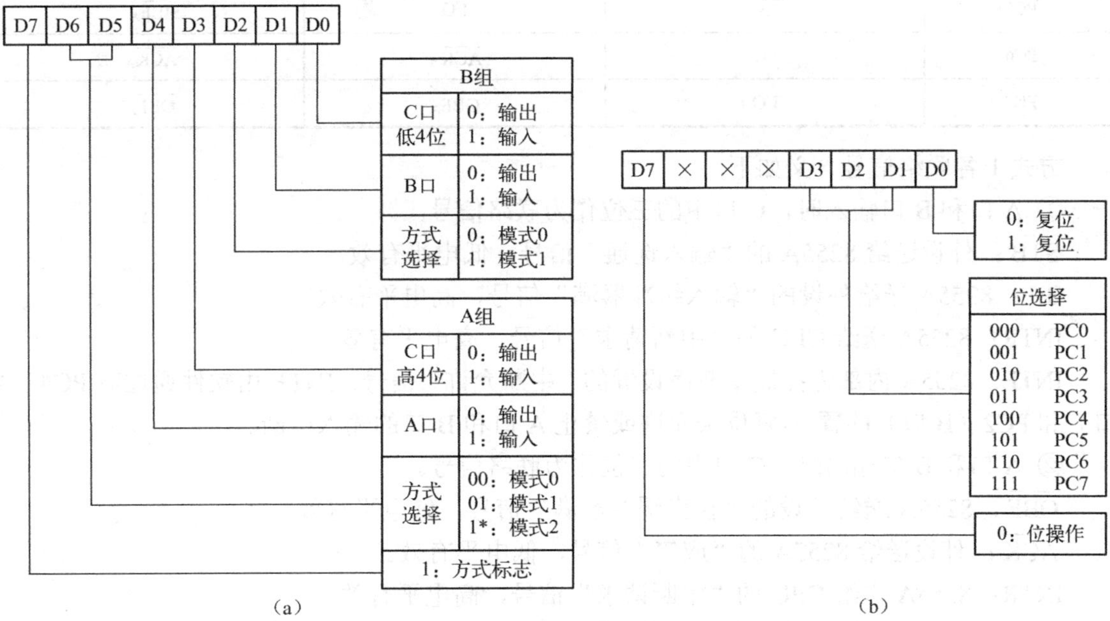

图 7.24　8255 控制字的格式和定义

D7 位为特征位。D7=0 表示 C 口按位置位/复位控制字。C 口具有位操作功能，把一个置/复位控制字送入 8255 的控制寄存器，就能将 C 口的某一位置 1 或清零而不影响其他位的状态。

3．8255 的工作方式

8255 有三种工作方式：方式 0、方式 1、方式 2。方式的选择是通过写控制字的方法来完成的。

（1）方式 0（基本输入/输出方式）：A 口、B 口及 C 口高 4 位、低 4 位都可以设置输入或输出，不需要选通信号。单片机可以对 8255 进行 I/O 数据的无条件传送，外设的 I/O 数据在 8255 的各端口能得到锁存和缓冲。

（2）方式 1（选通输入/输出方式）：A 口和 B 口都可以独立的设置为方式 1，在这种方式下，8255 的 A 口和 B 口通常用于传送和它们相连外设的 I/O 数据，C 口作为 A 口和 B 口的握手联络线，以实现中断方式或查询传送 I/O 数据。C 口作为联络线的各位分配是在设计 8255 时规定的，用户不能更改，具体分配如表 7.9 所示。

表 7.9 8255 端口及工作状态选择表

C 口各位	方式 1（A 口、B 口）		方式 2（仅 A 口）
	输入方式	输出方式	双向方式
PC0	$INTR_B$	$INTR_B$	由 B 口方式决定
PC1	$\overline{IBF}_B$	$\overline{OBF}_B$	由 B 口方式决定
PC2	$\overline{STB}_B$	$\overline{ACK}_B$	由 B 口方式决定
PC3	$INTR_A$	$INTR_A$	$INTR_A$
PC4	$\overline{STB}_A$	I/O	$\overline{STB}_A$
PC5	$\overline{IBF}_A$	I/O	$\overline{IBF}_A$
PC6	I/O	$\overline{ACK}_A$	$\overline{ACK}_A$
PC7	I/O	$\overline{OBF}_A$	$\overline{OBF}_A$

方式 1 各联络信号含义如下。

① A 口和 B 口输入时，C 口中的三位作为联络信号。

$\overline{STB}$：外设送给 8255A 的“输入选通”信号，低电平有效。

IBF：8255A 送给外设的“输入缓冲器满”信号，高电平有效。

INTR：8255A 送给 CPU 的“中断请求”信号，高电平有效。

INTE：8255A 内部为控制中断而设置的“中断允许”信号。INTE 由软件通过对 PC4（A 口）和 PC2（B 口）的置位/复位来允许或禁止 A 口和 B 口的输入中断。

② A 口和 B 口输出时，C 口中的三位作为联络信号。

$\overline{OBF}$：8255A 送给外设的“输出缓冲器满”信号，低电平有效。

$\overline{ACK}$：外设送给 8255A 的“应答”信号，低电平有效。

INTR：8255A 送给 CPU 的“中断请求”信号，高电平有效。

INTE：8255A 内部为控制中断而设置的“中断允许”信号。INTE 由软件通过对 PC4（A 口）和 PC2（B 口）的置位/复位来允许或禁止 A 口和 B 口的输出中断。

（3）方式 2（双向选通输入/输出方式）：只适合于端口 A。这种方式能实现外设与 8255A 的 A 口双向数据传送，并且输入和输出都是锁存的。它使用 C 口的 5 位作为联络信号，其中两位作中断允许控制位（PC4 和 PC6）。

4．8255 与 MCS-51 单片机的接口

（1）硬件连接

8255 与 MCS-51 单片机的连接包含数据线、地址线、控制线的连接。图 7.25 为 8255 扩展实例。

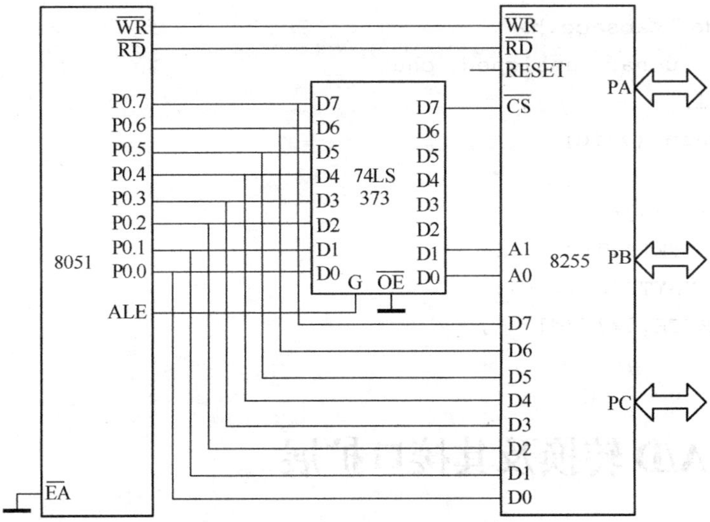

图 7.25　8051 和 8255 的接口电路

连线说明如下。

数据线：8255 的 8 根数据线 D0～D7 直接和 P0 口一一对应相连就可以了。

控制线：8255 的复位线 RESET 与 8031 的复位端相连，都接到 8031 的复位电路上。8255 的 $\overline{WR}$ 和 $\overline{RD}$ 与 8031 的 $\overline{WR}$ 和 $\overline{RD}$ 一一对应相连。

地址线：8255 的 $\overline{CS}$ 和 A1、A0 分别由 P0.7 和 P0.1、P0.0 经地址锁存器 74LS373 后提供，$\overline{CS}$ 的接法不是唯一的。一般与 P2 口剩余的管脚相连。当系统要同时扩展外部 RAM 时，就要和 RAM 芯片的片选端一起统一分配来获得，以免发生地址冲突。

I/O 口线：可以根据用户需要连接外部设备。

（2）地址确定

若无关地址位当 1 处理，根据硬件连接图 7.25 可得 8255 的 A 口、B 口、C 口和控制口的地址分别是：FF7CH，FF7DH，FF7EH，FF7FH。

（3）编程应用

例 7.4　假设图 7.25 中，在 8255 的 A 口接有 8 个按键，B 口接有 8 个发光二极管，请编写程序实现根据按键状态使相应的发光二极管发光。

解：汇编参考程序：

```
        MOV     DPTR，#0FF7FH        ;指向 8255 的控制口
        MOV     A，#90H
        MOVX    @DPTR，A             ;向控制口写控制字,A 口输入,B 口输出
        MOV     DPTR,#0FF7CH         ;指向 8255 的 A 口
LOOP:   MOVX    A,@DPTR              ;读取开关信息
        INC     DPTR                 ;指向 8255 的 A 口
        MOVX    @DPTR,A              ;驱动 LED 发光
        SJMP    LOOP
```

C 语言参考程序：

```
#include  <reg51.h>
```

```
#include <absacc.h>
#define uchar unsigned char
uchar i;
void main (void)
{
    i= 0x90;
    XBYTE[0x7f7f]= i;
    i=XBYTE[0x7f7c];
    XBYTE[0x7f7d]= i;
}
```

7.3 D/A、A/D 转换及其接口扩展

模/数（A/D）、数/模（D/A）转换技术在数字测量和数字控制技术中非常重要。单片机用于实时控制和智能仪表等应用系统时，采集到的被检测信号常常是连续变化的模拟量（如温度、压力、速度、流量等物理量），这些模拟量要先转换成数字量才能送给单片机处理。本节着重从应用角度分析典型的 A/D、D/A 转换芯片与 80C51 的接口逻辑电路以及相应的程序设计。

7.3.1 A/D 转换芯片 ADC0809 简介

ADC0809 是 CMOS 单片型逐次逼近型 8 位 A/D 转换器，共有 28 个引脚，双列直插式封装。片内除 A/D 转换部分外，还具有 8 路模拟量输入通道，带通道地址译码锁存器，输出带三态数据锁存器，有转换启动控制和转换结束标志。模拟输入电压范围为 0～+5V，转换时间约为 100μs，ADC0809 的内部结构及外部引脚如图 7.26 和图 7.27 所示。

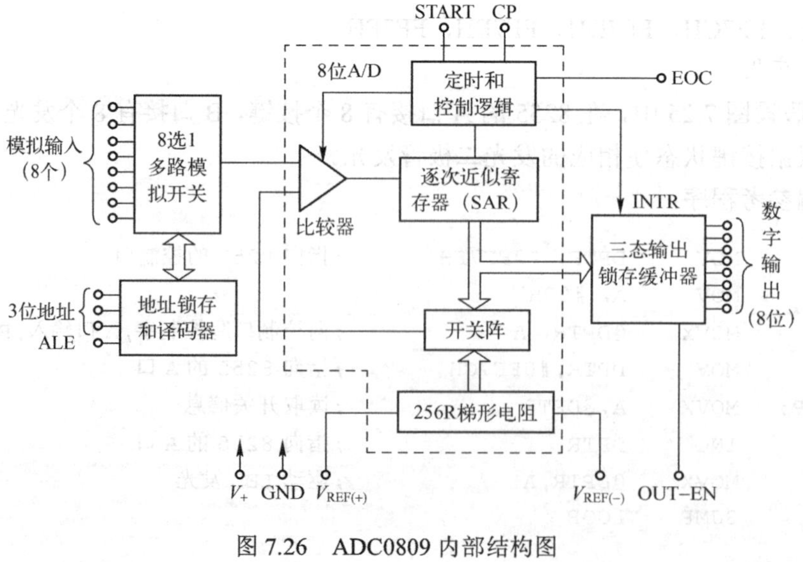

图 7.26 ADC0809 内部结构图

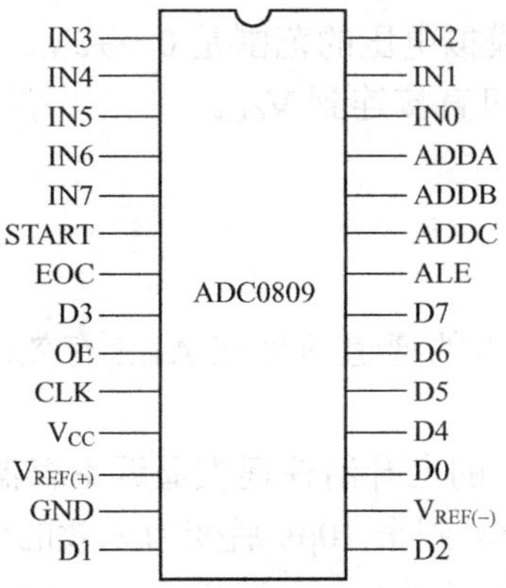

图 7.27　ADC0809 引脚图

其中，IN0～IN7：8 路模拟量输入端。

D0～D7：8 位数字量输出端，D7(MSB)～D0(LSB)并行输出模拟电压的二进制转换结果。

ADDA、ADDB、ADDC：3 位地址输入线，用于选择 8 路模拟通道中的一路，选择情况见表 7.10。

表 7.10　ADC0809 通道地址选择表

ADDC	ADDB	ADDA	选择通道
0	0	0	IN0
0	0	1	IN1
0	1	0	IN2
0	1	1	IN3
1	0	0	IN4
1	0	1	IN5
1	1	0	IN6
1	1	1	IN7

ALE：地址锁存信号输入端。高电平时把 3 个地址信号 A、B、C 送入地址锁存器，并经过译码器得到地址输出，以选择相应的模拟输入通道。

START：转换的启动信号输入端。加上正脉冲后，A/D 转换开始进行。（在正脉冲的上升沿，所有内部寄存器复位；在正脉冲的下降沿，开始进行 A/D 转换。在转换期间 START 应保持低电平。）

EOC：转换结束信号输出端。在 START 下降沿后 10μs 左右，EOC 为低电平，表示正在进行转换；转换结束时，EOC 变为高电平，表示转换结束。EOC 常用于 A/D 转换状态的查询或作中断请求信号。

OE：输出允许控制输入端。OE 直接控制三态输出锁存器输出数字信息，高电平有效。当转换结束后，如果从该引脚输入高电平，则打开输出三态门，转换结果从 D0～D7 送出。若 OE 输入 0，则数字输出口为高阻态。

CLK：时钟信号输入端。ADC 内部没有时钟电路，故需外加时钟信号。其最大允许值为 640KHz，在实际应用中，需将主机的脉冲信号降频后接入。

REF+、REF-：基准电压输入端。作为芯片内部 D/A 部件的参考电位，通常，V_{REF}（-）

接 0V，V_{REF}（+）接+5V。输入模拟电压的范围是 0～+5V。因 MCS-51 的工作电源 V_{CC} 为稳压电源，一般情况下 V_{REF}（+）可直接连到 V_{CC}。

V_{CC}：电源，接+5V 电源。

GND：地。

ADC0809 的工作流程：

ADDA、ADDB、ADDC 输入的通道地址在 ALE 有效时被锁存，经地址译码器译码从 8 路模拟通道中选通一路。

启动信号 START（高脉冲）的上升沿使逐次逼近寄存器复位，下降沿启动 A/D 转换，并使 EOC 信号在 START 的下降沿到来 10μs 后变为无效的低电平，这要求查询程序待 EOC 无效后再开始查询。

当转换结束时，转换结果送入到输出三态锁存器中，并使 EOC 信号为高电平。通知 CPU 已转换结束。

当 CPU 执行一条读数据指令后，使 OE 为高电平，则从输出端 D0～D7 读出数据。

7.3.2　ADC0809 与 MCS-51 型单片机的接口

1．硬件连接

图 7.28 是一个 ADC0809 与 8051 的典型接口电路图。

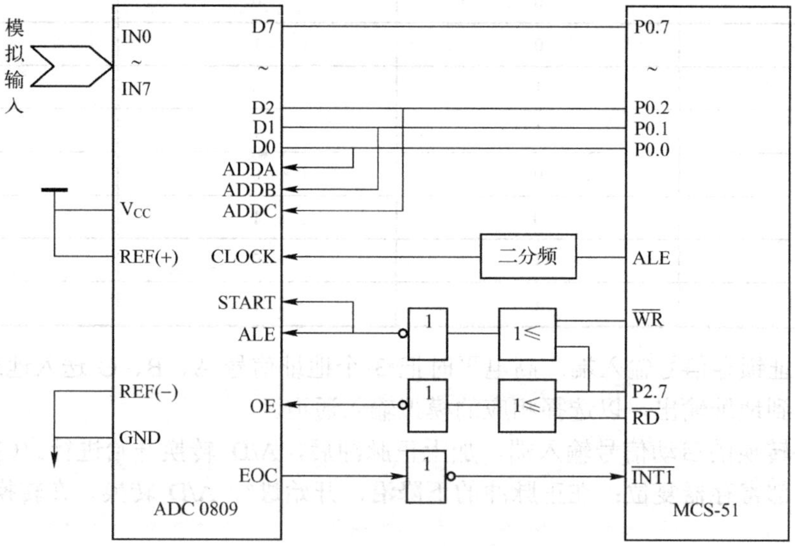

图 7.28　8051 和 ADC0809 接口图

图 7.28 中，ADC0809 的时钟由 8051 输出的 ALE 信号二分频后提供。因为 ADC0809 的最高时钟频率为 640kHz，ALE 信号的频率是晶振频率的 1/6，若晶振频率为 6MHz，则 ALE 的频率为 1MHz，所以 ALE 信号要分频后再送给 ADC0809。

通道地址由 8051 的 P0 口的低 3 位直接提供。由于 ADC0809 的地址锁存器具有锁存功能，所以 P0.0、P0.1 和 P0.2 可以不需要锁存器而直接与 ADC0809 的 ADDA、ADDB、ADDC 连接。根据图 7.28 的连接方法，8 个模拟输入通道的地址分别为 7FF8～7FFFH。

8051 通过地址线 P2.7 和读、写信号线来控制 ADC0809 的锁存信号 ALE、启动信号

START、输出允许信号 OE。锁存信号 ALE 和启动信号 START 连接在一起，锁存的同时启动转换。当 P2.7 和写信号同时为低电平时，锁存信号 ALE 和启动信号 START 有效，通道地址送地址锁存器锁存并译码选择模拟通道，同时启动 ADC0809 开始转换。

当转换结束，要读取转换结果时，只要 P2.7 和读信号同为低电平，输出允许信号 OE 有效，转换的数字量就通过 D0～D7 输出。

2．ADC0809 应用编程

由于 MCS-51 单片机的速度远高于 ADC0809 的转换速度，所以不能在启动转换后立即去读取转换结果。为了能正确读取到转换结果，通常有三种方式：延时方式、查询方式和中断方式。

例 7.5　设图 7.28 接口电路用于一个 8 路模拟量输入的巡回检测系统，分别使用延时和中断方式采样数据，把采样转换所得的数字量按通道顺序存于片内 RAM 的 30H～37H 单元中。采样完一遍后停止采集。

（1）延时方式的程序

设：数据暂存区的首地址为 30H；需要进行 A/D 转换的模拟信号的通道个数 N 为 8。

```
ADST:   MOV     R1,#30H         ;设置数据存储区的首地址
        MOV     DPTR,#7FF8H     ;设置第一个模拟信号通道 IN0 的地址指针
        MOV     R2,#08H         ;设置待转换的通道个数
LOOP:   MOVX    @DPTR,A         ;启动 A/D 转换器
        ACALL   delay           ;延时至 A/D 转换完毕(约 100us)
        MOVX    A,@DPTR         ;CPU 读取转换结果
        MOV     @R1,A           ;结果送入 30H 开始的单元中
        INC     DPTR            ;指向下一个模拟信号通道
        INC     R1              ;修改数据存储区的地址
        DJNZ    R2,LOOP         ;若还未转换完 8 路通道的信号则转至 LOOP 处继续转换
```

以上程序仅对 8 路通道的模拟量进行了一次 A/D 转换，实际应用中则要反复多次地或者定时地循环检测转换。

（2）中断方式的程序

在图 7.28 中，转换结束信号 EOC 与 8051 的外中断 $\overline{\text{INT1}}$ 相连，由于逻辑关系相反，电路中通过非门连接，当转换结束时 EOC 为高电平，经反向后，向 8051 单片机发出中断请求，CPU 响应中断后，在中断服务程序中通过读操作来取得转换的结果，并启动下次转换。

中断方式结构的程序由主程序和中断服务程序合成，中断源设为 $\overline{\text{INT1}}$。

汇编参考程序：

```
        ORG     0000H
        AJMP    ADST
        ORG     0013H
        AJMP    ZDFW
;**************************主程序(初始化程序)**************************
        ORG     0100H
ADST:   MOV     R1,#30H         ;设置数据存储区的首地址
        MOV     R2,#08H         ;设置待转换的通道个数
        SETB    IT1             ;将中断源 INT1 设为下降沿触发
        SETB    EA              ;设为允许中断(总允许)
        SETB    EX1             ;设中断源 INT1 为允许中断
```

```
            MOV     DPTR,#07FF8H     ;设置第一个模拟信号通道 IN0 的地址指针
            MOVX    @DPTR,A          ;启动 A/D 转换器,A 的值无意义
    LOOP:   SJMP    LOOP             ;循环等待中断
;************************中断服务子程序**************************
            ORG     1000H
    ZDFW:   MOVX    A,@DPTR          ;CPU 读取转换结果
            MOVX    @R1,A            ;结果送入数据存储区的单元中
            INC     DPTR             ;指向下一个模拟信号通道
            INC     R1               ;修改数据存储区的地址
            DJNZ    R2,INT1          ;8 路未转换完,则转 INT1 继续
            CLR     EA               ;已转换完,关中断
            CLR     EX0
    INT1:   MOVX    @DPTR,A          ;启动 A/D 转换器的下一个通道
            RETI                     ;中断返回
```

C 语言参考程序：

```
#include  <reg51.h>
#include  <absacc.h>                    //定义绝对地址访问
#define  uchar  unsigned  char
static  uchar  data  x[8];              //定义 8 个单元的数组,存放结果
uchar  xdata  *ad_adr;                  //定义指向通道的指针
uchar  i=0;
void  main(void)
{
    IT0=1;                              //初始化
    EX0=1;
    EA=1;
    i=0;
    ad_adr=0X7FF8;                      //指针指向通道 0
    *ad_adr=i;                          //启动通道 0 转换
    while(1);                           //等待中断
}
void  int_adc(void)  interrupt  1       //中断函数
{
    x[i]=*ad_adr;                       //接收当前通道转换结果
    i++;
    ad_adr++;                           //指向下一个通道
    if (i<8)
        *ad_adr=i;                      //8 个通道未转换完,启动下一个通道返回
    else
    {
        EA=0;EX0=0;                     //8 个通道转换完,关中断返回
    }
}
```

7.4 MCS-51 型单片机与 D/A 转换接口

单片机处理的是数字量，而单片机应用系统中的很多控制对象都是通过模拟量控制，因

此，单片机输出的数字信号必须经过数/模（D/A）转换器转换成模拟信号后，才能送给控制对象进行控制。D/A 转换器实现将数字量转换成模拟量。

7.4.1　D/A 转换芯片 ADC0832 简介

DAC0832 是 CMOS 工艺制造的 8 位单片 D/A 转换器，芯片采用的是双列直插封装结构，是一种电流型 D/A 转换器，数字输入端具有双重缓冲功能，可以双缓冲、单缓冲或直通方式输入，它的内部结构和外部引脚如图 7.29 和图 7.30 所示。

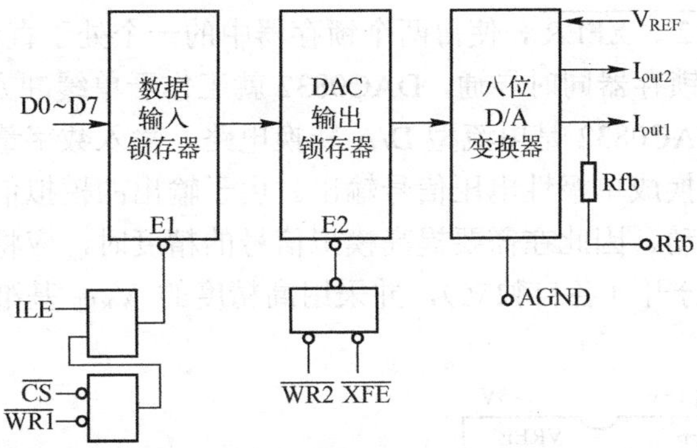

图 7.29　DAC0832 内部结构

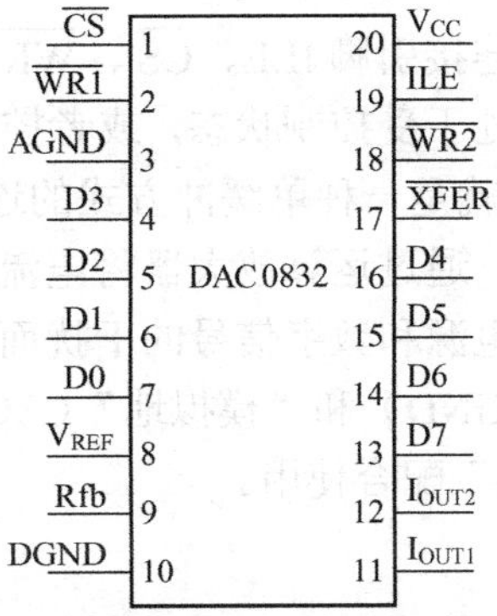

图 7.30　DAC0832 引脚图

功能特点：可与所有的单片机或微处理器直接接口，也可单独使用。电流稳定时间 1μs，200mW 低功耗，逻辑电平输入与 TTL 兼容。

1．引脚功能

DAC0832 有 20 个引脚，其功能分别如下所示。

D0～D7（D0 为最低位）：8 位数字量输入端。

ILE：数据允许控制输入线，高电平有效。在图 7.29 所示的内部结构图中，将 D0～D7 写入数据输入锁存器的条件为 ILE=1、$\overline{CS}$=0、$\overline{WR1}$=0，E1=ILE·($\overline{CS}+\overline{WR1}$)=1。

将数据输入锁存器中数据写入 DAC 输出锁存器的条件为：$\overline{WR2}$=0，$\overline{XFER}$=0，E2=$\overline{\overline{WR2}+\overline{XFER}}$=1。

$\overline{CS}$：片选信号。

$\overline{WR1}$：写信号线 1。

$\overline{WR2}$：写信号线 2。

$\overline{XFER}$：数据传送控制信号输入线，低电平有效。

I_{OUT1}：模拟电流输出线 1，它是输入数字量中为“1”的位对应的模拟电流输出端。

I_{OUT2}：模拟电流输出线 2，它是输入数字量中为“0”的位对应的模拟电流输出端，采用单极性输出时，I_{OUT2} 常常接地。

Rfb：片内反馈电阻引出线，反馈电阻集成在芯片内部，用作外接运算放大器的反馈电阻。

V_{REF}：基准电压输入线。电压范围为－10V～＋10V。

V_{CC}：工作电源输入端，可接＋5V～＋15V 电源。

A_{GND}：模拟地。

D_{GND}：数字地。

2．DAC0832 的工作方式

DAC0832 有三种方式：直通方式、单缓冲方式和双缓冲方式。

（1）直通方式

当引脚 $\overline{CS}$、$\overline{WR1}$、$\overline{WR2}$、$\overline{XFER}$ 直接接地，ILE 接电源，DAC0832 工作于直通方式，此时，8 位输入寄存器和 8 位 DAC 寄存器都直接处于导通状态，8 位数字量到达 D0～D7，就立即进入 8 位 D/A 转换器进行 D/A 转换，从输出端得到转换后的模拟量。

（2）单缓冲方式

当连接引脚 ILE、$\overline{CS}$、$\overline{WR1}$、$\overline{WR2}$、$\overline{XFER}$，使得两个锁存器中的一个处于直通状态，另一个处于受控制状态，或者控制两个锁存器同时导通，DAC0832 就工作于单缓冲方式，如图 7.31 就是一种单缓冲方式的连接。DAC0832 是电流型 D/A 转换电路，输入数字量，输出模拟量，通过运算放大器将电流信号转换成单极性电压信号输出。由于输出的模拟信号，极易受到电源和数字信号的干扰而发生波动，因此在需要提高模拟信号的精度时，应将“数字地”（DGND）和“模拟地”（AGND）分开（各自独立），并采用高精度的 V_{REF} 基准电源与“模拟地”配合使用。

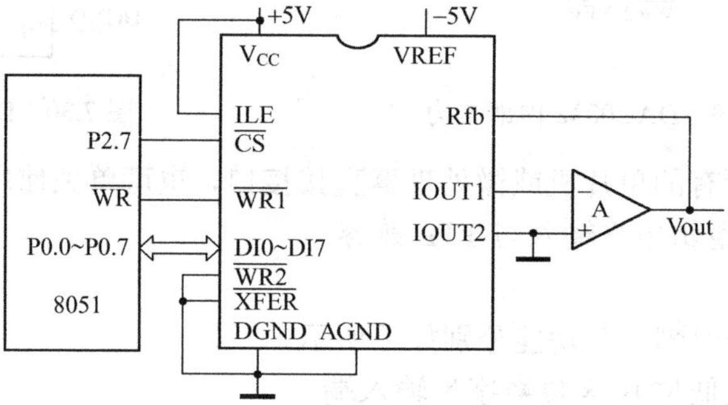

图 7.31 单缓冲方式的连接图

（3）双缓冲方式

当 8 位输入锁存器和 8 位 DAC 寄存器分开控制导通时，DAC0832 工作于双缓冲方式。工作于双缓冲方式时，单片机对 DAC0832 的操作分两步：第一步，使 8 位输入锁存器导通，将 8 位数字量写入 8 位输入锁存器中并锁存；第二步，使 8 位 DAC 寄存器导通，8 位数字量从 8 位输入锁存器送入 8 位 DAC 寄存器。第二步只使 DAC 寄存器导通，在数据输入端写入的数据无意义。图 7.32 所示就是一种双缓冲方式的连接。

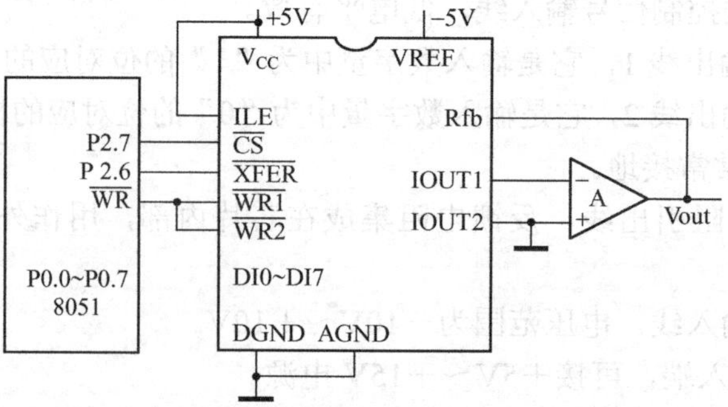

图 7.32 双缓冲方式的连接图

7.4.2 DAC0832 与 MCS-51 单片机的接口

8051 单片机与 DAC0832 的单缓冲连接电路如图 7.31 所示。图中，$\overline{WR2}$、$\overline{XFER}$ 直接接地，ILE 接电源，$\overline{WR1}$ 接 8051 的 $\overline{WR}$，$\overline{CS}$ 接 8051 的 P2.7。只要数据写入 DAC0832 的 8 位输入锁存器，就立即进入 D/A 转换器开始转换，转换结果通过输出端输出。根据图 7.31 的连接，DAC0832 的端口地址为 7FFFH（P2.7=0，其余地址为 1）。执行下列三条指令就可以将一个数字量转换为模拟量。

```
MOV     DPTR,#7FFFH          ;端口地址送 DPTR
MOV     A,#DATA              ;8 位数字量送累加器
MOVX    @DPTR,A              ;向锁存器写入数字量,同时启动转换
```

D/A 转换芯片除了用于输出模拟量用于控制外，也常用于产生各种信号波形。

例 7.6 根据图 7.31 的接口电路，分别编写从 DAC0832 输出端产生锯齿波、三角波和方波的程序段。

（1）锯齿波

汇编参考程序：

```
        MOV     DPTR,#7FFFH
        CLR     A
LOOP:   MOVX    @DPTR,A
        INC     A
        SJMP    LOOP
```

C 语言参考程序：

```
#include  <reg51.h>
#include  <absacc.h>                   //定义绝对地址访问
#define  uchar  unsigned  char
#define  DAC0832  XBYTE[0x7FFF]
void  main()
{
    uchar  i=0;
    while(1)
    {
    DAC0832=i;
    i++;
    }
}
```

（2）三角波

汇编参考程序：

```
        MOV     DPTR,#7FFFH
        CLR     A
LOOP1:  MOVX    @DPTR,A
        INC     A
```

```
        CJNE    A,#0FFH,LOOP1
LOOP2:  MOVX    @DPTR,A
        DEC     A
        JNZ     LOOP2
        SJMP    LOOP1
```

C 语言参考程序：

```
#include  <reg51.h>
#include  <absacc.h>                    //定义绝对地址访问
#define  uchar  unsigned  char
#define  DAC0832  XBYTE[0x7FFF]
void  main()
{
    uchar  i;
    while(1)
    {
        for  (i=0;i<0xff;i++)
            DAC0832=i;
        for  (i=0xff;i>0;i--)
            DAC0832=i;
    }
}
```

（3）方波

汇编参考程序：

```
        MOV     DPTR,#7FFFH
        MOV     A,#00H
LOOP:   MOVX    @DPTR,A
        ACALL   DELAY                   ;延时子程序用于控制方波的周期
        CPL     A
        SJMP    LOOP
DELAY:  MOV     R7,#0FFH                ;延时时间是方波周期的一半
        DJNZ    R7,$
        RET
```

C 语言参考程序：

```
#include  <reg51.h>
#include  <absacc.h>                    //定义绝对地址访问
#define  uchar  unsigned  char
#define  DAC0832  XBYTE[0x7FFF]
void  delay(void);
void  main()
{
    uchar  i;
    DAC0832=0
    while(1)
```

```
        {
            DAC0832=~DAC0832;                   //输出低电平
            delay();                            //延时
        }
    }
    void  delay()                               //延时函数
    {
        uchar  i;
        for (i=0;i<0xff;i++);
    }
```

仿照上例的编程方法，只要稍加变化就可编写出其他所需的各种波形（如梯形波、不同占空比的矩形波或组合波形等）。

在单片机应用系统中，如需同时输出多路模拟信号，这时的 D/A 转换器就必须采用双缓冲工作方式。图 7.33 是一个两路模拟信号同步输出的 D/A 转换接口电路。图中两片 D/A 转换器的片选端 $\overline{CS}$ 分别接在单片机的 P2.5 和 P2.6 引脚上，而 $\overline{CS}$ 是控制输入寄存器的，所以两片 D/A 转换器的输入寄存器地址分别为 0DFFFH（P2.5=0）和 0BFFFH（P2.6=0）。而这两片 D/A 转换器的 DAC 寄存器的控制端 $\overline{XFER}$ 都接在单片机的 P2.7 上，所以它们具有共同的地址：7FFFH。

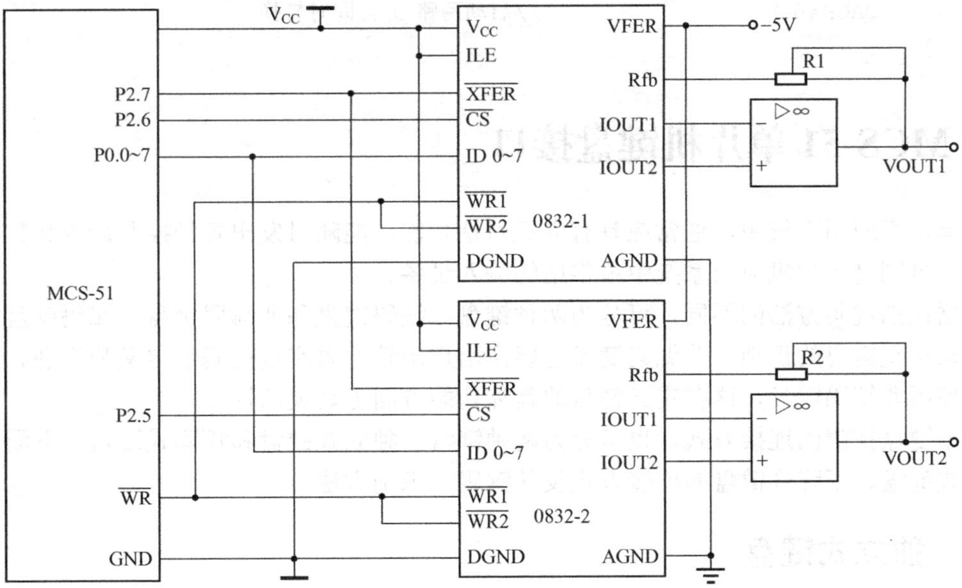

图 7.33　DAC 0832 双缓冲控制方式接线

在图 7.33 电路中，单片机数据总线分时向两路 D/A 转换器输出要转换的数字量并锁存在各自的输入寄存器中，然后单片机对两路 D/A 转换器发出控制信号，将两片 D/A 转换器输入寄存器中的数据打入 DAC 寄存器，从而实现同步输出。更多路时的接法可以此类推。

例 7.7　硬件接口电路如图 7.33，设两片 0832 转换器的模拟输出分别用于示波器的 X、Y 偏转，试编程实现示波器上的光点根据参数 X、Y 的值同步移动。

汇编参考程序：

```
MOV     DPTR,#0DFFFH
```

```
MOV     A,#X
MOVX    @DPTR,A              ;将参数 X 写入 DAC0832(1)的数据输入锁存器
MOV     DPTR,#0BFFFH
MOV     A,#Y
MOVX    @DPTR,A              ;将参数 Y 写入 DAC0832(1)的数据输入锁存器
MOV     DPTR,#7FFFH
MOVX    @DPTR,A              ;两片 DAC 同时启动转换,同步输出
SJMP    $
```

C 语言参考程序：

```
#include  <reg51.h>
#include  <absacc.h>          //定义绝对地址访问
#define  INPUTR1   XBYTE[0xDFFF]
#define  INPUTR2   XBYTE[0xBFFF]
#define  DACR   XBYTE[0x7FFF]
#define  uchar   unsigned char
void dac2b(uchardata1,uchardata2)
{
    INPUTR1= data1;           //送数据到一片 DAC0832
    INPUTR2= data2;           //送数据到另一片 DAC0832
    DACR=0;                   //启动两路 D/A 同时转换
}
```

7.5 MCS-51 单片机键盘接口

在单片机应用系统中，通常应具有人机对话功能，能随时发出各种控制命令和数据输入等。而键盘则是单片机应用系统中最常用的输入设备。

根据识别键码方法的不同，可分为两种键盘：编码键盘和非编码键盘。编码键盘主要是用硬件来实现键码的识别，非编码键盘主要由用户用软件来实现键码的定义和识别。单片机中一般使用非编码键盘，这在定义键盘的具体功能方面更具灵活性。

根据键盘按键的连接方式，也可分为两种键盘：独立式键盘和矩阵式键盘。下面分别介绍独立式键盘、矩阵式键盘的连接方式及其键码的识别方法。

7.5.1 独立式键盘

所谓独立式键盘，是每一个按键“独自”占用一位 I/O 口线，各按键相互独立。这种方式连接简单、编程方便，在键盘的按键数量较少（比如不大于 8）的情况下，选择此方式是合适的。图 7.34 给出了独立式键盘的两种连接方式，其工作原理如下。

1. 判断是否有按键按下并确认按键

图 7.34（a）中的四个按键（常开触点）分别接到了 P1 的 4 个 I/O 口线上，无键按下时，从相应 I/O 线读入的数据为“1”，有键按下时，相应 I/O 口线读入的数据为“0”。通过对 I/O 线状态的检测，可判断是否有按键被压下。检测可用查询的方式；也可用中断的方式，如图 7.34（b）所示。查询方式可按位依次读取 I/O 的状态，直接确认键码；“中断”方式则是

在键按下后先进入中断服务程序，在中断服务程序中再依次读取 I/O 线的状态来确认按键。需要说明的是，采用中断方式，可最大程度保证检测的实时性，即 MCS-51 系统对按键的反应迅速及时；而在实时性要求不高的条件下，采用查询方式则能简化硬件和软件编程。

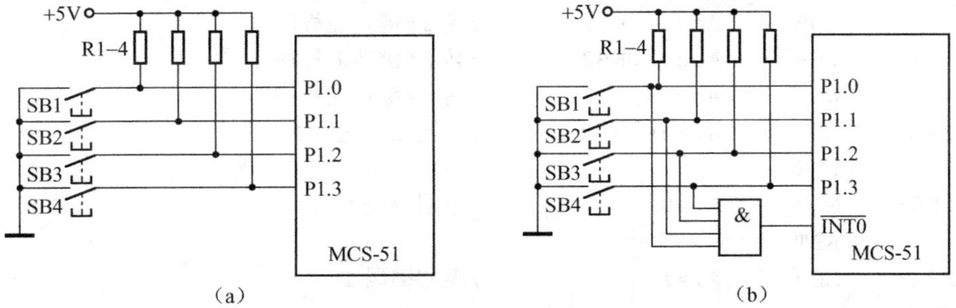

图 7.34　独立式键盘查询和中断两种连接方式

2. 消除抖动

“抖动”是按键按下过程中产生的一种伴随现象。由于按键的弹性，触点在被按下时会在闭合与断开位置之间来回反复几次，从而影响对断开与闭合的判断。在一次完整的按下——松开按键的过程中，抖动发生在前沿和后沿部分，每次持续时间 5ms～10ms。消除抖动的有效办法是软件延时，即在判断有键按下后延时 6ms 左右再读该键状态，以确认按下；在判断该键松开时也做延时以确认松开，如图 7.35 所示。

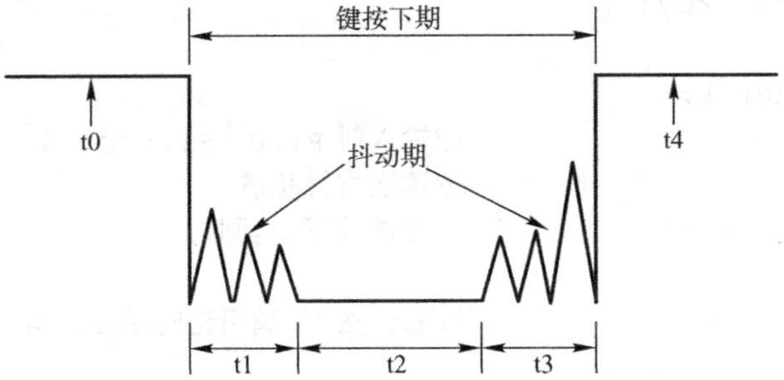

图 7.35　按键抖动示意图

3. 确认按键，并进行按键处理

例 7.8　编写 4 键的键码识别子程序或函数。

（1）采用查询方式

子程序汇编参考程序：

```
;该子程序返回时,A 中为所按键的键码（有键按下时）或 FF（无键按下时）
KEYB:   ORL     P1,#0FH         ;置 P1.0～P1.3 为输入态
        MOV     A,P1            ;读键值,键闭合相应位为 0
        CPL     A               ;对 A 中内容取反,便于判断
        ANL     A,#00001111B    ;屏蔽高 4 位,保留有键值信息的低 4 位
        JZ      GRET            ;若为全 0,则无键闭合,返回
        CPL     A               ;对 A 中内容取反,恢复原值
        LCALL   DY10ms          ;非全 0,有键闭合,延时 10ms,软件去抖动
        MOV     A,P1            ;重读键值,有键闭合相应位为 1
        CPL     A               ;对 A 中内容取反,便于判断
```

```
        ANL     A,#00001111B    ;屏蔽高 4 位,保留有键值信息的低 4 位
        JZ      GRET            ;若为全 0,则无键闭合,返回;非全 0,确认仍有键闭合
        CPL     A               ;对 A 中内容取反，恢复原值
        JNB     Acc.0,KB0       ;转 0#键功能程序
        JNB     Acc.1,KB1       ;转 1#键功能程序
        JNB     Acc.2,KB2       ;转 2#键功能程序
        JNB     Acc.3,KB3       ;转 3#键功能程序
GRET:   MOV     A,#0FFH         ;无键按下返回 FF
        RET
KB0:    MOV     A,#0            ;返回键码 0
        RET
KB1:    MOV     A,#1            ;返回键码 1
RET
KB2:    MOV     A,#2            ;返回键码 2
        RET
KB3:    MOV     A,#3            ;返回键码 3
        RET
```

C 语言参考函数：

```
//该函数返回时,A 中为所按键的键码或 FF（无键按下时）
#include<reg52.h>
unsigned char key( )
{
unsigned char k;
  P1=0x0f;                      //输入时 P1.0～P1.3 全为 1
k=P1;                           //读取按键状态
if(k& 0x0f==0x0f)               //无键按下,返回
    return;
  Delay10ms( );                 //有键按下,调用延时函数去抖
k=P1;
if (k& 0x0f==0x0f)              //确认键按下
    return;                     //无键按下,说明是拉动,则返回
switch(k)                       //识别按键
{
    case:0x0e
        k=0;                    //0#键按下时执行的程序段
        break;
    case:0x0d
        k=1;                    //1#键按下时执行的程序段
        break;
    case:0x0b
        k=2;                    //2#键按下时执行的程序段
        break;
    case:0x07
        k=3;                    //3#键按下时执行的程序段
        break;
    default:
```

```
        k=0xff;              //无键按下返回 FF
        }
    while(P1& 0x0f!=0x0F);   //等待按键松开再返回
    return k;
    }
```

（2）采用中断方式

采用中断方式的按键确认和处理子程序如下。

```
;确认按键,并转入相应按键服务程序
            ORG     0003H               ;中断 0 入口地址
            LJMP    KEYPRE              ;转移至键盘服务中断程序
            ……
KETPRE:     LCALL   DELAY10MS           ;调用延时 10ms 子程序消抖,略
            MOV     P1,#0FH             ;欲读先写
            JNB     P1.0,PROP10         ;判位 0 仍按下,转移至按键 0 处理程序
            JNB     P1.1,PROP11         ;判位 1 仍按下,转移至按键 1 处理程序
            JNB     P1.2,PROP12         ;判位 2 仍按下,转移至按键 2 处理程序
            JNB     P1.3,PROP13         ;判位 3 仍按下,转移至按键 3 处理程序
            RETI                        ;中断返回
PROP10:     ……                          ;按键 0 处理程序
            RETI                        ;中断返回
PROP11:     ……                          ;按键 1 处理程序
            RETI                        ;中断返回
PROP12:     ……                          ;按键 2 处理程序
            RETI                        ;中断返回
PROP13:     ……                          ;按键 3 处理程序
            RETI                        ;中断返回
            END
```

7.5.2　矩阵式键盘

矩阵式键盘又称为行列式键盘，它与 8051 单片机的接口如图 7.36 所示。图中 4 位 I/O 口线（$P_{1.0}$～$P_{1.3}$）作为行线，另 4 位 I/O 口线（$P_{1.4}$～$P_{1.7}$）作为列线，按键跨接在行线和列线上，按键按下时，行线与列线发生短路。行、列线通过上拉电阻接+5V，在没有按键按下时，被钳位在高电平状态。

行列式键盘的特点：占用 I/O 口线较少；软件结构较复杂。适用于按键较多的场合。

单片机在扫描键盘时，第一步要判断是否有键按下，在去抖动后判断确实有键按下后，第二步就是识别是哪一个键按下（即识别键码）。

对于单片机应用系统，键盘扫描只是 CPU 工作的一部分，键盘处理只是在有键按下时才有意义。在检测键盘上有无键按下的常用方式有查询方式与中断方式两种。

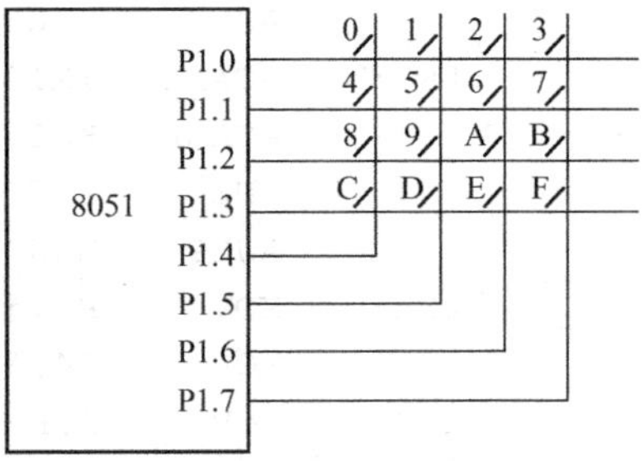

图 7.36　矩阵式键盘的结构

1. 查询工作方式

（1）查询工作方式判断是否有按键按下的方法

先由相应的 I/O 端口将列线输出为 0 电平，再由相应的 I/O 端口将所有的行线结果输入到 CPU 中的累加器 A 内。若有行线输入为 0，则有键按下，反之则没有按键按下。

（2）判断是何按键按下（即识别键码）的方法

依次轮流从列线输出 0，然后再检查行线的状态。若某行线输入为 0，则输入为 0 的行与输出 0 的列的交叉处按键被按下。即可确定对应的键码。

图 7.37 为采用查询工作方式的键扫描子程序的流程图。为了防止一次按键多次输入键码的现象出现，在查出键号后，等到按下的键释放后才将对应的键号送入 CPU 的 A 中再返回。

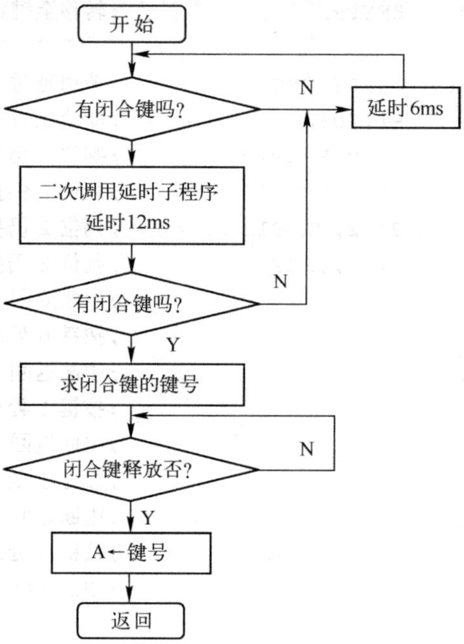

图 7.37　程序扫描方式程序流程图

例 7.9　依照图 7.36 的电路和图 7.37 的流程框图，编写键盘扫描子程序如下。

汇编参考程序：

```
;调用该子程序后,有键按下时,A 中为所按键的键码,无键按下时 A 中为 FF
KEY1:   ACALL   KS1         ;调用判断有无键按下子程序
        JNZ     LK1         ;(A)≠0 时有键按下,转延时消抖
        AJMP    NOK         ;无键按下转 NOK 返回 FF
LK1:    ACALL   TM12MS      ;调 12ms 延时子程序
        ACALL   KS1         ;再次检测有无键按下,若有则真有键按下
        JNZ     LK2         ;(A)≠0 时有键按下,逐列扫描
        AJMP    NOK         ;不是真有键按转 NOK 返回 FF
LK2:    MOV     R2,#0EFH    ;初始列扫描字(P1.4=0,0 列)送入 R2
        MOV     R4,#00H     ;初始列(0 列)号送入 R4
LK4:    MOV     A,R2        ;列扫描字送至 P1 口
        MOV     P1,A
        MOV     A,P1        ;从 P1 口读入行状态
```

```
        JB      ACC.0,LONE      ;查第 0 行无键按下,无则转查第 1 行
        MOV     A,#00H          ;第 0 行有键按下,行首键码#00H→A
        AJMP    LKP             ;转 LKP 求键码
LONE:   JB      ACC.1,LTWO      ;查第 1 行无键按下,转查第 2 行
        MOV     A,#04H          ;第 1 行有键按下,行首键码#04H→A
        AJMP    LKP             ;转 LKP 求键码
LTWO:   JB      ACC.2,LTHR      ;查第 2 行无键按下,转查第 3 行
        MOV     A,#08H          ;第 2 行有键按下,行首键码#08H→A
        AJMP    LKP             ;转 LKP 求键码
LTHR:   JB      ACC.3,NEXT      ;查第 3 行无键按下,转该查下一列
        MOV     A,#0CH          ;第 3 行有键按下,行首键码#0CH→A
LKP:    ADD     A,R4            ;求键码,键码=行首键码+列号
        PUSH    ACC             ;键码进栈保护
LK3:    ACALL   KS1             ;检测按键是否释放
        JNZ     LK3             ;键未释放,等待
        POP     ACC             ;键已释放,键码→A
        RET                     ;扫描结束,通过 A 返回所按键的键码
NEXT:   INC     R4              ;列号加 1,准备扫描下一列
        MOV     A,R2            ;取列扫描码送累加器 A
        JNB     ACC.7,NOK       ;判断 4 列扫描完否? 扫描完则返回
        RL      A               ;列扫描码左移一位,以对下一列扫描
        MOV     R2,A            ;扫描字送入 R2
        AJMP    LK4             ;转 LK4 对下一列扫描
NOK:    MOV     A,#0FFH         ;无键按下时通过 A 返回 FF
        RET
;****************************判键是否按下*****************************
KS1:    MOV     P1,#0FH     ;P1 口高 4 位(列线)清零,低 4 位(行线)置 1 作输入准备
        MOV     A,P1            ;读入 P1 口行线状态
        CPL     A               ;取反变为正逻辑,以高电平表示有键按下
        ANL     A,#0FH          ;屏蔽高 4 位,只保留低 4 位行线值
        RET                     ;出口状态: (A)≠0 时有键按下
;***************************延时 12ms 子程序**************************
TM12ms: MOV     R7,#18H       ;当 T=1us 时,延时 24*(1+2T*249+2)=12ms 子程序
TM:     MOV     R6,#0F9H        ;1T
TM6:    DJNZ    R6,TM6          ;2T*249
        DJNZ    R7,TM           ;2T
        RET
```

C 语言参考程序:

```
#include  <reg51.h>
#define  uchar  unsigned  char
#define  uint  unsigned  int
void  delay(void);                  //声明延时函数
//*****************************键扫描函数******************************
//******调用此函数后,若有键按下时,返回值为所按键的键码,否则返回值为 FF
uchar  keyscan(void)                //键扫描函数
{
uchar   scode;                      //定义列扫描变量
```

```
    uchar  kcode;                    //定义键码变量
    uchar  m;                        //定义行首键码变量
    uchar  k;                        //定义行检测码
    uchar  i,j;
    P1=0x0f;                         //列输出全 0,置行线为输入状态
    if ((P1&0x0f)==0x0f)             //读行线（P1 口低 4 位),若无键按下
    return(0xFF);                    //无键按下,返回值为 oxFF
    delay();                         //有键按下,延时去抖动
    if ((P1&0x0f)==0x0f)             //再读行线（P1 口低 4 位）
    return(0xFF);                    //消抖后仍无键按下,返回值为 oxFF
    scode=0xef;                      //消抖后,逐列扫描码赋初值 0xef
    for (i=0; i<4; i++)              //循环扫描 4 列
    {
        k=0x01;                      //检测码赋初值 1
        m=0x00;                      //行首码赋值 00
        P1= scode;                   //输出列扫描码
        for (j=0; j<4; j++)          //循环 4 次,依次判断每行的状态
        {
            if ((P1 & k)==0)         //本行有键按下
            {
                kcode=m+i;           //求键码:键码=行首键编码+列号
                while ((P1&0x0f)!=0x0f);    //等待按键释放
                return (kcode);      //返回编码
            }
            else                     //本行无键按下
            {
                k=k<<1;              //行检测码左移一位,准备判断下一行
                m=m+4;               //计算下一行的行首键编码
            }
        }
        scode= scode<<1;             //列扫描码左移一位,准备扫描下一列
    }
    }
    //*****************************延时函数*****************************
    void  delay(void )               //延时 12ms 函数
    {
        uchar i,j;
        for(i=24;i>0;i--)
            for(j=249;j>0;j--);
    }
```

2. 中断扫描方式

为了提高 CPU 的效率，也可采用中断扫描方式，其硬件接口电路连接方法见图 7.38，其工作原理如下：

先从行线（P1.4～P1.7）输出全 0，列线（P1.0～P1.3）输出全 1，若有按键闭合，产生中断请求信号 $\overline{\text{INT1}}$=0（四输入端的与门输出 0）；若无按键闭合时，不会产生中断请求信号 $\overline{\text{INT1}}$=1（四输入端的与门输出 1）。若有中断请求，CPU 响应中断后，转向中断服务程序，由中断服务子程序完成消抖、求键码等工作。

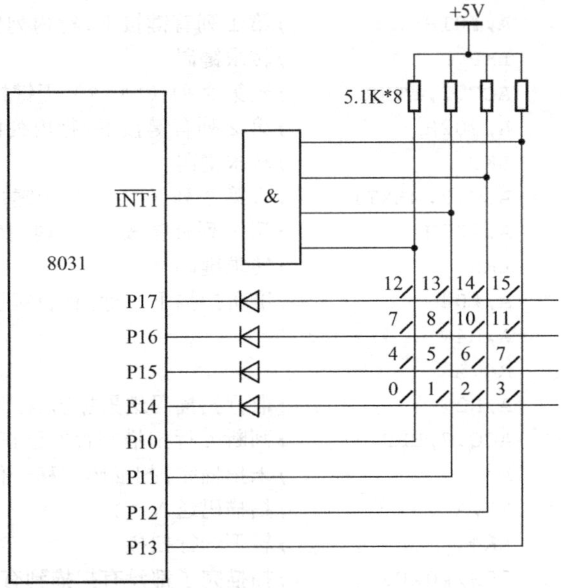

图 7.38　中断方式的矩阵式键盘接口电路

例 7.10　按图 7.38 用汇编语言编写中断方式键盘扫描子程序（设键盘序号存入内 RAM 30H）。

```
        ORG     0000H           ;复位地址
        LJMP    STAT            ;转初始化
        ORG     0013H           ;外中断 1 中断入口地址
        LJMP    PINT1           ;转中断服务程序
        ORG     0100H           ;初始化程序首地址
STAT:   MOV     SP,#60H         ;设置堆栈指针初值
        SETB    IT1             ;置外中断 1 为边沿触发方式
        MOV     IP,#00000100B   ;置外中断 1 为高优先级中断
        MOV     P1,#00001111B   ;置列线P1.0～P1.3置为输入态,行线P1.4～P1.7输出0
        SETB    EA              ;CPU 开中断
        SETB    EX1             ;外中断 1 开中断
MAIN:   ......          ;主程序,在主程序执行过程中读取 30H 单元中的键码进行处理
        LJMP    MAIN
;***************************中断服务程序*****************************
        ORG     2000H           ;中断服务程序首地址
PINT1:  PUSH    Acc             ;保护现场
        PUSH    PSW             ;保护标志寄存器
LK2:    MOV     R2,#0EFH        ;初始行(0 行,P1.4)扫描码送入 R2
        MOV     R4,#00H         ;初始行(0 行,P1.4)首键键码送入 R4
LK4:    MOV     A,R2            ;行扫描码送至 P1 口
        MOV     P1,A
        MOV     A,P1            ;从 P1 口读入列状态
        JB      ACC.0,LONE      ;查第 0 列（P1.0）有无键按下,无则转查第 1 列
        MOV     A,#00H          ;第 0 列有键按下,行内列偏移#00H→A
        AJMP    LKP             ;转求键码
LONE:   JB      ACC.1,LTWO      ;查第 1 列（P1.1）有无键按下,无转查第 2 列
```

```
        MOV     A,#01H          ;第 1 列有键按下,行内列偏移#01H→A
        AJMP    LKP             ;转求键码
LTWO:   JB      ACC.2,LTHR      ;查第 2 列（P1.2）无键按下,转查第 3 列
        MOV     A,#02H          ;第 2 列有键按下,行内列偏移#02H→A
        AJMP    LKP             ;转求键码
LTHR:   JB      ACC.3,NEXT1     ;查第 3 列（P1.3）无键按下,转该查下一列
        MOV     A,#03H          ;第 3 列有键按下,行内列偏移#03H→A
        AJMP    LKP             ;转求键码
NEXT1:  MOV     A,#04           ;准备扫描下一行,行首键键号加 4（每行 4 个按键）
        ADD     A,R4
        MOV     R4,A
        MOV     A,R2            ;取行扫描码送累加器 A
        JNB     ACC.7,ERR       ;判断 4 行扫描完否？已扫描完转 ERR 进行错误处理
        RL      A               ;未扫描完,扫描码左移一位,变为下一行扫描码
        MOV     R2,A            ;扫描码送入 R2
        AJMP    LK4             ;转下一行扫描
ERR:    MOV     30H,#0xFF       ;扫描完了都没有扫描到有效按键则返回无效键码 FF
        AJMP    KEND
LKP:    ADD     A,R4            ;求键码,键码=行首键码（R4）+行内列偏移（A）
        MOV     30H,A           ;存按键编码
KEND:   POP     PSW
        POP     Acc
        CLR     IE1     ;中断返回前,清零外中断 1 请求标志,避免抖动再次引发中断
        RETI            ;键盘扫描结束,出口状态(30H)=有效键码或 FF
        END
```

7.6 MCS-51 单片机显示器接口

在 MCS-51 应用系统中，若把键盘视为人机对话的输入工具，那么显示器件就可看成是人机对话的输出器件，它显示人们最关心的系统运行的实时数据。在单片机应用系统中，常见的显示器件有两大类：LED（Light Emitting Diode，发光二极管）器件和 LCD（Liquid Crystal Display，液晶显示器）器件。LED 数码管显示器具有使用电压低、耐振动、寿命长、显示清晰、亮度高、配置灵活、与单片机接口方便等特点，基本上能满足单片机应用系统的需要，因此，在实际应用中使用较多。本节主要介绍 LED 器件的接口技术。

7.6.1 LED 显示器的结构与原理

LED 显示器是由发光二极管按一定结构组合起来显示字段的显示器件，也称为数码管。在单片机应用系统中通常使用的是 8 段式 LED 数码显示器，其外形结构和引脚如图 7.39 所示。它由 8 个发光二极管构成，通过不同的组合可显示 0～9、A～F 及小数点“.”等字符。其中 7 段发光二极管构成 7 笔的“8”字形，1 段显示小数点。

数码管有共阴极和共阳极 2 种结构，如图 7.40 所示。共阴极时，8 段发光二极管的阴极端连接在一起作为公共端，阳极端分开控制。使用时公共端加上低电平时，当某个发光二极管的阳极为高电平，则此发光二极管点亮。共阳极时，8 段发光二极管的阳极端连接在一起

作为公共端，阴极端分开控制。使用时公共端加上高电平时，当某个发光二极管的阴极为低电平，则此发光二极管点亮。

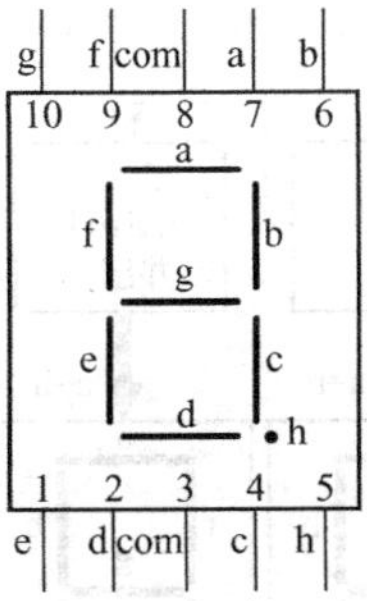

图 7.39　LED 显示器外形结构和引脚图

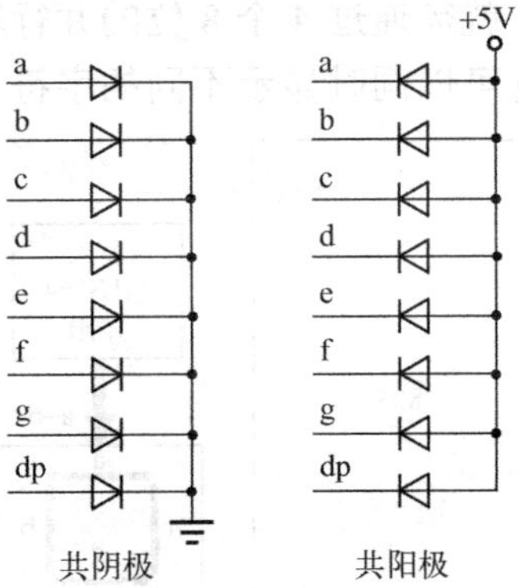

图 7.40　LED 显示器的两种接法

显然，要显示某种字形就应使此字形的相应字段点亮，即从图 7.39 中 a～g 引脚输入不同的 8 位二进制编码，可显示不同的数字或字符。通称控制发光二极管的 8 位数据为“段码”。不同数字或字符的段码不一样，而对于同一个数字或字符，共阴极和共阳极时的段码是不一样的，共阴极和共阳极的字段码互为反码，表 7.11 所示为 0～9 数字的共阴极和共阳极的段码。

表 7.11　数字的共阴极和共阳极的段码

显示数字	共阴顺序小数点暗		共阴逆序小数点暗		共阳顺序小数点亮	共阳顺序小数点暗
	Dp g f e d c b a	16 进制	a b c d e f g Dp	16 进制		
0	0 0 1 1 1 1 1 1	3FH	1 1 1 1 1 1 0 0	FCH	40H	C0H
1	0 0 0 0 0 1 1 0	06H	0 1 1 0 0 0 0 0	60H	79H	F9H
2	0 1 0 1 1 0 1 1	5BH	1 1 0 1 1 0 1 0	DAH	24H	A4H
3	0 1 0 0 1 1 1 1	4FH	1 1 1 1 0 0 1 0	F2H	30H	B0H
4	0 1 1 0 0 1 1 0	66H	0 1 1 0 0 1 1 0	66H	19H	99H
5	0 1 1 0 1 1 0 1	6DH	1 0 1 1 0 1 1 0	B6H	12H	92H
6	0 1 1 1 1 1 0 1	7DH	1 0 1 1 1 1 1 0	BEH	02H	82H
7	0 0 0 0 0 1 1 1	07H	1 1 1 0 0 0 0 0	E0H	78H	F8H
8	0 1 1 1 1 1 1 1	7FH	1 1 1 1 1 1 1 0	FEH	00H	80H
9	0 1 1 0 1 1 1 1	6FH	1 1 1 1 0 1 1 0	F6H	10H	90H

7.6.2　LED 显示器的显示方式

LED 数码管的显示方式有静态显示方式和动态显示方式两种。

1．静态显示方式

静态显示方式是指当显示器显示某个字符时，相应的字段（发光二极管）一直导通或截止，直到显示另一个字符为止。数码管工作在静态显示方式时，其公共端直接接地（共阴极）或接电源（共阳极）。每位显示器的段选线（a～g，dp）单独与一个 8 位的并行口相连，显示字符时，直接向相应的 I/O 口发送相应的段码。这里的并行口可以采用并行 I/O 接口，也可以采用串入/并出的移位寄存器或其他具有三态功能的锁存器等。

图 7.41 是 4 位数码管静态显示原理图，图中数码管为共阴极，公共端接地，若要显示一组 4 位的数字，就需通过 4 个 8 位的并行输出口分别控制每个数码管的段选线，因此在同一时刻 4 个数码管可以同时显示不同的字符。

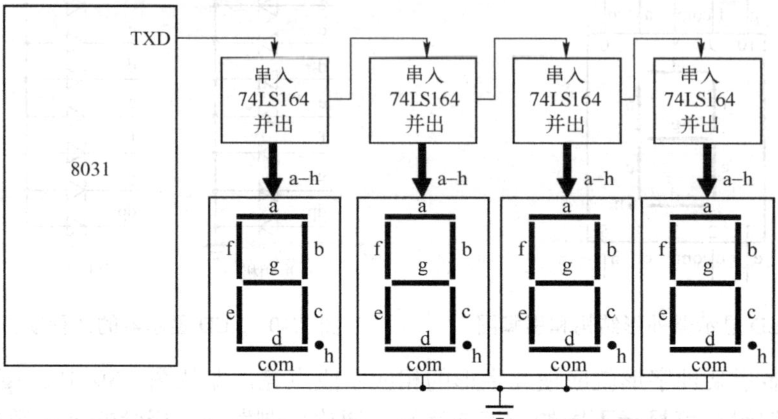

图 7.41 用串口完成静态显示方式接口示意图

2. 动态显示方式

LED 动态显示是将所有数码管的段选线（a～g，dp）都并接在一起，接到一个 8 位的 I/O 口上，每个数码管的公共端（称为位选线）分别由独立的一位 I/O 口线控制，图 7.42 是 1 个 8 位数码管动态显示原理图。

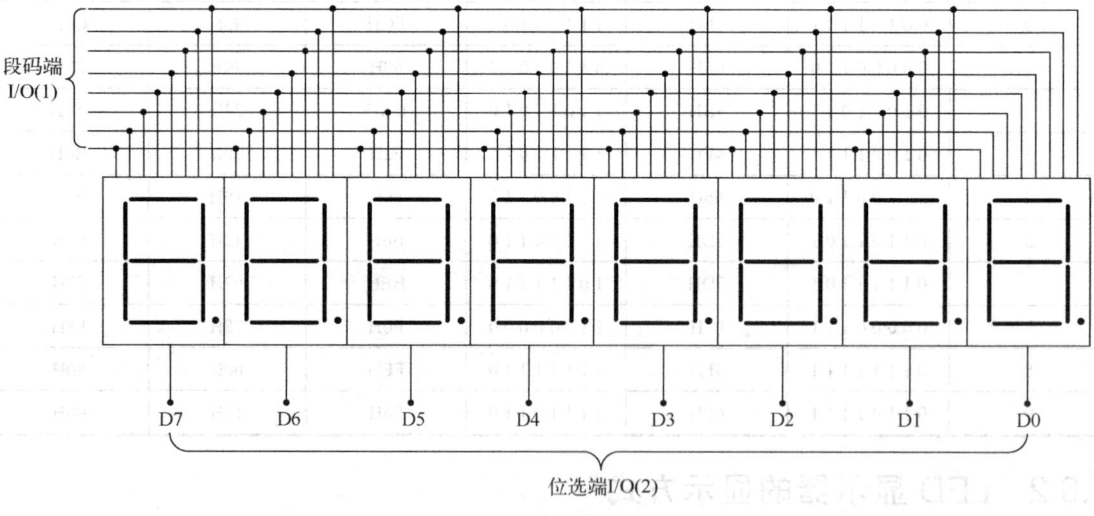

图 7.42 8 位数码管动态显示图

在图 7.42 中，由于每一位数码管的段选线都接在同一个 I/O 口上，所以每送一个段码，均会发送到每一位数码管的段选线上，此时只有位选线为有效电平（共阴极时低电平，共阳极时高电平）的数码管才会显示与段码对应的数字或字符。那么，怎样才能在不同的数码管上显示不同的数字或字符呢？原理是：分时轮流点亮各位数码管，利用数码管点亮后的余辉和人眼的视觉暂留效应，从而实现动态显示。具体方法是：从与段选线相连的 I/O 口上送出欲显示字符的段码，在位选 I/O 口送出只有一位为有效电平的位选码，被有效电平选通的数码管就显示与段码对应的数字或字符，位选线为无效电平的位不显示字符（熄灭），并保持几个毫秒的延时，接着从与段选线相连的 I/O 口上送出下一位欲显示字符的段码，并在位选 I/O 口送出只选通下一位的位选码，此时，下一位数码管就显示与段码对应的数字或字符，位选线为无效电平的位不显示字符（熄灭），同样保持几个毫秒的延时，如此不断循环，便可达到在不同的数码管上显示不同的数字或字符的效果：从单片机工作的角度看，在一个瞬间只有一位数码管显示字符，其他位都是熄灭的，但因为数码管点亮后的余辉和人眼的视觉暂留效应，只要以一定频率循环扫描，人眼是察觉不到这种动态变化的，所以从视觉效果上看，就像在 8 个数码管同时显示 8 个不同的字符。

LED 动态显示方式由于各个数码管共用一个段码输出口，分时轮流选通每一位数码管，从而大大简化了硬件电路，如图 7.42 所示，只需两个 8 位 I/O 口便可控制 8 位 LED 显示器。但这种方法的数码管的接口电路中数码管数量不宜太多，一般在 8 个以内，否则每个数码管所分配到的实际导通时间会较少，会导致亮度不足或闪烁。若数码管位数较多时应采用增加驱动能力的措施，从而提高显示亮度。

7.6.3　LED 显示接口典型应用电路

1．LED 静态显示接口电路

图 7.43 为 LED 数码管与单片机的静态显示接口电路。设数码管为共阳极，故其公共端都接高电平。考虑到采用并行 I/O 接口占用 I/O 资源较多，因此静态显示器接口中常采用图 7.43 所示的串行口扩展并行口方式，将单片机的串行口设置为方式 0，外接 74LS164 移位寄存器便可构成显示器静态接口电路。

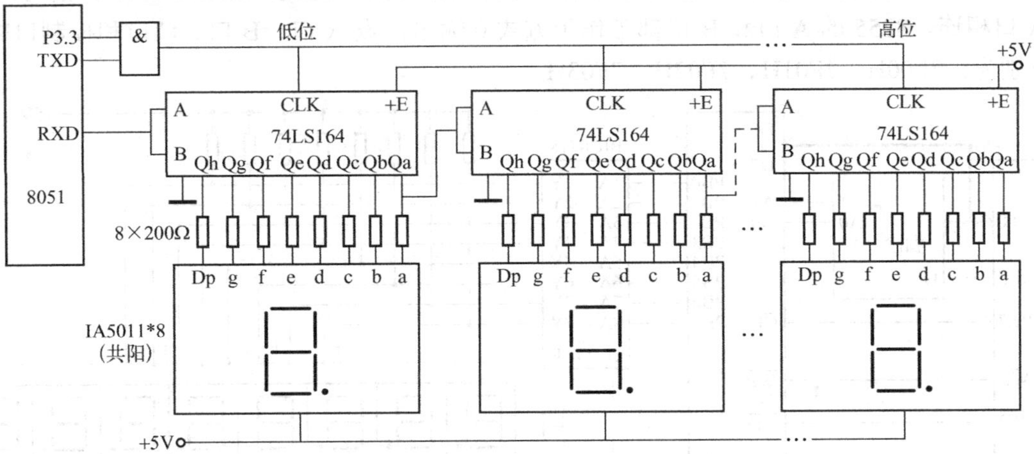

图 7.43　静态显示接口电路

图 7.43 所示的接口电路中，LED 段码的译码方式为软件译码（将欲显示的数字或字符转换为相应的段码），外部没有接硬件译码芯片。在编写显示程序前，首先建立一个段码表 TAB，在表中依次存入所要显示的数字和字符的段码。然后在片内 RAM 中设置一个显示缓冲区（本例中设有 3 个数码管，显示缓冲区为 60H～62H），显示缓冲区中各单元分别对应各个位的数码管，当需要执行显示程序或要更新显示内容时，必须先向显示缓冲区中写入要显示的数字或字符（或段码），再调用显示子程序。

例 7.11 在图 7.43 所示的接口电路上编程实现显示 60H～62H 单元的数字。

```
DIR:    SETB    P3.3                      ;开启移位时钟控制与门
        MOV     R7,#03H                   ;循环次数为 3 次
        MOV     R0,#62H                   ;先送最后一个显示字符（显示在最右边）
DI0:    MOV     A,@R0                     ;取显示的数据
        MOV     DPTR,#TAB                 ;指向字段码表首地址
        MOVC    A,@A+DPTR                 ;查表取字形码（段码）
        MOV     SBUF,A                    ;送出显示
DI1:    JNB     TI,DI1                    ;等待查询串行移位输出结束
        CLR     TI
        DEC     R0                        ;显示缓冲区地址减 1
        DJNZ    R7,DI0                    ;3 次循环未完则转 DI0 继续
        CLR     P3.3                      ;显示结束,关移位时钟控制与门
        RET
TAB:    DB      0C0H, 0F9H, 0A4H, 0B0H, 99H    ;0, 1, 2, 3, 4 段码
        DB      92H, 82H, 0F8H, 80H, 90H       ;5, 6, 7, 8, 9 段码
        DB      88H, 83H, 0C6H, 0A1H, 86H      ;A, B, C, D, E 段码
        DB      8EH, 0BFH, 8CH, 0FFH           ;F, 一, P, 熄灭段码
        END
```

2. LED 动态显示接口电路

图 7.44 为 8 位软件译码动态显示电路。图中用可编程 I/O 芯片 8255 扩展并行 I/O 口连接数码管。数码管采用动态显示方式，8 位数码管的段选线并接，经 8 位集成驱动芯片 BIC8718 与 8255 的 B 口相连，8 位数码管的公共端（即各数码管的位选线）经 BIC8718 分别与 8255 的 A 口相连。8255 的 A 口和 B 口都工作于方式 0 输出，设 A 口、B 口、C 口和控制口的地址分别为：7F00H、7F01H、7F02H、7F03H。

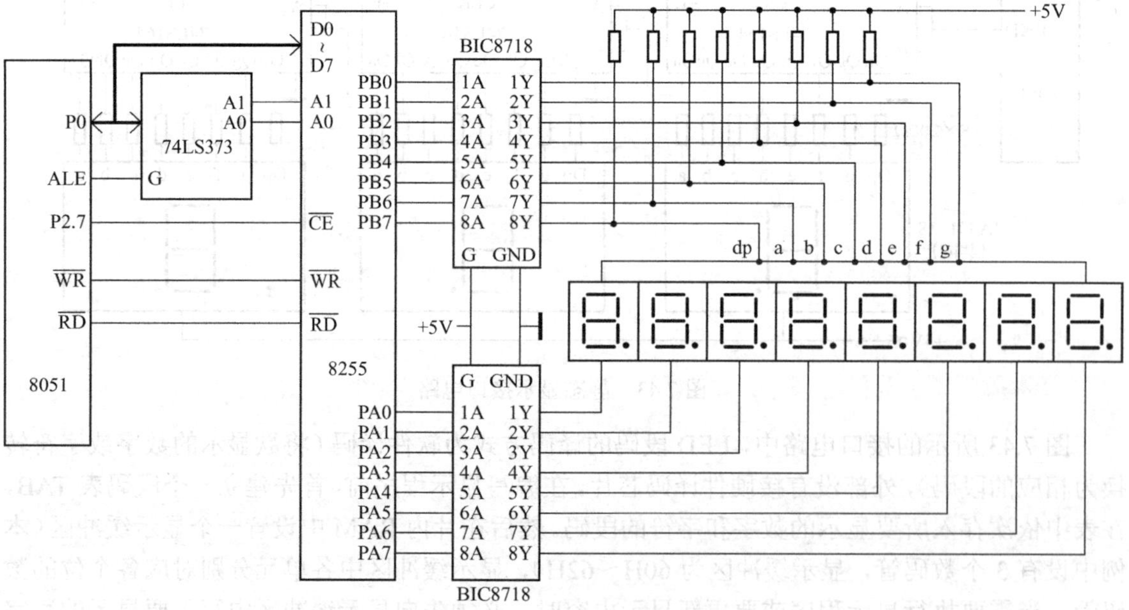

图 7.44 动态显示接口电路

例 7.12　LED 动态显示接口电路如图 7.44 示。设片内 RAM 中 67H～60H 单元为 8 个数码管的显示缓冲区，试用汇编语言编写出相应的软件译码动态显示程序。

汇编参考程序：

```
DIS:    MOV     A,#10000000B        ;8255 方式控制字:A 口和 B 口都工作于方式 0 输出
        MOV     DPTR,#7F03H         ;使 DPTR 指向 8255 控制寄存器端口
        MOVX    @DPTR,A
        MOV     R0,#67H             ;使 R0 指向缓冲区首址
        MOV     R3,#7FH             ;首位（右）位选码送 R3
        MOV     A,R3
LP0:    MOV     DPTR,#7F00H         ;使 DPTR 指向 PA 口
        MOVX    @DPTR,A             ;从 PA 口输出位选码,选通一位显示器
        INC     DPTR                ;使 DPTR 指向 PB 口
        MOV     A,@R0               ;从显示缓冲区读要显示的数
        ADD     A,#0DH              ;在 A 中加上查表指令 MOVC 距段选码表首的偏移量
        MOVC    A,@A+PC             ;查表取得段选码
        MOVX    @DPTR,A             ;从 PB 口输出段选码
        ACALL   DLY                 ;调用 1ms 延时子程序,让数码管持续点亮一段时间
        DEC     R0                  ;指向显示缓冲区下一单元
        MOV     A,R3                ;位选码送累加器 A
        JNB     ACC.0,LP1           ;判断 8 位是否显示完毕,显示完则返回
        RR      A                   ;未显示完,把位选码右移一位
        MOV     R3,A                ;修改后的位选码送 R3
        AJMP    LP0                 ;循环实现按位序依次显示（从右到左）
LP1:    RET
TAB:    DB      3FH,06H,5BH,4FH,66H,6DH,7DH,07H    ;0～9、A～F 段码表
        DB      7FH,6FH,77H,7CH,39H,5EH,79H,71H
DLY:    MOV     R7,#02H                            ;延时子程序
DLY0:   MOV     R6,#0FFH
DLY1:   DJNZ    R6,DLY1
        DJNZ    R7,DLY0
        RET
```

C 语言参考程序（设从左向右要显示的数字是 0 到 7）：

```
#include  <reg51.h>
#include  <absacc.h>                    //定义绝对地址访问
#define  uchar  unsigned  char
#define  uint  unsigned  int
void  delay(uint);                      //声明延时函数
void  display(void);                    //声明显示函数
uchar  disbuffer[8]={0,1,2,3,4,5,6,7};      //定义显示缓冲区
void  main(void)
{
    XBYTE[0x7f03]=0x80;                 //8255A 初始化
    while(1)
    {   display();                      //调用显示函数
        //主程序完成其他任务的代码
    }
```

```
}
//****************************延时函数********************************
void delay(uint i)                    //延时函数
{
    uint j;
    for (j=0;j<i;j++){}
}
//****************************显示函数********************************
void display(void)                    //定义显示函数
{
    uchar codevalue[16]={0x3f,0x06,0x5b,0x4f,0x66,0x6d,0x7d,0x07,
    0x7f,0x6f,0x77,0x7c,0x39,0x5e,0x79,0x71};       //0～F 的段码表
    uchar code chocode[8]={0xfe,0xfd,0xfb,0xf7,0xef,0xdf,0xbf,0x7f};
                                                      //位选码表
    uchar i,p,temp;
    for (i=0;i<8;i++)
    {
        p=disbuffer[i];               //取当前显示的字符
        temp=value[p];                //查得显示字符的段码
        XBYTE[0x7f00]=temp;           //送出段码
        temp=chocode[i];              //取当前的位选码
        XBYTE[0x7f01]=temp;           //送出位选码
        delay(20);                    //延时 1ms
    }
}
```

本 章 小 结

扩展技术是组成 MCS-51 应用系统的基本手段。在 MCS-51 的片内资源不够用，以及需要增加外围功能器件的时候，都要用到扩展技术。

（1）单片机通过地址总线、数据总线和控制总线连接扩展芯片。单片机的 P0、P2 口作为地址数据总线，P0 口为数据、地址复用总线，所以必须加入八位锁存器 74LS373 来锁存 P0 口的低八位地址，程序存储器和数据存储器分别有多种不同的类型，应根据系统的需要进行选择。采用适当的片选（线选法、译码法）方式，正确连接三总线是存储器扩展的关键。程序存储器和数据存储器扩展的主要不同之处在于控制总线的连接方法不同。

（2）MCS-51 单片机的 4 个 8 位并行 I/O 口可以用于单片机与其他外围设备之间的数据传送。当单片机提供的 I/O 口不够用时，则需要扩展 I/O 口芯片。扩展 I/O 口的方法主要有两种：采用可编程 I/O 接口芯片 8155、8255 等；采用锁存器扩展并行输出口，三态缓冲器扩展并行输入口。要根据要求进行硬件电路的连接，并根据连接电路，算出地址范围，能编程进行数据的传输。

（3）A/D、D/A 是模拟量和数字量之间相互转换的器件。它们的主要参数是分辨率和建立时间。器件和单片机的连接方式——并行数据交换和串行数据交换，也是重要因素。分辨率是器件精度的最本质体现，用二进制位表示，通常简称为“8 位分辨率”、“10 位分辨率”

等；建立时间表明了器件的转换速度，连接方式则涉及应用系统的结构。数/模转换有单缓冲和双缓冲两种方式。对于单路的模拟量输出或多路模拟量不要求同步输出的场合，可采用单缓冲方式；对于多路模拟量要求同步输出的场合，需采用双缓冲方式；对于大于 8 位数字量的 D/A 转换器，为了避免输出电压出现“毛刺”，应采用双缓冲方式。

（4）非编码键盘分为独立式和矩阵式键盘。独立式键盘是每一个按键都单独连接到单片机的一条输入口线上，键越多，需要的输入口线越多，适用于按键不多的应用场合。矩阵式键盘是将按键照行、列排成矩阵，适用于按键较多的应用场合。

（5）LED 显示器有共阴极和共阳极两种形式。按照显示方式的不同可分为静态显示和动态显示。静态显示方式是在 LED 数码管显示某一数码时，加在数码管上的段码保持不变。动态显示方式是将所有数码管的段选线对应并联在一起，由一个 8 位的输出口控制，每位数码管的公共端（称为位线）分别由一位输出线来控制。显示时，由位选线控制逐个循环点亮各位数码管。

习题与思考题

1．试用译码器 74LS138 设计一个译码电路，分别选中 4 片 2732，画出电路图并写出各个 2732 所占的地址空间。

2．试设计以 8031 为主机，采用一片 2732 作 ROM，地址为 0000H～0FFFH；采用两片 6116 作 RAM，地址为 1000H～1FFFH 的扩展存储系统，画出电路图；如果要求 RAM 地址为 2000H～2FFFH 或 3000H～3FFFH，两片 6116 的片选与译码应如何连接？

3．试设计以 8031 为主机，采用 2732 作 ROM、6116 作 RAM、具有 12K 字节 ROM 和 6K 字节 RAM 的存储器系统，画出电路图，并写出各芯片所占有的地址空间。

4．8255 并行接口芯片，A 口工作在方工 0 输入，B 口方式 1 输出，C 口高位为输出，低位为输入，设控制寄存器地址为 3BH，请确定控制字并初始化编程。

5．要在某一位输出一个开关量信号，对该位的置 1/置 0 操作必须成对使用，要使 PC_6 输出一个负跳变信号，设控制寄存器地址为 03H，请编出初始化程序。

6．A/D 转换器转换数据的传送有几种方式？

7．多片 D/A 转换器为什么必须采用双缓冲接口方式？

8．使用 D/A 转换器产生如图所示的梯形波（如图中粗线所画），请编程实现。

9．使用 80C51 和 ADC0809 芯片设计一个巡回检测系统。共有 8 路模拟量输入，采样周期为 1 秒，其他未列条件可自定。请画出电路连接图并进行程序设计。

10．单片机系统中的键盘扫描方法有哪两种？试说明它们的工作原理。

11．简述 LED 显示器的工作原理。

12．设计 8031 系统中 6 位 LED 动态显示器，画出硬件连接图，若使其显示时间的时、分、秒，请画出软件流程图。

第 8 章　串行总线扩展技术

8.1　串行总线扩展概述

新一代单片机技术的显著特点之一就是串行扩展总线的推出。在没有专门的串行扩展总线时，除了可以使用 UART 串行口的移位寄存器方式扩展并行 I/O 外，只能通过并行总线扩展外围器件。由于并行总线扩展时连线过多，外围器件工作方式各异，外围器件与数据存储器混合编址等，外围器件在系统中软、硬件的独立性较差，无法实现单片机应用系统的模块化、标准化设计。这给单片机应用系统设计带来了很大困难。

8.1.1　串行扩展的种类

目前在新一代单片机中使用的串行扩展接口有 Motorola 的 SPI（Serial Peripheral Interface，串行外设接口），NS 公司的 Microwire/Plus 和 Philips 公司的 I^2C（Inter-Integrated Circuit，IIC）总线以及 Dallas 公司设计的单总线（1-Wire）串行总线技术。其中 I^2C 总线具有标准的规范以及众多带 I^2C 接口的外围器件，形成了较为完备的串行扩展总线。

8.1.2　串行扩展的特点

串行扩展总线技术是新一代单片机技术发展的一个显著特点。其中 Philips 公司推出的芯片间串行传输总线 I^2C 最为著名。与并行扩展总线相比，串行扩展总线有突出的优点：电路结构简单，程序编写方便，易于实现用户系统软、硬件的模块化、标准化等，目前 I^2C 总线技术已为许多著名公司所采用，并广泛应用于视频、音像系统中。

I^2C 总线用两根线实现了完善的全双工同步数据传送，可以极为方便地构成多机系统和外围器件扩展系统。I^2C 总线采用了器件地址的硬件设置方法，通过软件寻址完全避免了器件的片选线寻址方法，从而使硬件系统具有简单灵活的扩展方法。

SPI 总线系统是 Motorola 公司提出的一种同步串行外设接口，允许 MCU 与各种外围设备以同步串行方式进行通信，其外围设备种类繁多，从最简单的 TTL 移位寄存器到复杂的 LCD 显示驱动器、网络控制器等，可谓应有尽有。SPI 总线提供了可直接与各厂家生产的多种标准外围器件直接连接的接口，该接口一般使用 4 根线：串行时钟线 SCK、主机输入/从机输出数据线 MISO、主机输出/从机输入数据线 MOSI 和低电平有效的从机选择线 SS。由于 SPI 系统总线只需 3 根公共的时钟数据线和若干位独立的从机选择线（依据从机数目而定），在 SPI 从设备较少而没有总线扩展能力的单片机系统中使用特别方便。即使在有总线扩展能力的系统中采用 SPI 设备也可以简化电路设计，省掉很多常规电路中的接口器件，从而提高了设计的可靠性。

USB（Universal Serial Bus，通用串行总线）比较于其他传统接口的一个优势是即插即用（Plug-and-Play）的实现，即插即用也称为热插拔（Hot plugging）。USB3.0 接口的最高传输率可达 5Gbps。一个 USB 口理论上可以连接 127 个 USB 设备，连接的方式也十分灵活。

Microwire 总线是美国国家半导体（NS）公司推出的三线同步串行总线。这种总线由一根数据输出线（SO）、一根数据输入线（SI）和一根时钟线（SK）组成（但每个器件还要接一根片选线）。

One-wire 总线是 Dallas 公司研制开发的一种协议。它利用一根线实现双向通信，由一个总线主节点、一个或多个从节点组成系统，通过一根信号线对从芯片进行数据的读取。每一个符合 One-wire 协议的从芯片都有一个唯一的地址，包括 48 位的序列号、8 位的家庭代码和 8 位的 CRC 代码。主芯片对各个从芯片的寻找依据这 64 位的不同来进行。

CAN 总线全称为“Controller Area Network”，即控制器局域网，是国际上应用最广泛的现场总线之一。最初，CAN 被设计作为汽车环境中的微控制器，在车载各电子控制装置 ECU 之间交换信息，形成汽车电子控制网络。比如：发动机管理系统、变速箱控制器、仪表装备，由德国 Bosch 公司最先提出的电子主干系统中，均嵌入 CAN 控制装置。

一个由 CAN 总线构成的单一网络中，理论上可以挂接无数个节点。实际应用中，节点数目受网络硬件的电气特性所限制。CAN 可提供高达 1Mbit/s 的数据传输速率，这使实时控制变得非常容易。另外，硬件的错误检定特性也增强了 CAN 的抗电磁干扰能力。

CAN 是一种多主方式的串行通信总线，基本设计规范要求有高的位速率，高抗电磁干扰性，而且能够检测出产生的任何错误。当信号传输距离达到 10km 时，CAN 仍可提供高达 50Kbit/s 的数据传输速率。

8.2　I²C 串行扩展总线

I²C 总线是 Philips 公司推出的芯片间串行传输总线。它用两根线实现了完备的全双工同步数据传送，可以极为方便地构成多机系统和外围器件扩展系统。I²C 总线采用了器件地址的硬件设置方法，通过软件寻址完全避免了器件的片选线寻址方法，从而使硬件系统具有简单灵活的扩展方法，按照 I²C 总线规范，总线传输中的所有状态都生成相对应的状态码，系统中的主机能够依照这些状态码自动地进行总线管理，用户只要在程序中装入这些标准处理模块，根据数据操作要求完成 I²C 总线的初始化，启动 I²C 总线，就能自动完成规定的数据传送操作。I²C 总线接口电路结构如图 8.1 所示。

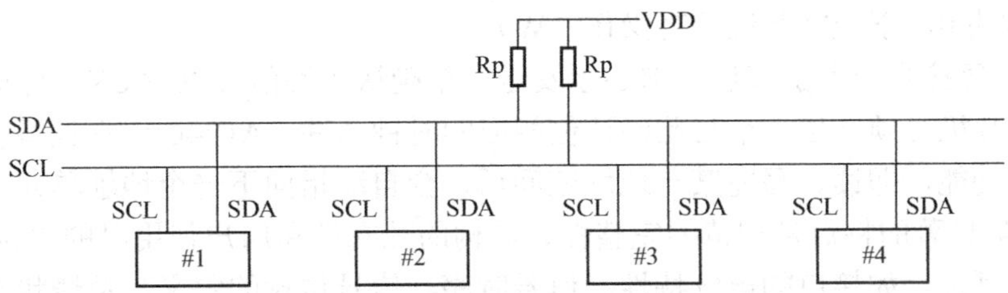

图 8.1　I²C 总线接口电路结构

I²C 总线接口为开漏或开集电极输出，因此需要为总线增加上拉电阻 Rp。系统中所有的单片机、外围器件都将数据线 SDA 和时钟线 SCL 的同名端相连在一起，总线上的所有节点都由器件和管脚给定地址。系统中可以直接连接具有 I^2C 总线接口的单片机，也可以通过总线扩展芯片或 I/O 口的软件仿真与 I^2C 总线相连。在 I^2C 总线上可以挂接各种 I^2C 类型的外围器件，如 RAM/EPROM、日历/时钟、A/D 转换器、D/A 转换器以及由 I/O 口、显示驱动器构成的各种模块。

I^2C 总线上数据传送的基本单位为字节，采用低位在前的格式。主从器件之间一次传输的数据称为一帧，由启动信号、若干个数据字节和应答位以及停止信号组成。可以看出，I^2C 的主要命令只有读、写两种，虽然读写的字节根据具体器件的不同而不同，但其时序关系不会发生改变。根据这一点，下位机只要具备 I^2C 的基本时序即可。这些基本时序包括：启动、写字节、读字节、应答位、停止信号，并可以组合成两个子程序——读 N 字节子程序和写 N 字节子程序。

带有 I^2C 器件的读写操作有多种形式，写操作有两种类型：字节写和页面写；读操作有三种类型：读当前地址内容、读随机地址内容和读顺序地址内容。以 AT24C01 为例，写 N 个字节数据的操作时序如图 8.2 所示，AT24C01 读 N 个字节数据的操作时序如图 8.3 所示。

	8位		8位		8位		8位			8位		
起始信号	器件地址	响应信号	字地址	响应信号	数据1	响应信号	数据2	响应信号	…	数据N	响应信号	结束信号
			写操作		写操作		写操作			写操作		

图 8.2　AT24C01 写 N 个字节数据的操作时序

	8位		8位		8位			8位		
起始信号	器件地址	响应信号	字地址	响应信号	数据1	响应信号	…	数据N	响应信号	结束信号
			写操作		读操作			读操作		

图 8.3　AT24C01 读 N 个字节数据的操作时序

上图中器件地址说明如下。

① 器件地址码的第 7～4 位为从器件地址位，用于确认器件的类型。AT24C01 的器件地址码为 1010，1010 表示从器件为串行 E^2PROM。

② 器件地址码的第 3～1 位为第 1～8 片的片选或存储器内的页面地址选择位。

如在存储容量为 8Kb（1024×8 位）的 AT24C01 内部，存储矩阵分为 4 个页面，每一页面有 256 个字节。通过器件地址码的第 2 位和第 1 位，可以选择数据读写的页面。

③ 器件地址码的第 0 位为读、写（R/W）操作控制码。若此位为 1，下一字节进行读操作（R）；此位为 0，下一字节进行写操作（W）。

AT24C01 每接收一个字节后，都必须发送一个确认应答信号位 ACK，即时序中的响应信号。此时单片机必须产生一个与此确认位相应的时钟脉冲。AT24C01 在读写操作时。具有地址自动加 1 功能，即读、写完某一地址空间后，会自动指向下一个地址单元。

I^2C 总线最显著的特点是规范的完整性、结构的独立性和用户使用时的“傻瓜”化。I^2C 总线有严格的规范，如接口的电气特性、信号时序、信号传输的定义、总线状态设置、总线管理规则及总线状态处理等。

在 I^2C 总线规范中，总线上的器件节点具有极大的独立性，而且各节点上的器件、模块都有相对独立的地址编号。

严格、完善的规范，并将这些规范的应用尽可能“傻瓜”化，除了有充分的硬件支持外，在软件方面，Philips 公司为用户提供了一套完善的总线状态处理软件包，以至于用户可以不去熟悉 I^2C 总线的规范，不去理睬总线的管理方法，只要掌握 I^2C 总线的应用程序设计方法就可方便地使用 I^2C 总线，并且能很快地掌握 I^2C 总线系统的软、硬件设计方法。

由于 I^2C 总线系统中，各个节点的电气特性及地址给定都具有较强的独立性，因此，在应用系统中采用 I^2C 总线结构就有可能实现用户梦寐以求的器件及功能单元的软、硬件标准化和模块化设计。

器件及功能单元的标准化、模块化，取决于器件单元硬件电气连接的最少相关性与软件的独立性。软件的独立性则表现在独立编址及数据传送方式的简单化与单一性。而 I^2C 总线所具有的特点很好地满足了上述要求。

在硬件结构上，任何一个具有 I^2C 总线接口的外围器件，不管其功能差别有多大，都具有相同的电气接口；除了总线外，各器件节点没有其他电气连接，甚至各节点的电源都可以单独供电；在各器件节点上没有并行扩展时所必需的片选线，器件地址给定完全取决于器件类型与单元电路结构。在软件上，不论何种器件，其 I^2C 总线的数据传送都具有相同的操作模式，而且每个器件操作时都与其他器件节点无关。在实际使用中，总线节点上的器件甚至可在总线工作状态下挂上总线或撤除。

目前 I^2C 总线大量应用在视频、音像系统中，Philips 推出的近 200 种 I^2C 总统接口器件主要是视频、音像类器件。除 Philips 公司外，I^2C 总线已被众多的厂家使用在高档电视机、电话机、音响、摄/录像系统中，在大量测控领域单片机应用系统中也正在逐步推广。

8.3 SPI 串行扩展接口

8.3.1 SPI 总线的结构原理

SPI 总线系统是 Motorola 公司提出的一种同步串行外设接口，允许 MCU 与各种外围设备以同步串行方式进行通信来交换信息。SPI 总线接口一般使用 4 根线：串行时钟线 SCK、主机输入/从机输出数据线 MISO、主机输出/从机输入数据线 MOSI 和低电平有效的从机选择线 SS，SPI 总线接口电路结构如图 8.4 所示。由于 SPI 系统总线只需 3 根公共的时钟数据线和若干位独立的从机选择线，在 SPI 从设备较少而没有总线扩展能力的单片机系统中使用特别方便。

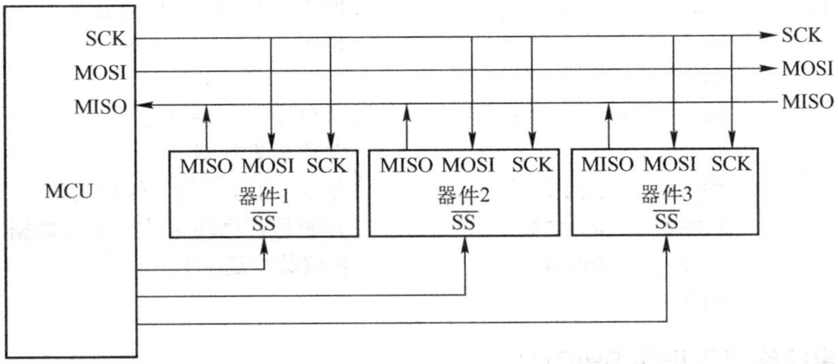

图 8.4　SPI 总线接口电路结构

SPI 模块为了和外设进行数据交换，根据外设工作要求，其输出的串行同步时钟极性和相位可以进行配置，时钟极性（CPOL）对传输协议没有重大的影响。如果 CPOL=0，串行同步时钟的空闲状态为低电平；如果 CPOL=1，串行同步时钟的空闲状态为高电平。时钟相位（CPHA）能够用于选择两种不同的传输协议进行数据传输。如果 CPHA＝0，在串行同步时钟的第一个跳变沿（上升或下降）数据被采样；如果 CPHA＝1，在串行同步时钟的第二个跳变沿（上升或下降）数据被采样。SPI 主模块和与之通信的外设间时钟相位和极性应该一致。

由于 SPI 系统总线一共只需 3～4 位数据线和控制线即可实现与具有 SPI 总线接口功能的各种 I/O 器件进行连接，而扩展并行总线则需要 8 根数据线、8～16 位地址线、2～3 位控制线，因此，采用 SPI 总线接口可以简化电路设计，节省很多常规电路中的接口器件和 I/O 口线，提高设计的可靠性。

由此可见，在智能仪器和工业测控系统中，对于不具有 SPI 接口的单片机，当传输速度要求不是太高时，使用 SPI 总线可以增加应用系统接口器件的种类，可以提高应用系统的性能。

8.3.2 SPI 总线的软件模拟

对于没有提供 SPI 接口的单片机而言，通常可使用软件的办法来模拟 SPI 的总线操作，包括串行时钟、数据输入和输出。

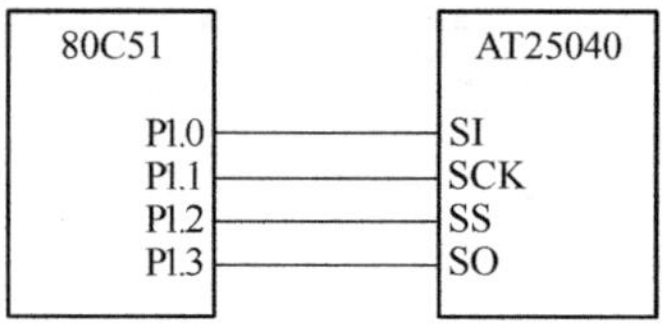

图 8.5 SPI 总线接口接线图

Atmel 公司生产的 EEPROM 具有 SPI 接口，存储容量为 4Kb 的 AT25040 就有 SPI 接口，80C51 系列单片机与 AT25040 的 SPI 总线接口接线如图 8.5 所示。

图 8.5 中，P1.0 模拟 SPI 的数据输出端（MOSI），P1.1 模拟 SPI 的 SCK 输出端，P1.2 模拟 SPI 的从机选择端（SS），P1.3 模拟 SPI 的数据输入端（MISO）。下面给出模拟 SPI 串行输入、串行输出和串行输入/输出的 3 个子程序。

1. MCU 串行输入子程序 SPIIN

从 AT25040 的 SO 端接收 8 位数据并放入寄存器 R0 中。参考程序如下：

```
SPIIN:      SETB    P1.1          ;使 P1.1（时钟）输出为 1
            CLR     P1.2          ;选择从机
            MOV     R1,#08H       ;置循环次数
SPIIN1:     CLR     P1.1          ;使 P1.1（时钟）输出为 0
            NOP                   ;延时
            NOP
            MOV     C,P1.3        ;从机输出送进位 C
            RLC     A             ;左移至累加器 A
            SETB    P1.1          ;使 P1.1（时钟）输出为 1
            DJNZ    R1,SPIIN1     ;判断是否循环 8 次（8 位数据）
            MOV     R0,A          ;8 位数据送 R0
            RET
```

2. MCU 串行输出子程序 SPIOUT

将 80C51 单片机中 R0 寄存器的内容传送到 AT25040 的 SI 端。参考程序如下：

```
SPIOUT:   SETB    P1.1          ;使 P1.1（时钟）输出为 1
          CLR     P1.2          ;选择从机
          MOV     R1,#08H       ;置循环次数
          MOV     A,R0          ;8 位数据送累加器 A
SPIOUT1:  CLR     P1.1          ;使 P1.1（时钟）输出为 0
          NOP                   ;延时
          NOP
          RLC     A             ;左移至累加器 A,最高为至 C
          MOV     P1.0,C        ;进位 C 送从机输入
          SETB    P1.1          ;使 P1.1（时钟）输出为 1
          DJNZ    R1,SPIOUT1    ;判断是否循环 8 次（8 位数据）
          RET
```

3. MCU 串行输入/输出子程序 SPIIO

将 80C51 单片机 R0 寄存器的内容传送到 AT25040 的 SI 端，同时从 AT25040 的 SO 端接收 8 位数据。参考程序如下：

```
SPIIO:  SETB    P1.1        ;使 P1.1（时钟）输出为 1
        CLR     P1.2        ;选择从机
        MOV     R1,#08H     ;置循环次数
        MOV     A,R0        ;8 位数据送累加器 A
SPIIO1: CLR     P1.1        ;使 P1.1（时钟）输出为 0
        NOP                 ;延时
        NOP
        MOV     C,P1.3      ;从机输出送进位 C
        RLC     A           ;左移至累加器 A,最高为至 C
        MOV     P1.0,C      ;进位 C 送从机输入
        SETB    P1.1        ;使 P1.1（时钟）输出为 1
        DJNZ    R1,SPIIO1   ;判断是否循环 8 次（8 位数据）
        RET
```

这些子程序适用于在串行时钟的上升沿输入和下降沿输出的各种串行外围接口芯片（如 D/A 和 A/D 转换芯片、实时时钟芯片、LED 显示驱动芯片等）。对于下降沿输入、上升沿输出的各种串行外围接口芯片，只要改变 P1.1 的输出电平顺序，这些子程序也同样适用。如先置 P1.1 为低电平，之后再次置 P1.1 为高电平，再置 P1.1 为低电平等。

8.3.3　SPI 串行扩展应用实例

例 8.1　将 AT89C51 片内 RAM30H、31H 单元中的 16 位数据通过 SPI 总线接口传送到数模转换器 TLC 5615。

分析：TLC5615 是 3 线串行总线接口 10 位电压输出数/模转换器，它既可与单片机的 SPI 总线接口相连接，又可与单片机的 Microware 总线（另外一种三线制总线）接口相连接。TLC5615 内部结构如图 8.6 所示。

TLC5615 通过固定增益为 2 的运放缓冲电阻网络，把 10 位数字数据转换为模拟电压。在 TLC5615 芯片上电时，内部电路把 D/A 寄存器复位为 0。其输出具有与基准输入相同的极性，表达式为：Vo=2×REF×CODE/1024。

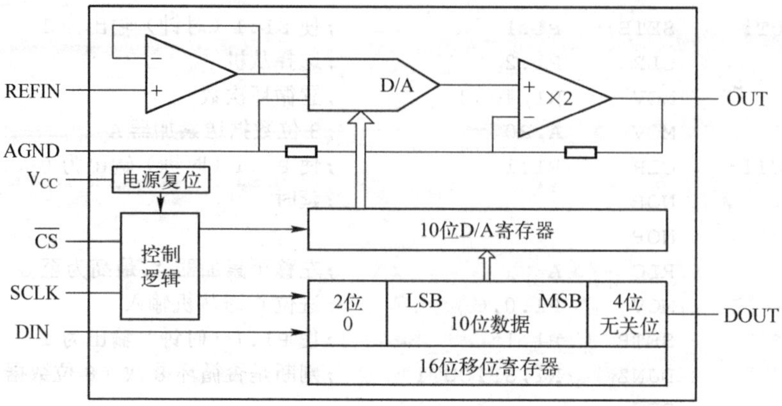

图 8.6 TLC5615 内部结构

其中，CODE 是通过串行总线接口输入的待转换的数据；REF 是基准电压。

TLC5615 最大的串行时钟速率不超过 14MHz，10 位 DAC 的建立时间为 12.5μs，通常更新速率限制至 80kHz 以内。TLC5615 的 16 位移位寄存器在 SCLK 的控制下从 DIN 引脚输入数据，高位在前，低位在后。16 位移位寄存器中间的 10 位数据在上升沿的作用下输入 10 位的 D/A 寄存器供给 D/A 转换器转换。

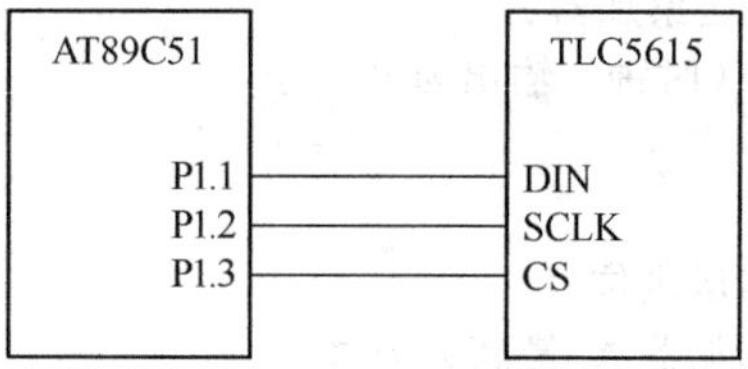

图 8.7 AT89C2051 与 TLC5615 接口总线

AT89C51 与 TLC5615 通过串行总线接口传送 8 位数据如图 8.7 所示。因 AT89C51 没有 SPI 接口，可用软件的办法来模拟 SPI 的总线操作。P1.1 模拟 SPI 的数据输出端（MOSI），P1.2 模拟 SPI 的 SCK 输出端，P1.3 模拟 SPI 的从机选择端（SS）；TLC5615 是数/模转换器，不会向 AT89C51 发送数据，故不需要模拟 SPI 的数据输入端（MISO）。

AT89C51 将片内 RAM30H、3lH 单元中的 16 位数据传送到 TLC5615 的参考程序如下：

```
            DIN      BIT   p1.1       ;定义 I/O 口
            sCLK     BIT   P1.2
            CS5615   BIT   P1.3
            DataH    EQU   30H
            DataL    EQU   31H
TCL5615:    CLR      sCLK             ;准备操作 TLC5615
            CLR      CS5615           ;选中 TLC5615
            MOV      R7,#08H
            MOV      A,DataH          ;装入高 8 位数据
LPH:        LCALL    DELAY            ;延时
            RLC      A                ;最高位移向 TLC5615
            MOV      DIN,C            ;产生上升沿,移入 1 位数据
            SETB     sCLK
            LCALL    DELAY
            DJNZ     R7,LPH
            MOV      R7,#08H
            MOV      A,DataL          ;装入低 8 位数据
LPL:        LCALL    DELAY            ;延时
```

```
          RLC     A               ;最高位移向 TLC5615
          MOV     DIN,C
          SETB    SCLK            ;产生上升沿,移入 1 位数据
          LCALL   DELAY
          DJNZ    R7,LPL
          SETB    CS5615          ;结束 TLC5615 的操作,同时将转换数据代码
                                  ;存入 10 位 DA 寄存器,启动新一轮的 DA 转换
          RET
DELAY:    ……
          RET
```

8.4　串行单总线（1-Wire）技术

单总线（1-Wire）是 Dallas 公司设计的串行总线技术，和 SPI、I^2C 等总线不同，它采用一条总线进行双向的数据通信，该线既传送控制信号，又传送数据信号。因此更能节省单片机的 I/O 接口资源和减少印制线路板面积。

单总线适合于单主机系统。MCS-51 作为系统中的主机，其他具有单总线接口的芯片作为系统的从机。当只有一个从机芯片连接在总线时，该系统称为单节点系统；当多个从机芯片连接在总线时，该系统称为多节点系统。

8.4.1　单总线的工作原理

具备单总线通信功能的集成电路芯片称为单总线芯片。单总线芯片通过漏极开路引脚并联在单总线上，总线通过一个约 5K 的上拉电阻接电源。MCS-51 系列单片机可通过 I/O 口和单总线连接。当连接在总线上的某芯片不使用总线时，它输出高电平以释放总线，因此总线的闲置状态为高电平。

总线中数据的交换是在主机的控制下进行的。MCS-51 和其他单总线芯片交换数据过程，一般分为三个步骤：一是主机对总线的初始化，包括呼叫从机芯片和从机芯片回答；二是单片机发出芯片寻址指令，通过和每个芯片固有的 64 位 ROM 地址代码相比较，使指定的芯片成为数据交换的对象，而其余的芯片则处于等待状态；三是单片机发送具体操作指令进行读写操作。在只有一个从机芯片的情况下，步骤二可以省略其中的寻址过程，仅执行一条“跳跃”命令，然后进入步骤三。

单总线硬件连接简单，而相应的软件控制过程则比较复杂。除了从机芯片的寻址过程复杂外，MCS-51 对系统的操作必须严格按照单总线通信协议的时序要求。这些时序规定如下。

（1）初始化序列时序。该时序由主机发出，对单总线系统进行复位，并由从机发出应答信号。单总线的所有通信过程都以初始化时序开始，初始化时序包括主机发出的复位脉冲和从机的应答脉冲，该过程至少需要 960μs。如图 8.8 所示，主机在总线上输出“0”电平并保持至少 480μs 作为复位脉冲，表示主机对系统复位并呼叫从机，然后主机释放总线，总线在上拉电阻的作用下变为“1”电平，至此复位脉冲完成；从机在接到主机的复位脉冲后，先对自己内部复位，然后对总线输出“0”电平，并保持 60μs～240μs，作为对主机呼叫的应答信号，主机检测到该信号，即可确认总线上有从机存在。

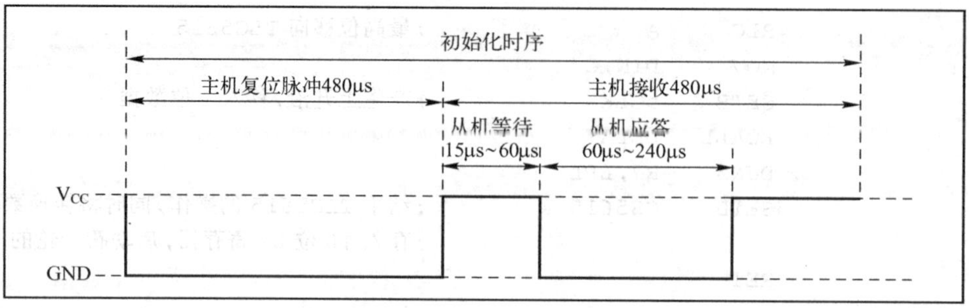

图 8.8 单总线初始化时序

（2）写时序。如图 8.9 所示，在“写时序”中，主机对从机写 1 位数据。一个写时序至少 60μs，在两个写时序之间要有 1μs 的恢复时间。

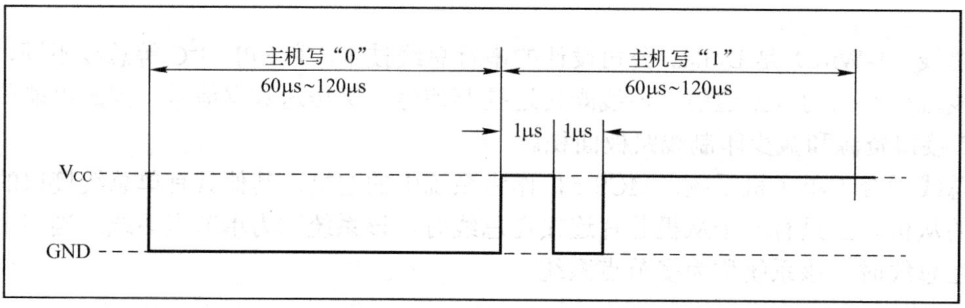

图 8.9 主机写时序

① 写“0”。主机向总线输出“0”，并保持 60μs 后释放总线。从机在写时序开始 15μs 后开始对总线采样，读入总线数据。

② 写“1”。主机向总线输出“0”，1μs 后输出“1”并保持 60μs。从机在写时序开始 15μs 后开始对总线采样，读入总线数据。

（3）读时序。如图 8.10。单总线器件仅在主机发出读时序时，才向主机送出数据，所以在主机发出读数据命令后，必须立即产生读时序，以便从机开始传送数据。每个读时序也至少需要 60μs 时间。且两个读时序的间隔也至少为 1μs。读时序由主机发起，拉低总线至少 15μs，然后从机接管总线，开始发送“0”或“1”数据，主机在 1μs 后采样总线接收数据。

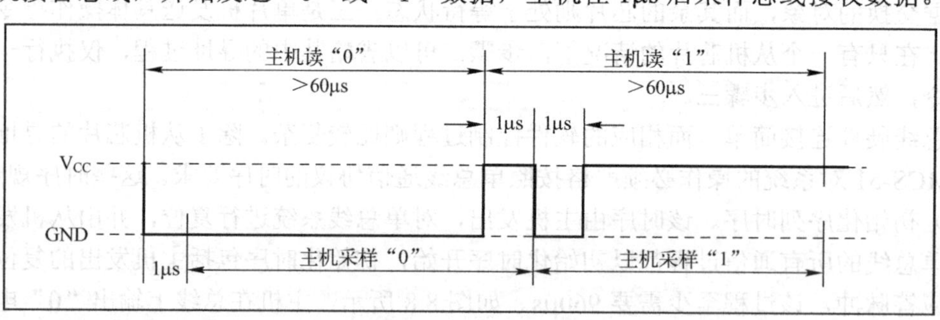

图 8.10 主机读时序

8.4.2 单总线应用实例——数字温度测量与控制

本节介绍单总线的应用实例。用 MCS-51 控制数字温度传感器芯片 DS18B20，实现温度的测量和控制。

1. 单总线数字化温度传感器 DS18B20 芯片

数字化温度传感器 DS18B20 芯片是世界上第一片采用单总线方式的温度传感器。如图 8.11 为芯片的外形图和引脚图。图中显示了该芯片的两种封装形式，SOIC 为小外形集成电路封装，另一种为三极管外形封装。

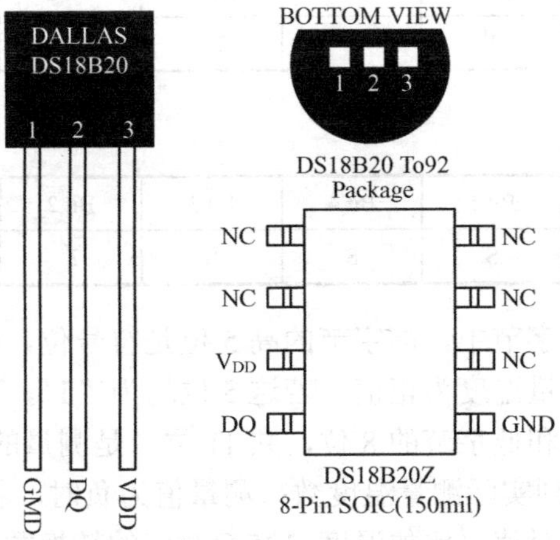

图 8.11 DS18B20 芯片外形及引脚

该芯片测量物体的温度，并在单总线上传送测量数据。和传统的模拟信号测量方式相比，它提高了抗御干扰的能力，适用于环境控制、设备控制、过程控制以及测温类消费电子产品等领域。

三极管外形封装的 DS18B20，外形如同一只小功率三极管，其引脚定义如下。

- GND：接地；
- DQ：单总线接口；
- V_{DD}：电源。

（1）DS18B20 芯片的主要特点

- 工作电压 3.0V～5.5V；
- 温度测量范围-55℃～125℃；
- 在-10℃～+85℃范围内，测量精度为±0.5℃；
- 待机状态下无功率消耗；
- 可编程分辨率 9～12 位，每位分别代表 0.5℃、0.25℃、0.125℃和 0.0625℃；
- 温度测量时间 200ms。

（2）DS18B20 芯片内部结构

DS18B20 芯片内部中主要部件是 64 位光刻 ROM 和温度传感器。

64 位的光刻 ROM，其中存放着 64 位的序列号代码，在出厂前被厂家制作固化在芯片中，是该芯片的地址序列代码。64 位代码的排序是：开始 8 位（28H）是产品类型标号，接下来的 48 位是该芯片自身的序列号，最后 8 位是前面 56 位数字的循环冗余校验码（$CRC=X^8+X^5+X^4+X+1$）。该序列代码在主机发出读 ROM 指令后可被读出，主机可由此确定芯片的身份，如同 I^2C 芯片引脚地址。64 位的序列号代码的作用是可允许在一个单总线系统中连接多个 DS18B20 芯片。有资料介绍，一个系统中最多可连接 8 个 DS18B20 芯片；若再增加数量，则需要扩大 MCU 端口的总线驱动能力。

温度传感器是芯片的核心部分，它连续地对物体温度进行测量，并连续地将新测量结果存放在高速暂存器 RAM 中，存放形式如下：

低字节（LS Byte）

Bit 7	Bit 6	Bit 5	Bit 4	Bit 3	Bit 2	Bit 1	Bit 0
2^3	2^2	2^1	2^0	2^{-1}	2^{-2}	2^{-3}	2^{-4}

高字节（MS Byte）

Bit 7	Bit 6	Bit 5	Bit 4	Bit 3	Bit 2	Bit 1	Bit 0
S	S	S	S	S	2^6	2^5	2^4

测量温度值被放在两个字节中，高字节的高 5 位是符号位，代表一位符号。若这 5 位均为“0”，表示符号为正，测量温度为正值；若这 5 位均为“1”，则表示符号为负，测量的温度为负值。高字节的低 3 位和低字节的 8 位，共 11 位，是测量的数值部分。测量值为正时，将数值乘以 0.0625 即可得到实际测量温度数；测量值为负时，将数值其变补再乘以 0.0625 即可得到实际测量温度的绝对值。比如温度+125℃对应的转换数字为 07D0H，温度-55℃对应的转换数字为 FC90H。

（3）DS18B20 的 ROM 指令和 RAM 指令

ROM 指令用来确认 DS18B20 的身份，即在众多的单总线芯片或多个 DS18B20 中指定某一个芯片作为操作对象。确定的基本方式是核对各芯片的 64 位的序列号代码，该过程比较复杂，需要若干条 ROM 指令的配合；在仅用 1 个 DS18B20 芯片的场合，只需用“跳过”指令（CCH），就可省略确认身份的过程。

DS18B20 的 RAM 指令见表 8.1。RAM 指令用来对已经确认身份、被指定为操作对象的 DS18B20 芯片进行具体的读写操作。

表 8.1 DS18B20 的 RAM 指令

指令	代码	功　能
温度变换	44H	启动温度转换，12 位转换时最长为 750ms。结果存入内部 9 字节 RAM 中
读暂存器	BEH	读 DS18B20RAM 中 9 字节内容
写暂存器	4EH	发出向内部 RAM 的 2、3、4 字节写上、下限温度数据和配置寄存器命令，紧跟该命令之后，是传送三字节的数据
复制暂存器	48H	将 RAM 中 2、3 字节的内容复制到 E^2PROM 中
重调 E^2PROM	B8H	将 E^2PROM 中内容恢复到 RAM 中的第 2、3 字节
读供电方式	B4H	读供电模式。寄生供电模式时发送“0”，外接电源供电发送“1”

（4）DS18B20 的读写操作过程

DS18B20 属于单总线芯片，对其进行数据交换必须符合单总线操作时序和三个操作步骤（见 8.4.1 节叙述）。MCS-51 对 DS18B20 的读写过程的三个步骤如下。

① 发出初始化时序。MSC-51 将总线拉低 480μs，DS18B20 收到复位信号后即开始自身复位，并发出应答信号，然后进入测温状态，并将测得温度随时装入高速暂存器 RAM 中，等待读出。

② 发出读 ROM 指令，即选择进行数据交换的具体芯片。若只有一只 DS18B20 芯片，可用“跳跃”指令越过芯片选择而直接指定该芯片。

③ 发出对 RAM 读操作的指令，读出温度数据。

2．MCS-51 和 DS18B20 组成的温度控制单元

本例用 MCS-51 和 1 片 DS18B20 组成温度控制单元，硬件原理图见图 8.12。该单元模拟实现空调中恒温控制功能，使被测物体的温度保持在预先设置的范围之内。原理是由 DS18B20 测量环境温度，然后将测量温度送给 MCS-51, MCS-51 将测量温度与设置温度的上下限值进行比较，若测量温度小于设置温度下限值，则进行加热处理；若测量温度大于设置温度上限值，则进行制冷处理。为简便起见需要注意：①设测量温度均为正值；②用电阻 R_C 模拟环境温度，DS18B20 测量该电阻温度；③R_C 加热由继电器 J 控制，J 接点闭合对电阻通电加热，J 接点断开对电阻自然冷却。

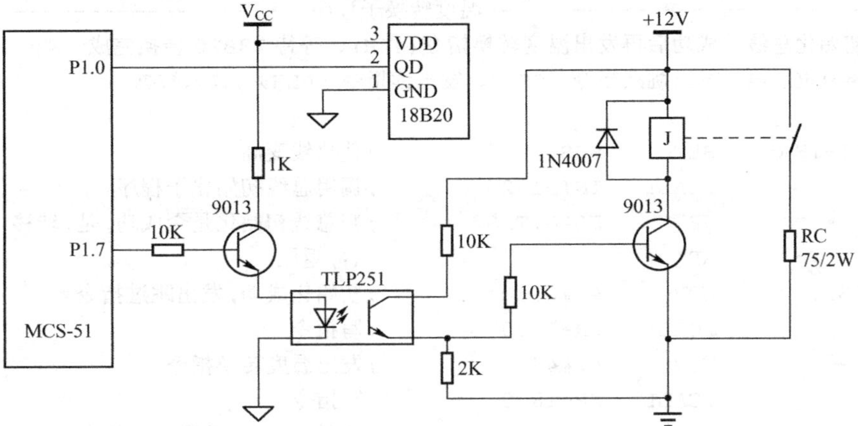

图 8.12　模拟恒温控制原理示意图

汇编参考程序：

```
;--------------------------------主程序--------------------------------
        BUS     BIT     P1.0    ;定义 1-Wire
        CTL     BIT     P1.7    ;温度加热继电器控制 I/O 位
        TEML    EQU     29H     ;转换后读出温度值低 8 位
        TEMH    EQU     28H     ;转换后读出温度值高 8 位
        STEMH   EQU     27H     ;设置温度低限值
        STEML   EQU     26H     ;设置温度高限值
        FLAG    BIT     38H     ;检测 DS18B20 存在标志,"1"=存在
        ORG     0100H
MAIN:   LCALL   GET-TEM         ;调用读温度转换子程序
        MOV     A,TEML          ;温度低字节
        MOV     C,40H           ;温度高字节位 0（28H.0）
        RRC     A
        MOV     C,41H           ;温度高字节位 1
        RRC     A
        MOV     C,42H           ;温度高字节位 2
        RRC     A
        MOV     C,43H           ;温度高字节位 3
```

```
         RRC     A             ;温度高、低字节合并,乘 0.0625,存 A
PW:      MOV     TEML,A        ;温度测量实际值存 29H
         CJNE    A,STEMH,S1    ;比较设置温度高限值
S1:      JNC     SH            ;大于"设置温度高限值",转移
         CJNE    A,STEML,S2
S2:      JC      SL            ;小于"设置温度低限值",转移
         SJMP    DL            ;没有越线
SH:      CLR     CTL           ;大于"设置温度高限值",冷却
         SJMP    DL
SL:      SETB    CTL           ;小于"设置温度低限值",加热
         SJMP    DL
DL:      LCALL   DELAY         ;调用延时 16ms 子程序
         SJMP    MAIN
;--------------------------温度转换子程序------------------------------
;初始化总线、成功后再发出温度转换指令(44H)、等待 18B20 转换完成
;再复位总线、发出跳跃指令(CCH)、发出读指令(BEH),读入数据

GET-TEM:    SET      BUS             ;使总线变高
            LCALL    INT-1820        ;调用总线初始化子程序
            JB       FLAG,TSS2       ;判总线初始化是否成功,是,转移
            RET                      ;否,返回
TSS2:       MOV      A,#0CCH         ;初始化成功,发出跳过指令
            LCALL    WR-1820         ;写指令
            MOV      A,#44H          ;发出温度转换指令
            LCALL    WR-1820         ;写指令
            LCALL    DELAY1          ;延时 800ms 子程序(从略)
            LCALL    INT-1820        ;准备读,先调用总线初始化子程序
            MOV      A,#0CCH         ;发出跳过指令
            LACLL    WR-1820         ;写指令
            MOV      A,#0BEH         ;发出读温度指令
            LACLL    WR-1820         ;写指令
            LACLL    RD-1820         ;读出温度值,保存在 TEML/TEMH
            RET
;--------------------------初始化(复位)子程序--------------------------
;发出复位脉冲,等待从机回应,该过程须大于 960us(设 Fosc=12MHz)
INT-1820:   SET        BUS           ;使总线变高
            NOP
            CLR        BUS           ;初始化开始
            LCALL      DELAY500      ;调用延时 500us 子程序(该程序省略)
            SETB       BUS           ;释放总线,准备进入等待从机回应
            DB         0,0,0
            MOV        R0,#25H       ;延时计数
TSR2:       JNB        BUS,TSR3      ;检测从机回应,有回应,转移
            DJNZ       R0,TSR2       ;延时 150us
            LJMP       TSR4          ;无回应,转移
TSR3:       SETB       FLAG          ;有回应,标志 1
            LJMP       TSR5
```

```
TSR4:       CLR      FLAG        ;无回应,标志 0
            LJMP     TSR7
TSR5:       MOV      R0,#117     ;延时 200us
TSR6:       DJNZ     R0,TSR6
TSR7:       SETB     BUS         ;释放总线
            RET
;-----------------------------写字节子程序-----------------------------
;被写数据在 A,先写最低位,共 8 位,时序符合单总线写要求
WR-1820:    MOV      R2,#8       ;8 位数据
            CLR      C
WR1:        CLR      BUS         ;总线拉低
            MOV      R3,#7       ;总线拉低延时
            DJNZ     R3,$
            RRC      A
            MOV      BUS,C       ;送最低位到总线
            MOV      R3,#23      ;延时
            DJNZ     R3,$
            SETB     BUS         ;拉高总线
            NOP
            DJNZ     R2,WR1      ;8 位送完
            SETB     BUS         ;释放总线
            RET
;-----------------------------读温度子程序-----------------------------
;从 18B20 读出测量的温度值,高字节存 TEMH,低字节存 REML
RD-18B20:   MOV      R4,#2       ;2 字节
            MOV      R1,#TEML    ;低字节
RD0:        MOV      R2,#8       ;8 位
RD1:        CLR      C           ;清零
            SETB     BUS         ;释放总线
            DB       0,0
            CLR      BUS         ;拉低总线
            DB       0,0,0
            SETB     BUS         ;释放总线
            MOV      R3,#9
            DJNZ     R3,$        ;延时
            MOV      C,BUS       ;读入总线数据
            MOV      R3,#23      ;延时
DJNZ        R3,$
            RRC      A           ;读入数据移入 A
            DJNZ     R2,RD1      ;1 字节读完
            MOV      @R1,A       ;存高、低字节
            DEC      R1          ;高字节
            DJNZ     R4,RD0      ;2 字节读完
            RET
```

本 章 小 结

I^2C 总线是具备多主机系统所需的包括总线裁决和高低速器件同步功能的高性能串行总线。它只有两根信号线，一根是双向的数据线 SDA，另一根是双向的时钟线 SCL。所有连接到 I^2C 总线上器件的串行数据都接到总线的 SDA 线上，而各器件的时钟均接到总线的 SCL 线上。

在实际应用中，多数单片机系统仍采用单主结构的形式，在主节点上可以采用不带 I^2C 总线接口的单片机，如 80C31、AT89C2051 等。这些单片机的普通 I/O 口完全可以完成 I^2C 总线的主节点对 I^2C 总线器件的读、写操作。

I^2C 总线数据传送的模拟大大地扩展了 I^2C 总线器件的适用范围，使这些器件的使用不受系统中的单片机必须带有 I^2C 总线接口的限制。

单总线使用连线最少。但芯片的寻址相对复杂，通信占用时间也更多。因此该类芯片的品种比前两种要少得多。

习题与思考题

1. I^2C 总线的优点是什么？
2. 在 AT89S52 上扩展两片 AT24C04，请画出电路图。
3. 编程将 0～9 写入 AT24C04 的 0～9 单元。
4. 编程将 AT24C04 的 0～9 单元内容读出并分别存入内部 RAM 的 20H～29H 单元。
5. 试用一片 TLC5615 设计一个 51 波形发生器，使之能产生方波、锯齿波。

第 9 章　MCS-51 单片机应用系统设计

9.1　MCS-51 单片机应用系统的结构

由于单片机具有体积小、功耗低、功能强、可靠性高、实时性强、简单易学、使用方便灵巧、易于维护和操作、性价比高、易于推广、可实现网络通信等技术特点，因此，单片机在自动化装置、智能仪表、家用电器、数据采集、工业控制、计算机通信、汽车电子乃至机器人等领域得到了日益广泛的应用。

从系统的角度来看，单片机应用系统是由硬件系统和软件系统两部分组成的。硬件系统包括单片机及其扩展部分和各功能模块部分，如信号测量模块、人机交互模块等；软件系统包括监控程序和各种应用程序。

由于单片机多用于测控领域，因而其典型应用系统包括单片机系统、基本输入输出通道以及基本的人机对话通道，对大型的多机测控系统，还包括机与机之间进行通信的交互通道。图 9.1 是一个典型的单片机应用系统的结构框图。

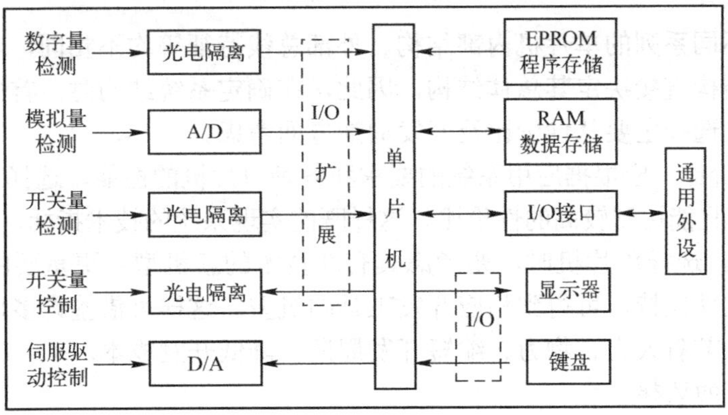

图 9.1　典型单片机应用系统结构框图

(1) 前向通道及其特点

前向通道一般包括数字量检测输入、模拟量检测输入、开关量检测输入等，前向通道与现场采集对象相连，根据现场采集对象的不同，这些输入量都是由安放在现场的传感、变换装置产生的，是一个模拟、数字混合的电路系统，一般功耗较小，但是它却是现场干扰进入的主要通道，也是整个系统抗干扰的重点。

(2) 后向通道及其特点

后向通道是应用系统的伺服驱动通道，作为应用系统的输出通道，大多数需要功率驱动，根据输出控制的不同，后向通道电路多种多样，输出信号形式有电流输出、电压输出、开关量输出等。

（3）人机交互通道及其特点

单片机应用系统中的人机通道是为了人机对话而设置的，主要有键盘、显示器、打印机等通道接口，可以实现人工干预系统、设置参数等。

人机通道具有以下特点：

①人机通道一般都是小规模的；②单片机应用系统的人机对话通道及接口大多采用内总线形式，与计算机系统扩展密切相关；③人机通道接口一般都是数字电路，可靠性高，结构简单。

9.2 MCS-51单片机应用系统设计

单片机应用系统设计应当考虑其主要技术性能（速度、精度、功耗、可靠性、驱动能力等），还应当考虑功能需求、应用需求、开发条件、市场情况、可靠性需求和成本需求等，一旦这些指标确定下来，系统将在这些指标限定下进行。

9.2.1 总体方案设计

1．明确设计任务

认真进行目标分析，根据应用场合、工作环境、具体用途，考虑系统的可靠性、通用性、可维护性、先进性以及成本等，提出合理的、详尽的功能技术指标。

2．器件选择

（1）单片机选择

不同类型、不同系列的单片机内部结构、外部总线特征等均不相同，对一个系统而言，单片机的型号和结构直接决定其总体结构，因此，在确定系统结构时，首先要选择单片机型号或系列。单片机选择主要从性价比及开发周期方面考虑。

① 单片机性价比。应根据应用系统的要求和各种单片机的性能，选择最容易实现产品技术指标的机型，而且能达到较高的性价比。这样既能实现系统的技术指标，又不会造成浪费。

② 开发周期。选择单片机时，要考虑具有新技术的新机型；更重要的是应考虑选用技术成熟，有较多软件支持，可得到相应开发工具的机型。这样可借鉴许多现成的技术，移植一些现成软件，以节省人力、物力、缩短开发周期，降低开发成本。

（2）外围器件的选择

外围器件应符合系统的精度、速度和可靠性、功耗、抗干扰等方面的要求。应考虑功耗、电压、温度、价格、封装形式等其他方面的指标，应尽可能选择标准化、模块化、功能强、集成度高的典型电路。

3．总体设计

总体设计就是根据设计任务、指标要求和给定条件，设计出符合现场条件的软、硬件方案，并进行方案优化。应划分硬件、软件任务，画出系统结构框图。要合理分配系统内部的硬件、软件资源。包括以下几个方面。

（1）从系统功能需求出发设计功能模块。包括显示器、键盘、数据采集、检测、通信、控制、驱动、供电方式等。

（2）从系统应用需求分配元器件资源。包括定时器/计数器、中断系统、串行口、I/O接口、A/D、D/A、信号调理、时钟发生器等。

（3）从开发条件与市场情况出发选择元器件。包括仿真器、编程器、元器件、语言、程序设计的难易程度等。

（4）从系统可靠性需求确定系统设计工艺。包括去耦、光隔、屏蔽、印制板、低功耗、散热、传输距离/速度、节电方式、掉电保护、软件措施等。

9.2.2　硬件设计

由总体设计所给出的硬件功能，在确定单片机类型的基础上进行各个功能电路模块的设计，最后综合成一个完整的硬件系统，并进行必要的工艺结构设计，制作出印刷电路板，组装后即完成了硬件设计。

1．硬件电路设计的一般原则

在进行单片机应用系统的硬件设计时应注意以下问题。

（1）采用新技术，尽量选用标准化、模块化的典型电路。

（2）在条件允许的情况下，尽量选用功能强、集成度高的电路或芯片。

（3）选择通用性强、市场供应足的元器件。

（4）满足应用系统的功能要求，并留有适当余地，以便进行二次开发。

（5）充分考虑系统各部分的驱动能力及电源的负载能力，并注意抗干扰设计。

（6）工艺设计时要考虑安装、调试、维修的方便。

2．硬件电路各模块设计的原则

硬件部分各模块电路主要包括：存储器扩展、I/O 扩展、输入输出通道、通信电路、人机交互通道等，各模块电路设计时应考虑以下几个方面。

（1）存储器扩展：应考虑存储器的类型、容量、速度和接口，尽量减少芯片的数量。

（2）I/O 接口的扩展：由于外设多种多样，使得单片机与外设之间的接口电路也各不相同，因此，I/O 接口通常是单片机应用系统中设计最困难也最复杂的部分之一。选择 I/O 接口，要考虑其体积、价格、负载能力、功能，以及合适的地址译码方法。

（3）输入通道的设计：输入通道设计包括模拟量输入通道和开关量输入通道设计。开关量要考虑接口形式、电压等级、隔离方式、扩展接口等；模拟输入通道信号检测环节（传感器、信号处理电路等）结合，根据系统的速度和精度等来进行适当的设计。

（4）输出通道的设计：输出通道设计包括开关量和模拟量输出通道设计。开关量要考虑功率、控制方式等，模拟量输出通道要考虑 D/A 转换器的参数（精度、转换速度等）和输出信号的形式。

（5）人机界面的设计：人机界面的设计主要包括键盘、开关、拨码盘、启/停操作、复位、显示器、打印、指示、报警等设计，要考虑界面的易操作性、人性化、布局合理，另外还要考虑各人机界面的扩展口。

（6）其他方面的设计：如提高负载容限的设计，通信电路的设计，印制板的设计与制作、信号逻辑电平兼容性的考虑及抗干扰的设计等。

9.2.3　软件设计

在进行应用系统的总体设计时，软件设计和硬件设计应统筹兼顾、协调进行，一旦硬件设计确定，相应的软件任务也就确定了。单片机应用系统的软件一般是由系统的应用程序和监控程序两部分组成。其中，应用程序是用来完成诸如测量、计算、显示、打印、输出控制能实现各种实质性功能的软件；监控程序是控制单片机系统按照预定操作方式运行的程序，它负责组织调度各应用程序模块，完成系统自检、初始化、处理各种命令等功能。

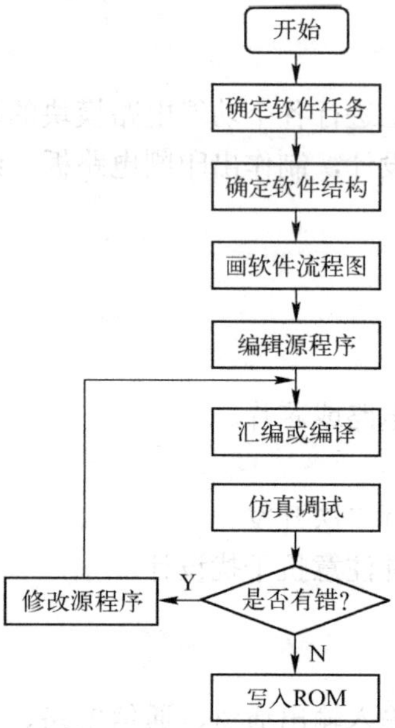

图 9.2　软件设计流程图

软件设计流程图如图 9.2 所示，软件设计可分为以下几个方面。

1．总体规划

结合硬件结构，明确软件任务，确定具体实施的方法，合理分配资源。定义输入/输出、确定信息交换的方式（数据速率、数据格式、校验方法、状态信号等）、时间要求，检查与纠正错误。

2．确定软件结构

确定软件的总体任务之后，需要确定软件结构，使各功能程序模块化、子程序化。合理的软件结构是设计一个性能优良的单片机应用系统软件的基础，一般有以下两种程序设计方法。

（1）模块程序设计：模块程序设计是把一个较大的程序分解为若干个功能相对独立的较小的程序模块，它的优点是单个功能明确的程序模块的设计和调试比较方便，容易完成，一个模块可以为多个程序所共享。其缺点是各个模块的连接有时有一定难度。

（2）自顶向下的程序设计：自顶向下的程序设计时，先从主程序开始设计，其从属的子程序可以用符号代替，主程序编制好后再编制各从属程序。它的优点是比较符合人们的日常思维，设计、调试和连接均是按一个线索进行，程序错误可以较早发现。缺点是上一级的程序错误将对整个程序产生影响，一处修改可能引起对整个程序的全面修改。

3．程序设计

确定好软件结构之后，便可着手进行程序设计，程序设计分为以下几个步骤。

（1）建立数学模型：根据设计任务，描述出各输入变量和各输出变量之间的数学关系。

（2）绘制程序流程图：通常在编制程序之前先绘制程序流程图，以简明直观的方式对任务进行描述。画程序流程图时先画粗框图，然后画每一部分的详细流程。

（3）程序的编制：程序编制之前要先选择合适的编程语言，汇编语言是较为常用的单片机程序设计语言，用汇编语言编写的程序代码精简，执行速度快，但进行大量数据运算时，编写难度大大增加，因此，在有大量数据运算时，可以采用 C51 编写。

程序编写时，应选择合适的数据结构和控制算法，并注意系统的存储空间分配、系统硬件资源的合理分配与使用以及子程序的入口/出口参数的设置与传递。

4．软件装配

各程序模块编写完成之后，需进行汇编或编译、调试，当满足设计要求后，将各程序模块按照软件结构设计的要求连接起来，即为软件装配。在软件装配时，应注意软件接口。

9.2.4 可靠性设计

产品的可靠性通常是指在规定的条件（环境条件如温度、湿度、振动，供电条件等）下，在规定的时间内（平均无故障时间）完成规定功能的能力。由于测控系统的工作环境往往比较恶劣和复杂，单片机应用系统的可靠性、安全性就成为一个非常突出的问题，因此，必须注意系统的抗干扰设计。

1. 干扰产生原因

凡是能产生一定能量，可以影响到周围电路正常工作的媒体都可认为是干扰源。干扰有的来自外部，有的来自内部。一般来说，干扰源可分为以下三类：（1）自然界的宇宙射线，太阳黑子活动，大气污染及雷电因素造成的。（2）物质固有的，即电子元器件本身的热噪声和散粒噪声。（3）人为造成的，主要是由电气和电子设备引起。

单片机系统的噪声干扰产生的原因主要有以下几个：（1）电路性干扰。电路性干扰是由于两个回路经公共阻抗耦合而产生的，干扰量是电流。（2）电容性干扰。电容性干扰是由于干扰源与干扰对象之间存在着变化的电场，从而造成了干扰影响，干扰量是电压。（3）电感性干扰。电感性干扰是由于干扰源的交变磁场在干扰对象中产生了干扰感应电压。而产生感应电压的原因则是由于在干扰源中存在着变化电流。（4）波干扰。波干扰是传导电磁波或空间电磁波所引起的。空间电磁波的干扰量是电场强度和磁场强度，传导波的干扰量是传导电流和传导电压。

单片机应用系统的主要干扰渠道：空间干扰、过程通道干扰、供电系统干扰。应用于工业生产过程中的单片机应用系统中，空间干扰一般远小于后两者，因此应重点防止供电系统与过程通道的干扰。

提高单片机系统本身的可靠性，可以通过模拟输入通道抗干扰技术、过程通道抗干扰技术、供电系统抗干扰技术以及软件抗干扰技术实现。

2. 模拟输入通道的抗干扰技术

步骤为：（1）模拟量输入回路加入 RC 滤波器，以减小工频干扰信号对输入信号的影响；（2）光电耦合器隔离，在模拟通道使用光电耦合器要按照如图 9.3 的安排设计；（3）适当选用 A/D 芯片。在干扰严重的场合，可选用双积分式 A/D 转换器。要求转换速度快的场合，要选用逐次逼近方式的转换器。

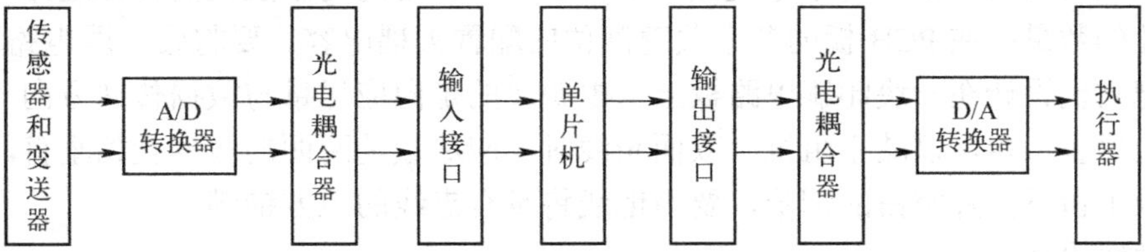

图 9.3 模拟量输入通道光电耦合抗干扰示意图

3. 过程通道的干扰与抑制

过程通道的干扰主要来自于长线传输。单片机应用系统中，从现场信号输出的开关信号或从传感器输出的微弱模拟信号，经传输线传输时，会产生延时、畸变、衰减及通道干扰。

对过程通道的干扰，可以采取以下抗干扰措施：

（1）采用隔离技术：常用的隔离技术有光电隔离、变压器隔离、继电器隔离和布线隔离等。典型的信号隔离是光电隔离。其优点是能有效地抑制尖峰脉冲及各种噪声干扰，从而使过程通道上的信噪比大大提高。

（2）采用屏蔽措施：屏蔽是用来隔离空间辐射的，把噪声特别大的器件用金属罩罩起来可以减少噪声源对单片机系统的干扰，对容易受干扰的模拟电路（如高灵敏度的弱信号放大电路），也可以屏蔽起来。

（3）采用双绞线传输：双绞线能使各个小环路的电磁感应干扰相互抵消。其特点是波阻抗高、抗共模噪声能力强，但频带较差。

（4）采用长线传输的阻抗匹配：长线传输时如匹配不好，会使信号产生反射，从而形成严重的失真。常见的匹配技术有：① 终端并联阻抗匹配；② 始端串联匹配；③ 终端并联隔直流匹配；④ 终端接钳位二极管匹配。

4．供电系统干扰及其抑制

供电系统干扰分为：（1）过压、欠压、停电，使用各种稳压器和不间断电源 UPS；（2）浪涌、下陷、降出，使用快速响应的交流电压调压器；（3）尖峰电压，使用具有噪声抑制能力的交流稳压器或隔离变压器；（4）射频干扰。

为了提高供电系统的抗干扰，可以从以下几个方面考虑：（1）交流进线端加交流滤波器，可滤掉高频干扰，如电网上大功率设备启停造成的瞬间干扰；（2）要求高的系统加交流稳压器；（3）采用具有静电屏蔽和抗电磁干扰的隔离电源变压器；（4）采用集成稳压块两级稳压；（5）主电路板采取独立供电，其余部分分散供电，避免一处电源有故障引起整个系统颠覆；（6）直流输出部分采用大容量电解电容进行平滑滤波。

5．其他硬件抗干扰措施

（1）对信号整形，可采用斯密特电路整形。

（2）机械触点，接触器、可控硅的噪声抑制。

① 开关、按钮、继电器触点等在操作时应采取去抖处理；② 在输入/输出通道中使用接触器、继电器时，应在线圈两端并接噪声抑制器，继电器线圈处要加装放电二极管；③ 可控硅两端并接 RC 抑制电路，可减小可控硅产生的噪声。

（3）印刷电路板（PCB）设计中的抗干扰问题。

合理选择 PCB 板的层数，大小要适中，布局、分区应合理，把相互有关的元件尽量放得靠近一些。印刷导线的布设应尽量短而宽，尽量减少回路环的面积，以降低感应噪声。导线的布局应当是均匀的、分开的平行直线，以得到一条具有均匀波阻抗的传输通路，应尽可能地减少过孔的数量。在 PCB 板的各个关键部位应配置去耦电容。要将强、弱电路严格分开，尽量不要把它们设计在一块印刷电路板上。电源线的走向应尽量与数据传递方向一致，电源线、地线应尽量加粗，以减小阻抗。双面布线时，应尽量使两面的线条互相垂直，另外，不要在印制板上留下大片空白的铜箔，要用地线将没有走线的地方铺满。

（4）地线设计。

地线结构大致有保护地、系统地、机壳地（屏蔽地）、数字地、模拟地等。

在设计时，数字地和模拟地要分开，分别与电源端地线相连；屏蔽线根据工作频率可采用单点接地或多点接地；保护地的接地是指接大地。不能把接地线与动力线的零线混淆。

此外，应提高元器件的可靠性，注意各电路之间的电平匹配，总线驱动能力要符合要求，单片机的空闲引脚要接地或接电源，或者定义成输出。室外使用的单片机系统或从室外架空引入室内的电源线、信号线，要防止雷击，常用的防雷击器件有：气体放电管，TVS（瞬态电压抑制器）等。

6．**软件的抗干扰设计**

在硬件抗干扰的基础上，采用软件抗干扰技术加以补充，作为硬件措施的辅助手段，可以起到良好的抗干扰效果。由于软件抗干扰方法简单、灵活、节省硬件资源，因此它成为系统抗干扰设计必不可少的手段。常用的软件抗干扰技术有软件陷阱、指令冗余、设置特征标志和软件数字滤波等。

（1）实时数据采集系统的软件抗干扰采用软件数字滤波。

常用的方法有以下几种：① 算术平均值法：对一点数据连续采样多次（可取 3～5 次），以平均值作为该点的采样结果。这种方法可以减少系统的随机干扰对采集结果的影响；② 比较取舍法：对每个采样点连续采样几次，根据所采样数据的变化规律，确定取舍办法来剔除偏差数据。例如，“采三取二”，即对每个采样点连续采样三次，取两次相同数据作为采样结果；③ 中值法：对一个采样点连续采集多个信号，并对这些采样值进行比较，取中值作为该点的采样结果；④ 一阶递推数字滤波法：利用软件完成 RC 低通滤波器的算法。

其公式为：

$$Y_n=QX_n+(1-Q)Y_{n-1}$$

其中：Q——数字滤波器时间常数；

X_n——第 n 次采样时的滤波器的输入；

Y_{n-1}——第 n-1 次采样时的滤波器的输出；

Y_n——第 n 次采样时的滤波器的输出。

注意：选取何种方法必须根据信号的变化规律予以确定。

（2）开关量控制系统的软件抗干扰可采取指令冗余、设置当前输出状态寄存单元等软件抗干扰措施。软件冗余技术，就是多次使用同一功能的软件指令，以保证指令执行的可靠性，这从以下几个方面考虑。

① 采取多次读入法，确保开关量输入正确无误，重要的输入信息利用软件多次读入，比较几次结果一致后再让其参与运算。对于按钮和开关状态读入时，要配合软件延时可消除抖动和误动作；

② 不断查询输出状态寄存器，及时纠正输出状态。设置输出状态寄存器，利用软件不断查询，当发现和输出的正确状态不一致时，及时纠正，防止由于干扰引起的输出量变化导致设备误动作；

③ 对于条件控制系统，把对控制条件的一次采样、处理控制输出改为循环地采样、处理输出。这种方法对于惯性较大的控制系统具有良好的抗偶然干扰作用；

④ 为防止计算错误，可采用两组计算程序分别计算，然后将两组计算结果进行比较，如两次计算结果相同，则将结果送出；如出现误差，则再进行一次运算，重新比较，直到结果相同。

（3）程序运行失常的软件对策。

程序运行失常是指由于系统干扰可能破坏程序指针 PC，PC 一旦失控，使程序“跑飞”，可能进入非程序区，造成系统运行的一系列错误。通过设置软件陷阱或加入程序监控定时器，可防止程序“跑飞”。

软件陷阱是指将捕获的“跑飞”程序引向复位入口地址 0000H 的指令。设置方法如下。

① 在 EPROM 中，非程序区设置软件陷阱，软件陷阱一般 1KB 空间有 2～3 个就可以进行有效拦截。指令如下：

```
NOP
NOP
LJMP 0000H
```

② 在未使用的中断服务程序中设置软件陷阱，能及时捕获错误的中断。指令如下：

```
NOP
NOP
RETI
```

利用设置软件陷阱的办法虽在一定程度上解决了程序“飞出”失控问题，但不能有效地解决死循环问题。设置程序监视器（Watchdog，看门狗）可比较有效地解决死循环问题。程序监视器系统有的采用软件解决，大部分都是采用软、硬件相结合的办法。下面简要介绍两种方法。

① 在程序一开始就启动定时器工作，在主程序中增设定时器赋值指令，使该定时器维持在非溢出工作状态。定时时间要稍大于程序一次循环的执行时间。程序正常循环执行一次给定时器送一次初值，使其不能溢出。但若程序失控，定时器则计满溢出中断，在中断服务程序中使主程序自动复位又进入初始状态。这样的定时器电路常称为“看门狗”，程序正常循环执行一次给定时器送一次初值称之“喂狗”。

② 利用单稳触发器构成程序监视器方法：利用软件经常访问单稳态电路，一旦程序有问题，CPU 不能照常访问，单稳电路则产生翻转脉冲使单片机复位，程序重新开始执行。

9.3 单片机应用系统的调试、测试

单片机应用系统的软、硬件制作完成后，必须反复进行调试、修改，直至完全正常工作，经过测试，功能完全符合系统性能指标要求，应用系统设计才算完成。单片机应用系统的调试包括硬件调试和软件调试，且两者应该协调统一，一般的方法是先排除明显的硬件故障，再进行综合调试，排除可能的软、硬件故障。

9.3.1 硬件调试

硬件调试是利用开发系统、基本测试仪器（万用表、示波器等），通过执行开发系统的有关命令或运行适当的测试程序（或是与硬件有关的部分程序段）来检查用户硬件系统中存在的问题。硬件调试分为静态调试和动态调试两步。

1. 静态调试

静态调试是在系统未工作时的一种硬件检查，分为静态观察、万用表测试和通电检查三步。

（1）静态观察

单片机应用系统中的大部分电路安装在印制电路板上，因此对每一块加工好的印制电路板都要进行仔细检查，检查印制板是否有短路、断线，是否有毛刺，是否有焊盘粘连或脱落，过孔金属化程度是否足够等，发现问题及时弥补。如印制电路板无质量问题，则需要根据硬件电路图进行元器件的安装和焊接，在元器件装配过程中，一定要核对元器件的型号、极性、安装是否正确，并检查有无漏焊、虚焊等现象。

（2）万用表测试

用万用表进行焊接后的线路检查，排除断路或短路，并检查电源和地线之间有无短路。短路现象一定要在系统加电之前查出并解决，如果电源与地之间短路，一旦加电，系统所有器件或设备都有可能被毁坏，因此，对电源与地的处理，在整个系统调试及今后的运行中都要格外小心。

（3）通电测试

通电检查时，可以模拟各种输入信号分别送入电路的各有关部分，观察 I/O 口的动作情况，查看电路板上有无元件过热、冒烟、异味等现象，各相关设备的动作是否符合要求，整个系统的功能是否符合要求。

2．动态调试

在上述静态检查都无误的情况下，即可将用户系统与单片机开发系统用仿真电缆连接起来，利用单片机开发系统完成对用户系统的测试，这个过程也称为联机仿真或联机调试。

动态调试的一般方法是由近及远，由分到合。由近及远是按照信号的流向进行逐级调试，由分到合是按照逻辑功能将用户系统硬件电路分为若干模块，然后各个模块分别进行调试，最后进行综合调试。

9.3.2　软件调试

软件调试是通过对用户程序的汇编、连接、执行来发现程序中存在的语法错误与逻辑错误，并加以排除或纠正的过程。

软件调试的一般方法是先独立后联机、先分块后组合、先单步后连续。

1．先独立后联机

单片机应用系统中的软件与硬件是密切相关、相辅相成的。但是，当软件对被测试参数进行加工处理或做某项事务处理时，往往是与硬件无关的，这样，就可以通过对用户程序的仔细分析，把与硬件无关的、功能相对独立的程序段抽取出来，形成与硬件无关和依赖于硬件的两大类用户程序块。

调试时，先调试与硬件无关的程序块，此时可以通过开发系统进行相应的参数设置，通过观察端口或存储器数据判断程序执行结果的正确与否；当与硬件无关的程序模块全部调试完成后，就可以将仿真机与主机、用户系统连接起来，进行系统联调。在系统联调中，先对依赖于硬件的程序块进行调试，调试成功后，再进行两大程序模块的有机组合及总体调试。

2．先分块后组合

如果用户系统规模较大、任务较多，即使先行将用户程序分为“与硬件无关”和“依赖于硬件”两大部分，这两部分程序仍较为庞大，采用笼统的方法从头至尾调试，既费时间又不容易进行错误定位，所以常规的调试方法是分别对两类程序模块进一步采用分模块调试，以提高软件调试的有效性。

在分模块调试时所划分的程序模块应基本保持与软件设计时的程序功能模块或任务一致。每个程序模块调试完后，将相互有关联的程序模块逐块组合起来加以调试，以解决在程序模块连接中可能出现的逻辑错误。对所有程序模块的整体组合是在系统联调中进行的。

由于各个程序模块通过调试已排除了内部错误，所以软件总体调试的错误就大大减少了，调试成功的可能性也就大大提高了。

3．先单步后连续

调试好程序模块的关键是实现对错误的正确定位。准确发现程序（或硬件电路）错误的最有效方法是采用单步加断点运行方式调试程序。单步运行可以了解被调试程序中每条指令的执行情况，分析指令的运行结果，以便知道该指令执行的正确性，并进一步确定是由于硬件电路错误、数据错误还是程序设计错误等引起了该指令的执行错误，从而发现、排除错误。

但是，所有程序模块都以单步方式查找错误的话，又比较费时费力，所以为了提高调试效率，一般采用先使用断点运行方式将故障定位在程序的一个小范围内，然后针对故障程序段再使用单步运行方式来精确定位错误所在，这样就可以做到调试的快捷和准确。一般情况下，单步调试完成后，还要做连续运行调试，以防止某些错误在单步执行的情况下被掩盖。

有些实时性操作（如中断等）利用单步运行方式无法调试，必须采用连续运行方法进行调试。为了准确地对错误进行定位，可使用连续加断点运行方式调试这类程序，即利用断点定位的改变，一步步缩小故障范围，直至最终确定错误位置并加以排除。

9.3.3 系统联合调试

当硬件和软件调试完成之后，就可以进行系统软、硬件联合调试。对于有电气控制负载的系统，应先试验空载，空载正常后再试验负载情况。系统联合调试的任务是排除软、硬件中的残留错误，使整个系统能够完成预定的工作任务，达到要求的性能指标。

系统调试成功之后，就可以将程序通过专用程序固化器固化到 ROM 中。将固化好程序的 ROM 插回到应用系统电路板的相应位置，即可脱机运行。系统试运行要连续运行相当长的时间（也称烤机），以考验其稳定性，并且要进行进一步修改和完善处理。

9.3.4 现场调试及性能测试

一般情况下，通过系统联调，用户系统就可以按照设计要求正常工作了。但在某些情况下，由于系统实际运行的环境较为复杂（如环境干扰较为严重、工作现场含腐蚀性气体等），在实际现场工作之前，环境对系统的影响无法预料，只能通过现场运行调试来发现问题，找出相应的解决方法。另外，有些用户系统的调试是在用模拟设备代替实际监测、控制对象的情况下进行的，这就更有必要进行现场调试，以检验系统在实际工作环境中工作的正确性。

总之，现场调试对用户系统的调试来说是最后必需的一个过程，只有经过现场调试的系统才能保证其可靠地工作。现场调试仍需利用开发系统来完成，其调试方法与联合调试类似。

整个调试过程进行完毕后，一般需进行单片机系统功能的测试，上电、掉电测试，老化测试，静电放电（ElectroStatic Discharge，ESD）抗扰度和电快速瞬变脉冲群（Electrical Fast Transient，EFT）抗扰度等测试。可以使用各种干扰模拟器来测试单片机系统的可靠性，还可以模拟人为使用中可能发生的破坏情况。

经过调试、测试后，若系统完全正常工作，功能完全符合系统性能指标要求，则一个单片机应用系统的研制过程全部结束。

9.4　单片机应用系统举例

9.4.1　单片机在控制系统中的应用

单片机的一个广泛应用领域就是控制系统，包括室内控制和室外控制等。本小节以单片机在大棚环境控制系统中的应用为例，简要介绍单片机在此类控制系统中的应用。

1．设计思想

随着人们对生活质量要求的不断提高和科技的发展，利用大棚进行蔬菜种植、花卉栽培以及各种植物繁育变得越来越普及，对大棚内的温度、湿度、有害气体等的监测也变得重要。大棚环境控制系统一般通过传感电路不断循环检测大棚内温度、土壤湿度、有害气体（如 CO_2）浓度等环境参数，然后与设定的参数临界值相比较，从而做出开/关水泵、启/停换气扇、升/降温（湿）等判断，再结合水泵状态检测电路所检测到的水泵状态，发出一系列的控制命令，完成土壤过干则自动浇水、室内 CO_2 超标则自动开启换气扇、恒温（湿）等自动控制功能。用户还可通过控制键盘，手动完成上述的各个控制作，并可以选择所显示参数的种类等。

2．系统组成和部分电路设计

控制系统主要由控制器、数据检测电路、A/D 转换电路、驱动控制接口电路以及驱动电路等组成。其系统原理图如图 9.4 所示。

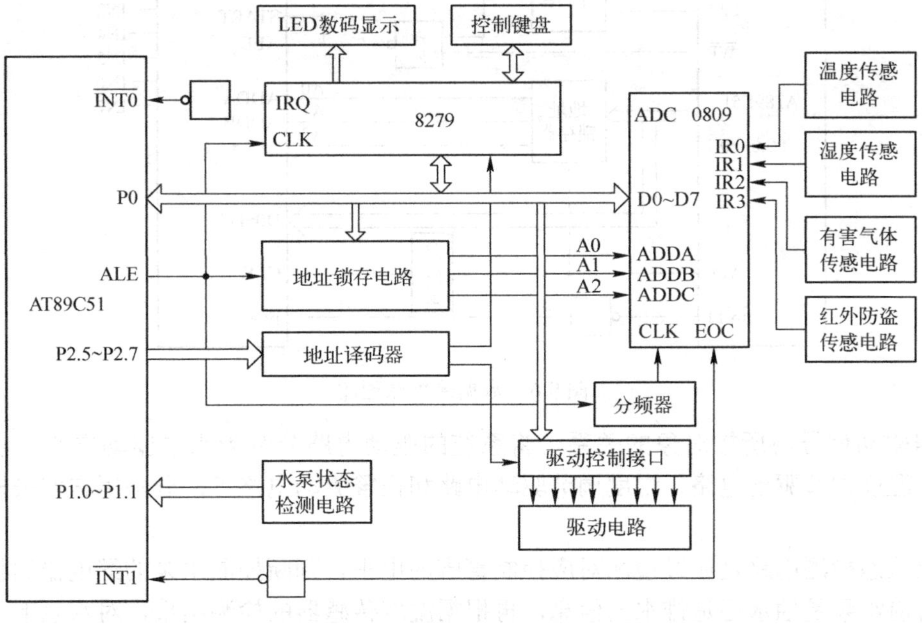

图 9.4　控制系统原理图

控制器使用美国 Atmel 公司的 AT89C51 单片机，利用 89C51 的 P0 口采集数据，利用 P1.0～P1.3 作为水泵状态检测端口，检测水泵目前的工作状态。

数据检测电路由温度传感电路、湿度传感电路、气体传感电路、红外防盗传感器四个部分组成。在此只以温度传感电路为例进行设计。

根据温度检测的要求，温度传感器选用集成温度传感器 AD590（测温范围为-55℃～

+150℃）。测量电路如图 9.5 所示。

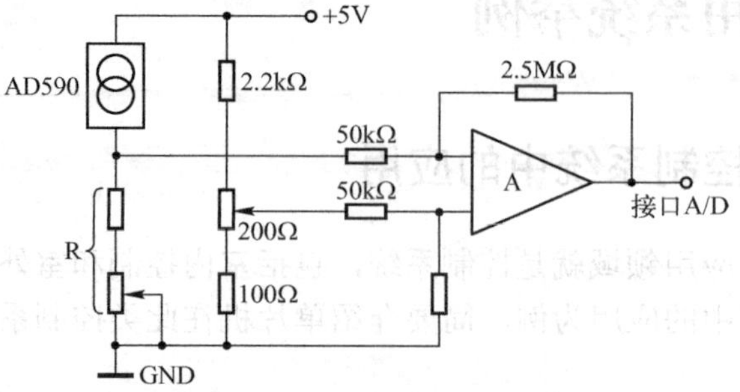

图 9.5　测量电路图

传感器采集到的信号，必须通过 A/D 转换器将其由模拟信号转换为数字信号，才能送到单片机。本系统中有 4 路模拟输入，由于对系统的采样速度和精度要求不是很高，因此 A/D 转换器选用了 8 位 8 输入的 ADC0809，89C51 通过中断方式读取 A/D 转换的数据。通过 A/D 转换实现的数据采集电路原理图如图 9.6 所示，A/D 转换器 8 路模拟输入的地址分别为 7FF8H～7FFFH，温度检测、湿度检测、有害气体检测和红外防盗报警检测 4 路传感器输入通道的地址分别为 7FF8H，7FF9H，7FFAH，7FFBH。

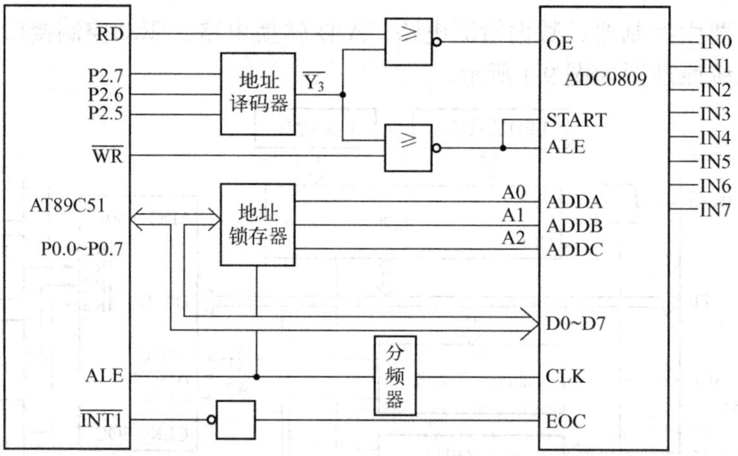

图 9.6　数据采集原理图

根据驱动信号与所控对象的关系，将系统的驱动电路分解为水泵驱动电路、换气扇驱动电路、温度调节驱动电路、湿度调节驱动电路和报警驱动电路等，分别用它们去控制 1 个对象。

水泵状态检测电路是通过检测对应控制管脚的电平，判断控制水泵的继电器的状态，从而得到目前水泵是抽水还是排水的信息，再根据湿度传感器的检测结果，对水泵下一步的动作进行控制。

键盘输入及显示电路采用 Intel 公司生产的 8279 通用可编程键盘、显示器接口芯片。可实现对键盘和显示器的自动扫描，并识别键盘上闭合键的键号。

对于控制键盘，采用微动开关制作，通过控制键盘，用户可设置各环境参数的临界值、随意选择所显示参数的种类、直接控制继电器从而控制水泵的开/关或抽水/排水、换气扇的启/停、温（湿）度的升/降等。

3．软件设计

控制系统的软件主要由主程序和两个中断服务程序等组成。主程序的主要作用是在系统复位后对系统进行初始化，设置 8279、ADC0809 等的工作方式和初始状态，设置各中断的优先级别并开中断，首次启动 A/D 转换等，然后向 8279 循环送显示字符，进行显示。主程序框图如图 9.7 所示。

按键中断服务程序的主要作用是在 AT89C51 响应 $\overline{\text{INT0}}$ 中断（有键按下，则产生该中断）后，读出键值，并根据键值依序发出相应的控制命令字，完成相应的控制功能。该中断应设为高优先级。程序框图如图 9.8 所示。

循环检测中断服务程序的主要作用是在 89C51 响应 $\overline{\text{INT1}}$ 中断后，将 A/D 转换结果送相应缓冲区，然后判断该转换结果是否在该参数的上、下限值之间，并根据判断结果按序发出相应的控制命令字，完成相应的控制、报警功能。然后重新选择被转换量，再次启动 A/D 转换后，返回主程序。该中断应设为低优先级，并设为下降沿触发方式。程序流程图如图 9.9 所示。

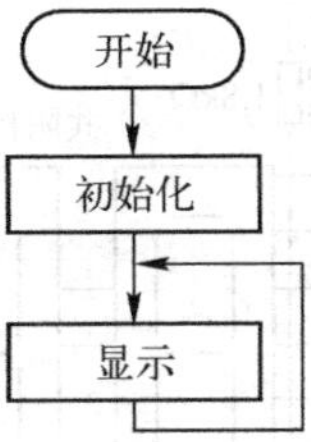

图 9.7　主程序流程图

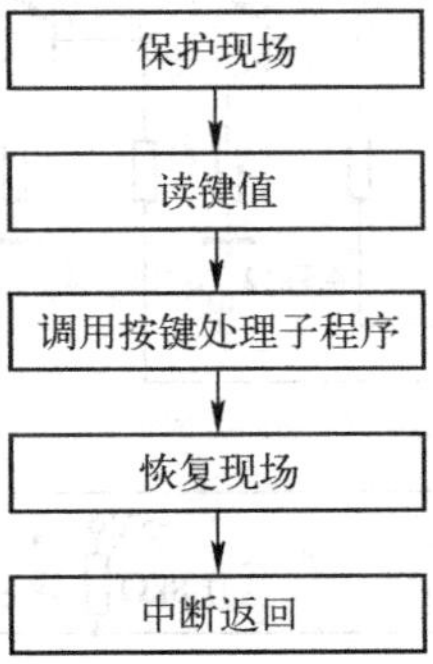

图 9.8　按键中断服务子程序流程图

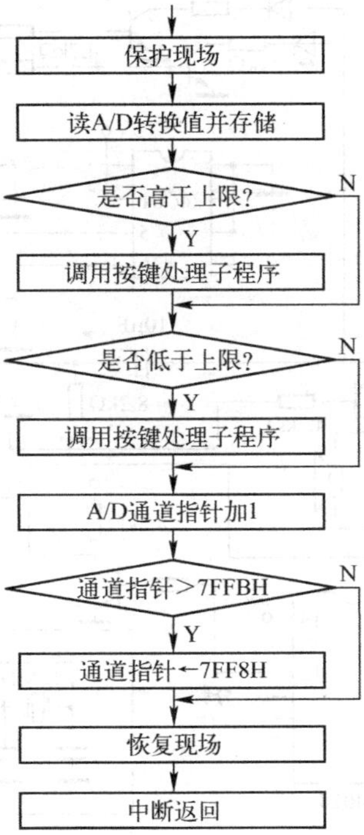

图 9.9　循环检测中断服务子程序流程图

9.4.2　单片机在里程、速度计量中的应用

设计要求：利用单片机实现的自行车里程/速度计量自动显示自行车行驶的总里程数及自行车行驶速度，具有超速信号提醒功能，里程数据自动记忆。也可应用于电动自行车、摩托车、汽车等机动车仪表上。

1．总体设计

控制器采用 AT89C52 单片机，速度及里程传感器采用霍尔元件，显示器通过 AT89C52 的 P0 口和 P2 口扩展。外部存储器采用 E^2PROM 存储器 AT24C01，用于存储里程和速度等数据。用控制器来控制里程/速度指示灯，里程指示灯亮时，显示里程；速度指示灯亮时，显示速度。超速报警采用扬声器，用一个发光二极管来配合扬声器，扬声器响时，二极管亮，表明超速。

2．硬件电路设计

电路原理图如图 9.10 所示。P0 口和 P2 口用于七段 LED 显示器的段码及扫描输出。在显示里程时，第三位的小数点用 P3.7 口控制点亮。P1.0 口和 P1.1 口分别用于显示里程状态和速度状态，P1.2 口、P1.3 口、P1.6 口和 P1.7 口分别用于设置轮圈的大小，P3.0 口的开关用于确定显示的方式。当开关闭合时，显示速度；断开时，显示里程。外中断 0 用于对轮子圈数的计数输入，轮子每转一圈，霍尔传感器输出一个低电平脉冲。外中断 1 用于控制定时器 T1 的启停，当输入为 0 时关闭定时器。此控制信号是将轮子圈数的计数脉冲经二分频后形成，这样，每次定时器 T1 的开启时间正好为轮子转一圈的时间，根据轮子的周长就可以计算出自行车的速度。P1.4 口和 P1.5 口用于 E^2PROM 存储器 24C01 的存取控制。11 脚（TXD）输出用于超速时的报警。

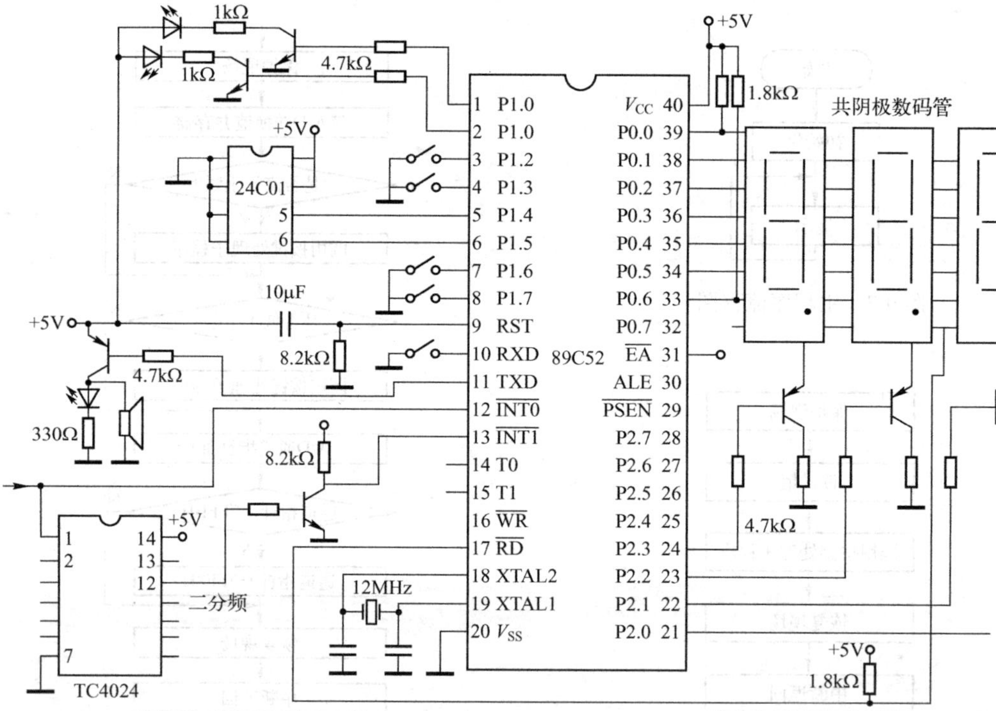

图 9.10　硬件电路原理图

3．软件设计

软件主要包括：主程序、初始化程序、里程计数子程序、数据处理子程序、计数器中断服务程序、E^2PROM 存储器 24C01 存取程序、显示子程序。

（1）主程序

先进行初始化，然后根据 P3.0 的开关状态切换显示状态，即选择里程显示和速度显示。其流程图如图 9.11 所示。

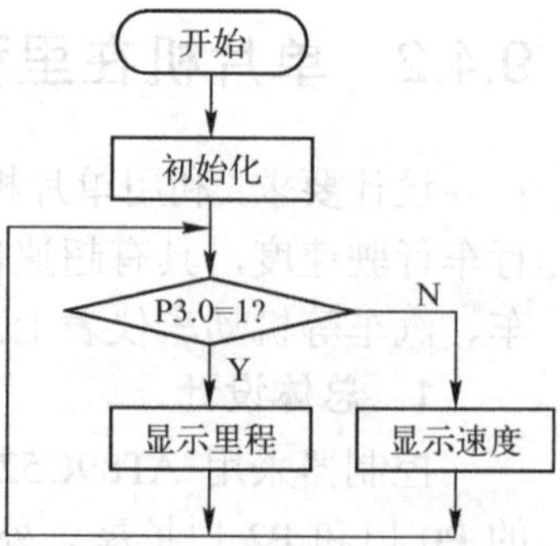

图 9.11　主程序流程图

汇编参考程序：

```
ORG      0000H
```

```
            LJMP    START           ;跳至主程序
            ORG     0003H           ;外中断 0 中断程序入口
            LJMP    INTEX0          ;跳至 INTEX0 中断服务程序
            ORG     000BH           ;定时器 T0 中断程序入口
            RETI                    ;中断返回
            ORG     0013H           ;外中断 1 中断入口
            LJMP    INTEX1          ;跳至 INTEX1 中断服务程序
            ORG     001BH           ;定时器 T1 中断程序入口
            LJMP    INTT1           ;跳至 INTT1 中断服务程序
            ORG     0023H           ;串口中断入口地址
            RETI                    ;中断返回
            ORG     002BH           ;定时器 T2 中断入口地址
            RETI                    ;中断返回
            ORG     0050H
START:      LCALL   CLEARMEN        ;上电初始化
START1:     JB      P3.0,DISPLAYS   ;P3.0=1,则显示里程
            LCALL   DISPLAYV        ;P3.0=0,显示速度
START2:     SJMP    START           ;转 START 循环
```

（2）初始化程序

初始化程序主要功能是将 T1 设为外部控制定时器方式，外中断 $\overline{\text{INT0}}$ 及 $\overline{\text{INT1}}$ 设为边沿触发方式，将部分内存单元清零，设置车轮周长值，开中断、启动定时器，将 AT24C01 中的数据调入内存中，设置车轮圈出错处理程序。

汇编参考程序：

```
CLEARMEN:   MOV     TMOD,#90        ;T1为16位外部控制定时器,由外中断1控制其启停
            MOV     SP,#75H         ;堆栈在 75H 开始
            SETB    PX0             ;外中断 0 设为高优先级
            SETB    IT0             ;外中断 0 用边沿触发
            SETB    IT1             ;外中断 1 用边沿触发
            MOV     A,#00H          ;清 A
            MOV     20H,A           ;20H 单元清零
            MOV     6CH,A           ;6CH～6DH 单元清零
            MOV     6DH,A
            MOV     70H,A           ;70H～73H 单元清零
            MOV     71H,A
            MOV     72H,A
            MOV     73H,A
            MOV     60H,A           ;60H～63H 单元清零
            MOV     61H,A
            MOV     62H,A
            MOV     63H,A
            DEC     A               ;A 为#0FFH
            MOV     68H,A           ;68H～6BH 单元置为#0FFH
            MOV     69H,A
            MOV     6AH,A
            MOV     6BH,A
            MOV     P1,A            ;P1 口置为#0FFH
```

```
CLEAR1:     JB      P1.2,KEY1       ;根据 P1.2, P1.3, P1.6, P1.7 设置状态
            MOV     21H,#0FH        ;22 英寸自行车周长系数
            LJMP    CLEAR2          ;转 CLEAR2
KEY1:       JB      P1.3,KEY2
            MOV     21H,#12H        ;24 英寸自行车周长系数
            LJMP    CLEAR2          ;转 CLEAR2
 KEY2:      JB      P1.6,KEY3
            MOV     21H,#14H        ;26 英寸自行车周长系数
            LJMP    CLEAR2          ;转 CLEAR2
KEY3:       JB      P1.7,ERR
            MOV     21H,#19H        ;28 英寸自行车周长系数
CLEAR2:     SETB    TR1             ;开定时器开关 T1
            SETB    EA              ;开中断允许
            SETB    EX0             ;开外中断 0
            SETB    ET1             ;开定时器 T1 中断
            CLR     P3.1            ;关报警器
            LCALL   VIICREAD        ;将 E2PROM 中存储的里程数据调入内存
            RET                     ;子程序返回
ERR:        SETB    P3.1            ;轮周长设置出错,LED 灯闪烁提醒
            LCALL   DLSS5           ;延时
            CLR     P3.1
            LJMP    CLEAR1          ;重新初始化,等待轮周长设置开关合上
```

（3）里程计数子程序

外中断 $\overline{INT0}$ 服务程序用于对输入的车轮圈数脉冲进行计数，为十六进制计数，用片内 RAM 的 60H 单元存储计数值的低位，62H 存储高位，计数一次后，对里程数据进行一次存储。

汇编参考程序：

```
INTEX0: PUSH    ACC             ;累加器入栈保护
        PUSH    PSW             ;状态字入栈保护
        INC     60H             ;圈加 1
        MOV     A,#00H          ;清 A
        CJNE    A,60H,IN0OUT    ;计数没溢出转 IN0OUT
        INC     61H             ;溢出进位（61H 加 1）
        CJNE    A,61H,IN0OUT    ;计数没溢出转 IN0OUT
        INC     62H             ;溢出进位（62H 加 1）
IN0OUT: LCALL   VIICWRITE       ;里程数据存入 E2PROM
        SETB    EX1             ;开外中断 1
        POP     PSW             ;状态字恢复
        POP     ACC             ;累加器恢复
        RETI
```

（4）数据处理子程序

外中断 1 服务程序用于处理轮子转动一圈后的计时数据，当标志位（00H）为 1 时，说明计数器溢出，放入最大值 0FFH；当标志位为 0 时，将计数单元（TL1,TH1,6CH, 6DH）的值放入 68H～6BH 单元。

汇编参考程序：

```
INTEX1:     PUSH    ACC             ;累加器入栈保护
            PUSH    PSW             ;状态字入栈保护
            CLR     EX1             ;关外中断 1
            JNB     00H,INTEX11     ;溢出标志为 0 转 INTEX11
            MOV     TL1,#0FFH       ;溢出时,计时单元赋#FFH（显示速度为 0）
            MOV     TH1,#0FFH
            MOV     6CH,#0FFH
            MOV     6DH,#0FFH
INTEX11:    MOV     68H,TL1         ;将时间计数值存入暂存单元 68H～6BH
            MOV     69H,TH1
            MOV     6AH,6CH
            MOV     6BH,6DH
            MOV     A,#00H          ;清 A
            MOV     TL1,A           ;计时单元置 0
            MOV     TH1,A
            MOV     6CH,A
            MOV     6DH,A
            CLR     00H             ;清溢出标志
            POP     PSW             ;状态字恢复
            POP     ACC             ;累加器恢复
            RETI                    ;中断返回
```

（5）计数器中断服务程序

T1 计数单元由外中断进行控制，当计数器溢出时置溢出标志，不溢出时，使计时单元计数，存入存储器。程序略。

（6）E^2PROM 存取程序

将外部信息写入 AT24C01 存储器，存入从 50H 起的单元中；把外部信息从 AT24C01 存储器中读出，送 CPU 进行处理。该段程序略。

（7）显示子程序

当显示里程时，先要将计数器中的数据进行计算，求出总里程，并送入里程显示缓冲区；当要显示速度时，要将轮子的周长和转一圈的时间相除，然后换算成 km/h（千米/小时），存入 70H～73H 单元，进行数据显示。该段程序略。

9.4.3　数字电子时钟系统设计实例

用单片机设计电子时钟通常有两种方法：一是通过单片机内部的定时器/计数器。这种方法硬件线路简单，采用软件编程实现时钟计数，一般称为软时钟。系统的功能一般与软件设计相关，通常用在对时间精度要求不高的场合；二是采用时钟芯片，它的功能强大，功能部件集成在芯片内部，有自动产生时钟等相关功能。硬件成本相对较高，软件编程简单，通常用在对时钟精度要求较高的场合。

1．硬件电路设计

用单片机及键盘、LED 数码管显示器构成一个单片机应用硬件系统，在此硬件系统上设计一个时间可预制的数字电子钟，用 8 个数码管显示小时、分钟和秒。显示部分与键盘合用部分 I/O 口，显示采用动态显示，键盘为矩阵式。具体电路如图 9.12 所示。

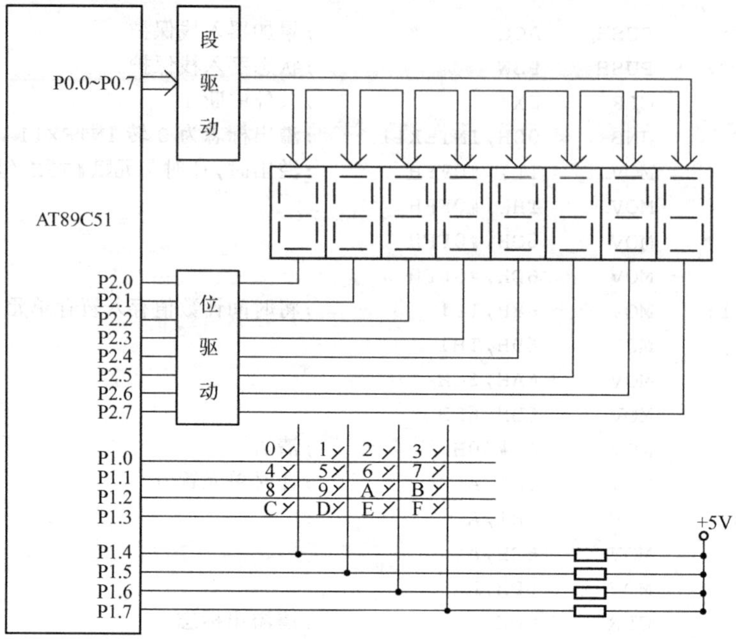

图 9.12　数字电子时钟单片机接口电路图

软时钟是利用单片机内部的定时器/计数器来实现，它的处理过程如下：首先设定单片机内部的一个定时器/计数器工作于定时方式，对机器周期计数形成基准时间（如 100ms）；然后用另一个定时器/计数器或软件计数的方法对基准时间计数形成秒（对 100ms 计数 10 次），秒计 60 次形成分，分计 60 次形成小时，小时计 24 次则计满一天；最后通过数码管将它们的内容在相应位置显示出来即可。

图 9.12 中键盘与显示器共用 1 个接口电路，在设计软件时，LED 采用动态显示方式，键盘采用行列式扫描工作方式，键盘程序中的去抖动延时程序可调用显示子程序来实现。键盘扫描子程序一般具有以下几个功能：判断键盘上有无键按下；去键抖动影响；逐列扫描键盘以确定被按键的位置号，键号=行号+列号；判断闭合的键是否释放等。键盘中键号为 0CH～0FH 的键是功能键，键号为 0FH 的键是 SET 键，其他设作 RESET 等功能。

2. 软件设计

（1）用汇编语言编程

参考模块：

主程序 MAIN;

定时中断子程序 T0INT;

LED 动态显示子程序 DIR;

键盘扫描子程序 AKEYI;

功能处理子程序 FUN 等。

设：单片机晶振为 6MHz，定时时间自定。数码管为共阴极，位驱动为反相驱动，段驱动位同相驱动。显示缓冲区为 30H～37H，38H 为 0.1 秒单元。

显示格式如下：

小时			分钟			秒钟	
×	×	—	×	×	—	×	×
30H	31H	32H	33H	34H	35H	36H	37H

汇编参考程序：

```
        ORG     0000H
        LJMP    MAIN
        ORG     000BH
        LJMP    T0INT
;****************************24 小时定时****************************
        ORG     0100H
T0INT:  MOV     TH0,#3CH
        MOV     TL0,#0B0H
        MOV     R1,#38H
        INC     @R1                 ;0.1 秒单元加 1
        CJNE    @R1,#0AH,JP1
        MOV     @R1,#0              ;0.1 秒单元为 10（0AH）后清零
        DEC     R1
        INC     @R1                 ;并对秒单元个位（37H）加 1
        CJNE    @R1,#0AH,JP1
        MOV     @R1,#0              ;秒单元个位为 10 后将秒单元个位清零
        DEC     R1
        INC     @R1                 ;并对秒单元十位（36H）加 1
        CJNE    @R1,#06H,JP1
        MOV     @R1,#0              ;秒单元十位为 6 时将秒单元十位清零
        DEC     R1
        DEC     R1
        INC     @R1                 ;分单元个位（34H）加 1
        CJNE    @R1,#0AH,JP1
        MOV     @R1,#0              ;分单元个位清零
        DEC     R1
        INC     @R1                 ;分单元十位（33H）加 1
        CJNE    @R1,#06H,JP1
        MOV     @R1,#0              ;分单元十位为 6 时将分单元十位清零
        DEC     R1
        DEC     R1
        INC     @R1                 ;将小时单元个位（31H）加 1
        DEC     R1
        CJNE    @R1,#2H,JP2
        SJMP    JP3                 ;将小时单元十位为 2 时转
JP2:    INC     R1
        CJNE    @R1,#0AH,JP1        ;小时单元个位不等于 10 转
        MOV     @R1,#0              ;小时单元个位等于 10 时清零
        DEC     R1
        INC     @R1                 ;小时单元十位加 1
JP1:    RETI
```

```
JP3:    INC     R1
        CJNE    @R1,#04H,JP1
        MOV     @R1,#0          ;小时为 24 时,小时个位和十位均清零
        DEC     R1
        MOV     @R1,#0
        RETI
; ******************************主程序**********************************
MAIN:   MOV     R7,#9           ;30H～38H 单元清零
        MOV     R0,#30H
        CLR     A
LOOP:   MOV     @R0,A
        INC     R0
        DJNZ    R7,LOOP
        MOV     32H,#10H        ;32H、35H 送入"-"的段码
        MOV     35H,#10H
        MOV     TH0,#3CH        ;定时器 T0 初始化
        MOV     TL0,#0B0H
        MOV     TMOD,#01H
        MOV     IE,#82H
        SETB    TR0
MLOOP:  ACALL   ADIR
        ACALL   AKEYI
        CJNE    A,#0FH,MLOOP    ;0FH 键号设为调整键,若输入此键则将此后
                                ;键盘输入的时钟调整数数据送入相应的显示单元
        CLR     EA
JP10:   ACALL   AKEYI           ;输入小时十位
        CJNE    A,#03H,JP11
JP11:   JNC     JP10            ;键号大于 3 则转 JP10 重新输入
        MOV     30H,A           ;小于 3 则存入 30H 单元（小时十位单元）
JP12:   ACALL   AKEYI           ;输入小时个位
        CJNE    A,#0AH,JP13
JP13:   JNC     JP12            ;大于 9 则转 JP12 重新输入
        MOV     R0,#30H
        CJNE    @R0,#2,JP14 ;如果小时十位单元不为 2 则转 JP14 将其存入小时个位单元
        CJNE    A,#4,JP15       ;如果小时十位单元为 2
JP15:   JNC     JP12            ;且输入的小时个位大于 4 则转 JP12 重新输入
JP14:   MOV     31H,A           ;保存小时个位
JP141:  ACALL   AKEYI           ;输入分十位
        CJNE    A,#6,JP16
JP16:   JNC     JP141           ;分的十位大于 5 则重新输入
        MOV     33H,A           ;分的十位不大于 5 则保存
JP17:   ACALL   AKEYI           ;输入分个位
        CJNE    A,#10,JP18
JP18:   JNC     JP17            ;大于 9 则转 JP17 重新输入
        MOV     34H,A
JP19:   ACALL   AKEYI           ;输入秒十位
```

```
        CJNE    A,#6,JP20
JP20:   JNC     JP19            ;分的十位大于 5 则重新输入
        MOV     36H,A
JP21:   ACALL   AKEYI           ;输入秒个位
        CJNE    A,#10,JP22
JP22:   JNC     JP21            ;大于 9 则转 JP21 重新输入
        MOV     37H,A
        SETB    EA
        AJMP    MLOOP
;*****************************显示子程序*******************************
DIR:    MOV     R0,#37H         ;显示
        MOV     R3,#01H
ALD0:   MOV     P2,R3           ;输出位码
LP0:    MOV     DPTR,#TAB
        MOV     A,@R0
        MOVC    A,@A+DPTR       ;查表转换成段码
        MOV     P0,A            ;输出段码
        LCALL   ADL1            ;延时
        DEC     R0
        MOV     A,R3
        JB      ACC.7,LP1       ;8 位是否显示完,显示完了转 LP1 结束
        RL      A               ;没有显示完,对位码移位
        MOV     R3,A
        LJMP    ALD0
LP1:    RET
TAB:    DB      3FH, 06H, 5BH, 4FH, 66H, 6DH, 7DH, 07H, 7FH
        DB      6FH, 77H, 7CH, 39H, 5EH, 79H, 71H, 40H
;*****************************延时子程序*******************************
ADL1:   MOV     R7,#02H
ADL2:   MOV     R6,#0E7H
ADL3:   DJNZ    R6,ADL3
        DJNZ    R7,ADL2
        RET
;****************************键扫描子程序******************************
AKEYI:  LCALL   AKS1
        JNZ     ALK1        ;有键按下转 ALK1
ANI:    LCALL   ADIR        ;延时
        LJMP    AKEYI       ;转 AKEYI,重新检查有无键按下
ALK1:   LCALL   ADIR        ;延时消抖
        LCALL   ADIR
        LCALL   AKS1        ;再次检查有无键按下
        JNZ     ALK2        ;有键按下转 ALK2
        LCALL   ADIR        ;此时无键按下时,说明刚才有抖动,延时后再转 AKEYI
        LJMP    AKEYI
ALK2:   MOV     R2,#0FEH    ;行扫描码送 R2
        MOV     R4,#00H     ;行首键码送 R4
```

```
ALK4:   MOV    P1,R2          ;行扫描码送 P1 口低 4 位
        MOV    A,P1           ;读列线（P1 高 4 位）
        JB     ACC.4,ALONE    ;判断 0 列有无键按下,无则转 ALONE
        MOV    A,#00H         ;0 列有键按下,将列号 0 送 A
        AJMP   ALKP           ;转 ALKP 计算所按键键码
ALONE:  JB     ACC.5,ALTWO    ;判断 1 列有无键按下,无则转 ALONE
        MOV    A,#1           ;1 列有键按下,将列号 1 送 A
        AJMP   ALKP           ;转 ALKP 计算所按键键码
ALTWO:  JB     ACC.6,ALTHR    ;判断 2 列有无键按下,无则转 ALONE
        MOV    A,#2           ;2 列有键按下,将列号 2 送 A
        AJMP   ALKP           ;转 ALKP 计算所按键键码
ALTHR:  JB     ACC.7,ANEXT    ;判断 3 列有无键按下,无则转 ALONE
        MOV    A,#3           ;3 列有键按下,将列号 3 送 A
        AJMP   ALKP           ;转 ALKP 计算所按键键码
        INC    R4             ;0 行无键按下时,行首键号加 1
        MOV    A,R2           ;行扫描码左移一位
        RL     A
        MOV    R2,A
        AJMP   ALK4           ;转 ALK4 继续扫描下一行
ALKP:   ADD    A,R4           ;将行首键码(R4)与列号(A)相加,得到所按键的键码
        PUSH   ACC
ALK3:   LCALL  ADIR           ;循环等待按键释放
        LCALL  AKS1
        JNZ    ALK3
        POP    ACC
        RET                   ;A 中为所按键的键码
ANEXT:  MOV    A,R4
        ADD    A,#4
        MOV    R4,A
        MOV    A,R2
        JNB    ACC.4,AKND
        RL     A
        MOV    R2,A
        AJMP   ALK4
AKND:   LJMP   AKEYI
AKS1:   MOV    P1,0F0H ;判断是否有键按下子程序,无键按下 A 中为 0,有键按下 A 中为非 0
        MOV    A,P1
        CPL    A
        ANL    A,#0F0H
        RET
```

（2）用 C 语言编程

C 语言参考程序：

```
#include <reg51.h>
#define uchar unsigned char
#define uint  unsigned int
```

```
uchar code led_7seg[11]={0x03F,0x06,0x5B,0x4F,0x66,0x6D,0x7D,0x07,0x7F,0x6F,0X40};
                                            //显示 0 1 2 3 4 5 6 7 8 9 -
uchar hour=23,minute=59,second=50,n=0;//开机显示 23-59-50,n 的低 3 位用于
                                                                    //显示对应的位
uint count=0;                              //用于对 2ms 中断记次,得到 1s 的时间

void init_timer0(void)                     //初始化 timer0,使其每 2ms 中断一次
{
    TMOD=0X01;
    TH0=(65536-1000)/256;
    TL0=(65536-1000)%256;
    ET0=1;
    TR0=1;
    EA=1;
}
void dl_10ms(void)                             //延时函数
{
    uchar i;
    for(i=200;i>0;i--);
}
uchar kbscan(void)                             //键盘扫描函数,返回值为所按键的键码
{
    uchar sccode,row=0,col;
    P1=0xf0;                                   //输出行扫描码
    if((P1&0xf0)!=0xf0)                        //有键按下时条件满足
    {
        dl_10ms();                             //延时消抖
        if((P1&0xf0)!=0xf0)                    //有键按下时条件满足
        {
            sccode=0xfe;                       //行扫描码初值送 sccode
            while((sccode&0x10)!=0)            //未扫描完继续扫描
            {
                P1=sccode;                     //行扫描码送 P1 口
                if((P1&0xf0)!=0xf0 //判断列线(P1 高 4 位)是否为全 1,不是,则计算键码
                {
                    col=(~(P1&0xf0))>>5;   //将列码转换为列号 (0,1,2,3)
                    col=col<3 ? col : col-1;
                    return(row+col);       //有键按下时计算并返回按键键码
                }
                else                           //否则,行扫描码左移一位
                {
                    sccode=(sccode<<1)|0x01;
                    row+=4;                    //行首键码加 4 得到下一行行首键码
                }
            }
        }
    }
```

```
        return(0xff);                              //无键按下时返回 0xff
    }
    //定时器 T0 的中断函数
    void timer0_int(void) interrupt 1 using 1
    {
        TH0=(65536-1000)/256;                  //重装初值
        TL0=(65536-1000)%256;
        count++;                               //2ms 计数器加 1
        n++;
        switch(n&0x07)          //根据 n 的低 3 位显示不同的位,使得每位显示 2ms
        {
            case 0:P0=led_7seg[hour/10];P2=0x80;break;    //n 低 3 位为 0 时显示小时高位
            case 1:P0=led_7seg[hour%10];P2=0x40;break;    //n 低 3 位为 1 时显示小时低位
            case 2:P0=led_7seg[10];P2=0x20;break;         //n 低 3 位为 2 时显示-
            case 3:P0=led_7seg[minute/10];P2=0x10;break;  //n 低 3 位为 3 时显示分高位
            case 4:P0=led_7seg[minute%10];P2=0x08;break;  //n 低 3 位为 4 时显示分低位
            case 5:P0=led_7seg[10];P2=0x04;break;         //n 低 3 位为 5 时显示-
            case 6:P0=led_7seg[second/10];P2=0x02;break;  //n 低 3 位为 6 时显示秒高位
            case 7:P0=led_7seg[second%10];P2=0x01;break;  //n 低 3 位为 7 时显示秒高位
            default:break
        }
        if(count==500)                                    //1s 时间到,调整显示时间
        {   count=0;
            second++;
            if(second==60)
            {
                second=0;
                minute++;
                if(minute==60)
                {
                    minute=0;
                    hour++;
                    if(hour==24)
                    {
                        hour=0;
                    }
                }
            }
        }
    }
    //-----------------------------------------------------------------
    void main(void)
    {
        uchar key;
        init_timer0();                                //初始化定时计数
        while(1)
```

```
        {
            key=kbscan();                          //扫描键盘
            switch(key)                            //调整时间
            {
                case 0:                            //键码为 0x11 时
                    if(hour<23) hour++;            //0 号按键每按一次小时加 1
                    else        hour=0;
                    break;
                case1:
                    if(minute<59)   minute++;      //1 号按键每按一次分钟加 1
                    else            minute=0;
                    break;
                default:    break;
            }
        }
    }
```

9.4.4　单片机遥控系统的应用设计

目前市场上一般设备系统采用专用的遥控编码及解码集成电路。虽具有制作简单等特点，但由于功能键数及功能受到特定的限制，只适合于某一专用电器产品的应用，应用范围有限。而采用单片机进行遥控系统的应用设计，具有编程灵活多样、操作码个数可随意设定等优点。

1. 系统硬件设计

该系统采用红外线脉冲个数编码、单片机软件解码实现了对一个交流电机的开启及转速控制。系统用了两个单片机，用一个 AT89C2051 单片机作为红外遥控发射器的控制芯片，用另一个 AT89C52 单片机作为红外遥控接收器及电机的控制芯片。图 9.13 和图 9.14 分别为红外遥控发射器原理框图和红外遥控接收器及电机控制系统原理框图。

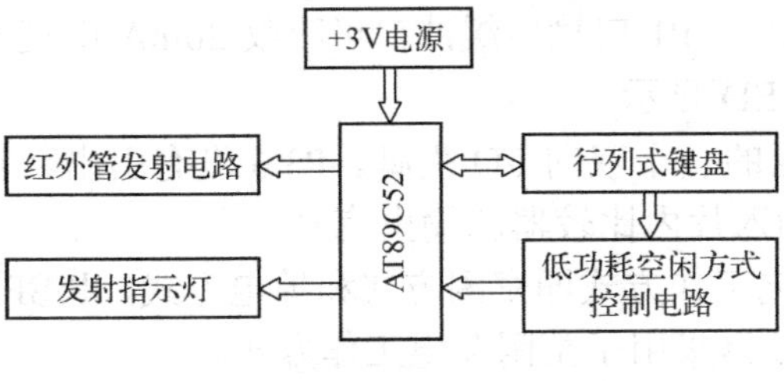

图 9.13　红外遥控发射器原理框图

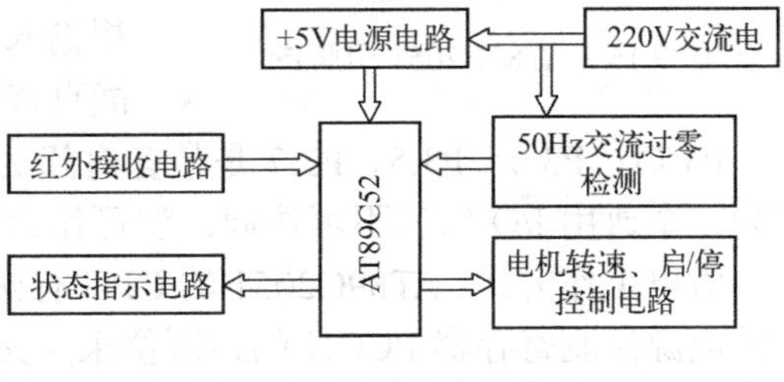

图 9.14　红外遥控接收器及电机控制系统原理框图

下面分别介绍红外遥控发射器和红外遥控接收器及电机控制系统的电路设计。

（1）遥控发射器的电路设计

图 9.15 为红外遥控发射器的电路图，主要由 AT89C2051 单片机、行列式操作键盘、低功耗空闲方式控制电路、红外发射电路、电源等部分组成。单片机平时都处于低功耗空闲状态，一旦有键按下，就会通过中断唤醒单片机，进行键盘查询，并根据查询的键号控制红外发射电路发射相应的红外脉冲，发射完毕后再进入低功耗空闲状态。

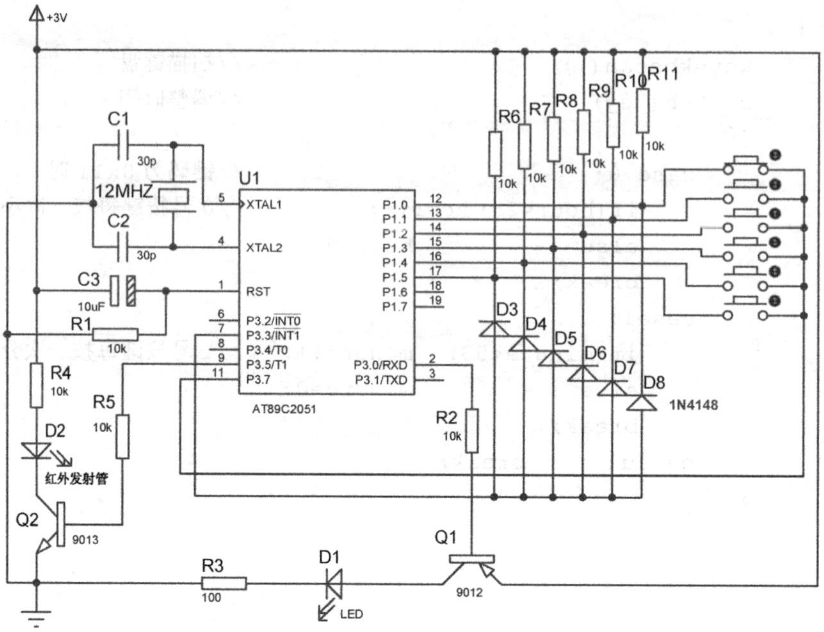

图 9.15 红外遥控发射器电路图

① AT89C2051 单片机

遥控电路的主控芯片采用美国 Atmel 公司的 AT89C2051 FLASH 单片机，引脚图如图 9.16 所示。它具有 2K 字节可重编程闪速存储器，2.7V～6V 供电、128×8 位的内部 RAM，两个 16 位定时器/计数器，5 个中断源，直接 LED 驱动输出以及空闲和掉电方式等功能。本系统采用两节 1.5V 电池串联提供 3V 电源供电。

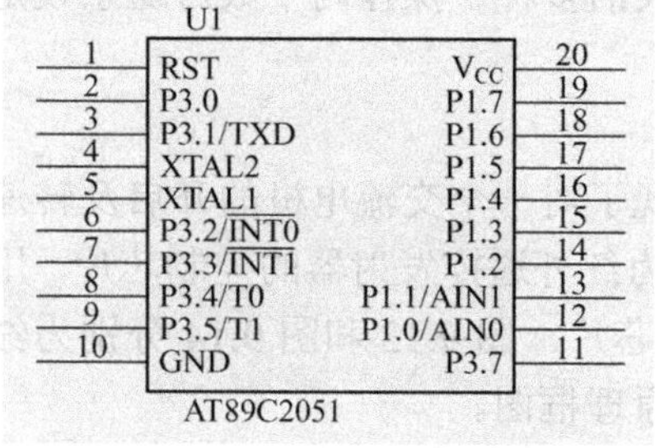

图 9.16 AT89C2051 引脚图

AT89C2051 单片机只有 20 条引脚，如下所述。

P1 口：8 位双向 I/O 口，引脚 P1.2～P1.7 有内部上拉电阻。P1.0、P1.1 要求外接上拉电阻。P1.0、P1.1 还分别作为片内精密模拟比较器的同相输入（AIN0）和反相输入（AIN1）。P1 口输出缓冲口可吸收 20mA 电流并能直接驱动 LED 显示。

P3 口：P3.0～P3.5、P3.7 是带有内部上拉电阻的 7 个双向 I/O 引脚。P3.6 没有引出，它作为一个通用 I/O 口但不可访问，但可作为固定输入片内比较器的输出信号。

省电工作方式：AT89C2051 的 CPU 有两种节电工作方式即空闲方式和掉电方式，由 SFR 中的电源控制寄存器 PCON 的控制位来定义。遥控器采用了空闲节电工作方式。

PCON 不可位寻址。其控制格式为：

SMOD	--	--	--	GF1	GF0	PD	IDL

GF1、GF0：通用标志位。

PD：掉电方式控制位。PD=1，系统进入掉电工作方式。

IDL：空闲方式控制位。IDL=1，系统进入空闲工作方式。

空闲工作方式：

当 CPU 执行完置 IDL=1（PCON.0=1）指令后，系统进入空闲工作方式，这时内部时钟不向 CPU 提供，而只供给中断、串行口、定时器部分。退出低功耗空闲有 2 种方式：一是任何中断请求被响应后都由硬件将 IDL 清零，终止空闲工作方式。当执行完中断服务程序返回时，从置空闲工作方式指令的下一条指令开始继续执行程序。二是硬件复位退出空闲工作方式。

此电路中，遥控器退出低功耗空闲方式电路由 IN4148 二极管组成与门实现。当有键按下时，由与门触发外部中断 1 发生中断，单片机退出空闲工作方式，进入键盘和红外发射程序，结束后又进入低功耗空闲方式待机。使用过程中单片机基本上都处于空闲工作方式，功耗相当低，从而为使用电池电源提供保障。

掉电工作方式：

当 CPU 执行完置 PD=1（PCON.1=1）指令后，系统进入掉电工作方式。在这种工作方式下，内部振荡器停止工作。但内 RAM 和特殊功能寄存器的内容保留。退出掉电工作方式的唯一方法是由硬件复位。

② 行列式操作键盘

行列式操作键盘又称为矩阵式键盘。用 I/O 线组成行、列结构，按键设置在行列的交点上，行列线分别连接到按键开关的两端，键盘中有无按键按下是由列（行）线送入扫描字、行线读入行（列）线状态来判断的。为了提高 CPU 效率，同时也为了节约电池电源能量，遥控器采用按键中断扫描方式。无键按下时，单片机处于低功耗空闲待机方式，有键按下时触发外部中断实现查键及执行键功能程序。

③ 红外线发射和指示灯电路

遥控器信息码由 AT89C2051 单片机的定时器 1 调制成 38.5kHz 红外线载波信号、由 P3.5 口输出、经过三极管 9013 放大、由红外线发射管发送。电阻 R1 的大小可以改变发射距离。按键的操作指示灯使用一个 LED 发光二极管。

（2）电机控制系统的电路设计

图 9.17 为单片机电机控制系统电路原理图，控制系统主要由 AT89C52 单片机、+5V 电源电路、红外接收电路、50Hz 交流电过零检测电路、电机转速及启/停控制电路等部分组成。遥控器信号经红外接收处理电路传送给单片机，单片机根据不同的信息码进行电机转速控制或电机启/停控制等操作，并完成相应的状态指示。

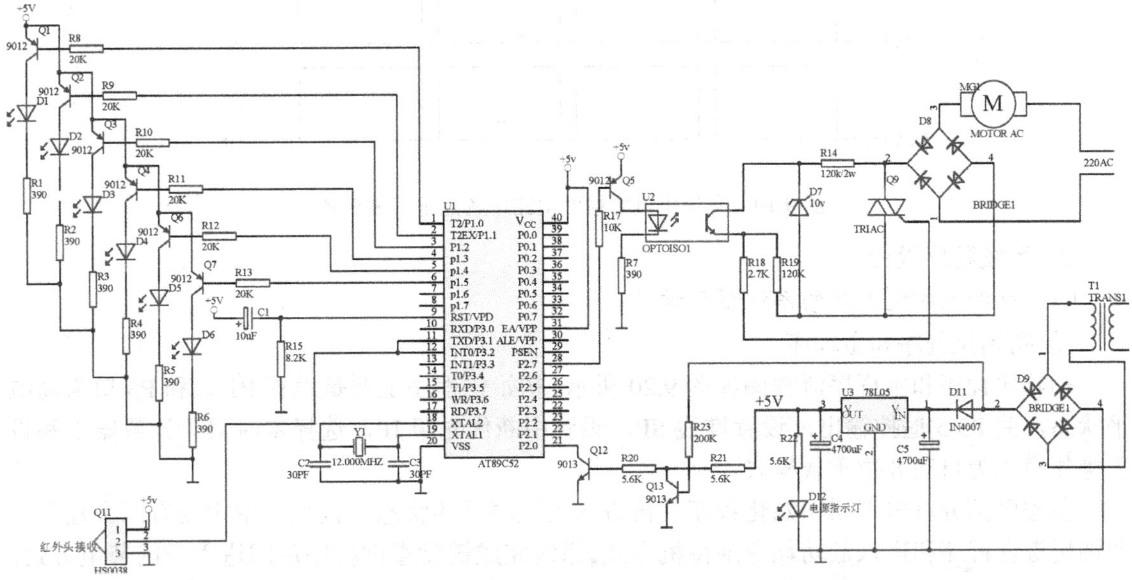

图 9.17　单片机电机控制系统电路原理图

① AT89C52 单片机

控制芯片采用美国 Atmel 公司的 AT89C52 FLASH 单片机，它具有 8K 字节可编程闪速存储器、256×8 位内部 RAM、3 个 16 位定时器/计数器、6 个中断源、低功耗空闲和掉电方式等特点。控制系统采用 5V 电源电压，外接 12MHz 晶振。

② 电源电路

电源电路由桥式整流、滤波电容、7805 稳压器及电源指示灯组成。交流电经过桥式整流变成直流电，再经过电容滤波，7805 集成稳压器稳压成为稳定的+5V 电源，用一个发光二极管指示灯指示电源状态。

③ 红外接收和状态指示电路

目前市场上红外遥控接收器已集成模块化，一般为三管脚，输出为检波整形过的方波信号。电机的状态指示用 LED 发光二极管，采用 9012 晶体管驱动，共有 7 个电机状态指示灯，其中 2 个为电机启、停状态提示，另 5 个为电机 5 档转速状态指示。

④ 50Hz 交流电过零检测电路

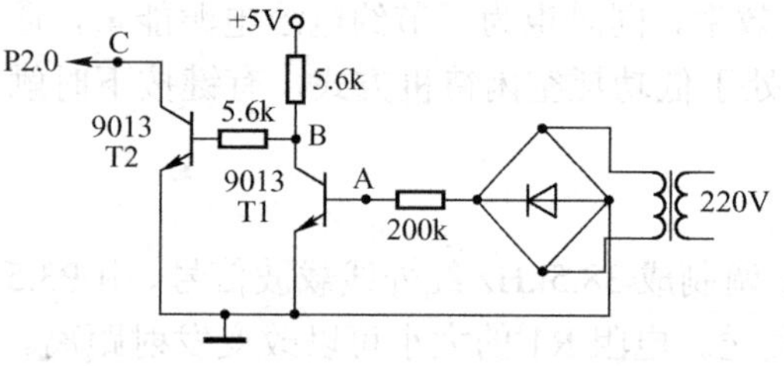

图 9.18　交流电过零检测电路图

交流电过零检测电路如图 9.18 所示。

过零检测电路由桥式整流电路和 2 个 9013 三极管组成。当 $U_A=U_{BE}>=0.7V$ 时，T1 三极管导通，T2 三极管截止，B 点为低电平，C 点为高电平；当 $U_A=U_{BE}<0.7V$ 时，T1 三极管截止，T2 三极管导通，B 点变高电平，C 点为低电平。交流电过零检测电路图中各点电压波形如图 9.19 所示。

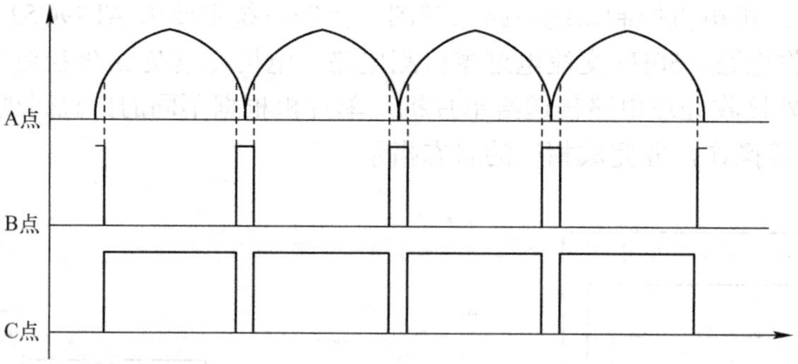

图 9.19　交流电过零检测电路中各点电压波形图

2．系统程序设计

（1）红外遥控发射器的系统程序设计

① 初始化程序和主程序

初始化程序和主程序流程图如图 9.20 所示。初始化程序主要是设置 P1 口和 P3 口为高电平状态，关 P3.5 遥控输出，设置堆栈 SP，设置中断优先级 IP，选择定时器 / 计数器 1 和设置操作模式为自动 8 位重载模式。

主程序部分首先调用初始化程序，再进入主程序循环状态。在循环中主要有两个任务，即调用键盘程序和进入低功耗空闲待机方式。系统完成键盘查询程序后即进入空闲节电方式，直到外部中断 1 中断或硬件复位而退出，CPU 再次转向循环部分调用键盘程序。

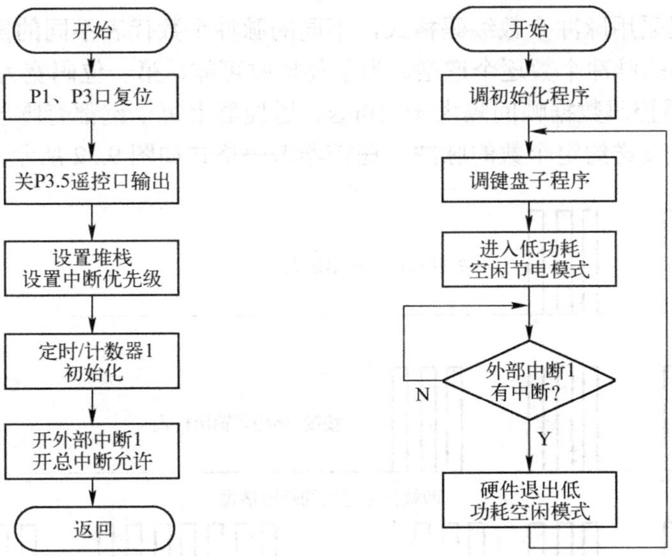

（a）初始化程序流程图　　（b）主程序流程图

图 9.20　初始化程序和主程序流程图

② 外部中断 1 和定时器 1 中断服务程序

外部中断 1 中断服务程序的功能是：当有键按下时，通过与门触发中断 1 中断，IDL 被硬件清零，单片机结束低功耗空闲节电方式，执行进入低功耗空闲方式命令后面的一条指令。所以在外部中断 1 中断服务程序中只需一条中断返回指令。

定时器 1 中断服务程序的功能是：红外管发射的信号需经过高频调制载波才可发射出去，利用定时器 1 的定时作用，对 P3.5 口定时取反，将红外发射管发射的信号调制成 38.5kHz 频率的信号进行发射。

③ 键扫描、红外发射程序

键扫描和发射程序流程图如图 9.21 所示。

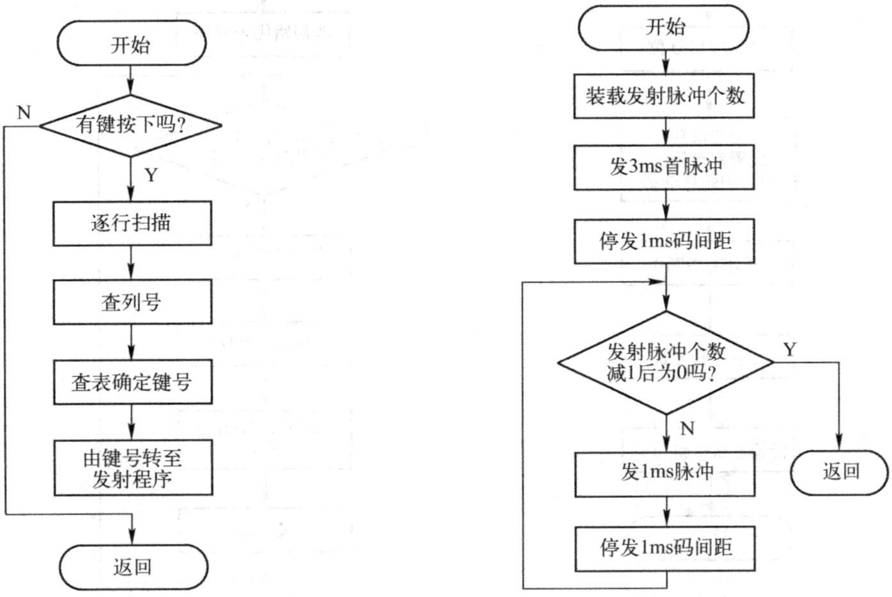

（a）键盘扫描程序流程图　　（b）发射程序流程图

图 9.21　键扫描和发射程序流程图

遥控器的编码采用脉冲个数编码格式，不同的脉冲个数代表不同的操作码，最少为 2 个脉冲，其他信息码的脉冲个数逐个递增。为了使接收可靠，第一位码宽为 3ms，其余为 1ms，码间距为 1ms，遥控码数据帧间隔大于 10ms。遥控器上每个键都有唯一的一个键号，CPU 根据查询到的键值发送约定个数的脉冲。遥控器编码格式如图 9.22 所示。

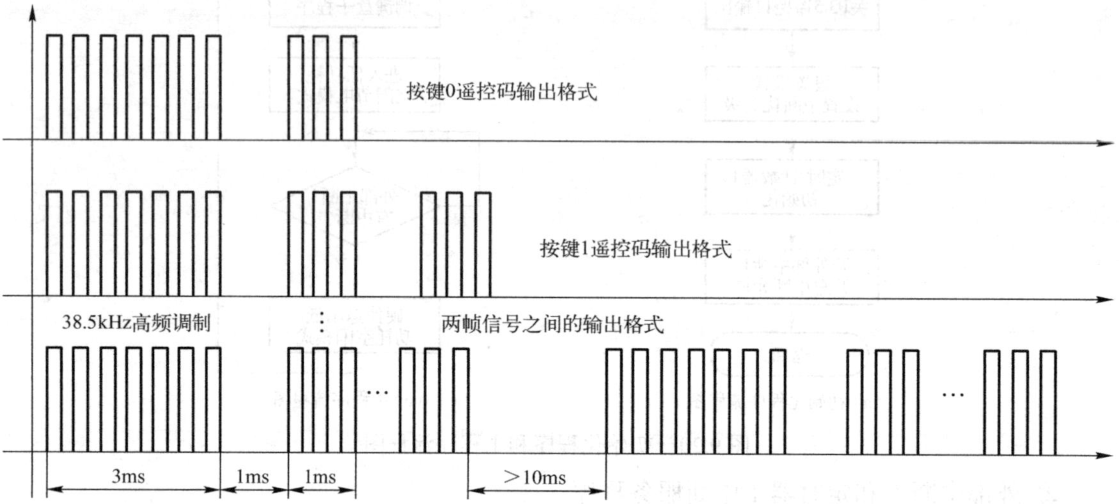

图 9.22　遥控编码格式

（2）接收控制系统的软件设计

① 初始化程序和主程序模块

初始化程序和主程序流程图如图 9.23 所示。初始化程序部分主要使系统进入初始状态。具体是：P1 口到 P3 口为高电平状态，选择工作寄存器区，设置堆栈 SP，设置中断优先级 IP，开外部中断 0，设置电机默认停机标志位。

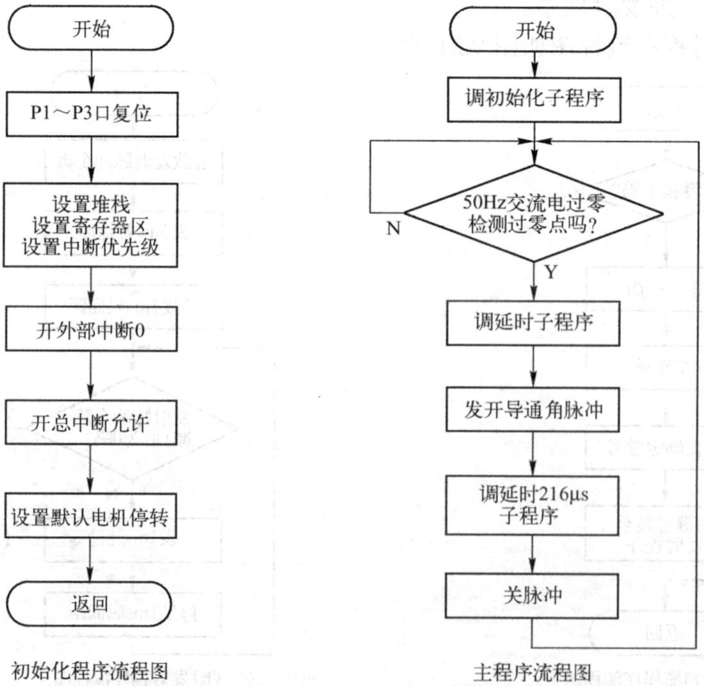

图 9.23　接收控制系统初始化程序和主程序流程图

主程序部分首先调用初始化程序，再进入主程序循环状态。在循环中主要任务是 50Hz 交流电过零检测和调用移相角控制的延时程序。

② 外部中断 0 中断服务程序

当红外接收电路输出脉冲帧数据时（红外线接收器输出波形如图 9.24 所示），第一位码的下降沿触发中断程序，实时接收数据帧，并对第一位（起始位）码的码宽进行验证，若第一位低电平码的脉宽小于 2ms，将作为错误帧处理，当间隔位的高电平脉冲宽大于 3ms 时，结束接收，然后根据累加器 A 中的脉冲数，执行相应的功能操作。外部中断 0 中断服务程序流程图如图 9.25 所示。

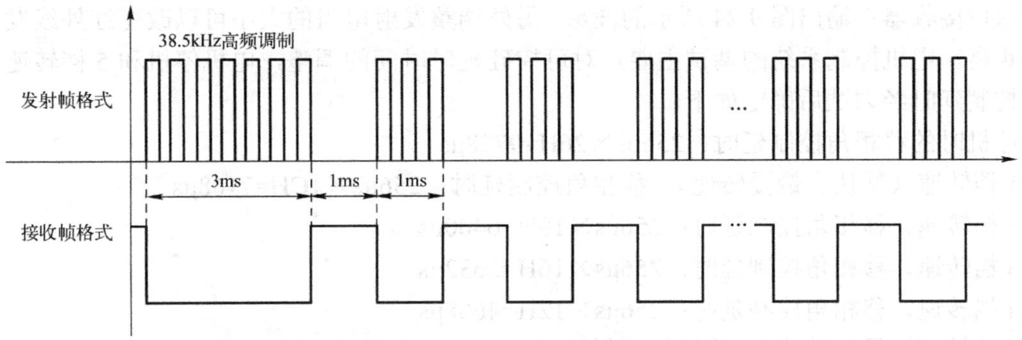

图 9.24　红外线接收器输出波形

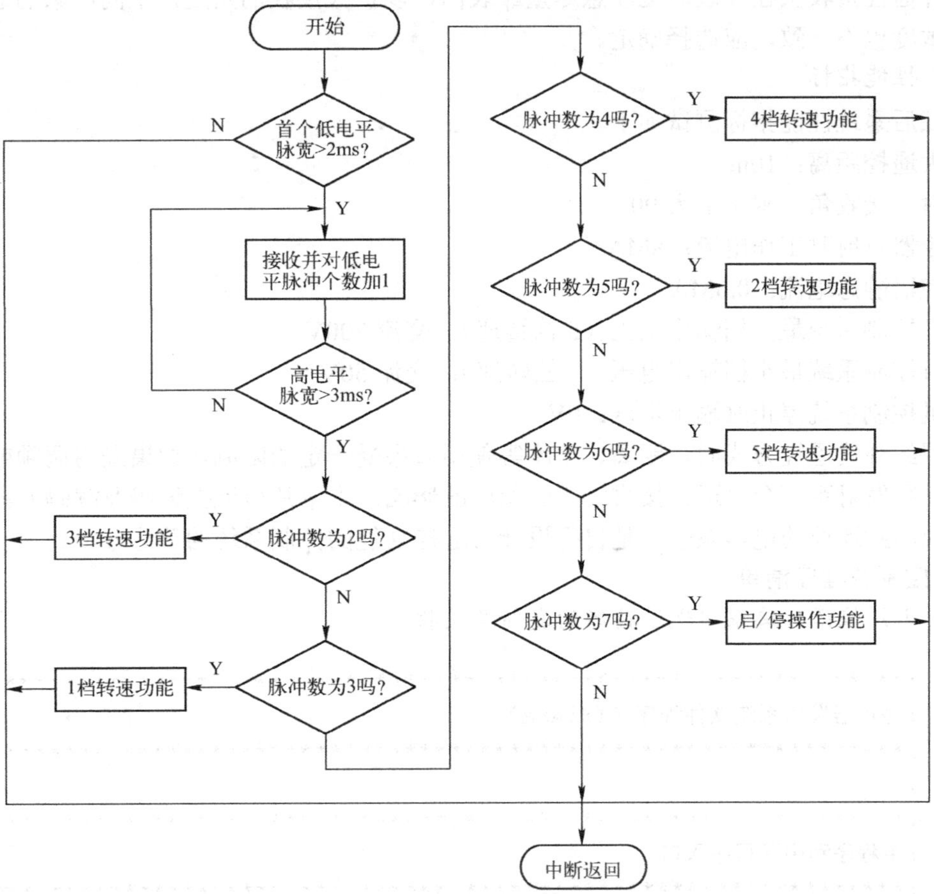

图 9.25　外部中断 0 中断服务程序流程图

③ 移相角控制用延时程序

通过改变移相角的大小，可以改变可控硅导通角的大小，从而改变输出电压的高低，所以移相角的变化控制着电机转速的变化。移相角是利用软件延时的长短来改变的，当延时长时，移相角大，导通角小；当延时程序短时，移相角小，导通角大；当导通角为零时，电机停转。

3. 调试及性能分析

（1）调试

系统在完成硬件的检查后主要进行软件的调试，对遥控器的调试主要是用示波器观察能否在遥控接收器中输出图 9.24 所示的波形，另外调整发射电阻的大小可以改变红外线发射的作用距离。电机控制系统的调试主要是对可控硅延时时间的调整，电机停机和 5 档转速的移相角控制延时经调试后确定如下。

停机时的移相角控制延时：256μs×26H=9728μs

1 档转速（默认、最慢转速），移相角控制延时：256μs×1CH=7168μs

2 档转速，移相角控制延时：256μs×19H=6400μs

3 档转速，移相角控制延时：256μs×16H=5632μs

4 档转速，移相角控制延时：256μs×12H=4608μs

5 档转速（最快转速），移相角控制延时：256μs×0EH=3584μs

另外遥控接收头在安装时应注意尽量靠表面，以扩大接收的角度，不同厂家的遥控接收头的灵敏度也不一致，应选择确定。

（2）性能指标

调试后系统性能指标测试如下。

最大遥控距离：10m

发射、接收角：水平最大 90°

遥控器发射时工作电流：8MA

遥控器静态电流：0.6MA

电机控制系统最大档输出电压（5 档转速）：交流 200V

电机控制系统最小档输出电压（1 档转速）：交流 50V

电机控制系统停止时输出电压：0V

采用红外线遥控方式时，距离、角度等使用效果受一定的限制，如果采用调频或调幅发射接收，则发射距离会更远，接收将不受角度的影响。本单片机遥控编码及解码方案适合一切需要应用到遥控的电器系统，是自行设计带遥控功能的控制系统的首选方案。

4. 控制源程序清单

（1）用汇编语言编程实现遥控器的发射及接收

```
;*******************************************************************
;遥控器发射系统软件程序（TX.ASM）
;*******************************************************************
;
;*******************************************************************
;主程序和中断程序入口
;*******************************************************************
;
```

```
        ORG     0000H               ;复位地址
        LJMP    START
        ORG     0003H               ;外中断 0 中断入口地址
        RETI
        ORG     000BH               ;定时器 T0 中断入口地址
        RETI
        ORG     0013H               ;外中断 1 中断入口地址
        LJMP    INT1SERVE
        ORG     001BH               ;定时器 T1 中断入口地址
        LJMP    T1SERVE
        ORG     0023H               ;串行口中断入口地址
        RETI
;
;******************************************************************
;初始化子程序
;******************************************************************
CLEAR:  MOV     P1,#0FFH            ;P1,P3 口置位
        MOV     P3,#0FFH
        CLR     P3.5                ;关遥控输出
        MOV     SP,#70H             ;设置堆栈指针
        MOV     IE,#00H             ;关总中断
        MOV     IP,#04H             ;设置中断优先级
        MOV     TMOD,#20H           ;设置定时器 1 方式 2 自动重装模式
        MOV     TH1,#0F3H           ;定时 13us,用以输出 38.5kHz 的红外信号
        MOV     TL1,#0F3H
        SETB    EX1                 ;开外中断 1
        SETB    IT1                 ;启动定时器 1
        SETB    EA                  ;开总中断
        RET
;******************************************************************
;主程序
;******************************************************************
START:  LCALL   CLEAR               ;调初始化程序
MAIN:   LCALL   KEYWORK             ;调键盘程序
        ORL     PCON,#00H           ;进入低功耗待机状态
        LJMP    MAIN
        NOP                         ;设置软件陷阱
        NOP
        NOP
        LJMP    START
;
;******************************************************************
;外部中断 1 服务程序
;******************************************************************
INT1SERVE:CLR   IE1                 ;清中断标志
        ANL     PCON,#00H           ;触发待机状态苏醒
        RETI
;
```

```
;******************************************************************
;定时/计数 1 溢出中断服务程序
;******************************************************************
T1SERVE:CPL          P3.5                    ;高频调制
        RETI
        NOP                                  ;设置软件陷阱
        NOP
        NOP
        LJMP         START
;
;******************************************************************
;键盘程序
;******************************************************************
KEYWORK:MOV          P1,#0FFH                ;置列线
        CLR          P3.7                    ;清行线
        MOV          A,P1
        MOV          B,A
        CJNE         A,#0FFH,KEY1            ;有键按下则不等转移
KEYWORKOUT:NOP
        NOP
        RET                                  ;键盘程序返回
KEY1:   CALL         DELAY5MS                ;延时消抖
        MOV          A,P1
        CJNE         A,B,KEYWORKOUT          ;确认有无键按下,无则转
        MOV          DPTR,#KEYWORKTAB1
        MOV          B,A                     ;查列号
        CLR          A
        MOV          R0,A
KEY2:   MOV          A,R0
        SUBB         A,#08H
        JNC          KEYWORKOUT
        MOV          A,R0
        MOVC         A,@A+DPTR
        INC          R0
        CJNE         A,B,KEY2
        DEC          R0
        MOV          A,R0                    ;键号放入 A
        MOV          B,A                     ;键号乘 3 处理 LJMP 散转指令
        ADD          A,B
        ADD          A,B
        MOV          DPTR,#KEYWORKTAB2
        JMP          @A+DPTR
KEYWORKTAB2:LJMP     FUNCATION0              ;转对应功能处理
        LJMP         FUNCATION1
        LJMP         FUNCATION2
        LJMP         FUNCATION3
        LJMP         FUNCATION4
        LJMP         FUNCATION5
```

```
        RET
KEYWORKTAB1:            DB 0FEH,0FDH,0FBH,0F7H,0EFH,0DFH,0BFH,7EH
        RET
;
;*********************************************************************
;发脉冲程序
;*********************************************************************
FUNCATION0:MOV      A,#02H              ;脉冲个数装载
        LJMP        SEND                ;转发射程序
        RET
FUNCATION1:MOV      A,#03H
        LJMP        SEND
        RET
FUNCATION2:MOV      A,#04H
        LJMP        SEND
        RET
FUNCATION3:MOV      A,#05H
        LJMP        SEND
        RET
FUNCATION4:MOV      A,#06H
        LJMP        SEND
        RET
FUNCATION5:MOV      A,#07H
        LJMP        SEND
        RET
        NOP                             ;设置软件陷阱
        NOP
        NOP
        LJMP        START
;
;*********************************************************************
;编码发射程序
;*********************************************************************
SEND:   MOV     R1,A                    ;装入发射脉冲个数
SEND0:  MOV     R0,#0FAH                ;第 1 个码 250*0.012ms=3ms
        SJMP    SEND2
SEND1:  MOV     R0,#53H                 ;中间码 83*0.012ms=1ms
SEND2:  SETB    ET1                     ;开高频定时中断调制,1us
        SETB    TR1                     ;1us
        NOP                             ;1us
        NOP                             ;1us
        NOP                             ;1us
        NOP                             ;1us
        NOP                             ;1us
        NOP                             ;1us
        NOP                             ;1us
        NOP                             ;1us
        DJNZ    R0,SEND2                ;2us   该循环周期为 0.012ms
```

```
        MOV     R0,#64H             ;码距 100*0.010ms=1ms
SENDOUT:CLR     TR1                 ;关高频定时调制,1us
        CLR     ET1                 ;1us
        CLR     P3.5                ;1us
        NOP                         ;1us
        NOP                         ;1us
        NOP                         ;1us
        NOP                         ;1us
        NOP                         ;1us
        DJNZ    R0,SENDOUT          ;2us,该循环周期为 0.010ms
        DJNZ    R1,SEND1            ;脉冲数还有则再循环再发
        CLR     P3.0                ;开工作指示灯
        LCALL   DELAY500MS          ;帧距
        SETB    P3.0                ;关工作指示灯
        RET
        NOP                         ;设置软件陷阱
        NOP
        NOP
        LJMP    START
;*******************************************************************
;延时 5ms 程序
;*******************************************************************
DELAY5MS:MOV    R7,#45
DELAY5MS1:MOV   R6,#54
DELAY5MS2:DJNZ  R6,DELAY5MS2
        DJNZ    R7,DELAY5MS1
        RET
        NOP                         ;设置软件陷阱
        NOP
        NOP
        LJMP    START
;
;*******************************************************************
;延时 10ms 程序
;*******************************************************************
DELAY10MS:MOV       R4,#90
DELAY10MS1:MOV      R3,#54
DELAY10MS2:DJNZ     R3,DELAY10MS2
        DJNZ        R4,DELAY10MS1
        NOP
        NOP
        NOP
        NOP
        NOP
        RET
        NOP                         ;设置软件陷阱
        NOP
        NOP
```

```
        LJMP        START
;************************************************************
;延时 500ms 程序
;************************************************************
DELAY500MS: MOV     R5,#50
DELAY500MS1:LCALL   DELAY10MS
        DJNZ        R5,DELAY500MS1
        RET
        NOP                                 ;设置软件陷阱
        NOP
        NOP
        LJMP        START
        END

;************************************************************
;************************************************************
;接收控制系统软件程序（RX.ASM）
;************************************************************
;
;************************************************************
;主程序和中断程序入口
;************************************************************
        ORG     0000H               ;复位地址
        LJMP    START
        ORG     0003H               ;外中断 0 中断入口地址
        LJMP    INT0SERVE
        ORG     000BH               ;定时器 T0 中断入口地址
        RETI
        ORG     0013H               ;外中断 1 中断入口地址
        RETI
        ORG     001BH               ;定时器 T1 中断入口地址
        LJMP    T1SERVE
        ORG     0023H               ;串行口中断入口地址
        RETI
        ORG     002BH               ;定时器 T2 中断入口地址
        RETI

;************************************************************
;主程序
;************************************************************
START:  MOV     SP,#60H             ;设置堆栈指针
        LCALL   CLEAR               ;调初始化程序
MAIN:   JB      P2.0,MAIN           ;50Hz 交流电过零检测等待
        LCALL   DELAYXUS            ;调用延时子程序,根据寄存器 B 的值（根据
                                    ;遥控指令设置）控制导通角,从而改变电机状态
        CLR     P2.7                ;发开导通角脉冲,对机电进行控制
        LCALL   DELAY256US          ;延时 256us
```

```
        SETB    P2.7                    ;关脉冲
        LJMP    MAIN
        NOP
        NOP
        LJMP    START                   ;设置软件陷阱

;**********************************************************************
;初始化程序
;**********************************************************************
CLEAR:  MOV     A,#0FFH
        MOV     P0,A                    ;P1～P3 口置位
        MOV     P1,A
        MOV     P2,A
        MOV     P3,A
        MOV     B,#26H                  ;设置导通角为零的延时值
        MOV     P1,#0FEH
        SETB    50H                     ;默认设置电机为停标志位
        SETB    P2.7
        MOV     IE,#00H                 ;关总中断
        CLR     RS0                     ;设当前工作区为 0 区
        CLR     RS1
        MOV     IP,#01H                 ;设优先级
        SETB    EX0                     ;开外中断 0
        SETB    IT0
        MOV     TMOD,#10H
        MOV     TH1,#3CH                ;开定时器 1,定时 0.5ms
        MOV     TL1,#0B0H
        SETB    ET1
        SETB    TR1
        MOV     R7,#0AH
        SETB    EA                      ;开总中断
        RET
;
;**********************************************************************
;外部中断 0 服务程序
;**********************************************************************
INT0SERVE:  CLR     EX0                 ;关外中断 0
            JNB     P3.2,INT0SERVE1     ;确认中断
INT0RET:    SETB    EX0                 ;开外中断 0,返回
            RETI
INT0SERVE1: CLR     A
            MOV     DPH,A               ;清 DPTR
            MOV     DPL,A
INT0SERVE2: JB      P3.2,INT0SERVE3     ;用 DPTR 对第一个低电平计时
            INC     DPTR                ;每隔 8us 加 1
            NOP
            NOP
            AJMP    INT0SERVE2          ;循环周期是 8us
```

```
INT0SERVE3: MOV A,DPH                 ;DPTR 的高 8 位放入 A 中
            JZ   INT0RET              ;高 8 位为 0,说明小于 2ms 是干扰;不为 0,说
                                      ;明 DPL 向 DPH 有进位,则 8us*255=2ms, 即
                                      ;是第一个脉冲
            CLR     A
INT0SERVE4: INC     A                 ;脉冲个数加 1
INT0SERVE5: JNB     P3.2,INT0SERVE5   ;等待 P3.2 变为高电平
            MOV     R1,#06H           ;帧间高电平宽度判断定时值,即一帧结束的判断
INT0SERVE6: JNB     P3.2,INT0SERVE4   ;P3.2 为低电平时转脉冲个数加 1
            LCALL   DELAY513US        ;延时 513us
            DJNZ    R1,INT0SERVE6     ;如果循环正常结束,说明有超过 3ms 的高电
                                      ;平,此高电平为一帧结束的标志
            DEC     A                 ;一帧结束后判断该帧有几个脉冲
            DEC     A
            JZ      FUNCTION0         ;有 2 个脉冲,遥控信号为 0,则转功能 0
            DEC     A
            JZ      FUNCTION1         ;有 3 个脉冲,遥控信号为 1,则转功能 1
            DEC     A
            JZ      FUNCTION2         ;有 4 个脉冲,遥控信号为 2,则转功能 2
            DEC     A
            JZ      FUNCTION3         ;有 5 个脉冲,遥控信号为 3,则转功能 3
            DEC     A
            JZ      FUNCTION4         ;有 6 个脉冲,遥控信号为 4,则转功能 4
            DEC     A
            JZ      FUNCTION5         ;有 7 个脉冲,遥控信号为 5,则转功能 5
            NOP
            NOP
            LJMP    INT0RET           ;返回
FUNCTION0:  JB      50H,FUNCTION01    ;若在停机状态则转移
            MOV     B,#16H            ;功能 0 操作 3 档转速
            MOV     P1,#0EDH          ;点亮相应指示灯
FUNCTION01: NOP
            NOP
            LJMP    INT0RET           ;返回
FUNCTION1:  JB      50H,FUNCTION11    ;若在停机状态则转移
            MOV     B,#1CH            ;功能 1 操作 1 档转速
            MOV     P1,#0F9H
FUNCTION11: NOP
            NOP
            LJMP    INT0RET           ;返回
FUNCTION2:  JB      50H,FUNCTION21    ;若在停机状态则转移
            MOV     B,#12H            ;功能 2 操作 4 档转速
            MOV     P1,#0DDH
FUNCTION21: NOP
            NOP
            LJMP    INT0RET           ;返回
FUNCTION3:  JB      50H,FUNCTION31    ;若在停机状态则转移
            MOV     B,#19H            ;功能 3 操作 2 档转速
```

```
                MOV     P1,#0F5H
FUNCTION31:     NOP
                NOP
                LJMP    INT0RET          ;返回
FUNCTION4:      JB      50H,FUNCTION41   ;若在停机状态则转移
                MOV     B,#0EH           ;功能 4 操作 5 档转速
                MOV     P1,#0BDH
FUNCTION41:     NOP
                LJMP    INT0RET          ;返回
FUNCTION5:      JB      50H,FUNCTION51   ;功能 5 操作电机启/停操作
                SETB    50H              ;若原来在开机状态则停机
                MOV     B,#26H
                MOV     P1,#0FEH
                AJMP    FUNCTION52
FUNCTION51:     CLR     50H              ;若在停机状态则开机
                MOV     B,#1CH
                MOV     P1,#0F9H
FUNCTION52:     NOP
                NOP
                LJMP    INT0RET
;**********************************************************************
;控制导通角延时程序
;**********************************************************************
DELAYXUS:       MOV     R2,B
DELAYXUS1:      LCALL   DELAY256US
                DJNZ    R2,DELAYXUS1
                RET
;**********************************************************************
;定时/计数器 1 中断服务程序,闪烁调节,0.5S 改变一下停机、关机指示灯状态
;**********************************************************************
T1SERVE:        CLR     TR1
                CLR     ET1
                DJNZ    R7,T1SERVERET
                MOV     R7,#0AH
                JB      50H,T1SERVE1     ;若在停机状态则转移
                CPL     P1.1             ;若在开机状态则改变开机指示灯状态
                AJMP    T1SERVERET
T1SERVE1:       CPL     P1.0             ;若在停机状态则改变停机指示灯状态
T1SERVERET:     MOV     TH1,#3CH
                MOV     TL1,#0B0H
                SETB    ET1
                SETB    TR1
                RETI
;**********************************************************************
;延时 256us 程序
;**********************************************************************
DELAY256US:     MOV     R4,#126
DELAY256US1:    DJNZ    R4,DELAY256US1
```

```
        RET
;*****************************************************************
;延时 513us 程序
;*****************************************************************
DELAY513US: MOV     R5,#254
DELAY513US1: DJNZ   R5,DELAY513US1
            RET
            END
```

（2）用 C 语言编程实现遥控器的发射与接收

```
//******************遥控器系统软件程序（IRAD_TX.c）******************
//IRAD_TX
//12MHZ
//***************************************************************
#include <reg51.h>
#include <intrins.h>
unsigned char RFCount;
sbit Led=P3^1;
sbit RFOut=P3^5;

//*****************************************************************
//延时
//*****************************************************************
void Delay(unsigned char N)
{
    unsigned char i;
    for(i=0;i<N;i++)
    {
        _nop_();
        _nop_();
    }
}

//*****************************************************************
//键扫描函数 Key_Work()
//*****************************************************************
void Key_Work (void)
{
    unsigned char KeyBufA,KeyBufB,KeyRow;
    KeyBufA = KeyBufB = 0xff;
    P1 = 0XFF;
    KeyRow = 0;
    KeyBufA = P1;
    if (KeyBufA == 0xFF)
        return ;                        //没有按键按下,返回
    Delay(250);                         //5ms delay
    KeyBufB = P1;
```

```
        if (KeyBufA != KeyBufB)              //键盘消抖
            return ;
        switch (KeyBufB)
        {
            case    0xfe:                    //key0
                RFCount = 2 ;                //设置脉冲数
                break;
            case    0xfd:                    //key1
                RFCount = 3 ;
                break;
            case    0xfb:                    //key2
                RFCount = 4 ;
                break;
            case    0xf7:                    //key3
                RFCount = 5 ;
                break;
            case    0xef:                    //key4
                RFCount = 6 ;
                break;
            case    0xdf:                    //key5
                RFCount = 7 ;
                break;
            case    0xbf:                    //key6 no use
                break;
                case    0x7f:                //key7 no use
            break;
                case    0xff:
                RFCount = 0;
                break;
            default:break;                   //err
        }
    }                                        //*** end of the "Key_Work".
    //**********************************************************************
    //发射函数 RF_Send ()
    //**********************************************************************
    void RF_Send (void)
    {
        unsigned char i,rf_i;
        rf_i = 0;
        while (RFCount != 0)
        {
            RFCount--;                       //发送脉冲数递减
            if (rf_i == 0)
            {
                rf_i = 1;                    //第 1 个码
                for (i=0;i<45;i++)           //持续发射 3ms 红外信号
                {
                    ET1 = 1;
```

```
                TR1 = 1;
            }
        }
        else
        {
            for (i=0;i<15;i++)          //持续发射 1ms 红外信号
            {
                ET1 = 1;
                TR1 = 1;
            }
        }
        for (i=0;i<13;i++)              //暂停 1ms
        {
            TR1 = 0;
            ET1 =0;
            RFOut = 0;
        }
    }
    Led = 0;
    for (i=0; i<100;i++)                //发帧结束信号 500ms
        Delay(82);
    Led = 1;
}                                       //*** end of the "RF_Send".

//*****************************************************************
//初始化函数 Start_Ram()
//*****************************************************************
void Start_Ram (void)
{
    P1 = 0XFF;
    P3 = 0XFF;
    RFOut = 0;
    IE = 0;
    IP = 4;
    TMOD = 0X20;
    TH1 = 0XF3;
    TL1 = 0XF3;
    EX1 = 1;
    IT1 = 1;
    EA  = 1;
}               //*** end of the "Start_Ram".

//*****************************************************************
//主函数 main
//*****************************************************************
void main (void)
{
    SP = 0X70;
```

```
    Start_Ram();
    while(1)
    {
        Key_Work ();
        _nop_();
        PCON |= 1;
        RF_Send ();
    }
}                                    //*** end of the "main".
//**************************************************************************
//外中断 1 中断处理函数
//**************************************************************************
void Int1Int(void) interrupt 2 using 0
{
    IE1 = 0;
    PCON &= 0;
}                                    //*** end of the "Int1Int".
//**************************************************************************
//定时/计数器 1 中断处理函数
//**************************************************************************
void Timer1Int(void) interrupt 3 using 0
{
    TF1 = 0;
    RFOut = ~RFOut;
}                                    //*** end of the "Int1Int".


//********************接收控制系统软件程序（IRAD_RX.c）********************
//IRAD_RX.c
//12MHz
//**************************************************************************
#include  <reg52.h>
#include  <intrins.h>
unsigned char RFCount,on_time,r7data,irad_time;
sbit irad_sig=P3^2 ;
sbit zerob=P2^0;
sbit motorb=P2^7;
sbit P1_1=P1^1;
sbit P1_0=P1^0;
bit  motor_sig;
//**************************************************************************
//延时函数 Delay
//**************************************************************************
void delay(unsigned char N)
{
    unsigned char i;
    for (i = 0 ;i<N ;i++)
    {
```

```
        _nop_();
        _nop_();
        _nop_();
    }
}                                   //*** end of the "Delay".

//*******************************************************************
//初始化 Start_Ram
//*******************************************************************
void Start_Ram (void)
{
    P0 = 0XFF;
    P1 = 0XFF;
    P2 = 0XFF;
    P3 = 0XFF;
    motorb = 1;
    r7data=10;
    on_time=0x26;                   //设置导通角为零的延时值
    IE = 0;                         //关中断
    IP = 1;                         //优先级别
    EX0 = 1;                        //外中断 1 开
    IT0 = 1;
    TMOD = 0X10;
    TH1 = 0X3C; TL1 = 0XB0;         //定时器 1 设定
    ET1 = 1;
    TR1 = 1;
    EA = 1;
}                                   //*** end of the "Start_Ram".

//*******************************************************************
//主函数 main()
//*******************************************************************
void main(void)
{
    SP = 0X60;
    Start_Ram ();
    while (1)
    {
        while(zerob == 1);          //过零检测等待
        for(;on_time > 0;on_time--)
        {
            delay(23) ;
        }
        motorb = 0;
        delay (23);
        motorb = 1;
    }
}                                   //*** end of the "main".
```

```
//**********************************************************************
//外中断 0 中断函数 Int0Int
//**********************************************************************
void Int0Int(void) interrupt 0 using 1
{
    unsigned char i =0;
    EX0 = 0;                                    //关中断
    if (irad_sig == 1)
    {
Int0Ret:
        EX0 = 1;                                //开中断
        return;
    }
    while(irad_sig == 0)
    {                                           //10us
        _nop_();
        irad_time++;
    }
    if (irad_time <200)
    {                                           //干扰,<2ms
        EX0 = 1;
        return;
    }
    //判断脉冲个数
    RFCount = 0;
RFGOCount:
    RFCount++;
    while(irad_sig == 0);
    i=6;
    if (irad_sig == 1)
    {
        for(;i>0 ;i--)
        {
        delay(46);                              //513us
        if (irad_sig == 0)
        goto RFGOCount;
        }
    }
    else
    {
        goto RFGOCount;
    }
    switch (RFCount)
    {
        case 2:
            if(motor_sig == 1)
                goto Int0Ret;
```

```
        else
        {
        on_time = 0x16;
        P1 = 0xed;
        }
        break;
    case 3:
        if(motor_sig == 1)
            goto Int0Ret;
        else
        {
        on_time = 0x1c;
        P1 = 0xf9;
        }
        break;
    case 4:
        if(motor_sig == 1)
            goto Int0Ret;
        else
        {
        on_time = 0x12;
        P1 = 0xdd;
        }
        break;
    case 5:
        if(motor_sig == 1)
            goto Int0Ret;
        else
        {
        on_time = 0x19;
        P1 = 0xf5;
        }
    break;
    case 6:
        if(motor_sig == 1)
            goto Int0Ret;
        else
        {
        on_time = 0xe;
        P1 = 0xbd;
        }
        break;
    case 7:
        if(motor_sig == 1)
        {
            motor_sig = 0;
            on_time = 0x1c;
            P1 = 0xf9;
```

```
                    goto Int0Ret;
                }
                else
                {
                    motor_sig = 1;
                    on_time = 0x26;
                    P1 = 0xfe;
                }
                break;
            default:break;
        }
        EX0 = 1;
    }                                           //*** end of the "Int1Int".
    //**********************************************************************
    //定时/计数器 1 中断程序
    //**********************************************************************
    void Timer1Int(void) interrupt 3 using 1
    {
        TR1 = 0;
        ET1 = 0;
        r7data--;
        if (r7data==0)
        {
            r7data = 0xa;
            if(motor_sig == 1)                  // =1 停机状态
                P1_0 = ~P1_0;
            else
                P1_1 = ~P1_1;

        }
        TH1 = 0XB0;
        TL1 = 0XB0;
        ET1 = 1;
        TR1 = 1;
    }
```

本 章 小 结

本章是对前面所学章节的综合运用。在前面的章节中，我们掌握了单片机的结构、特点，了解了它的硬件资源，掌握了单片机程序设计的语言和方法，本章综合这些知识，介绍了单片机应用系统的结构和组成，并从总体设计、硬件设计、软件设计、可靠性设计以及调试和测试几个方面详细介绍了单片机应用系统设计的方法和过程，并给出了典型实例设计，使读者在对单片机应用系统设计的各个阶段应完成的任务有一个清晰的认识，并对整个设计过程有一个全面的了解和把握。

本章的重点是掌握单片机应用系统设计的方法和过程，对每个阶段应完成的任务有明确的认识，难点是如何根据实际需要完成一个单片机应用系统的设计，并将其应用于工程实际中。

习题与思考题

1．简述单片机应用系统设计的一般方法及步骤。

2．简述单片机应用系统设计中软、硬件设计的原则。

3．单片机应用系统软、硬件设计应注意哪些问题？

4．单片机应用系统硬件设计的基本任务是什么？

5．在单片机应用系统设计中，硬件调试的基本步骤是什么？

6．在单片机应用系统设计中，有哪些常见的可靠性设计内容？

7．简述单片机应用系统软件设计的主要步骤和方法。

8．简述单片机应用系统的调试步骤和方法。

9．按照单片机应用系统设计的一般方法和步骤，设计一个函数发生器，并写出完整的设计报告。

第 10 章　实验与课程设计

“单片机原理与应用”是一门实践性很强的课程，在课程的最后专门安排一章进行实际电路及其程序的设计和调试工作，可以加强学习者对单片机知识的理解，培养其实践技能，提高其分析和解决实际问题的能力。

本章针对课程内容安排了 11 个基础性实验、5 个设计性实验和 15 个课程设计，每个基础性实验安排 2 个学时，每个设计性实验安排 2～4 个学时，课程设计安排 1～2 周（20～30 个学时）。对于实验部分，主要要求学生在仿真器上完成实验电路的连接、代码的编写、调试和运行，并且完成一份实验报告。实验报告内容有如下要求。

（1）简单叙述实验相关原理。

（2）画出实验原理图。

（3）画出实验程序流程图。

（4）写出实验中调试通过的汇编语言或者 C 语言程序代码。程序部分要有详细的注释说明：如主程序、子程序的功能；关键指令、寄存器、存储器的功能等。

对于课程设计报告内容有如下要求。

（1）简单叙述课程设计相关原理。

（2）使用 Protel 或其他软件画出实验原理图。

（3）画出课程设计程序流程图。

（4）写出实验中调试通过的汇编语言或者 C 语言程序代码。程序部分要有详细的注释说明，如主程序、子程序的功能，关键指令、寄存器、存储器的功能等。

（5）详细介绍设计中电路的设计说明书。包括主要芯片的内部结构和功能、电路的原理和功能，详细的操作使用说明等。

（6）写出课程设计总结。主要叙述自己对该课程设计的时间分配、实际完成情况；在设计过程中遇到的问题及解决方法；对于设计的优点、缺点及改进的设想等。

10.1　DVCC-ZHC2/DVCC-52196JH/JH+单片机仿真实验系统使用简介

10.1.1　实验系统的启动

按照实验要求进行连线并检查，当所有的准备工作完成后，打开稳压电源开关，实验系统应显示闪动“P.”，如无显示，首先应关掉电源开关，检查电源是否接好，再打开电源开关，如还没有显示，应立即关掉电源，请老师帮助。

10.1.2　实验系统键盘简介

1．键盘布置

DVCC 系列单片机仿真实验系统键盘共有 32 个按键，其键盘布局如表 10.1 所示。

表 10.1　单片机实验系统自带的仿真器键盘布局

R7 7	DPL 8	DPH 9	A A	TV MEM	EPRGH DEL	PRT	EXEC FVBP
R4 4	R5 5	R6 6	B B	REG OFST	ODRW INS	COMP	PCDBG EPRGL
R1 1	R2 2	R3 3	PSW C	F1 LAST	EPMOV	MOVE	STEP NVBP
R0 0	PCH F	PCL E	SP D	F2 NEXT	EPCH EPCOM	DAR	MON

表 10.1 中左边 16 个为数字键，在键“—”下面表示的十六进制数字 0～F，用于输入地址、数据或机器语言代码。对于 51CPU 而言，“—”上面是工作寄存器名或其省略写法，如 DPH 表示数据寄存器 DPTR 高 8 位，DPL 表示数据指针寄存器 DPTR 低 8 位，PCH 表示程序指针的高 8 位，PCL 表示程序指针低 8 位。单片机寄存器名称与按键的详细对应关系如表 10.2 所示。

表 10.2　单片机寄存器名称与按键的对应关系

代号	0	1	2	3	4	5	6	7	8	9	A	B	C	D	E	F
寄存器名	R0	R1	R2	R3	R4	R5	R6	R7	DPL	DPH	A	B	PSW	SP	PCL	PCH

表 10.1 中右边 16 个键为功能键，在独立运行模式下输入操作命令，其通用功能如下。

TV/MEM:　TV/程序存储器检查
REG/OFST:　片内 RAM、寄存器、特殊功能寄存器检查/偏移量计算
ODRW/INS:　外部数据存储器、外部 RAM、I/O 检查/插入一字节
EPRGH/DEL:　EPROM 高速写入/删除一字节
F1/LAST:　第一标志键/读上一字节
F2/NEXT:　第二标志键/读下一字节
STEP/NVBP:　单拍/单拍跟踪
EXEC/FVBP:　连续执行/断点运行
PCDBG/EPRGL:　与上位机通信调试/低速固化
EPMOV:　固化区内容移入目标 RAM
EPCH/EPCOM:　EPROM 查空/EPROM 比较
PRT:　打印命令
COMP:　源程序与目标程序比较
MOVE:　程序块或数据块移动
DAR:　反汇编
MON:　退出当前操作，返回初态—显示闪动“P.”
RESET:　系统复位按钮，无论何时按 RESET 键，都使整个系统复位，返回初始状态—闪动“P.”

2．键盘操作

DVCC 实验系统的键盘功能强大，能够实现各种操作命令。下面介绍几个常用键的操作

方法。

（1）MON 键

按 MON 键，可使实验系统进入待命状态，不影响用户存储器、寄存器中的内容。通常用于清除已输入显示器的数字、退出正在进行的其他操作，如存储器读写状态等。但在按执行 EXEC 键后无效。

（2）STEP 键、EXEC 键、FVBP 键

这三个键均可用于执行用户程序，但执行程序的方式却不相同。

STEP 键——单步执行，操作方法：输入现行 PC 地址，按 STEP 键，开始执行一条命令。

EXEC 键——连续执行，操作方法：输入程序的起始地址，按 EXEC 键，连续执行用户程序。

FVBP 键——断点运行，操作方法：输入断点地址，按 F1 键，输入程序首地址，按 FVBP 键，进入断点运行。

（3）REG 键、MEM 键、NEXT 键、LAST 键

这一组键是用于寄存器、存储器内容检查与读写操作的，通过该组命令的操作，可向实验系统输入数据或程序，也可以读出数据或程序以供检查。

REG 键可用于寄存器读写、特殊功能寄存器检查和片内 RAM 区的读写。进入该状态时，显示器的前一位或两位显示寄存器符号或片内 RAM 地址，后两位显示它们的内容。操作方法为：输入寄存器号、特殊功能寄存器名或片内 RAM 地址（两位十六进制数），按 REG 即可进入读状态，此时后两位显示器的内容为当前寄存器或内部 RAM 地址中的内容；若要对寄存器或特殊功能寄存器的内容进行修改（写状态），只需在进入读状态后，输入所要修改的内容即可，此时，可观察到显示器后两位的值发生了变化。

MEM 键可用于程序存储器读写。程序存储器读写状态的明显标志是显示器前四位显示的是程序存储器的地址，后两位显示的是该存储单元的内容。操作方法与 REG 相似。

NEXT 键与 LAST 键可以配合上两个键，用于进入上一字节或下一字节的读写操作。

（4）OFST 键

可用于计算 MCS-51 指令系统中相对转移指令的偏移量。操作方法为：首先进入程序存储器的读写状态，在需要填入偏移量的单元中填入所要转移的目标地址的低字节，然后按 OFST 键，该单元的内容立即转换成所要求的偏移量值。这时实验系统仍处于存储器读写状态，用户可继续往下输入程序。

（5）PCDBG 键

用于与上位机通信。当实验系统与上位机的通信电缆连接完成后，按下该键，显示器全暗，此时可进入上位机调试软件中进行联机操作。

10.1.3 DVCC 实验系统的工作方式

DVCC 实验系统提供了两种工作方式以满足不同层次用户需求。

1. 单机独立工作方式

无须任何外部设备，利用实验系统上的键盘、数码管、管理监控和微控制器，自成系统，通过一系列键盘命令来完成实验程序的输入、编辑、调试运行等功能，以满足部分用户上位机配置不足的情况。

2．连上位机工作方式

通过 RS232 通信接口，在“DVCC 实验系统”软件的支持下，利用上位机丰富的软、硬件资源，实现用户程序的编辑、编译、调试运行，提高实验效率。

要使用连上位机工作方式，首先需将随机配备的 D 型 9 芯插头一端插入 DVCC 系统 J2 插座，另一端插入上位机（即 PC）的串行口 COM1 或 COM2（通常已连接好）。然后，在 DVCC 实验系统上电复位后或在通电时按 DVCC 实验系统上的“Reset”键使其复位后，再按“PCDBG”键，便可使 DVCC 实验系统处于连上位机方式，此时，在上位机上启动“DVCC 实验系统”软件，单击“DVCC 实验系统”软件工具栏上的“连接”按钮，便建立起了 DVCC 实验系统和上位机的通信联系，此后，通过运行在上位机上的“DVCC 实验系统”软件便可控制 DVCC 实验系统进行实验操作。

本章所介绍的实验均使用连上位机工作方式。

10.1.4　实验过程中实验结果的查看

仿真实验系统除在连续运行或与上位机联机状态下，一般不按“Reset”键，只按 MON 键返回监控。

实验中某些实验结果可采用下列办法之一进行查看。

（1）以单步方式运行后，再进入存储器、寄存器检查、修改等状态，以查看结果。

（2）在合适的地方设置断点或结束地址，全速运行程序，当程序运行到断点时会自动停下来，再进入存储器、寄存器检查、修改等状态，以查看结果。

（3）打开有关变量窗、寄存器窗口，以连续单步方式运行程序，在窗口中观察运行结果。

10.1.5　实验的一般步骤

在连上位机工作方式下，实验的一般步骤如下。

（1）根据需要完成硬件连线。

（2）启动“DVCC 实验系统”软件，在源程序文件编辑窗口编辑实验源程序（.ASM）（如果使用 C51 编程，建议在 Keil C51 环境下进行源代码的编辑和目标文件的生成）。

（3）编译、连接，形成最终目标文件（.ABS 或.HEX），若源程序没有错误，信息窗口应提示：NO ERROR FOUND。否则，在信息窗口中显示相应的错误说明，此时双击信息窗口中出错说明所在行回到源程序文件编辑窗口查错，直至编译通过。

（4）根据实验项目设定仿真模式：选择“选项”菜单中的“系统设置”子菜单，将仿真方式设定为“内程序、内数据”或者“内程序、外数据”。

（5）PC 与 DVCC 实验系统联机：首先，DVCC 实验系统上电，按下 DVCC 实验系统的复位按钮（RESET），在数码管显示“P.”的状态下，按下监控键盘上的 PCDBG 键，然后单击 DVCC 软件调试工具栏上的“连接”按钮。若联机通过，在软件主窗口中显示源程序文件编辑窗口、寄存器窗口及反汇编窗口，表示可以进行后续的工作，否则提示“联机失败！重试？”。此时，应查找原因，直至联机通过。

（6）调试程序：单击调试工具栏“调试”按钮，下载最终目标文件（.ABS 或.HEX）到 DVCC 实验系统的仿真 RAM 区。

（7）运行程序。可选择调试工具栏中单步、全速、断点运行等按钮运行程序。

（8）记录实验结果或实验现象。

10.2 Keil μVision 开发环境简介

10.2.1 Keil μVision 简介

Keil 软件是众多单片机应用开发的优秀软件之一，其集编辑、编译、仿真于一体，支持汇编、PLM 语言和 C 语言的程序设计，界面友好，易学易用，它是德国 Keil 公司开发的功能完善的 C51 开发软件，近年来在国内得到了迅速普及。Keil 软件包括 Keil μVision3 IDE、C51 编译器、A51 汇编器、LIB 库管理器、BL51 连接器/定位器、μVision 硬件调试器、RTX51 实时多任务操作系统等几部分，通过一个集成开发环境（μVision）将这些部分组合在一起，可以完成编辑、编译、连接、调试、仿真等整个开发流程。开发人员可用 IDE 本身或其他编辑器编辑 C 或汇编源文件，然后分别由 C51 编译器编译生成目标文件（.obj）。目标文件可由 LIB51 创建生成库文件，也可以与库文件一起经 BL51 连接定位生成绝对目标文件（.abs），abs 文件由 OH51 转换成标准的 hex 文件。生成的目标文件可以直接在 IDE 中仿真运行，也可下载到用户目标板或实验系统中运行。

10.2.2 Keil μVision3 集成开发环境

启动 Keil μVision3 后，屏幕上首先出现如图 10.1 所示的软件版本和版权信息画面，随后出现 Keil μVision3 的集成开发环境（Keil μVision3 IDE）窗口，如图 10.2 所示。

图 10.1 Keil μVision3 软件版本和版权信息

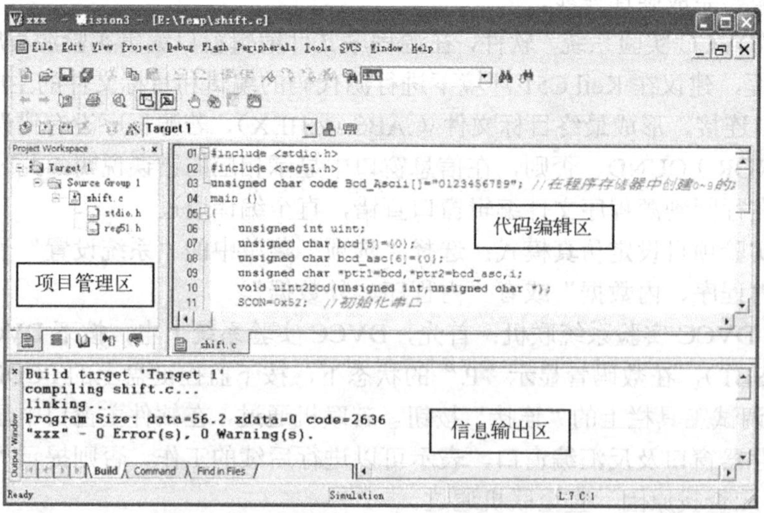

图 10.2 Keil μVision3 集成开发环境

Keil μVision3 的集成开发环境中，有代码编辑、项目管理、信息输出等 3 个大窗口和 File、Edit、View、Project、Debug、Periherals、Tools、SVCS、Windows、Help 等下拉菜单。

10.2.3　使用 Keil C51 进行单片机程序设计实验的一般步骤

1．建立一个新工程

单击 Project 菜单，在弹出的下拉菜单中选中 New Project 选项。

2．选择保存的路径

输入工程文件的名字，选择保存的路径后单击保存。

3．MCU 选择

在弹出的对话框中，选择目标单片机的型号，Keil C51 几乎支持所有 51 内核的单片机，如选择 Atmel 的 AT89C51 之后，出现图 10.3 所示的对话框，右边栏是对这个单片机的基本的说明，然后单击“确定”按钮。

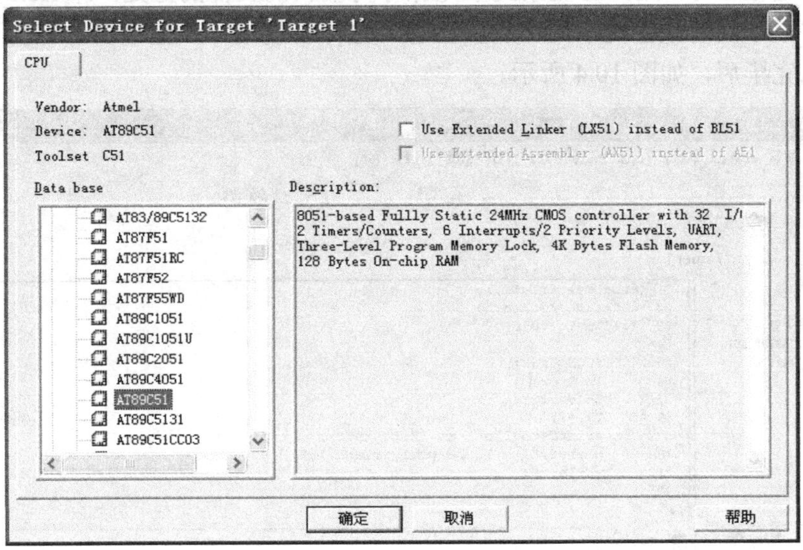

图 10.3　单片机选择对话框

4．进入编辑窗口

完成单片机型选择后，便进入 Keil μVision3 集成开发环境。

5．程序编辑、编译、连接与下载

（1）首先，单击“File”菜单下的“New”选项后便新建了一个文件，此时光标在代码编辑窗口里闪烁。然后，单击“File”菜单中的“Save As”选项对新建的文件命名保存，在此必须键入正确的扩展名：如果用 C 语言编写程序，则扩展名为.c；如果用汇编语言编写程序，则扩展名须为.asm。最后，单击“保存”按钮。

（2）回到编辑界面后，单击项目编辑窗口中“Target 1”前面的“+”号，然后在“Source Group 1”上单击右键，从弹出的菜单中选择“Add File to Group ‘Source Group 1’”，在出现的对话框中选择刚才保存的文件，然后单击“Add”按钮，将其添加到当前项目中，可用此法连续添加多个文件到项目中，添加完所需文件后单击“Close”按钮。此时项目编辑窗口中的“Source Group 1”文件夹中多了一个或多个子项，如“Text1.c”。

（3）在项目编辑窗口中输入如下 C 语言源程序。

```
#include <reg52.h>                          //包含文件
#include <stdio.h>
void main(void)                             //主函数
{
    SCON=0x52;
    TMOD=0x20;
    TH1=0xf3;
    TR1=1;                                  //此行及以上 3 行为 printf 函数所必须
    printf(“Hello I am KEIL. \n”);          //打印程序执行的信息
    printf(“I will be your friend.\n”);
    while(1);
}
```

在输入上述程序时，用户应觉察到事先保存待编辑的文件的好处，即 Keil C51 会自动识别关键字，并以不同的颜色提示用户加以注意，这样会使用户少犯错误，有利于提高编程效率。代码输入完毕后，如图 10.4 所示。

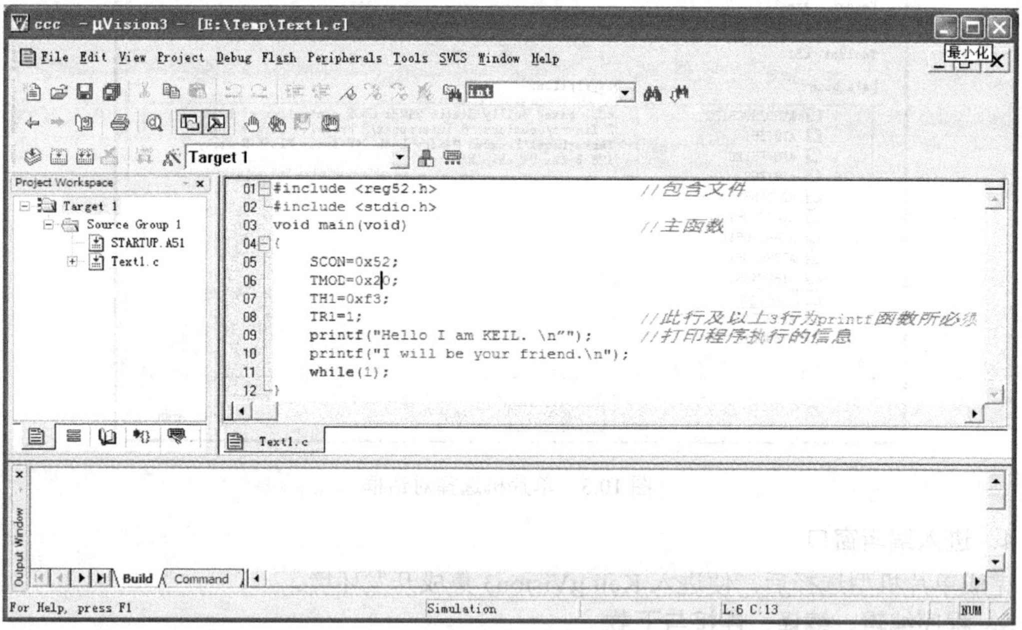

图 10.4　输入代码后的 IDE

（4）在图 10.4 中，单击“Project”菜单中的“Built Target”选项（或者使用快捷键 F7）对项目进行编译，编译成功后，再单击“Debug”菜单中的“Start/Stop Debug Session”选项（或者使用组合快捷键 Ctrl+F5）对项目进行调试，调试运行界面如图 10.5 所示。

（5）调试程序：在图 10.5 中，单击“Debug”菜单中的“Run”选项（或者使用快捷键 F5）连续运行程序，然后再单击“Debug”菜单中的“Stop Running”选项（或者使用快捷键 Esc）停止运行程序；再单击“View”菜单中的“Serial Windows #1”选项，就可以看到程序运行后的输出结果，其结果输出窗口如图 10.6 所示。

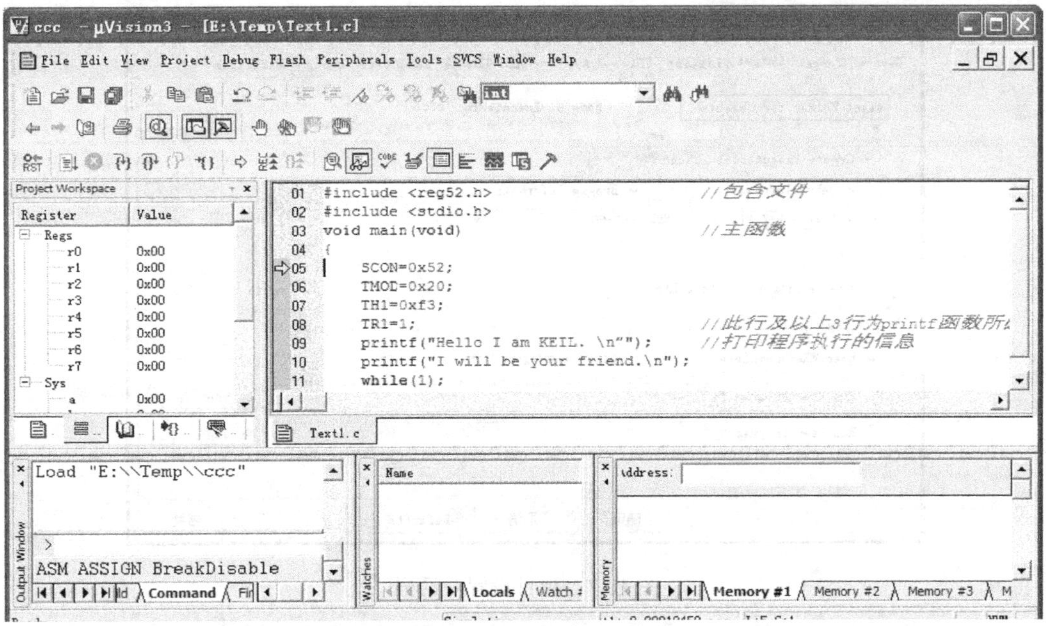

图 10.5　调试运行界面

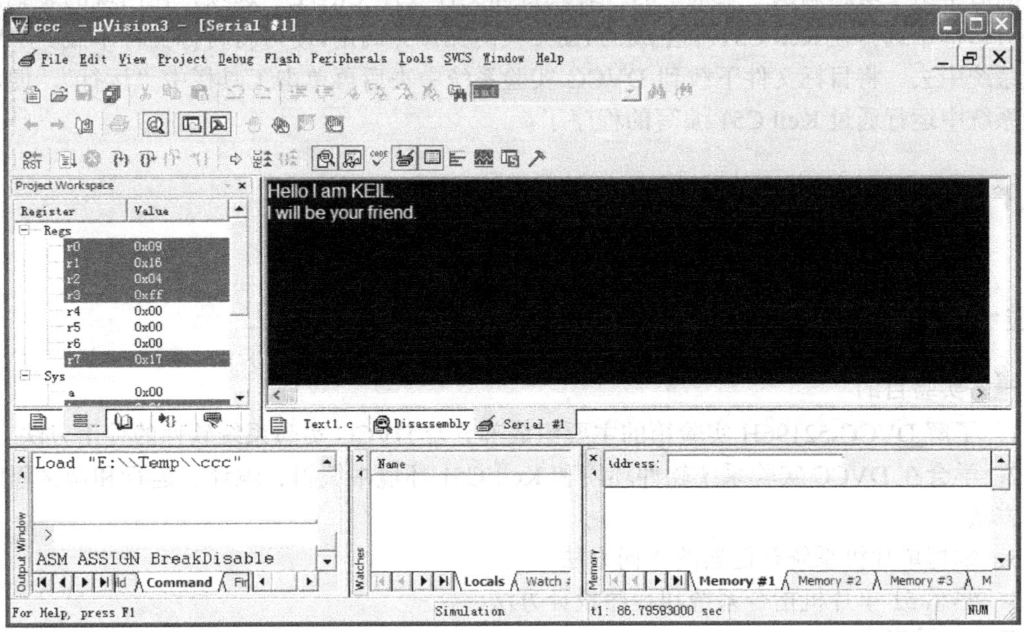

图 10.6　结果输出窗口

至此，已在 Keil C51 上完成了一个工程的全过程。但这只是纯软件的开发过程，如果软件需要对实验系统的硬件进行控制，则需要编译生成目标代码文件（.HEX），并将目标代码文件下载到实验系统中运行。

（6）需要编译生成目标代码文件时，单击“Project”菜单中的“Options for Target ‘Target 1’”选项，在出现的项目设置对话框中单击“Output”中，并单击选中“Create HEX File”选项，使程序编译后能生成 HEX 代码。项目设置对话框如图 10.7 所示。

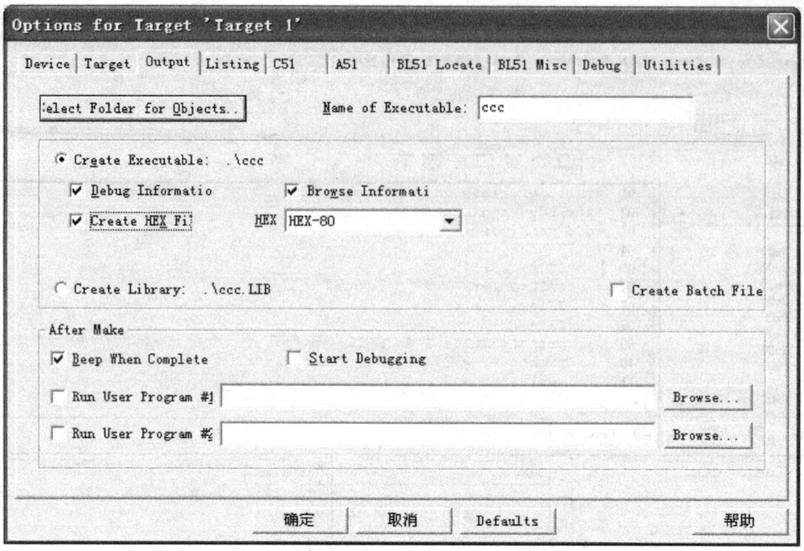

图 10.7 项目设置对话框

（7）如果要将编译生成的 HEX 代码下载到实验系统中去，需要启动 DVCC 实验系统软件，然后单击“动态调试”菜单中的“装载目标文件（J）Ctrl+L”选项，在出现的装载目标文件对话框中选择在 Keil C51 中生成的 HEX 代码文件并确定，便可将目标文件下载到 DVCC 实验系统中去。将目标文件下载到 DVCC 实验系统中去后再单击工具栏中“运行”，便可在实验系统中运行通过 Keil C51 编写的程序了。

10.3 基础性实验

实验一 清零实验

一、实验目的

1．了解 DVCC-52196H 实验箱的主要组成部分及 DVCC 实验系统软件的使用方法。

2．学会在 DVCC 实验系统软件环境和 Keil C51 环境中编辑、编译、运行和调试程序的基本方法。

3．掌握单片机系统存储器的访问方法。

4．熟悉 51 单片机指令系统和程序设计方法。

二、实验内容

编程将外部 RAM 中 7000H～70FFH 单元的内容清零。

三、主要仪器设备及其配套数

PC 一台、DVCC-52196H 实验箱一台。

四、实验原理与说明

单片机外部存储器的访问只能使用 MOVX 指令，使用的寻址方式可只能是寄存器间接寻址（@Ri 或@DPTR），具体形式为：

读外部存储器：MOVX A,@Ri 或 MOVX A,@DPTR

写外部存储器：MOVX @Ri,A 或 MOVX @DPTR,A

五、实验程序框图（见图 10.8）

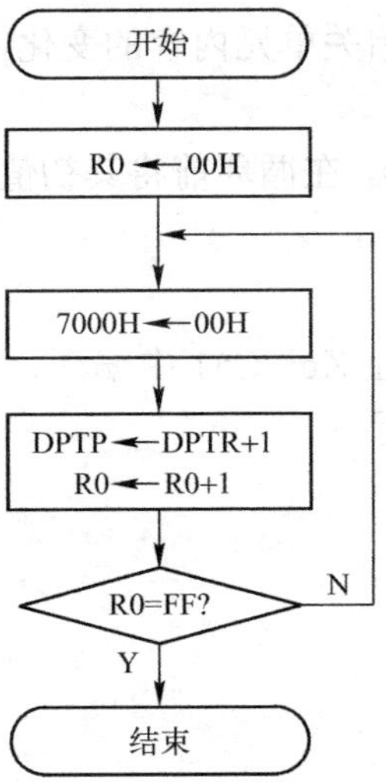

图 10.8　基础性实验程序框图

六、实验参考程序

```
        ORG     0000H
        AJMP    CLEAR
CLEAR:  MOV     R0,#00H
        MOV     DPTR,#7000H
CLEAR1: CLR     A
        MOVX    @DPTR,A
        INC     DPTR
        INC     R0
        DJNZ    R0,CLEAR1
        SJMP    $
        END
```

七、实验步骤

1. 启动 DVCC-52196H，在其中编辑源程序并保存。

2. 打开实验箱上的电源开关，然后按一下实验箱键盘上的 PCDBG 键。

3. 连接系统：单击 DVCC52196H 工具栏上的连接按钮，使上位机（PC）与 DVCC 实验系统建立连接。

4. 编译源程序：单击 DVCC52196H 工具栏上的编译按钮，对源程序进行编译，如果有错，则对源程序进行修改。

5. 调试：单击 DVCC-52196H 工具栏上的调试按钮，对源程序进行编译、连接后将目标文件传送到 DVCC 实验系统中去，目标文件传送完后，在程序窗口内的首条指令前有一个蓝色光标出现。

6. 运行程序：单击 DVCC-52196H 工具栏上的运行按钮可从当前 PC 值地址处开始连续执行程序，点 DVCC-52196H 工具栏上的单步按钮可单步执行指令，也可设置断点运行。

7. 打开外部数据窗口，查看地址为 7000H～70FFH 单元的内容是否已经清零。

8. 打开外部数据窗口，修改地址为 7000H～70FFH 单元的内容，重新运行并查看运行结果。

八、实验结果

记录并总结程序运行前、后的相关单元内容的变化，并做简要说明。

九、思考题

程序中使用 R0 作为循环计数器，在循环前将其初值设置为 0，请问程序中的循环究竟循环了多少次？

十、扩展

请用 C51 编程实现清零功能：在 Keil C51 中编程、编译生成.HEX 文件，在 DVCC 实验系统中将其下载到实验系统中去运行。

十一、实验体会

略。

实验二　拆字实验

一、实验目的

1．掌握汇编语言设计/C51 程序设计和调试方法。

2．学会字节内容高低 4 位的拆分。

二、实验内容

把外部 RAM 中 7000H 单元的内容拆开，高 4 位送 7001H 单元的低 4 位，低 4 位送 7002H 单元的低 4 位。7001H、7002H 单元的高 4 位清零，一般本程序用于把数据送显示缓冲区时用。

三、主要仪器设备及其配套数

PC 一台、DVCC-52196H 实验箱一台。

四、实验原理与说明

拆字是指将一个字节或一个字中部分位分离出来，在单片机控制系统中的使用非常广泛。拆字的方法通常是采用逻辑与、移位指令或交换实现。

五、实验程序框图（见图 10.9）

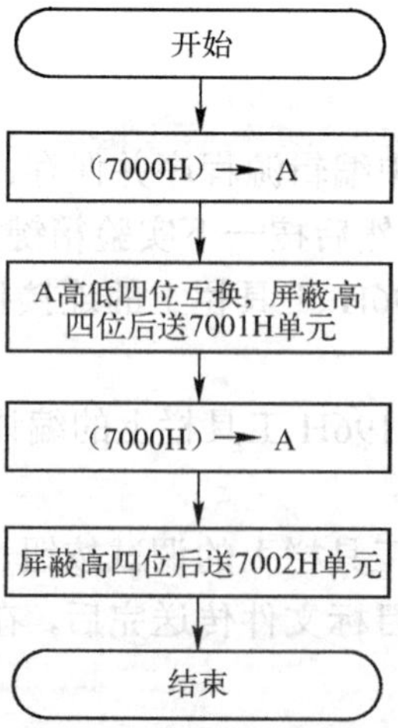

图 10.9　拆字实验程序框图

六、实验参考程序

```
ORG     0050H
```

```
CWORD:  MOV     DPTR,#7000H
        MOVX    A,@DPTR
        MOV     B,A
        SWAP    A
        ANL     A,#0FH
        INC     DPTR
        MOVX    @DPTR,A
        INC     DPTR
        MOV     A,B
        ANL     A,#0FH
        MOVX    @DPTR,A
CWORD1: SJMP    CWORD1
        END
```

七、实验步骤

1．启动 DVCC-52196H，在其中编辑源程序并保存。

2．打开实验箱上的电源开关，然后按一下实验箱键盘上的 PCDBG 键。

3．连接系统：单击 DVCC-52196H 工具栏上的连接按钮，使上位机（PC）与 DVCC 实验系统建立连接。

4．编译源程序：单击 DVCC-52196H 工具栏上的编译按钮，对源程序进行编译，如果有错，则对源程序进行修改。

5．调试：单击 DVCC-52196H 工具栏上的调试按钮，对源程序进行编译、连接后将目标文件传送到 DVCC 实验系统中去，目标文件传送完后，在程序窗口内的首条指令前有一个蓝色光标出现。

6．运行程序：先用存储器读写方法设置 7000H 单元值如 34H；单击 DVCC-52196H 工具栏上的运行按钮可从当前 PC 值地址处开始连续执行程序，单击 DVCC-52196H 工具栏上的单步按钮可单步执行指令，也可设置断点运行。

7．检查 7001H 和 7002H 单元中的内容是否为 03H 和 04H。

八、实验结果

记录并总结程序运行前、后的相关单元内容的变化，并做简要说明。

九、思考题

如何将拆分后的 7001H 和 7002H 单元中的内容拼接成一个 8 位数？

十、扩展

请用 C51 编程实现拆字功能：在 Keil C51 中编程、编译生成.HEX 文件，在 DVCC 实验系统中将其下载到实验系统中并运行。

十一、实验体会

略。

实验三　数据排序实验

一、实验目的

1．了解 DVCC-52196H 实验箱的主要组成部分及 DVCC 实验系统软件的使用方法。

2．学会在 DVCC 实验系统软件环境和 Keil C51 环境中编辑、编译、运行和调试程序的基本方法。

3．进一步熟悉 51 单片机指令系统和程序设计方法。

二、实验内容

编程将内部 RAM 中 60H～6FH 单元中的内容按升序排序。

三、主要仪器设备及其配套数

PC 一台、DVCC-52196H 实验箱一台。

四、实验原理与说明

冒泡排序（Bubble Sort）是计算机科学领域一种较简单的排序算法。冒泡排序（升序）算法描述如下。

（1）从第一个元素开始，比较相邻的元素。如果第一个比第二个大，就交换它们两个。

对每一对相邻元素作同样的工作，从开始第一对到结尾的最后一对，此时最后的元素应该会是最大的数。

（2）针对最后一个元素以外的所有元素重复以上的步骤，每次重复所针对的元素递减 1，直到只剩下一个元素或者上一步中无元素进行交换。

五、实验程序框图（见图 10.10）

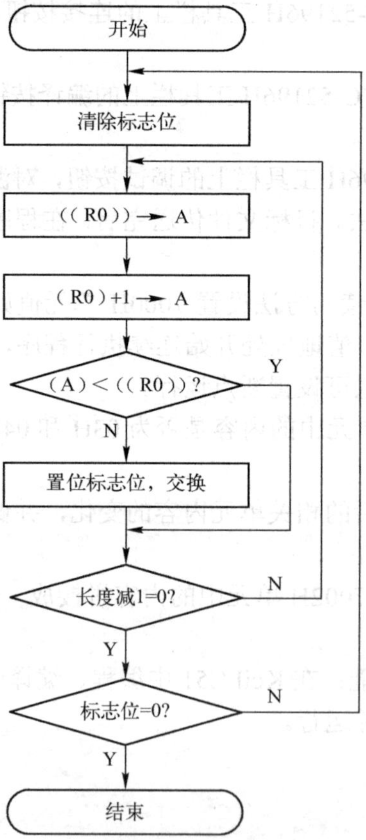

图 10.10　数据排序实验程序框图

六、实验参考程序

```
        ORG     0000H
        AJMP    SORT0
sort0:  MOV     SP,#30H                 ;设置堆栈指针
        MOV     R3,#60H                 ;数据区首地址
```

```
        MOV     06H,#10H
SORT1:  DEC     06H
        MOV     A,R3
        MOV     R0,A                ;数据区首指针送 R0
        MOV     R7,06H              ;此轮比较次数送 R7
        CLR     00H                 ;清排序标志位
        MOV     A,@R0               ;取前一个数到 A
SORT2:  INC     R0                  ;R0 指向下一个数
        MOV     R2,A
        CLR     C
        MOV     22H,@R0             ;后一个数送 22H 单元暂存
        CJNE    A,22H,SORT3         ;将前一个数与后一个数比较,不等则转
        SETB    C
SORT3:  MOV     A,R2
        JC      SORT4               ;前一个数不大于后一个数则转,否则交换
        SETB    00H                 ;置交换标志
        XCH     A,@R0
        DEC     R0                  ;R0 指向前一单元
        XCH     A,@R0
        INC     R0                  ;R0 指向后一个单元
SORT4:  MOV     A,@R0               ;取下一个数到 A
        DJNZ    R7,SORT2            ;未比较完则转 SORT2 继续比较
        JB      00H,SORT1           ;一轮完后有无进行数据交换,有则转 SORT1
                                    ;继续下一轮比较，没有则说明排序已完成
        SJMP    $
        END
```

七、实验步骤

1．启动 DVCC-52196H，在其中编辑源程序并保存。

2．按实验箱上的复位按钮 RESET，然后按一下实验箱键盘上的 PCDBG 键。

3．连接系统：单击 DVCC-52196H 工具栏上的连接按钮，使上位机（PC）与 DVCC 实验系统建立连接。

4．编译源程序：单击 DVCC-52196H 工具栏上的编译按钮，对源程序进行编译，如果有错，则返回第 1 步对源程序进行修改。

5．调试：单击 DVCC-52196H 工具栏上的调试按钮，对源程序进行编译，连接后传送到 DVCC 实验系统中去。

6．打开内部数据窗口，设置内部 RAM 中地址为 60H～6FH 单元的内容。

7．运行调试程序：点 DVCC-52196H 工具栏上的“运行”按钮可从当前 PC 值地址处开始连续执行程序，单击 DVCC-52196H 工具栏上的“单步”按钮可单步执行一条指令。

8．查看程序运行后的结果。

9．打开内部数据窗口，修改地址为 60H～6FH 单元的内容，重新运行并查看运行结果。

八、实验结果

记录下程序运行前、后的相关内容，并做简要说明。

九、思考题

如果要将 60H～6FH 单元中的内容按降序排列，程序中应做哪些修改？

十、扩展

请用 C51 编程实现排序功能：在 Keil C51 中编程、编译生成.HEX 文件，在 DVCC 实验系统中将其下载到实验系统中并运行。

十一、实验体会

略。

实验四　多分支实验

一、实验目的

1．进一步熟悉单片机汇编语言程序设计的基本方法。

2．掌握单片机汇编语言多分支编程方法。

二、实验内容

编写散转程序，根据 8032 片内 20H 中的内容（00 或 01 或 02 或 03）进行散转（多分支转移）：00——在 8 个 LED 显示器上循环显示“0”；01——在 8 个 LED 显示器上循环显示“1”；02——在 8 个 LED 显示器上循环显示“2”；03——在 8 个 LED 显示器上循环显示“3”。

三、主要仪器设备及其配套数

PC 一台、DVCC-52196H 实验箱一台。

四、实验原理与说明

多分支程序设计也称散转程序设计，它是根据系统的某种输入或运算结果，分别转向各处理程序。散转程序设计多采用指令 JMP @A+DPTR，根据输入或运算结果，确定 A 或 DPTR 的内容，直接跳转至相应的分支程序中去。指令 JMP @A+DPTR 的功能是使程序无条件地跳转至以累加器 A 的内容与 DPTR 的内容之和为目的地址处的指令去执行。

散转程序设计的基本方法为：将跳转到各分支的跳转指令（如 SJMP 或 AJMP 或 LJMP）集中放在一起形成一个跳转指令表，并将该表的起始地址送 DPTR，然后输入或运算得到的分支号送累加器 A 并乘以 2（SJMP 或 AJMP）或 3（LJMP），最后再执行指令 JMP @A+DPTR，便可转至对应分支号的分支程序去执行。

五、实验程序框图（见图 10.11）

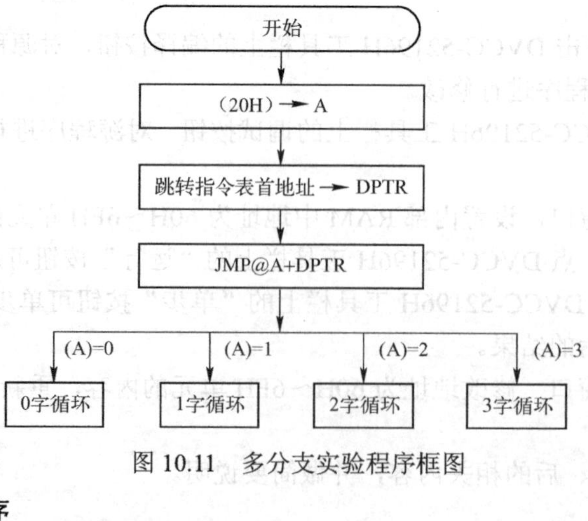

图 10.11　多分支实验程序框图

六、实验参考程序

```
ORG     0000H
```

```
          AJMP    MJUP
          ORG     0040H
MJUP:     MOV     A,20H             ;取分支号到 A
          MOV     DPTR,#TABADDR     ;将跳转指令表的首地址送 DPTR
          RL      A                 ;A 中的分支号乘 2
          JMP     @A+DPTR           ;跳转至跳转指令表中的相应指令处
TABADDR:SJMP      DISP0             ;跳转指令表
          SJMP    DISP1
          SJMP    DISP2
          SJMP    DISP3
DISP0:    MOV     20H,#0C0H         ;分支 0,将 0 的字型码送 20H
          LJMP    MJUP1
DISP1:    MOV     20H,#0F9H         ;分支 1,将 1 的字型码送 20H
          LJMP    MJUP1
DISP2:    MOV     20H,#0A4H         ;分支 2,将 2 的字型码送 20H
          LJMP    MJUP1
DISP3:    MOV     20H,#0B0H         ;分支 3,将 3 的字型码送 20H
MJUP1:    MOV     A,20H             ;将要显示的数字的字型码送 A
          MOV     R0,#22H           ;8155 B 口地址低 8 位,输出字型码（段码）
          MOV     R1,#21H           ;8155 A 口地址低 8 位,输出位选码
                                    ;8155 口地址的高 8 位为 FFH,P2 口复位后的值即 FFH
          MOVX    @R0,A             ;通过 B 口输出 0/1/2/3
          MOV     A,#01H            ;通过 A 口输出位选码
MJUP2:    MOVX    @R1,A
          MOV     R2,#20H
          LCALL   DELY              ;延时
          RL      A                 ;下 LED 上循环显示 0～3 中的某一个数字
          SJMP    MJUP2
DELY:     PUSH    02H               ;延时子程序
DELY1:    PUSH    02H
DELY2:    PUSH    02H
DELY3:    DJNZ    R2,DELY3
          POP     02H
          DJNZ    R2,DELY2
          POP     02H
          DJNZ    R2,DELY1
          POP     02H
          DJNZ    R2,DELY
          RET
          END
```

七、实验步骤

1．启动 DVCC-52196H，在其中编辑源程序并保存。

2．按实验箱上的复位按钮 RESET，然后按一下实验箱键盘上的 PCDBG 键。

3．连接系统：单击 DVCC-52196H 工具栏上的连接按钮，使上位机（PC）与 DVCC 实验系统建立连接。

4．编译源程序：单击 DVCC-52196H 工具栏上的编译按钮，对源程序进行编译，如果有

错，则返回第 1 步对源程序进行修改。

5．调试：单击 DVCC-52196H 工具栏上的调试按钮，对源程序进行编译、连接后传送到 DVCC 实验系统中去。

6．打开内部数据窗口，设置地址为 20H 单元的内容（00/01/02/03）。

7．运行调试程序：单击 DVCC-52196H 工具栏上的“运行”按钮可从当前 PC 值地址处开始连续执行程序，单击 DVCC-52196H 工具栏上的“单步”按钮可单步执行一条指令。

8．查看程序运行后的结果（现象）。

八、实验结果

记录下程序运行前、后的相关内容（和/或现象），并做简要说明。

九、思考题

如果将标号“TABADDR”开始的四条“SJMP”指令改为“LJMP”，程序还需要做哪些修改？

十、扩展

使用 C51 编程实现散转程序。

十一、实验体会

略。

实验五　单片机 I/O 口实验（P3 和 P1 口应用）

一、实验目的

1．掌握 P3 口、P1 口简单使用。

2．学习延时程序的编写和使用。

二、实验内容

P3.3 口为输入口，外接脉冲，每输入一个脉冲，P1 口按十六进制加一，P1 口为输出口，编写程序，使 P1 口接的 8 个发光二极管 L0～L7 按 16 进制加一方式点亮发光二极管。

三、主要仪器设备及其配套数

PC 一台、DVCC-52196H 实验箱一台。

四、实验原理与说明

1．P1 口是准双向口，它作为输出口时与一般的双向口使用方法相同，由准双向口结构可知：当 P1 口作为输入口时，必须先对它置高电平，使内部 MOS 管截止，因内部上拉电阻是 20kΩ～40kΩ，故不会对外部输入产生影响。若不先对它置高，且原来是低电平，则 MOS 管导通，读入的数据是不正确的。

2．延时子程序的延时计算问题。对于延时程序

```
DELAY :    MOV   R6,#00H
DELAY1:    MOV   R7,#80H
           DJNZ  R7,$
           NZ    R6,DELAY1
```

查指令表可知 MOV、DJNZ 指令均需用两个机器周期，而一个机器周期时间长度为 12/6.0MHz，所以该段指令执行时间为：((80+1)×256+1)×2×(12÷6000000)=132.1ms。

3．实验原理图（见图 10.12）

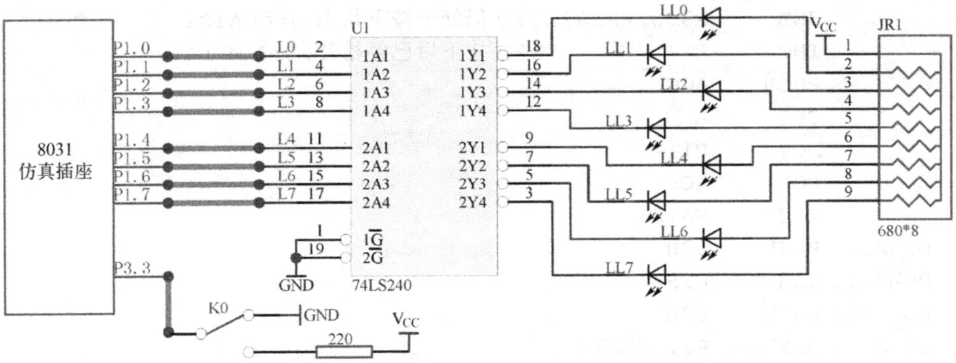

图 10.12　单片机 I/O 口实验原理图

原理图中粗线处为需要连线的地方。

五、实验程序框图（见图 10.13）

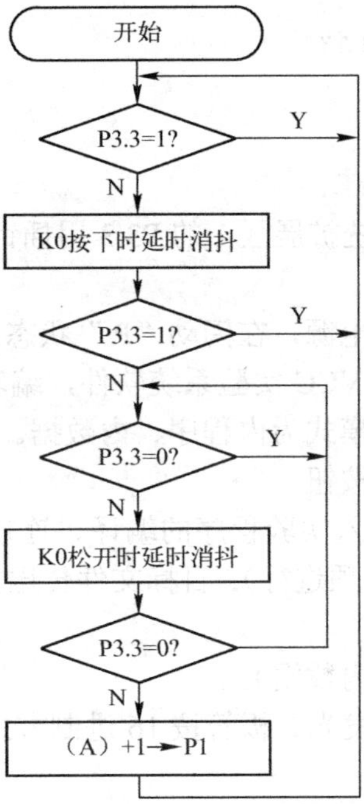

图 10.13　单片机 I/O 口实验程序框图

六、实验参考程序

```
        ORG     0000h
        SJMP    HA1S
        ORG     0030H
HA1S:   MOV     A,#00H
        MOV     P1,A
HA1S1:  JB      P3.3,HA1S1   ;K0 未按下则等待按下
        MOV     R2,#10H      ;消抖：K0 按下后延时一段时间，以确保 K0 处于按下状态
        LCALL   DELAY        ;所以 K0 按下的时间必须长于延时时间
        JB      P3.3,HA1S1   ;如果延时时间到时 K0 已经松开了则转 HA1S1
HA1S2:  JNB     P3.3,HA1S2   ;延时时间到了 K0 仍处于按下状态则等待松开
        MOV     R2,#10H      ;消抖：K0 松开后延时一段时间，以确保 K0 已经松开
        LCALL   DELAY
```

```
         JNB     P3.3,HA1S2  ;K0 仍处于按下状态则转 HA1S2
         INC     A           ;K0 按下后已经松开,则 A 加 1
         PUSH    ACC
         CPL     A
         MOV     P1,A
         POP     ACC
         AJMP    HA1S1
DELAY:   PUSH    02H
DELAY1:  USH     02H
DELAY2:  PUSH    02H
DELAY3:  DJNZ    R2,DELAY3
         POP     02H
         DJNZ    R2,DELAY2
         POP     02H
         DJNZ    R2,DELAY1
         POP     02H
         DJNZ    R2,DELAY
         RET
         END
```

七、实验步骤

1．按实验原理图连接线：系统扩展区 1 的 P3.3 用插针连至 K0，P1.0～P1.7 用插针连至 L0～L7。

2．连线正确后打开实验系统电源，在闪动“P.”状态，按 PCDBG 键。

3．单击 DVCC 图标，启动 DVCC 实验系统软件，编辑并保存源程序。

4．系统设置选项中设定仿真模式为内程序、内数据。

5．单击工具栏中的“连接”按钮。

6．在主菜单中选择调试，进入实验程序的编译、连接、目标文件的传送（直接点调试可将三个步骤一起完成，也可以逐项进行）；目标文件传送完后，在程序窗口内的首条指令前有一个蓝色光标出现。

7．运行实验程序（内程序，内数据）。

8．K0 每拨动一次，L0～L7 发光二极管按 16 进制方式加亮一点。

八、实验结果

记录程序运行前、后的相关内容（和/或现象），并做简要说明。

九、思考题

如果将 P1 口按十六进制加 1 改为按十进制加 1，程序将做哪些修改？

十、扩展

使用 C51 编程完成此实验。

十一、实验体会

略。

实验六　并行 I/O 口 8255 扩展实验

一、实验目的

1．了解 8255 芯片的结构及编程方法。

2．学习模拟交通灯控制的实现方法。

二、实验内容

用 8255 作为输出口，控制十二个发光二极管燃灭，模拟交通灯管理。

三、主要仪器设备及其配套数

PC 一台、DVCC-52196H 实验箱一台。

四、实验原理与说明

因为本实验是交通灯控制实验，所以要先了解交通灯的实际变化情况和规律。假设一个十字路口为东西南北走向。初始状态 0 为东西红灯，南北红灯。然后转状态 1 东西绿灯通车，南北红灯。过一段时间转状态 2，东西绿灯灭，黄灯闪烁几次，南北仍然红灯。再转状态 3，南北绿灯通车，东西红灯。过一段时间转状态 4，南北绿灯灭，黄灯闪烁几次，东西仍然红灯，最后循环至状态 1。

实验原理图如图 10.14 所示，原理图中粗线处为需要连线的地方。

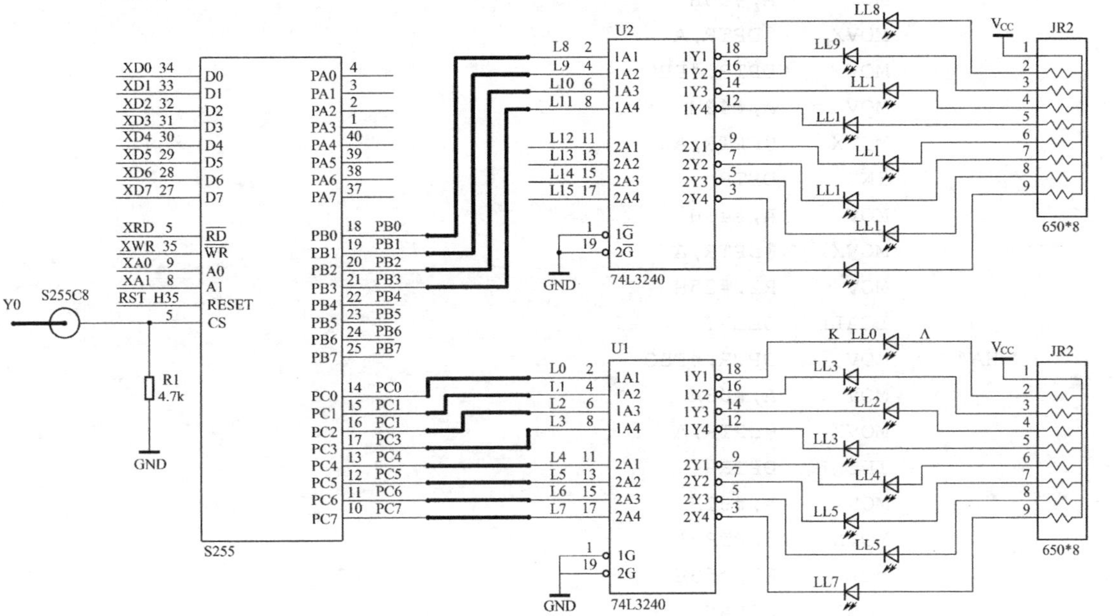

图 10.14　并行 I/O 口 8255 扩展实验原理图

五、实验程序框图（见图 10.15）

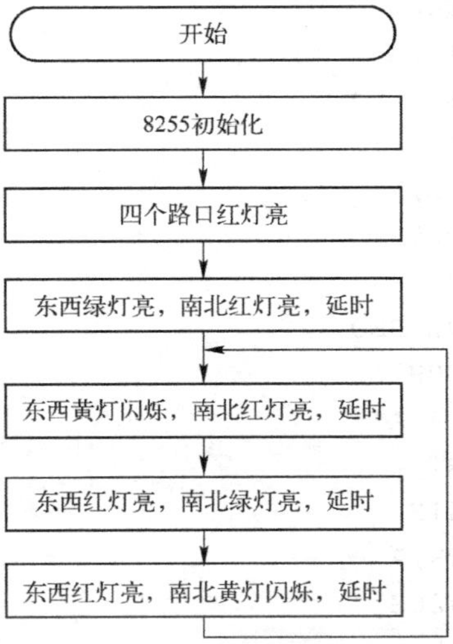

图 10.15　并行 I/O 口 8255 扩展实验程序框图

六、实验参考程序

```
P8255   EQU     8003H
PCO     EQU     8002H
PBO     EQU     8001H
PAO     EQU     8000H
        ORG     0000H
        AJMP    HA4S
        ORG     0030H
HA4S:   MOV     SP,#60H
        MOV     DPTR,#P8255
        MOV     A,#80H
        MOVX    @DPTR,A
        MOV     DPTR,#PBO
        MOV     A,#42H
        MOVX    @DPTR,A
        INC     DPTR
        MOV     A,#49H
        MOVX    @DPTR,A
        MOV     R2,#25H
        LCALL   DELAY
HA4S3:  MOV     DPTR,#PBO
        MOV     A,#08H
        MOVX    @DPTR,A
        INC     DPTR
        MOV     A,#61H
        MOVX    @DPTR,A
        MOV     R2,#55H
        LCALL   DELAY
        MOV     R7,#05H
HA4S1:  MOV     DPTR,#PBO
        MOV     A,#04H
        MOVX    @DPTR,A
        INC     DPTR
        MOV     A,#51H
        MOVX    @DPTR,A
        MOV     R2,#20H
        LCALL   DELAY
        MOV     DPTR,#PBO
        MOV     A,#00H
        MOVX    @DPTR,A
        INC     DPTR
        MOV     A,#41H
        MOVX    @DPTR,A
        MOV     R2,#20H
        LCALL   DELAY
```

```
          DJNZ    R7,HA4S1
          MOV     DPTR,#PBO
          MOV     A,#03H
          MOVX    @DPTR,A
          INC     DPTR
          MOV     A,#0cH
          MOVX    @DPTR,A
          MOV     R2,#55H
          LCALL   DELAY
          MOV     R7,#05H
HA4S2:    MOV     DPTR,#PBO
          MOV     A,#02H
          MOVX    @DPTR,A
          INC     DPTR
          MOV     A,#8aH
          MOVX    @DPTR,A
          MOV     R2,#20H
          LCALL   DELAY
          MOV     DPTR,#PBO
          MOV     A,#02H
          MOVX    @DPTR,A
          INC     DPTR
          MOV     A,#08H
          MOVX    @DPTR,A
          MOV     R2,#20H
          LCALL   DELAY
          DJNZ    R7,HA4S2
          LJMP    HA4S3
DELAY:    PUSH    02H
DELAY1:   PUSH    02H
DELAY2:   PUSH    02H
DELAY3:   DJNZ    R2,DELAY3
          POP     02H
          DJNZ    R2,DELAY2
          POP     02H
          DJNZ    R2,DELAY1
          POP     02H
          DJNZ    R2,DELAY
          RET
          END
```

七、实验步骤

1．按原理图连线：8255 PC0～PC7、PB0～PB3 分别接 L0～L11 红、黄、绿发光二极管。

2．连线正确后打开实验系统电源，在闪动“P.”状态，按 PCDBG 键。

3．单击 DVCC 图标，启动 DVCC 实验系统软件，编辑并保存源程序。

4．系统设置选项中设定仿真模式为内程序、外数据。

5．单击工具栏中的连接按钮。

6．在主菜单中选择调试，进入实验程序的编译、连接、目标文件的传送（直接点调试可将三个步骤一起完成，也可以逐项进行）；目标文件传送完后，在程序窗口内的首条指令前有一个蓝色光标出现。

7．运行实验程序（内程序，外数据）。

八、实验结果

记录程序运行前、后的相关内容（和/或现象），并做简要说明。

九、思考题

修改程序，使初始状态 0 为东西红灯，南北红灯。然后转状态 1 南北绿灯通车，东西红灯。过一段时间转状态 2，南北绿灯灭，黄灯闪烁几次，东西仍然红灯。再转状态 3，东西绿灯通车，南北红灯。过一段时间转状态 4，东西绿灯灭，黄灯闪烁几次，南北仍然红灯，最后循环至状态 1。

十、扩展

使用 C51 编程完成此实验。

十一、实验体会

略。

实验七　A/D 转换 ADC0809 应用

一、实验目的

1．掌握 A/D 转换与单片机的接口方法。

2．了解 A/D 芯片 ADC0809 转换性能及编程方法。

3．通过实验了解单片机如何进行数据采集。

二、实验内容

利用实验仪上的 ADC0809 做 A/D 转换实验，实验仪上的 W1 电位器提供模拟量输入。编制程序，将模拟量转换成数字量，并通过数码管来显示。

三、主要仪器设备及其配套数

PC 一台、DVCC-52196H 实验箱一台。

四、实验原理与说明

A/D 转换器大致分三类：一是双积分 A/D 转换器，优点是精度高，抗干扰性好，价格便宜，但速度慢；二是逐次逼近式 A/D 转换器，精度、速度、价格适中；三是并行 A/D 转换器，速度快，价格也昂贵。实验用 ADC0809 属第二类，是 8 位 A/D 转换器。每采集一次一般需 100μs。由于 ADC0809 A/D 转换器转换结束后会自动产生 EOC 信号（高电平有效），取反后将其与 8031 的 INT0 相连，可以用中断方式读取 A/D 转换结果。

实验原理图如图 10.16 所示，原理图中粗线处为需要连线的地方。

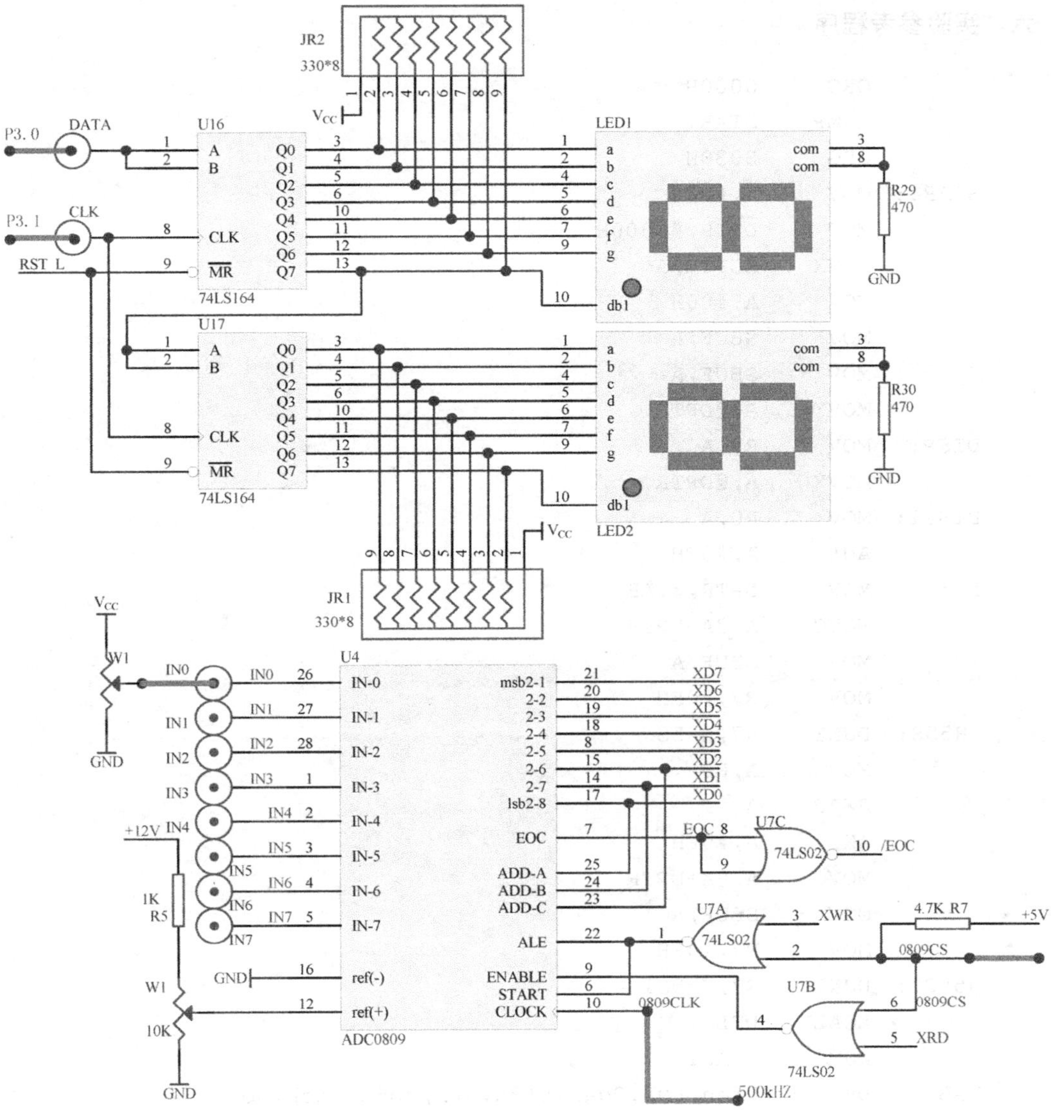

图 10.16　A/D 转换 ADC0809 应用实验原理图

五、实验程序框图（见图 10.17）

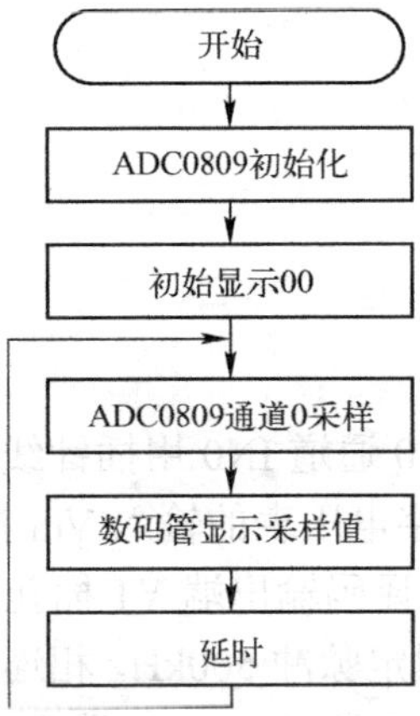

图 10.17　A/D 转换 ADC0809 应用实验程序框图

六、实验参考程序

```
        ORG     0000H
        AJMP    START
        ORG     0030H
START:  MOV     A,#00H
        MOV     DPTR,#9000H
        MOVX    @DPTR,A
        MOV     A,#00H
        MOV     SBUF,A
        MOV     SBUF,A
        MOVX    A,@DPTR
DISP:   MOV     R0,A
        MOVX    A,@DPTR
DISP1:  MOV     R0,A
        ANL     A,#0FH
LP:     MOV     DPTR,#TAB
        MOVC    A,@A+DPTR
        MOV     SBUF,A
        MOV     R7,#0FH
 H55S:  DJNZ    R7,H55S
        MOV     A,R0
        SWAP    A
        ANL     A,#0FH
        MOVC    A,@A+DPTR
        MOV     SBUF,A
        MOV     R7,#0FH
H55S1:  DJNZ    R7,H55S1
        LCALL   DELAY
        AJMP    START
TAB:    DB      0fch,60h,0dah,0f2h,66h,0b6h,0beh,0e0h
        DB      0feh,0f6h,0eeh,3eh,9ch,7ah,9eh,8eh
DELAY:  MOV     R6,#0FFh
DELY2:  MOV     R7,#0FFh
DELY1:  DJNZ    R7,DELY1
        DJNZ    R6,DELY2
        RET
        END
```

七、实验步骤

1．按照原理图进行连线。

（1）把模数转换区 ADC0809 的 0 通道 IN0 用插针线接至电位器（0～5V）的中心抽头插孔，同时将电位器 0～5V 插孔与数字电压表的输入 Vin 插孔相连。

（2）把模数转换区 0809CS 端接译码输出端 Y1 插孔（仿真插头所在扩展总线区）。

（3）ADC0809 的 CLK 插孔与固定脉冲 500kHz 相连。

（4）调节 W1，使 0809 芯片的 12 脚（REF+）端为+5V（出厂时已调好）。

（5）P3.0 插孔连到串并转换区 DATA 插孔。

（6）P3.1 插孔连到串并转换区 CLK 插孔。

2．连线正确后打开实验系统电源，在闪动“P.”状态，按 PCDBG 键。

3．单击 DVCC 图标，启动 DVCC 实验系统软件，编辑并保存源程序。

4．系统设置选项中设定仿真模式为内程序、外数据。

5．单击工具栏中的“连接”按钮。

6．在主菜单中选择调试，进入实验程序的编译、连接、目标文件的传送（直接点调试可将三个步骤一起完成，也可以逐项进行）；目标文件传送完后，在程序窗口内的首条指令前有一个蓝色光标出现。

7．运行实验程序。

八、实验结果

串并转换区的数码管上显示当前采集的电压值经转换后的数字量，调节电位器，数码管将随着电压变化而相应变化，理论值为 0V～00H，2.5V～80H，5V～FFH。数字电压表上显示当前的模拟电压值。

记录电位器输出电压和数码管显示的数字量，绘制电压－数字量变化图，并做简要说明。

九、思考题

启动 AD0809 转换后有几种方式获取转换结果？实验参考程序中使用的是什么方式获取转换结果？

十、扩展

使用 C51 编程完成此实验。

十一、实验体会

略。

实验八　D/A 转换 DAC0832 应用

一、实验目的

1．了解 D/A 转换与单片机的接口方法。

2．了解 D/A 转换芯片 DAC0832 的性能及编程方法。

3．了解单片机系统中扩展 D/A 转换芯片的基本方法。

二、实验内容

利用 DAC0832 输出一个从-5V 开始逐渐升到 0V 再逐渐升至 5V，再从 5V 逐渐降至 0V，再降至-5V 的三角波电压。

三、主要仪器设备及其配套数

PC 一台、DVCC-52196H 实验箱一台。

四、实验原理与说明

D/A 转换是把数字量转换成模拟量的变换，向 DAC 输入的数字量，输出的是模拟电压信号。向 DAC 按时序输入一定规律的数字量，便可从其输出得到相应波形的模拟信号，如锯齿波、三角波、方波和正弦波等。

实验原理图如图 10.18 所示，原理图中粗线处为需要连线的地方。

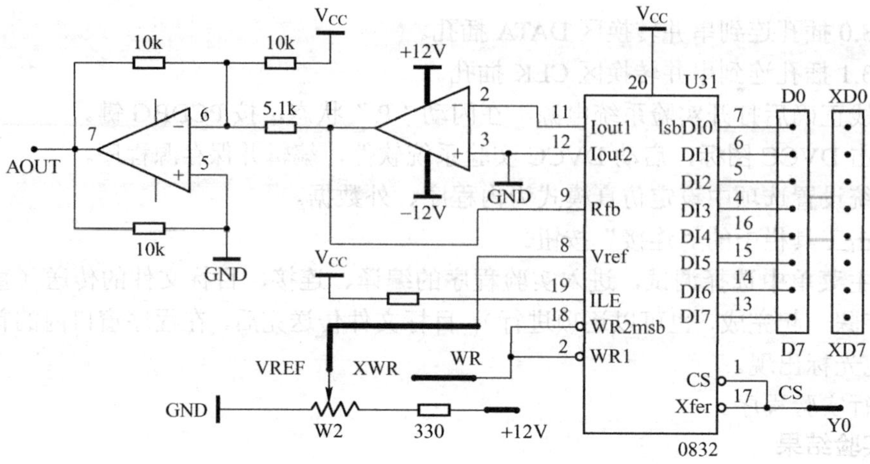

图 10.18 D/A 转换 DAC0832 应用实验原理图

五、实验程序框图（见图 10.19）

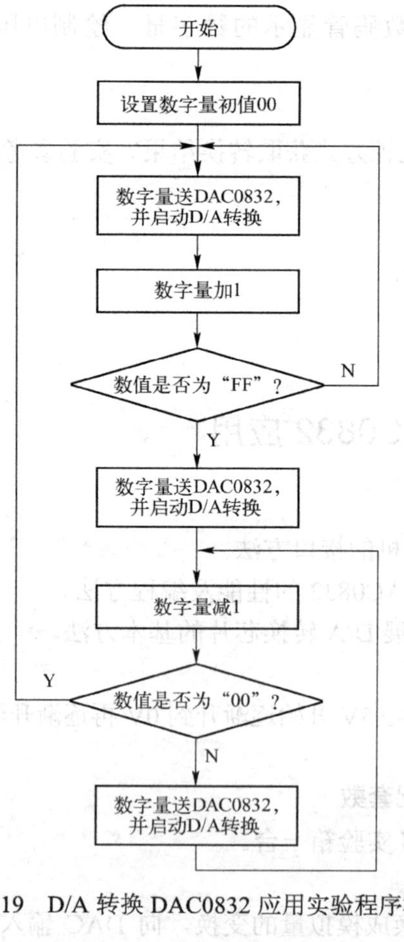

图 10.19 D/A 转换 DAC0832 应用实验程序框图

六、实验参考程序

```
ORG     0000H
AJMP    START
ORG     0030H
```

```
START:  MOV     SP,#53H
HA6S1:  MOV     R6,#00H
HA6S2:  MOV     DPTR,#8000H
        MOV     A,R6
        MOVX    @DPTR,A
        MOV     R2,#1H
        LCALL   DELAY
        INC     R6
        CJNE    R6,#0FFH,HA6S2
HA6S3:  MOV     DPTR,#8000H
        DEC     R6
        MOV     A,R6
        MOVX    @DPTR,A
        MOV     R2,#1H
        LCALL   DELAY
        CJNE    R6,#00H,HA6S3
        SJMP    HA6S1
DELAY:  PUSH    02H
DELAY1: PUSH    02H
DELAY2: PUSH    02H
DELAY3: DJNZ    R2,DELAY3
        POP     02H
        DJNZ    R2,DELAY2
        POP     02H
        DJNZ    R2,DELAY1
        POP     02H
        DJNZ    R2,DELAY
        RET
        END
```

七、实验步骤

1．按照原理图进行连线：把数模转换区 DAC0832 CS 信号线接至译码输出插孔 Y_0（仿真插头所在扩展总线区）。

2．连线正确后打开实验系统电源，在闪动“P.”状态，按 PCDBG 键。

3．单击 DVCC 图标，启动 DVCC 实验系统软件，编辑并保存源程序。

4．系统设置选项中设定仿真模式为内程序、外数据。

5．单击工具栏中的“连接”按钮。

6．在主菜单中选择调试，进入实验程序的编译、连接、目标文件的传送（直接点调试可将三个步骤一起完成，也可以逐项进行）；目标文件传送完后，在程序窗口内的首条指令前有一个蓝色光标出现。

7．调节 W2 使 DAC0832 的第 8 脚（V_{REF}）为+5V。

8．运行实验程序，用示波器测量 D/A 转换输出端 A_{OUT}，测出锯齿波。

八、实验结果

观察并记录示波器上的输出波形。

九、思考题

如果要求输出方波，程序应做怎样的修改？

十、扩展

使用 C51 编程完成此实验。

十一、实验体会

略。

实验九　串并转换实验

一、实验目的

1．掌握 8031 串行口方式 0 工作方式及编程方法。

2．掌握利用串行口扩展 I/O 通道的方法。

二、实验内容

利用 8031 串行口和串行输入并行输出移位寄存器 74LS164，扩展一个 8 位输出通道，用于驱动一个数码显示器，在数码显示器上循环显示从 8031 串行口输出的 0～9 这 10 个数字，循环周期由定时器 T0 的定时时间控制。

三、主要仪器设备及其配套数

PC 一台、DVCC-52196H 实验箱一台。

四、实验原理与说明

串行口工作在方式 0 时，可通过外接移位寄存器实现串并行转换。在这种方式下，数据为 8 位，只能从 RXD 端输入输出，TXD 端总是输出移位同步时钟信号，其波特率固定为晶振频率 1/12。由软件置位串行控制寄存器（SCON）的 REN 后才能启动串行接收，在 CPU 将数据写入 SBUF 寄存器后，立即启动发送。待 8 位数据输完后，硬件将 SCON 寄存器的 TI 位置 1，TI 必须由软件清零。

实验原理图如图 10.20 所示，原理图中粗线处为需要连线的地方。

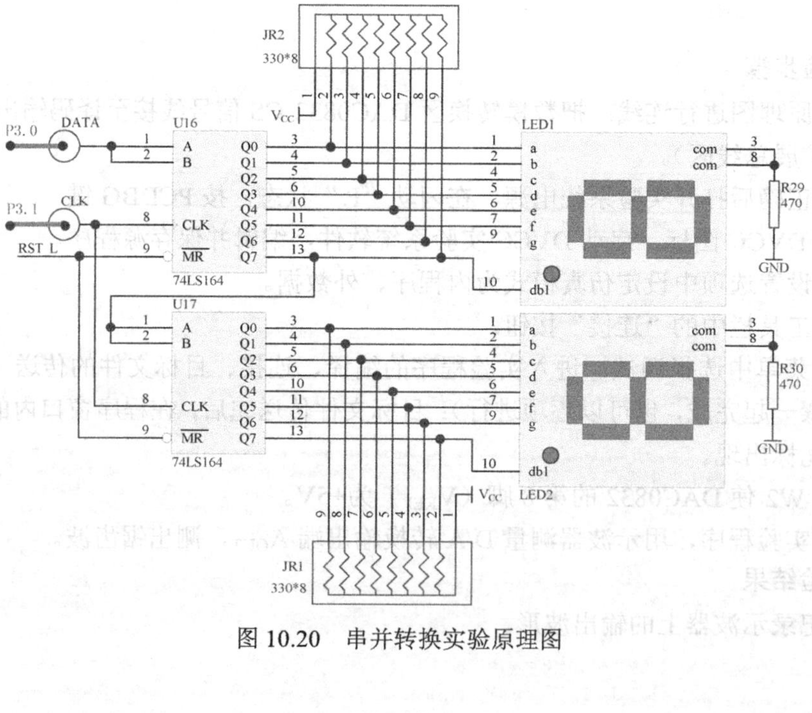

图 10.20　串并转换实验原理图

五、实验程序框图（见图 10.21）

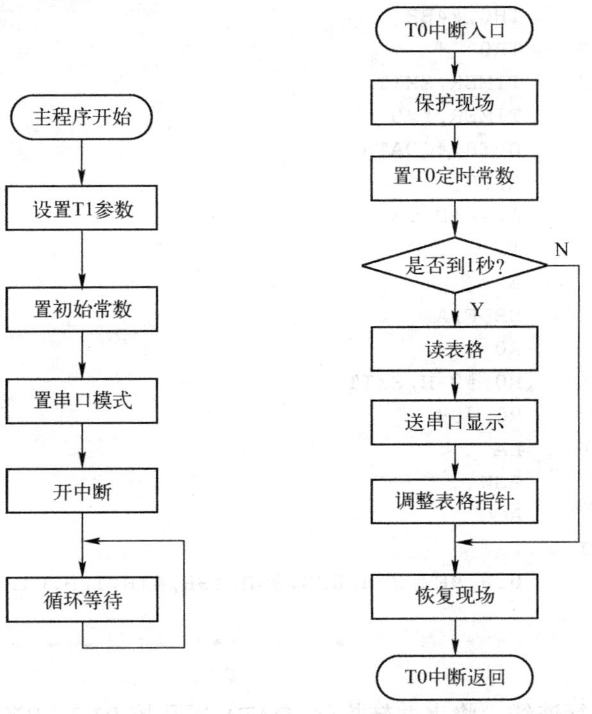

（a）主程序　（b）T0中断服务程序

图 10.21　串并转换实验程序框图

六、实验参考程序

```
TIMER    EQU     01H
         ORG     0000H
         AJMP    START
         ORG     000BH
         AJMP    INT_T0
         ORG     0030H
START:   MOV     SP,#53H
         MOV     TMOD,#01H
         MOV     TL0,#00H
         MOV     TH0,#4BH
         MOV     R0,#0H
         MOV     TIMER,#20
         MOV     SCON,#00H
         CLR     TI
         CLR     RI
         SETB    TR0
         SETB    ET0
         SETB    EA
         SJMP    $

INT_T0:  PUSH    ACC
         PUSH    PSW
         CLR     EA
         CLR     TR0
```

```
        MOV     TL0,#0H
        MOV     TH0,#4BH
        SETB    TR0
        DJNZ    TIMER,EXIT
        MOV     TIMER,#20
        MOV     DPTR,#CDATA
        MOV     A,R0
        MOVC    A,@A+DPTR
        CLR     TI
        CPL     A
        MOV     SBUF,A
        INC     R0
        CJNE    R0,#0AH,EXIT
        MOV     R0,#0H
EXIT:   SETB    EA
        POP     PSW
        POP     ACC
        RETI
CDATA:  DB      03H,9FH,25H,0DH,99H,49H,41H,1FH,01H,09H
        END
```

七、实验步骤

1．按照原理图进行连线：将串并转换区 DATA 插孔接 P3.0（RXD）插孔；将串并转换区 CLK 插孔接 P3.1（TXD）插孔。

2．连线正确后打开实验系统电源，在闪动“P.”状态，按 PCDBG 键。

3．单击 DVCC 图标，启动 DVCC 实验系统软件，编辑并保存源程序。

4．系统设置选项中设定仿真模式为内程序、外数据。

5．单击工具栏中的“连接”按钮。

6．在主菜单中选择调试，进入实验程序的编译、连接、目标文件的传送（直接点调试可将三个步骤一起完成，也可以逐项进行）；目标文件传送完后，在程序窗口内的首条指令前有一个蓝色光标出现。

7．运行实验程序。

八、实验结果

观察并记录数码管显示器上输出的数字及变化规律。

九、思考题

如果要求按照 9～0 的顺序输出，程序应做怎样的修改？

十、扩展

使用 C51 编程完成此实验。

十一、实验体会

略。

实验十　音乐发声器（电子音响）实验

一、实验目的

1．了解计算机发出不同音调声音的编程方法。

2．学会使用定时器控制扬声器发声。

二、实验内容

利用定时器产生不同频率的方法，组成乐谱由单片机进行信息处理，经过放大利用 8031 的 P1.7 口输出音乐。

三、主要仪器设备及其配套数

PC 一台、DVCC-52196H 实验箱一台。

四、实验原理与说明

1．要产生音频脉冲，只要算出某一音频的周期（1/频率），然后将此周期除以 2，即为半周期的时间，利用定时器定时此半周期时间，定时时间到后即反相输出，重复此过程即得到此频率的脉冲。

2．让定时器工作在定时方式，改变计数值 TH0 及 TL0，以产生不同的频率。

3．每个音符使用三个字节表示：第一、二两字节控制发声频率，第三字节控制节拍。

实验原理图如图 10.22 所示，原理图中粗线处为需要连线的地方。

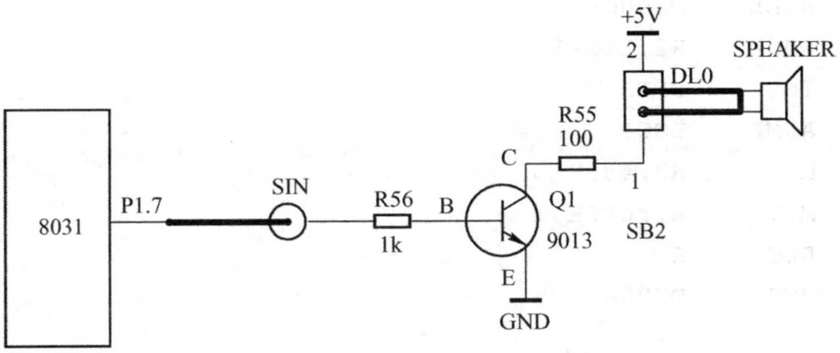

图 10.22　音乐发声器实验原理图

五、实验程序框图

略。

六、实验参考程序

```
        org     0000h
        Sjmp    MAIN
        org     000bh
        mov     th0,r1
        mov     tl0,r0
        cpl     p1.7
        RETI
MAIN:   MOV     TMOD,#01H
        MOV     IE,#82H
        MOV     DPTR,#TAB
LOOP:   CLR     A
        MOVC    A,@A+DPTR
        MOV     R1,A
        INC     DPTR
        CLR     A
        MOVC    A,@A+DPTR
        MOV     R0,A
```

```
        ORL     A,R1
        JZ      NEXT0
        MOV     A,R0
        ANL     A,R1
        CJNE    A,#0FFH,NEXT
        SJMP    MAIN
NEXT:   MOV     TH0,R1
        MOV     TL0,R0
        SETB    TR0
        SJMP    NEXT1
NEXT0:  CLR     TR0
NEXT1:  CLR     A
        INC     DPTR
        MOVC    A,@A+DPTR
        MOV     R2,A
LOOP1:  ACALL   D200C
        DJNZ    R2,LOOP1
        INC     DPTR
        AJMP    LOOP
D200C:  MOV     R3,#81H
D200B:  MOV     A,#0FFH
D200A:  DEC     A
        JNZ     D200A

        DEC     R3
        CJNE    R3,#00H,D200B
        RET
TAB:    DB      0FEH,25H,04H,0FEH,25H,02H
        DB      0FEH,25H,02H,0FDH,80H,04H
        DB      0FEH,84H,02H,0FEH,84H,02H
        DB      0FEH,84H,04H,0FEH,25H,04H
        DB      0FEH,25H,02H,0FEH,84H,02H
        DB      0FEH,0C0H,04H,0FEH,84H,02H
        DB      0FEH,98H,02H,0FEH,84H,02H
        DB      0FEH,57H,08H,00H,00H,04H
        DB      0FFH,0FFH
        END
```

七、实验步骤

1. 按照原理图进行连线：把 P1.7 用插针线连到 SIN 插孔上；喇叭插头 SPEAKER 连到 DL0 上。

2. 连线正确后打开实验系统电源，在闪动“P.”状态，按 PCDBG 键。

3. 单击 DVCC 图标，启动 DVCC 实验系统软件，编辑并保存源程序。

4. 系统设置选项中设定仿真模式为内程序、内数据。

5. 单击工具栏中的“连接”按钮。

6．在主菜单中选择调试，进入实验程序的编译、连接、目标文件的传送（直接点调试可将三个步骤一起完成，也可以逐项进行）；目标文件传送完后，在程序窗口内的首条指令前有一个蓝色光标出现。

7．运行实验程序。

八、实验结果

记录喇叭里播放的音乐。

九、思考题

如果要播放另外的音乐，应修改程序中的哪些部分？

十、扩展

使用 C51 编程完成此实验。

十一、实验体会

略。

实验十一　继电器控制实验

一、实验目的

掌握用继电器控制的基本方法和编程。

二、实验内容

利用 P1 口输出高低电平，控制继电器的开合，以实现对外部装置的控制。

三、主要仪器设备及其配套数

PC 一台、DVCC-52196H 实验箱一台。

四、实验原理与说明

现代自动化控制设备都存在电子与电气电路的互相联结问题，一方面要使电子电路的控制信号能够控制电气电路的执行元件（电动机、电磁铁、电灯等），另一方面又要为电子电路和电气电路提供良好的电隔离，以保护电子电路和人身的安全，电子继电器便能完成这一桥梁作用。

本实验采用 JZC-23F 型继电器，其控制电压为 5V。继电器电路中一般要在继电器的线圈两头加一个二极管以吸收继电器线圈断电时产生的反电势，防止干扰。

实验原理图如图 10.23 所示，原理图中粗线处为需要连线的地方。

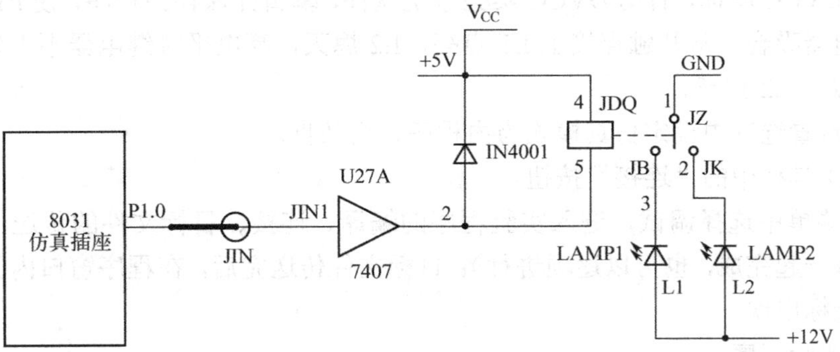

图 10.23　继电器控制实验原理图

五、实验程序框图（见图 10.24）

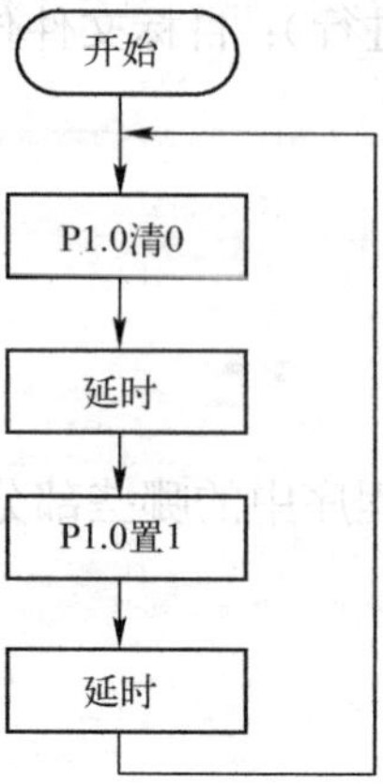

图 10.24　继电器控制实验程序框图

六、实验参考程序

```
          ORG     0C60H
START:    SETB    P1.0
          LCALL   DELAY
          CLR     P1.0
          LCALL   DELAY
          SJMP    START
DELAY:    MOV     R7,#0FFH
DELAY1:   MOV     R6,#0FFH
DELAY2:   DJNZ    R6,DELAY2
          DJNZ    R7,DELAY1
          RET
          END
```

七、实验步骤

1．按照原理图进行连线：把 8031 的 P1.0 插孔接到 JIN 端。

2．连线正确后打开实验系统电源，在闪动“P.”状态，按 PCDBG 键。

3．单击 DVCC 图标，启动 DVCC 实验系统软件，编辑并保存源程序，使 P1.0 电平变化，低电平时继电器吸合，常开触点接上 L1 点亮，L2 熄灭，高电平时继电器不工作，常闭触点闭合，L1 熄灭，L2 点亮。

4．系统设置选项中设定仿真模式为内程序、内数据。

5．单击工具栏中的“连接”按钮。

6．在主菜单中选择调试，进入实验程序的编译、连接、目标文件的传送（直接点调试可将三个步骤一起完成，也可以逐项进行）；目标文件传送完后，在程序窗口内的首条指令前有一个蓝色光标出现。

7．运行实验程序。

八、实验结果

记录发光二极管 L1、L2 和继电器的状态变化。

九、思考题

使用定时器定时 1 秒，使 L1 和 L2 每隔 1 秒交替点亮。

十、扩展

使用 C51 编程完成此实验。

十一、实验体会

略。

10.4　设计性实验

实验一　P1 口实验

一、实验目的

掌握 MCS-51 单片机编译软件及仿真器的使用方法。掌握 P1 口的编程方法。

二、实验内容

按图 10.25 所示接线，编程实现 8 只发光二极管在 P1 口循环点亮。要求循环左移 8 次，再循环右移 8 次，如此不断循环。

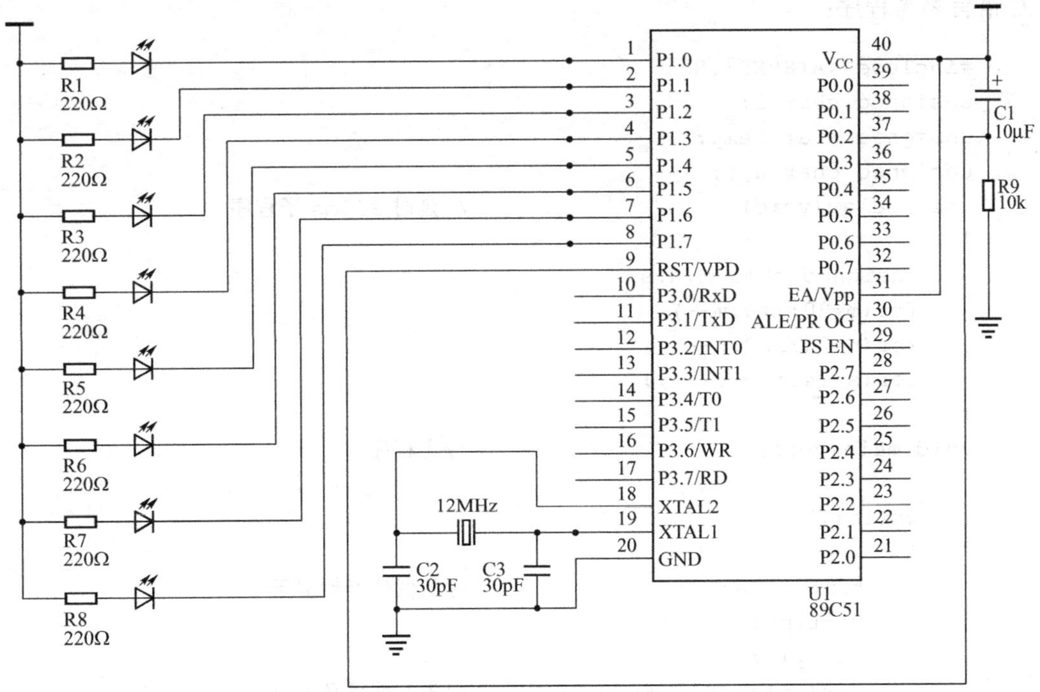

图 10.25　P1 口实验原理图

三、实验参考程序

汇编参考程序：

```
        ORG     0000H           ;程序存放起始地址为 ROM 的 0000H
START:  MOV     R2,#8           ;左移循环次数 8 送 R2 寄存
        MOV     A,#0FEH         ;从 P1.0 开始点亮 LED
```

```
LOOP:   MOV     P1,A            ;送显示码到 P1 口
        LCALL   DELAY           ;调用延时子程序
        RL      A               ;循环左移
        DJNZ    R2,LOOP         ;左移循环是否结束判断
        MOV     R2,#8           ;右移循环次数 8
LOOP1:  MOV     P1,A            ;显示码 FE 送 P1 口
        LCALL   DELAY           ;调用延时子程序
        RR      A               ;右移循环
        DJNZ    R2,LOOP1        ;右移循环是否结束判断
        AJMP    START           ;左移、右移循环各一次结束,重新循环
DELAY:  MOV     R5,#20          ;延时 200ms 子程序
D1:     MOV     R6,#20
D2:     MOV     R7,#248
        DJNZ    R7,$
        DJNZ    R6,D2
        DJNZ    R5,D1
        RET
        END                     ;程序结束
```

C 语言参考程序：

```
#include <AT89X51.H>
unsigned char i;
unsigned char temp;
unsigned char a,b;
void delay(void)                        //延时 200ms 子程序
{
    unsigned char m,n,s;
    for(m=20;m>0;m--)
    for(n=20;n>0;n--)
    for(s=248;s>0;s--);
}
void main(void)                         //主程序
{
    while(1)
    {
        temp=0xfe;                      //从低位开始显示
        P1=temp;
        delay();
        for(i=1;i<8;i++)                //先左移循环 8 次
        {
            a=temp<<i;
            b=temp>>(8-i);
            P1=a|b;
            delay();
        }
        for(i=1;i<8;i++)                //右移循环 8 次
```

```
            {
                a=temp>>i;
                b=temp<<(8-i);
                P1=a|b;
                delay();
            }
        }
    }
```

四、思考题

参考C语言程序中的移位操作是怎样完成的，它和汇编程序中的移位操作比较哪个更简洁？

实验二　独立式按键实验

一、实验目的

了解单片机独立式按键的工作原理及编程方法。

二、实验内容

如图 10.26 所示，在单片机的 P1.0 至 P1.3 口线接 4 个 LED，P3.7 口线接一个按键。编程实现每按一次按键，数值加 1，4 个 LED 显示对应的二进制数。

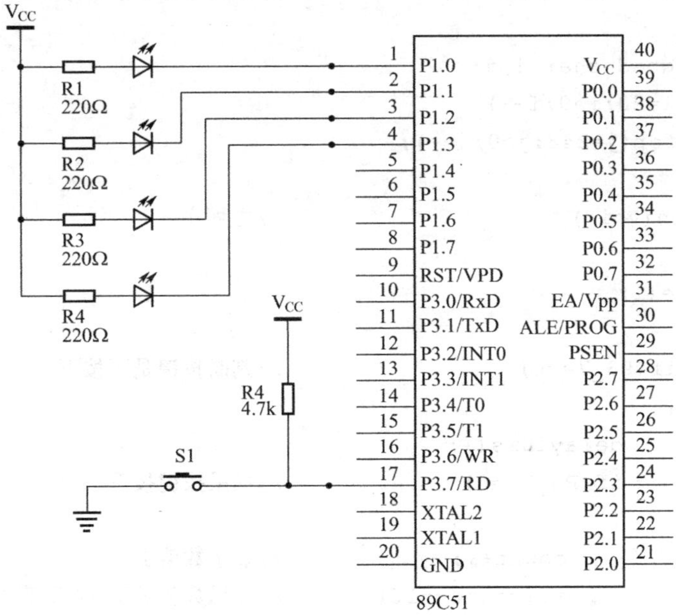

图 10.26　独立式按键实验原理图

三、实验参考程序

汇编参考程序：

```
        ORG     0000H           ;程序存放起始地址为 ROM 的 0000H
START:  MOV     R1,#00H         ;初始化 R1 为 0,表示从 0 开始计数
        MOV     A,R1            ;R1 内容送到 A
        CPL     A               ;取反指令
        MOV     P1,A            ;送出 P1 端口由发光二极管显示
```

```
REL:      JNB      P3.7,REL              ;判断 SP1 是否按下
          LCALL    DELAY10MS             ;若按下,则延时 10ms 左右
          JNB      P3.7,REL              ;再判断 SP1 是否按下
          INC      R1                    ;若按下,则进行按键处理，使
          MOV      A,R1                  ;计数内容加 1,并送出 P1 端口由
          CPL      A                     ;发光二极管显示
          MOV      P1,A                  ;A 的内容送到 P1
          JNB      P3.7,$                ;等待 SP1 释放
          SJMP     REL                   ;继续对 K1 按键扫描
DELAY10MS:MOV      R6,#20                ;延时 10ms 子程序
L1:       MOV      R7,#248
          DJNZ     R7,$
          DJNZ     R6,L1
          RET
          END
```

C 语言参考程序：

```
#include <AT89X51.H>
unsigned char count;
void delay10ms(void)                     //延时 10ms 子程序
{
    unsigned char i,j;
    for(i=20;i>0;i--)
        for(j=248;j>0;j--);
}
void main(void)                          //主程序
{
    while(1)
    {
        if(P3_7==0)                      //判断按键是否按下
        {
            delay10ms();
            if(P3_7==0)                  //如果按键按下
            {
                count++;                 //显示数值加 1
                if(count==16)            //显示数值等于 16 则清零
                {
                    count=0;
                }
                P1=~count;               //显示数值取反后送 P1 口
                while(P3_7==0);          //等待按键释放
            }
        }
    }
}
```

四、思考题

参考汇编程序与 C 语言程序在处理按键释放时各使用了什么语句？

实验三　7 段 LED 数码管实验

一、实验目的

掌握 7 段 LED 数码管动态显示的程序编写技术。

二、实验内容

如图 10.27 所示，P0 口接 LED 显示器的字型码输入端，P2 口接位选端，P1.7 接一个按键。编程实现当按键按下时，显示“12345”，松开时显示“HELLO”。

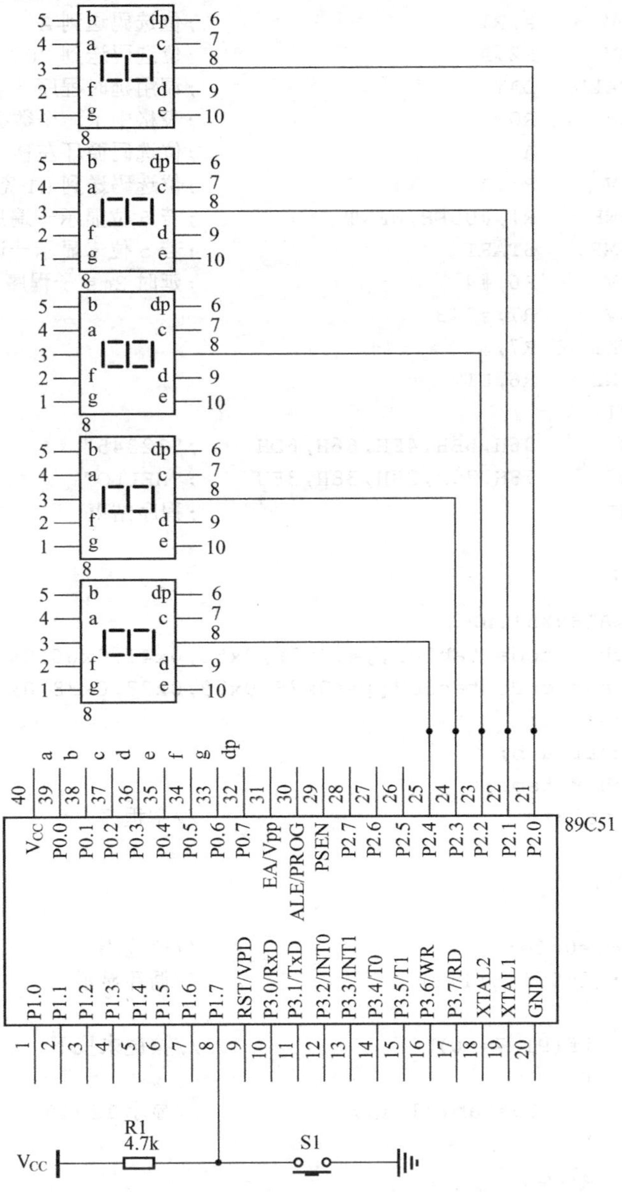

图 10.27　7 段 LED 数码管实验原理图

三、实验参考程序

汇编参考程序：

```
        ORG     0000H
START:  JB      P1.7,DIR1                  ;若按键未按下则跳转到 DIR1
        MOV     DPTR,#TABLE1               ;"12345"表格首地址送数据指针
        SJMP    DIR                        ;跳转到 DIR 处
DIR1:   MOV     DPTR,#TABLE2               ;"HELLO"表格首地址送数据指针
DIR:    MOV     R0,#00H                    ;清零 R0
        MOV     R1,#0FEH                   ;位选码,从右向左显示
NEXT:   MOV     A,R0                       ;表格中第一个数据的偏移地址 0 送到 A
        MOVC    A,@A+DPTR                  ;查表
        MOV     P0,A                       ;查表得到的数据送到 A
        MOV     A,R1                       ;位选码送到 A
        MOV     P2,A                       ;位选码送到 P0
        LCALL   DAY                        ;调用延时程序
        INC     R0                         ;表格中下一个数据的偏移地址
        RL      A                          ;位选码循环左移一次
        MOV     R1,A                       ;位选码送到 R1 寄存
        CJNE    R1,#0DFH,NEXT              ;若 5 位显示一遍后跳转到 NEXT
        SJMP    START                      ;若 5 位未显示一遍则跳转到 START
DAY:    MOV     R6,#4                      ;延时 2ms 子程序
D1:     MOV     R7,#248
        DJNZ    R7,$
        DJNZ    R6,D1
        RET
TABLE1: DB      06H,5BH,4FH,66H,6DH        ;"12345"
TABLE2: DB      78H,79H,38H,38H,3FH        ;"HELLO"
        END                                ;程序结束
```

C 语言参考程序：

```
#include <AT89X51.H>
unsigned char code table1[]={0x06,0x5b,0x4f,0x66,0x6d};//数组 12345
unsigned char code table2[]={0x78,0x79,0x38,0x38,0x3f};//数组 HELLO
unsigned char i;
unsigned char a,b;
unsigned char temp;
void main(void)                         //主程序
{
    while(1)
    {
        temp=0xfe;                      //位选码
        for(i=0;i<5;i++)                //循环显示
        {
            if(P1_7==0)                 //按键未按下
            {
                P0=table1[i];           //显示 12345
            }
            else
            {
                P0=table2[i];           //按键按下显示 HELLO
```

```
            }
            P2=temp;                        //由此开始 4 条指令用来位选码移位
            a=temp<<(i+1);
            b=temp>>(7-i);
            temp=a|b;
            for(a=4;a>0;a--);               //延时
            for(b=248;b>0;b--);
        }
    }
}
```

四、思考题

LED 数码管的亮度和程序中的延时时间有什么关系？

实验四　8051 内部定时器实验

一、实验目的

掌握 MCS51 单片机内部定时器的工作原理、掌握 MCS51 单片机的中断系统工作原理、掌握 MCS51 单片机中断程序的结构。

二、实验内容

如图 10.28 所示，P1.0～P1.3 接 4 个 LED。用 MCS-51 的定时/计数器 T0 产生 2s 钟的定时，每当 2s 定时到来时，更换指示灯闪烁，每个指示闪烁的频率为 5Hz。也就是说，开始 L1 指示灯以 5Hz 的频率闪烁，当 2s 定时到来之后，L2 开始以 5Hz 的频率闪烁，如此不断循环。

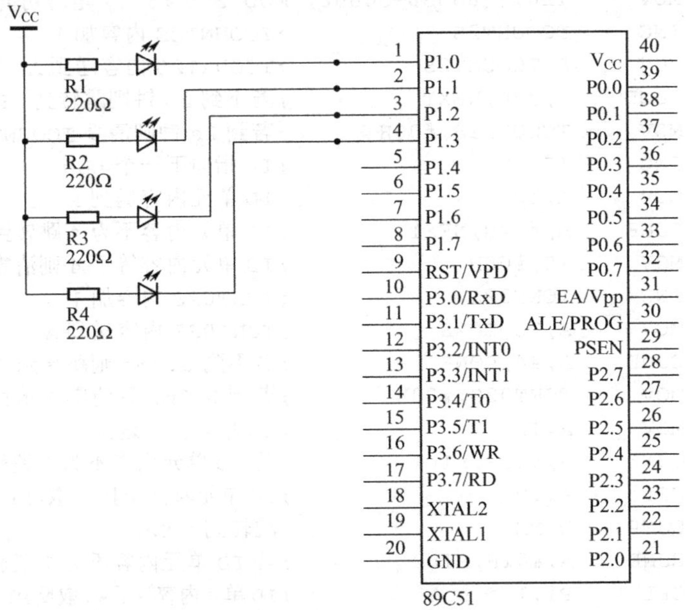

图 10.28　8051 内部定时器实验原理图

三、实验原理与说明

定时 2s，采用 16 位定时器方式定时 50ms，循环 40 次即可达到 2s。定时采用中断方式，每 50ms 产生一次中断，2s 定时到来的判断在中断子程序中完成。5Hz 的闪烁频率即每秒钟闪烁 5 次，每次用时 0.2s，该 0.2s 的定时，需要 50ms 的定时循环 4 次。5Hz 的闪烁频率也由定时/计数器 T0 来完成。对于中断子程序，在主程序中要对中断开放中断。由于每次 2s 定时到时，L1 到 L4 要交替闪烁，采用 ID 号来识别。当 ID=0 时，L1 在闪烁；当 ID=1 时，L2 在闪烁；当 ID=2 时，L3 在闪烁；当 ID=3 时，L4 在闪烁。

四、实验参考程序

汇编参考程序：

```
          TCOUNT2S EQU 30H                   ;2s 循环次数存放单元 TCOUNT2S 赋值 30H
          TCNT02S EQU 31H                    ;0.2s 循环次数存放单元 TCNT02S 赋值 31H
          ID EQU  32H                        ;当前显示 LED 的 ID 赋值 32H
          ORG     0000H                      ;指令存放首地址为 ROM 的 0000H 单元
          LJMP    START                      ;跳转到 START
          ORG     000BH                      ;定时器 T0 中断入口地址
          LJMP    INT_T0                     ;跳转到 INT_T0 子程序
START:    MOV     TCOUNT2S,#00H              ;清零 TCOUNT2S
          MOV     TCNT02S,#00H                         ;清零 TCNT02S
          MOV     ID,#00H                              ;清零 ID
          MOV     TMOD,#01H                            ;选择 T0 定时器工作方式 1
          MOV     TH0,#(65536-50000)/256               ;50ms 定时初值高 8 位送到 TH0
          MOV     TL0,#(65536-50000)MOD 256            ;50ms 定时初值低 8 位送到 TL0
          SETB    TR0                                  ;启动 T0
          SETB    ET0                                  ;开放 T0 中断
          SETB    EA                                   ;开放总中断允许
          SJMP    $                                    ;原地等待
INT_T0:   MOV     TH0,#(65536-50000)/ 256              ;T0 中断子程序
          MOV     TL0,#(65536-50000) MOD 256           ;50ms 定时初值重装
          INC     TCOUNT2S                   ;TCOUNT2S 内容加 1
          MOV     A,TCOUNT2S                 ;TCOUNT2S 内容送到 A
          CJNE    A,#40,NEXT                 ;若不到 2s 钟则跳转到 NEXT
          MOV     TCOUNT2S,#00H              ;若到 2s 钟则清零 TCOUNT2S
          INC     ID                         ;ID 指向下一个 LED
          MOV     A,ID                       ;ID 单元内容送到 A
          CJNE    A,#04H,NEXT                ;ID 单元内容不为 4 跳转到 NEXT
          MOV     ID,#00H                    ;ID 单元内容等于 4 则清零 ID 单元
NEXT:     INC     TCNT02S                    ;TCNT02S 内容加 1
          MOV     A,TCNT02S                  ;TCNT02S 内容送到 A
          CJNE    A,#4,DONE                  ;若不到 0.2ms 则跳转到 DONE
          MOV     TCNT02S,#00H               ;若到 0.2ms 则清零 TCNT02S
          MOV     A,ID                       ;ID 单元内容送到 A
          CJNE    A,#00H,SID1                ;若 ID 单元内容不为 0 跳转到 SID1
          CPL     P1.0                       ;ID 单元内容等于 0,取反 P1.0 显示第一个 LED
          SJMP    DONE                       ;跳转到 DONE
SID1:     CJNE    A,#01H,SID2                ;若 ID 单元内容不为 1 跳转到 SID2
          CPL     P1.1                       ;ID 单元内容等于 1,取反 P1.1 显示第二个 LED
          SJMP    DONE                       ;跳转到 DONE
SID2:     CJNE    A,#02H,SID3                ;若 ID 单元内容不为 2 跳转到 SID3
          CPL     P1.2                       ;ID 单元内容等于不为 2,显示第三个 LED
          SJMP    DONE                       ;跳转到 DONE
SID3:     CJNE    A,#03H,DONE                ;若 ID 单元内容不为 3 跳转到 DONE
```

```
        CPL     P1.3                    ;若 ID 单元内容等于 3,显示第四个 LED
DONE:   RETI                            ;中断子程序返回
        END                             ;程序结束
```

C 语言参考程序:

```
#include <AT89X51.H>
unsigned char tcount2s;                 //2s 钟计数器
unsigned char tcount02s;                //0.2ms 计数器
unsigned char ID;                       //LED 的 ID 号
void main(void)                         //主程序
{
    TMOD=0x01;                          //设置 T0 定时器工作方式 1
    TH0=(65536-50000)/256;              //计算 50ms 定时初值
    TL0=(65536-50000)%256;
    TR0=1;
    ET0=1;
    EA=1;
    while(1);
}
void t0(void) interrupt 1 using 0  //T0 中断子程序
{
    tcount2s++;
    if(tcount2s==40)                    //2s 钟到则清零计数器
    {
        tcount2s=0;
        ID++;                           //LED 的 ID 号加 1
        if(ID==4)                       //如果显示一遍则从头显示
        {
            ID=0;
        }
    }
    tcount02s++;
    if(tcount02s==4)                    //0.2ms 到清零计数器
    {
        tcount02s=0;
        switch(ID)                      //显示对应 ID 号的 LED
        {
        case 0:
            P1_0=~P1_0;                 //明暗闪烁
            break;
        case 1:
            P1_1=~P1_1;
            break;
        case 2:
            P1_2=~P1_2;
            break;
        case 3:
            P1_3=~P1_3;
            break;
        }
```

```
        }
    }
```

五、思考题

参考汇编程序中的当前 LED 显示是如何判断的，采用了什么方法，再设计一种方法，并比较二者的优缺点。

实验五 4×4 矩阵式键盘实验

一、实验目的

掌握矩阵式键盘的工作原理及编程方法。

二、实验内容

如图 10.29 所示，P3 口接 4×4 矩阵式键盘的行线和列线，P0 口接 7 段 LED 显示器的字型码输入端。编程实现每按下一个按键，在 LED 数码管上显示每个按键的序号。对应按键的序号排列如下图所示。

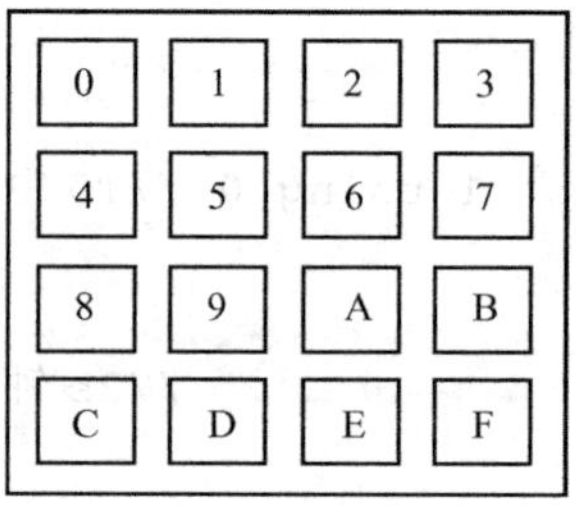

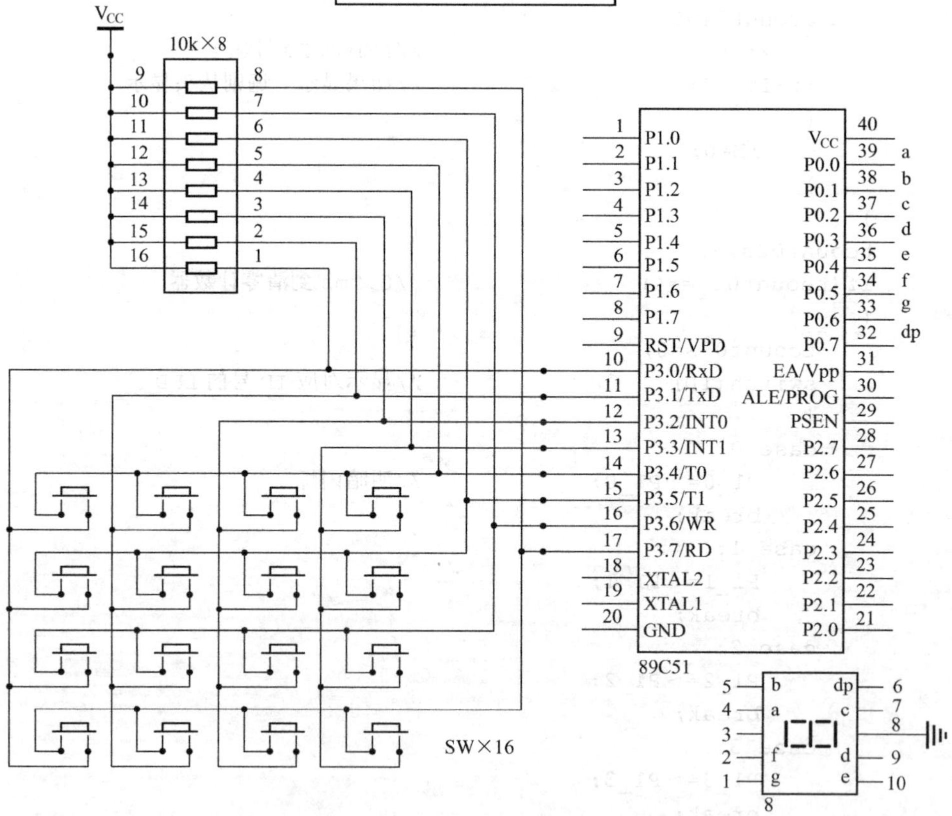

图 10.29 4×4 矩阵式键盘实验原理图

三、实验参考程序

汇编参考程序：

```
         KEYBUF  EQU 30H            ;键值存放单元
         ORG     0000H              ;程序存储起始地址
START:   MOV     KEYBUF,#2          ;键值存放单元赋初值
WAIT:                               ;从第 0 行开始扫描
         MOV     P3,#0FFH           ;P3 口送 FFH
         CLR     P3.4               ;从第 0 行开始扫描
         MOV     A,P3               ;读 P3 口值
         ANL     A,#0FH             ;清零高 4 位
         XRL     A,#0FH             ;取反低 4 位
         JZ      NOKEY1             ;第 0 行无按键按下跳转到 NOKEY1
         LCALL   DELY10MS           ;有按键按下延时 10ms 去抖动
         MOV     A,P3               ;读 P3 口值
         ANL     A,#0FH             ;清零高 4 位
         XRL     A,#0FH             ;取反低 4 位
         JZ      NOKEY1             ;第 0 行无按键按下扫描第 1 行
         MOV     A,P3               ;有按键按下则由此开始计算键值
         ANL     A,#0FH             ;P3 口值高 4 位清零
         CJNE    A,#0EH,NK1         ;不是第 0 列跳转到 NK1
         MOV     KEYBUF,#0          ;是第 0 列将键值 0 送到 KEYBUF
         LJMP    DK1                ;跳转到 DK1 处
NK1:     CJNE    A,#0DH,NK2         ;不是第 1 行跳转到 NK2
         MOV     KEYBUF,#1          ;是第 1 行将 1 送到 KEYBUF
         LJMP    DK1                ;跳转到 DK1
NK2:     CJNE    A,#0BH,NK3         ;不是第 2 行跳转到 NK3
         MOV     KEYBUF,#2          ;是第 2 行将 2 送到 KEYBUF
         LJMP    DK1                ;跳转到 DK1
NK3:     CJNE    A,#07H,NK4         ;不是第 3 行跳转到 NK4
         MOV     KEYBUF,#3          ;是第 3 行将 3 送到 KEYBUF
         LJMP    DK1                ;跳转到 DK1
NK4:     NOP                        ;空指令
DK1:                                ;标号 DK1
         MOV     A,KEYBUF           ;将 KEYBUF 的值送到 A
         MOV     DPTR,#TABLE        ;表格首地址送到数据指针
         MOVC    A,@A+DPTR          ;查表得按键对应的字型码
         MOV     P0,A               ;字型码送 P0 口显示
DK1A:    MOV     A,P3               ;P3 口数据送 A
         ANL     A,#0FH             ;A 高 4 位清零取反
         XRL     A,#0FH             ;A 低 4 位取反
         JNZ     DK1A               ;等待按键释放

NOKEY1:                             ;由此开始扫描第 1 行
         MOV     P3,#0FFH           ;P3 口送 FFH
         CLR     P3.5               ;扫描第 1 行
         MOV     A,P3               ;读 P3 口数据
```

```
        ANL     A,#0FH                  ;清零高 4 位
        XRL     A,#0FH                  ;取反低 4 位
        JZ      NOKEY2                  ;本行无按键按下则扫描下一行
        LCALL   DELY10MS                ;延时 10ms
        MOV     A,P3                    ;读 P3 口数据
        ANL     A,#0FH                  ;清零高 4 位
        XRL     A,#0FH                  ;取反低 4 位
        JZ      NOKEY2                  ;本行无按键按下则扫描下一行
        MOV     A,P3                    ;本行有按键按下由此开始计算键值
        ANL     A,#0FH                  ;P3 口数据高 4 位清零
        CJNE    A,#0EH,NK5              ;不是第 0 列跳转到 NK5
        MOV     KEYBUF,#4               ;是第 0 列将键值送 KEYBUF
        LJMP    DK2                     ;跳转到 DK2
NK5:    CJNE    A,#0DH,NK6              ;不是第 1 列跳转到 NK6
        MOV     KEYBUF,#5               ;是第 1 列将键值送 KEYBUF
        LJMP    DK2                     ;跳转到 DK2
NK6:    CJNE    A,#0BH,NK7              ;不是第 2 列跳转到 NK7
        MOV     KEYBUF,#6               ;是第 2 列将键值送 KEYBUF
        LJMP    DK2                     ;跳转到 DK2
NK7:    CJNE    A,#07H,NK8              ;不是第 3 列跳转到 NK8
        MOV     KEYBUF,#7               ;是第 3 列将键值送 KEYBUF
        LJMP    DK2                     ;跳转到 DK2
NK8:    NOP                             ;空指令
DK2:                                    ;由此开始查表得键值对应的字型码
        MOV     A,KEYBUF                ;键值送 A
        MOV     DPTR,#TABLE             ;字型码表格首地址送数据指针
        MOVC    A,@A+DPTR               ;查表
        MOV     P0,A                    ;字型码送 P0 口
DK2A:   MOV     A,P3                    ;由此开始等待按键释放
        ANL     A,#0FH                  ;清零 A 高 4 位
        XRL     A,#0FH                  ;将 A 低 4 位取反
        JNZ     DK2A                    ;等待按键释放

NOKEY2:                                 ;第 2 行扫描开始
        MOV     P3,#0FFH                ;P3 口送 FFH
        CLR     P3.6                    ;从第 3 行扫描
        MOV     A,P3                    ;读 P3 口数据
        ANL     A,#0FH                  ;清零高 4 位
        XRL     A,#0FH                  ;取反低 4 位
        JZ      NOKEY3                  ;若第 2 行没有按键按下跳到 NOKEY3
        LCALL   DELY10MS                ;有按键按下延时 10ms
        MOV     A,P3                    ;读 P3 口数据
        ANL     A,#0FH                  ;清零高 4 位
        XRL     A,#0FH                  ;取反低 4 位
        JZ      NOKEY3                  ;若第 2 行没有按键按下跳到 NOKEY3
        MOV     A,P3                    ;读 P3 口数据
```

```
        ANL     A,#0FH              ;清零高4位
        CJNE    A,#0EH,NK9          ;不是第0列按键跳转到NK9
        MOV     KEYBUF,#8           ;是第1列按键则得到键值
        LJMP    DK3                 ;跳转到DK3
NK9:    CJNE    A,#0DH,NK10         ;不是第1列按键跳转到NK10
        MOV     KEYBUF,#9           ;是第1列按键则得到键值
        LJMP    DK3                 ;跳转到DK3
NK10:   CJNE    A,#0BH,NK11         ;不是第2列按键跳转到NK11
        MOV     KEYBUF,#10          ;是则得到键值
        LJMP    DK3                 ;跳转到DK3
NK11:   CJNE    A,#07H,NK12         ;不是第3列按键跳转到NK11
        MOV     KEYBUF,#11          ;是则得到键值
        LJMP    DK3                 ;跳转到DK3
NK12:   NOP                         ;空指令
DK3:                                ;由此开始查表得到按键字型码
        MOV     A,KEYBUF            ;键值送A
        MOV     DPTR,#TABLE         ;表格首地址送数据指针
        MOVC    A,@A+DPTR           ;查表
        MOV     P0,A                ;字型码送P0口
DK3A:   MOV     A,P3                ;由此开始等待按键释放
        ANL     A,#0FH              ;清零A高4位
        XRL     A,#0FH              ;取反A低4位
        JNZ     DK3A                ;等待按键释放
NOKEY3:                             ;由此开始第3行按键扫描
        MOV     P3,#0FFH            ;FF送P3口
        CLR     P3.7                ;扫描第3行
        MOV     A,P3                ;P3数据送A
        ANL     A,#0FH              ;清零高4位
        XRL     A,#0FH              ;取反低4位
        JZ      NOKEY4              ;若此行无按键按下跳转到NOKEY4
        LCALL   DELY10MS            ;若有按键按下则延时10ms去抖动
        MOV     A,P3                ;读P3口数据
        ANL     A,#0FH              ;清零高4位
        XRL     A,#0FH              ;取反低4位
        JZ      NOKEY4              ;若此行无按键按下跳转到NOKEY4
        MOV     A,P3                ;读P3口数据
        ANL     A,#0FH              ;清零高4位
        CJNE    A,#0EH,NK13         ;不是第0列按键跳转到NK13
        MOV     KEYBUF,#12          ;是第0列则得到键值
        LJMP    DK4                 ;跳转到NK4
NK13:   CJNE    A,#0DH,NK14         ;不是第1列按键跳转到NK14
        MOV     KEYBUF,#13          ;是第1列按键则得到键值
        LJMP    DK4                 ;跳转到NK4
NK14:   CJNE    A,#0BH,NK15         ;不是第2列按键跳转到NK15
        MOV     KEYBUF,#14          ;是第2列按键则得到键值
        LJMP    DK4                 ;跳转到NK4
```

```
NK15:   CJNE    A,#07H,NK16                 ;不是第 3 列按键跳转到 NK16
        MOV     KEYBUF,#15                  ;是第 3 列按键则得到键值
        LJMP    DK4                         ;跳转到 DK4
NK16:   NOP                                 ;空指令
DK4:                                        ;由此开始查表得到键值对应的字型码
        MOV     A,KEYBUF                    ;键值送 A
        MOV     DPTR,#TABLE                 ;表格首地址送数据指针
        MOVC    A,@A+DPTR                   ;查表
        MOV     P0,A                        ;字型码送 P0 口
DK4A:   MOV     A,P3                        ;由此开始等待按键释放
        ANL     A,#0FH                      ;高 4 位清零
        XRL     A,#0FH                      ;低 4 位取反
        JNZ     DK4A                        ;未释放则继续等待
NOKEY4:                                     ;扫描结束
        LJMP    WAIT                        ;重新扫描
DELY10MS: MOV   R6,#10                      ;延时 10ms 子程序

D1:     MOV     R7,#248
        DJNZ    R7,$
        DJNZ    R6,D1
        RET
TABLE:  DB 3FH,06H,5BH,4FH,66H,6DH,7DH,07H  ;共阴极 LED 数码管"0～F"字型码列表
        DB 7FH,6FH,77H,7CH,39H,5EH,79H,71H
        END                                 ;程序结束
```

四、思考题

参考程序中 4 行按键的扫描各写出的一段代码，试写出一个通用子程序完成按键的行扫描以缩减代码数量。

10.5 课程设计

10.5.1 设计目的

通过综合运用单片机原理及接口技术的知识，对所学的内容做比较系统的设计，提高学生综合运用本课程和先修专业课程的能力，以及分析问题和解决问题的能力。

进一步巩固所学的课堂教学理论基础，通过硬件的设计及软件的编程，提高学生的实验水平，加强学生实践技能的培养，提高他们的应用能力。

培养学生树立正确的人生观，养成严谨、踏实的工作作风。

10.5.2 内容及时间安排

课程设计的题目参考 10.5.7，也可自选题目。学生可以结合自身特点与他人自由组合，3 人一组，选择一个题目进行设计。

课程结束后进行设计，根据情况可以安排 1～2 周时间。

用 1～2 天时间进行课题有关内容的讲解，电路的设计，硬件的准备以及调试、开发工具的介绍，理解课题要求，查阅相关资料；用 1～2 天时间完成课题方案的设计，绘制硬件原理图，编写主要软件流程图；用 2～5 天时间完成课题相应硬件的组装、焊接，软件编制、调试；最后 1～2 天时间进行总结（撰写设计报告）、验收、答辩、考核、评分。

10.5.3 基本要求

根据课题任务书及提供的实验条件，各组独立完成硬件的设计、软件的设计、编程及调试。设计结果达到课题技术要求，功能完善，运行稳定。

写出设计报告。要求条理清楚，重点突出，结构合理。对电路有详细的分析，所用芯片有详细的介绍，并附有完整电路图及带有注释说明的完整的软件源程序清单。

独立思考、共同协作、保质保量、按时完成。

课程设计期间按时作息，遵守纪律，爱护仪器、设备，保持良好、整洁的工作环境。

10.5.4 考核及评分标准

依据课程设计的作品、设计总结、实际工作表现及答辩情况按五分制评定成绩。

（1）设计报告（含电气原理图、软件清单、使用说明书）占 50%。

（2）元器件损耗、仪器设备的使用及遵守实验室管理条例情况占 10%。

（3）最后的演示验收及答辩占 40%。

（4）若不能按时完成，则根据拖延情况，扣除总分数 20%～40%。

10.5.5 设计报告内容及要求

设计报告的内容及要求如下。

（1）封面（设计题目、班级、指导教师姓名、设计者班级、姓名）。

（2）课程设计任务书。

（3）摘要。

（4）目录。

（5）课题简介，设计方案。

（6）硬件设计（电路结构组成及原理说明）。

（7）软件设计（各程序模块流程图，设计的有关算法，调试、实验方法及结果）。

（8）设计总结：收获、启发、心得体会及不足。

（9）参考文献，附录（程序清单等）。

课程设计报告采用统一的模板编排，上交打印稿，同时上交电子文档，文件格式为.doc或.pdf。

10.5.6 课程设计实例

1．设计题目

设计题目为：带闹钟功能的电子时钟。

2．设计任务和要求

使用 MCS-51 单片机作为控制器，6 个 7 段 LED 数码管作为显示器，按 24 小时制显示时间，用户可以设置时钟和闹钟时间。要求使用 Protel 画出电气原理图，画出程序流程图，设计出电子钟程序并在仿真器实现走时和闹钟功能，写出电子时钟详细功能及使用说明书。

3．参考电路及参考程序

如图 10.30 所示的参考电子时钟以一片 AT89C2051 单片机为控制单元，采用动态显示方式，显示数据的字型码从 P3 口输出，P1 口输出对应的 6 位位选信号。LED 数码管位驱动用 8850。发声元件采用 5V 小型蜂鸣器，驱动蜂鸣器采用 PNP 型三极管 8550。该电子时钟只用一个轻触式按键来完成所有的设置。根据实际情况可以调整 R8 的阻值来改变数码管亮度。参考电路如图所示，图中省略了复位电路。

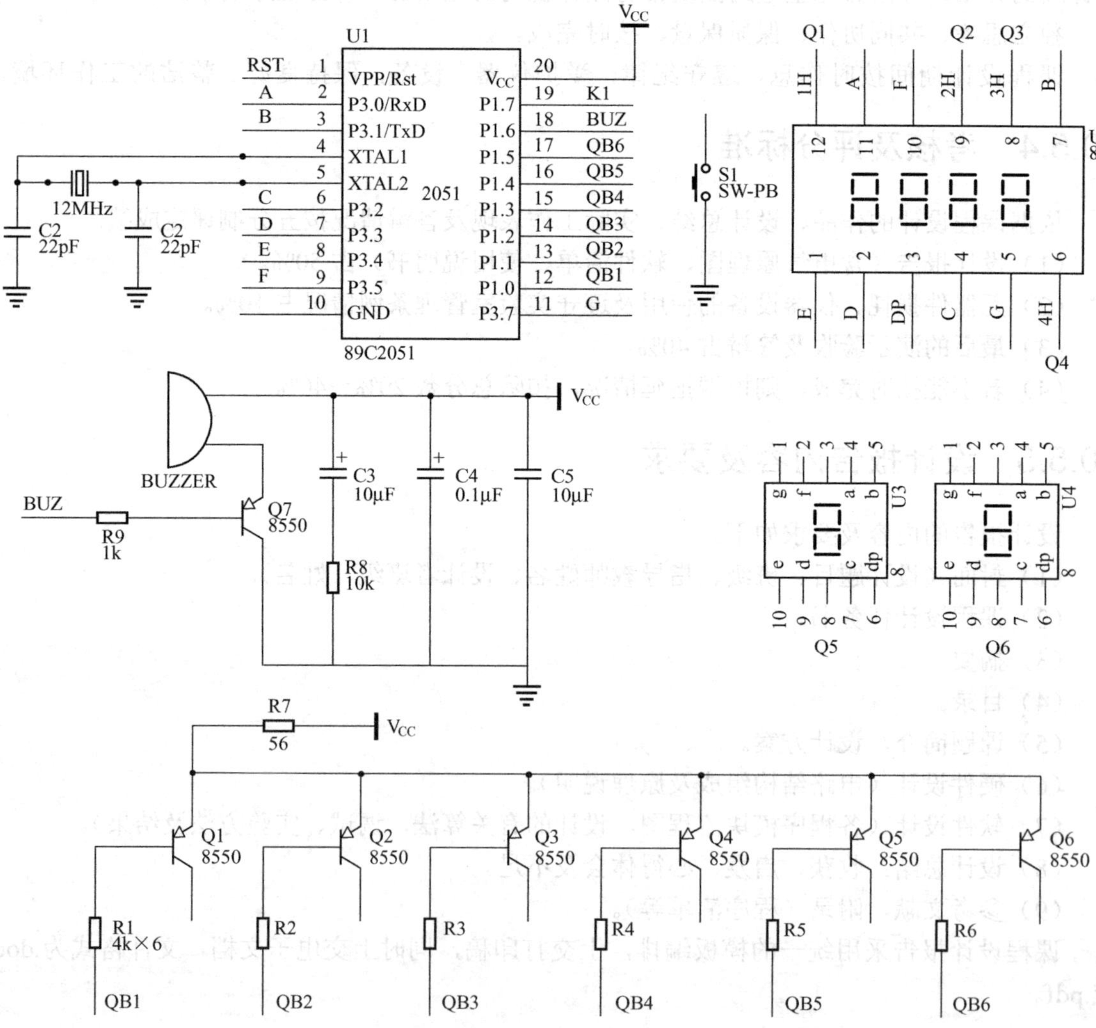

图 10.30　带闹钟功能的电子时钟原理图

汇编参考程序：

```
        ORG     0000H                   ;程序开始入口
        LJMP    START
        ORG     0003H                   ;外中断 0 中断程序入口
```

```
        RETI
        ORG     000BH         ;定时器 T0 中断程序入口
        LJMP    INTT0         ;跳至 INTT0 执行
        ORG     0013H         ;外中断 1 中断程序入口
        RETI
        ORG     001BH         ;定时器 T1 中断程序入口
        LJMP    INTT1
        ORG     0023H         ;串行中断程序入口地址
        RETI
;-----------------------------主程序------------------------------------
START:  MOV     R0,#70H       ;70 给 R0,清 70～7FH 显示内存
        MOV     R7,#0FH
CLEARDISP:MOV   @R0,#00H      ;0 给 R0 中的数为地址内存中存放(70H)
        INC     R0
        DJNZ    R7,CLEARDISP
        MOV     78H,#2        ;默认时间为 12:00,闹钟 5:00
        MOV     79H,#1
        MOV     74H,#2        ;防止上电时数码管显示 00 小时
        MOV     75H,#1
        MOV     66H,#1        ;中断退出时 66H 为 1 时,分、时计时单元数据移入显存标志
        MOV     68H,#1        ;上电默认闹钟开状态
        MOV     7DH,#6        ;闹钟时十位
        MOV     7CH,#3
        MOV     69H,#0
        MOV     7AH,#0AH      ;放入"熄灭符"数据
        MOV     TMOD,#11H     ;设 T0、T1 为 16 位定时器
        MOV     TL0,#0B0H     ;50ms 定时初值（T0 计时用）
        MOV     TH0,#3CH
        SETB    EA            ;总中断开放
        SETB    ET0           ;允许 T0 中断
        SETB    TR0           ;T0 定时器开始计时
        MOV     R4,#14H       ;1 秒定时用初值（50ms×20）
START1: LCALL   DISPLAY       ;显示子程序
        LCALL   BEEP          ;闹钟查询
        JNB     P1.7,SETTIME  ;P1.7 口为 0 时转时间调整程序
        JMP     START1        ;P1.7 口为 1 时跳回 START1
;---------------------------时间闹钟调整系统----------------------------
NFLAG:  MOV     A,68H         ;设置闹钟开关状态
        CJNE    A,#1,BEE68
        MOV     68H,#0
        JMP     E6
BEE68:  MOV     68H,#1
E6:     MOV     66H,#8        ;中断退出 66H 不为 1 时分、时计时单元数据移入显存标志
        MOV     72H,7BH
        MOV     73H,7CH
        MOV     74H,7DH
        MOV     75H,7EH
        LCALL   DDL
```

```
         LCALL    DDL
         MOV      72H,68H
         MOV      73H,69H
         MOV      74H,7AH
         MOV      75H,7AH
         LCALL    DDL
         LCALL    DDL
         MOV      66H,#1
         LJMP     START1
SETTIME:LCALL     DDL
         JB       P1.7,NFLAG
;按下时间小于 1s, 置闹钟开关状态并查看闹钟时间,不关走时,确保准确,大于 1s 调时
         MOV      TL1,#0B0H                 ;T1 闪烁定时初值
         MOV      TH1,#3CH
         MOV      R2,#06H                   ;进入调时状态,赋闪烁定时初值
         MOV      66H,#8                    ;调闹钟时保持走时,关闭时钟显示数据
         SETB     TR1                       ;开启定时器 T1
         SETB     ET1                       ;允许 T1 中断
SET1:    LCALL    DISPLAY                   ;调用显示,防止键按下无显示
         JNB      P1.7,SET1                 ;P1.7 口为 0 等待键释放
         MOV      R5,#00H                   ;清设置类型闪烁标志
SETN1:   INC      R5                        ;闹钟分调整
SET5:    LCALL    DISPLAY
         JB       P1.7,SET5
SEETN1: LCALL     DDL
;有键按下大于 1s 分时间连续加(0.5s 加 1),小于 1s 转调时状态
         JB       P1.7,SET6                 ;键释放查询,键释放自动转调时
         MOV      R0,#7CH
         LCALL    ADD1
         MOV      A,R3
         CLR      C
         CJNE     A,#60H,HHN1
HHN1:    JC       SEETN1
         LCALL    CLR0
         JMP      SEETN1
SET6:    INC      R5                        ;闹钟时调整
SEET6:   LCALL    DISPLAY
         JB       P1.7,SEET6
SEETNH1:LCALL     DDL
         JB       P1.7,SETF
         MOV      R0,#7EH
         LCALL    ADD1
         MOV      A,R3
         CLR      C
         CJNE     A,#24H,HOUU1
HOUU1:   JC       SEETNH1
         LCALL    CLR0
         JMP      SEETNH1
```

```
SETF:    LCALL    DISPLAY
         JB       P1.7,SETF
         LCALL    DDL
         JNB      P1.7,SETOUT               ;短按调时,长按退出
         CLR      ET0
         CLR      TR0
         MOV      70H,#00H                  ;设定后的时间从 00s 开始走时
         MOV      71H,#00H
         INC      R5
SET3:    LCALL    DISPLAY
         JB       P1.7,SET3
SETMM:   LCALL    DDL
         JB       P1.7,SET4
         MOV      R0,#77H
         LCALL    ADD1
         MOV      A,R3
         CLR      C
         CJNE     A,#60H,MMH
MMH:     JC       SETMM
         LCALL    CLR0
         AJMP     SETMM
SET4:    INC      R5
SEET4:   LCALL    DISPLAY
         JB       P1.7,SEET4
SETHH:   LCALL    DDL
         JB       P1.7,SETOUT1
         MOV      R0,#79H
         LCALL    ADD1
         MOV      A,R3
         CLR C
         CJNE     A,#24H,HOUU
HOUU:    JC       SETHH
         LCALL    CLR0
         AJMP     SETHH
SETOUT1:SETB      ET0
         SETB     TR0                       ;计时开始
SETOUT: MOV       R5,#00H                   ;清设置类型闪烁标志
         CLR      TR1                       ;关闭 T1
         CLR      ET1                       ;关 T1 中断
         MOV      66H,#1
SETOUT2:LCALL     DISPLAY
         JNB      P1.7,SETOUT2
         LJMP     START1
;------------------------------延时 1s------------------------------
DDL:     MOV      18H,#36
DDL0:    MOV      17H,#239
DDL1:    LCALL    DISPLAY
         DJNZ     17H,DDL1
```

```
        DJNZ    18H,DDL0
        RET
;-----------------------------T0 中断程序-----------------------------
INTT0:  PUSH    ACC                 ;打包
        PUSH    PSW
        CLR     ET0
        CLR     TR0
        MOV     A,#0B7H
        ADD     A,TL0
        MOV     TL0,A
        MOV     A,#3CH
        ADDC    A,TH0
        MOV     TH0,A
        SETB    TR0
        DJNZ    R4,OUTT0            ;20 次中断未到中断退出
ADDSS:  MOV     R4,#14H             ;20 次中断到（1s）重赋初值
        MOV     R0,#71H             ;指向秒计时单元（70～71H）
        ACALL   ADD1                ;调用加 1 程序（加 1s 操作）
        MOV     A,R3                ;秒数据放入 A（R3 为 2 位十进制数组合）
        CLR     C                   ;清进位标志
        CJNE    A,#60H,ADDMM
ADDMM:  JC      OUTT01              ;小于 60s 退出
        ACALL   CLR0                ;等于或大于 60s 清零
        MOV     R0,#77H             ;指向分计时单元（76H～77H）
        ACALL   ADD1
        MOV     A,R3
        CLR     C
        CJNE    A,#60H,ADDHH
ADDHH:  JC      OUTT0
        ACALL   CLR0
        MOV     R0,#79H             ;指向小时计时单元（78H～79H）
        ACALL   ADD1
        MOV     A,R3
        CLR     C
        CJNE    A,#24H,HOUR
HOUR:   JC      OUTT0
        ACALL   CLR0
OUTT0:  MOV     A,66H               ;查询标志
        CJNE    A,#1,OUTT01
        MOV     72H,76H    ;中断退出时将分、时计时单元数据移入对应显示单元
        MOV     73H,77H
        MOV     74H,78H
        MOV     75H,79H
OUTT01: POP     PSW                 ;出栈
        POP     ACC
        SETB    ET0                 ;开放 T0
        RETI                        ;中断返回
;------------------------------加 1 程序------------------------------
```

```
ADD1:   MOV     A,@R0               ;取当前计时单元数据到 A
        DEC     R0                  ;指向前一地址
        SWAP    A                   ;A 中数据高 4 位与低 4 位交换
        ORL     A,@R0               ;前一地址中数据放入 A 中低 4 位
        ADD     A,#01H              ;A 加 1 操作
        DA      A                   ;十进制调整
        MOV     R3,A                ;移入 R3 寄存器
        ANL     A,#0FH              ;高 4 位变 0
        MOV     @R0,A               ;放回前一地址单元
        MOV     A,R3                ;取回 R3 中暂存数据
        INC     R0                  ;指向当前地址单元
        SWAP    A                   ;A 中数据高 4 位与低 4 位交换
        ANL     A,#0FH              ;高 4 位变 0
        MOV     @R0,A               ;数据放入当前地址单元中
        RET
CLR0:   CLR     C
        CLR     A                   ;清累加器
        MOV     @R0,A               ;清当前地址单元
        DEC     R0                  ;指向前一地址
        MOV     @R0,A               ;前一地址单元清零
        RET                         ;子程序返回
; ---------------------------调时闪烁程序----------------------------
INTT1:  PUSH    ACC
        PUSH    PSW
        MOV     TL1,#0B0H
        MOV     TH1,#3CH
        DJNZ    R2,INTT1OUT         ;0.3s 未到退出中断（50MS 中断 6 次）
        MOV     R2,#06H             ;重装 0.3s 定时用初值
        CPL     02H                 ;0.3s 定时到对闪烁标志取反
        JB      02H,FLASH1          ;02H 位为 1 时显示单元"熄灭"
        MOV     A,R5
        CJNE    A,#01H,NL
        JMP     NNN1
NL:     CJNE    A,#02H,NL1
        LJMP    NNN1
NL1:    CJNE    A,#03H,NL2
        LJMP    NLL
NL2:    CJNE    A,#04H,INTT1OUT
        LJMP    NLL
NLL:    MOV     72H,76H
        MOV     73H,77H
        MOV     74H,78H
        MOV     75H,79H
        AJMP    INTT1OUT
NNN1:   MOV     72H,7BH
        MOV     73H,7CH
        MOV     74H,7DH
        MOV     75H,7EH
```

```
INTT1OUT:POP    PSW                     ;恢复现场
         POP    ACC
         RETI                           ;中断退出
FLASH1:  MOV    A,R5
         CJNE   A,#01H,ML
         LJMP   MNN1
ML:      CJNE   A,#02H,ML1
         LJMP   MNN2
ML1:     CJNE   A,#03H,MN
         LJMP   MLL
MN:      CJNE   A,#04H,INTT1OUT
         LJMP   MHL
MLL:     MOV    72H,7AH
         MOV    73H,7AH                 ;显示单元（72～73H),将不显示分数据
         MOV    74H,78H
         MOV    75H,79H
         AJMP   INTT1OUT
MHL:     MOV    72H,76H
         MOV    73H,77H
         MOV    74H,7AH                 ;显示单元（74～75H),小时数据将不显示
         MOV    75H,7AH
         AJMP   INTT1OUT
MNN1:    MOV    72H,7AH
         MOV    73H,7AH                 ;显示单元（72～73H),将不显示闹钟分数据
         MOV    74H,7DH
         MOV    75H,7EH
         AJMP   INTT1OUT
MNN2:    MOV    72H,7BH
         MOV    73H,7CH
         MOV    74H,7AH
         MOV    75H,7AH                 ;显示单元(74～75H),闹钟小时数据将不显示
         AJMP   INTT1OUT
; --------------------------------显示------------------------------
DISPLAY:MOV     DPTR,#DISDATA
         MOV    A,70H
         MOVC   A,@A+DPTR
         MOV    P3,A
         CLR    P1.0
         NOP
         NOP
         NOP
         SETB   P1.0
         MOV    A,71H
         MOVC   A,@A+DPTR
         MOV    P3,A
         CLR    P1.1
         NOP
         NOP
         NOP
         SETB   P1.1
```

```
        MOV     A,72H
        MOVC    A,@A+DPTR
        MOV     P3,A
        CLR     P1.2
        NOP
        NOP
        NOP
        SETB    P1.2
        MOV     A,73H
        MOVC    A,@A+DPTR
        MOV     P3,A
        CLR     P1.3
        NOP
        NOP
        NOP
        SETB    P1.3
        MOV     A,74H
        MOVC    A,@A+DPTR
        MOV     P3,A
        CLR     P1.4
        NOP
        NOP
        SETB    P1.4
        MOV     A,75H
        MOVC    A,@A+DPTR
        MOV     P3,A
        CLR     P1.5
        NOP
        NOP
        SETB    P1.5
        RET
BEEP:   MOV     A,68H                   ;查询标志
        CJNE    A,#1,BEERE
        MOV     A,78H                   ;查询闹钟时个位
        CJNE    A,7DH,BEERE
        MOV     A,79H                   ;查询闹钟时十位
        CJNE    A,7EH,BEERE
        MOV     A,76H                   ;查询闹钟分个位
        CJNE    A,7BH,BEERE
        MOV     A,77H                   ;查询闹钟分十位
        CJNE    A,7CH,BEERE
BB:     CLR     P1.6
        LCALL   DDL
        SETB    P1.6
        LCALL   DDL
        JNB     P1.7,BEERR
BEERE:  RET
BEERR:  SETB    P1.6
        MOV     68H,#0
        LCALL   DISPLAY
```

```
          JNB       P1.7,BEERR
          JMP       BEERE
DISDATA: DB  0C0H,0F9H,64H,70H,59H,52H,42H,0F8H,40H,50H,0FFH   ;0123456789空白
END
```

10.5.7 课程设计参考题目及要求

1. 设计要求

首先进行预设计，根据设计的任务要求，先确定设计的硬件电路方案，然后进行硬件电路的初步设计，在计算机上画出硬件电路图，在老师的指导下进行硬件电路图修正，并对所涉及的参数进行计算。

在确定硬件的基础上，要进行软件的总体设计，包括软件主流程的设计以及各子程序的设计，同时，要写出详细的操作说明，如时间的调整方法，显示窗口的时间切换等，以配合软件的设计。

接着进入硬件的调试及编程工作，设计组内的同学可根据任务分工，有调试硬件各功能模块的，如键盘子程序、显示子程序等，有进行整体程序编制的，各模块的编制过程中要注意资源的衔接，最好采用伪定义的方式且采用单片机的片内 RAM 资源。

然后进入联机调试，联机调试的原则也要采用分步走的原则，各功能模块要逐步套入，通过一个再增加一项功能，从而达到设计的总体要求。

最后写出设计报告。

2. 设计题目

课题 1：简易时钟/秒表计时器

（1）用 6 位 LED 数码管显示时、分、秒，以 24h（小时）计时方式显示；显示格式为：13:25:15　或自行设计显示格式。

（2）通过按键进行时钟/秒表功能的转换，时钟计时每 1s 进行加 1 操作，秒表计时每 10ms 进行加 1 操作。

（3）按键实现计时启动、暂停及清零功能。

课题 2：简易交通灯控制系统

（1）在十字路口的东西、南北向各有一组红黄绿灯和一个计时显示系统，计时系统由 1 位 LED 数码管组成，用于显示红绿灯点亮的时间。

（2）时间显示采用倒计时方式，即各灯点亮时，时间为灯亮的最大值，以后每 1 秒钟显示数据减 1，直到减为 0 以后指示灯进行变换。

（3）红绿灯的亮灭规律如下。

◇ 灯灭　　　◆ 灯亮

<table>
<tr><th rowspan="2">序号</th><th colspan="4">东西方向</th><th colspan="4">南北方向</th></tr>
<tr><th>时间</th><th>红</th><th>绿</th><th>黄</th><th>时间</th><th>红</th><th>绿</th><th>黄</th></tr>
<tr><td>1</td><td>7</td><td>◇</td><td>◆</td><td>◇</td><td rowspan="2">9</td><td>◆</td><td>◇</td><td>◇</td></tr>
<tr><td>2</td><td>2</td><td>◇</td><td>◇</td><td>◆</td><td>◆</td><td>◇</td><td>◇</td></tr>
<tr><td>3</td><td rowspan="2">9</td><td>◆</td><td>◇</td><td>◇</td><td>7</td><td>◇</td><td>◆</td><td>◇</td></tr>
<tr><td>4</td><td>◆</td><td>◇</td><td>◇</td><td>2</td><td>◇</td><td>◇</td><td>◆</td></tr>
</table>

课题 3：多路温度检测系统

（1）8 路温度值（可用 0～5V 电压值模拟 0～100℃）的数据采集，经 A/D 转换后送入单片机。

（2）8 个键盘、8 个 LED 数码管显示电路，用于循环显示每一路的温度值（显示精确到小数点后一位），通过按键还可以选择任意一路显示。

（3）设温度值的正常范围为 10℃～50℃，若当前温度值超过此范围，则 LED 闪烁报警。

（4）通过按键解除报警。

课题 4：日历时钟的设计与调试

（1）用 74LS164、74LS165 设计键盘（8 个或 16 个键）、显示（用 6 个或 8 个 LED 数码管）部分的硬件电路。

（2）利用 MCS-51 内部定时器定时，编程实现年、月、日、时、分、秒的显示，显示格式为：　　年月日：　04-06-18

　　时分秒：　09-12-35

也可自行设定显示格式，两部分可按键切换显示。

（3）能按键调整日期、时间的数值。

（4）可设定时间报警，报警的时间至少有 2 个，报警时应有报警指示。

（5）要求至少调试出任务的前三项。

课题 5：智能频率、计数器设计

（1）使用单片机的计数定时功能，设计一个具有测量频率、计数功能的应用系统。

（2）要求测频范围为 10Hz～100kHz（精度 1Hz）、计数最大值为 999999。

（3）要求通过一个带开关功能的按键实现测量频率和计数功能的转换。

（4）要求无关位要熄灭（消隐）。

课题 6：步进电动机的控制

（1）对步进电动机进行调速控制。

（2）设置多个按键，按下不同的按键控制不同步进电机的转速和转向。

课题 7：波形发生器

（1）利用单片机综合仿真实验仪上的 DAC0832 数模转换器，设计一个波形发生器。

（2）由按键选择输出的波形，及波形的频率。波形发生器能产生锯齿波、方波和正弦波。波形电压范围为 0～5V。

课题 8：直流电动机的控制

（1）掌握直流电动机驱动电路的工作原理，用 Protel 99 画出相应的实验电路原理图（包括单片机及相应的振荡电路和复位电路等）。

（2）设置按键，完成对直流电动机正反转的控制，以及调速控制。

课题 9：简易数字电压表

运用串行 AD 芯片 TLC549，设计一个数字万用表对应电压在由 ZLG7290 芯片管理的数码管上显示。

课题 10：点阵液晶的汉字和数字显示

（1）将学生自己的学校、系别、班级在 ZY12864D 图型点阵液晶上显示出来。

（2）熟悉 ZY12864D 图型点阵液晶的工作原理及指令系统，了解图型液晶和单片机接口电路的设计，并用 Protel 99 画出原理图。

（3）了解汉字和数字字库字模的提取方法，以及字模的存储方法。

课题 11：简易计算器

（1）使用 ZLG7290 芯片，设计一个 0～1000 数字间的简易计算器，计算功能为“+、−、×、/ ”四则运算，显示可以选用液晶显示器（要求使用 C 语言编程）。

（2）设计键盘，包括数字按键、运算按键、功能按键。

（3）将计算后的结果在数码管上显示。

课题 12：串行通信及显示

（1）设计一个小型的单片机多机串行通信系统，使多个单片机系统中进行串行通信，主从机系统都可以通过键盘设置、显示数据和确认发送数据。主机用来监控各从机，并显示各从机通过键盘设置的数据。数据在数码管上显示出来。

（2）编写显示程序和串行通信程序，以及键盘程序，设置数据输入键以及发送键。

课题 13：语音录放

（1）应用 DP-51PRO 实验箱的语音录放模块进行语音录放实验，录制多段语音，并通过键盘选择播放录制的语音段。

（2）掌握语音录放的原理及语音数据的存储方法，了解数据压缩技术，用 Protel 99 画出系统的电路原理图。

（3）编写语音录放程序，以及键盘程序等。

课题 14：直流电机闭环控制

（1）通过电位器或键盘给定直流电机速度，并通过液晶实时显示直流电机的转速。通过安装在电机内部的霍尔传感器检测电动机的转速。

（2）掌握直流电动机的驱动电路设计。

（3）掌握单片机与液晶显示器的接口和控制方法。

（4）熟悉通过霍尔传感器检测直流电动机转速的原理。

（5）掌握速度的计算方法。

课题 15：简易示波器

（1）通过 A/D 模块，检测幅值为 5V 的脉动直流信号，并在液晶上显示波形、波形的幅值和频率。

（2）掌握单片机与液晶显示器的接口和控制方法。

（3）掌握图形液晶曲线的绘制方法。

（4）熟悉波形频率的计算方法。

附录 A　ASCII 码表

十进制码	字符	十进制码	字符	十进制码	字符	十进制码	字符
0	NUL	32	(space)	64	@	96	`
1	SOH	33	!	65	A	97	a
2	STX	34	"	66	B	98	b
3	ETX	35	#	67	C	99	c
4	EOT	36	$	68	D	100	d
5	END	37	%	69	E	101	e
6	ACK	38	&	70	F	102	f
7	BEL	39	'	71	G	103	g
8	BS	40	(	72	H	104	h
9	HT	41	)	73	I	\105	i
10	LF	42	*	74	J	106	j
11	VT	43	+	75	K	107	k
12	FF	44	,	76	L	108	l
13	CR	45	-	77	M	109	m
14	SO	46	.	78	N	110	n
15	SI	47	/	79	O	111	o
16	DLE	48	0	80	P	112	p
17	DC1	49	1	81	Q	113	q
18	DC2	50	2	82	R	114	r
19	DC3	51	3	83	S	115	s
20	DC4	52	4	84	T	116	t
21	NAK	53	5	85	U	117	u
22	SYN	54	6	86	V	118	v
23	ETB	55	7	87	W	119	w
24	CAN	56	8	88	X	120	x
25	EM	57	9	89	Y	121	y
26	SUB	58	:	90	Z	122	z
27	ESC	59	;	91	[	123	{
28	FS	60	<	92	\	124	|
29	GS	61	=	93	]	125	}
30	RS	62	>	94	^	126	~
31	US	63	?	95	_	127	DEL

附录 B MCS-51 系列单片机指令表

数据传送类指令				
助记符	功能说明	机器码（16）	字节数	机器周期
MOV A,Rn	寄存器内容送入累加器	E8～EF	1	1
MOV A,direct	直接地址单元中的数据送入累加器	E5 xx	2	1
MOV A,@Ri	间接 RAM 中的数据送入累加器	E6/E7	1	1
MOV A,#data8	8 位立即数送入累加器	74 xx	2	1
MOV Rn,A	累加器内容送入寄存器	F8～FF	1	1
MOV Rn,direct	直接地址单元中的数据送入寄存器	A8～AF xx	2	2
MOV Rn,#data8	8 位立即数送入寄存器	78～7F xx	2	1
MOV direct,A	累加器内容送入直接地址单元	F5 xx	2	1
MOV direct,Rn	寄存器内容送入直接地址单元	88～8F xx	2	2
MOV direct,direct	直接地址单元中的数据送入直接地址单元	85 xx xx	3	2
MOV direct,@Ri	间接 RAM 中的数据送入直接地址单元	86/87 xx	2	2
MOV direct,#data8	8 位立即数送入直接地址单元	75 xx xx	3	2
MOV @Ri,A	累加器内容送入间接 RAM 单元	F6/F7	1	1
MOV @Ri,direct	直接地址单元中的数据送入间接 RAM 单元	A6/A7 xx	2	2
MOV @Ri,#data8	8 位立即数送入间接 RAM 单元	76/77 xx	2	1
MOV DPTR,#data16	16 位立即数地址送入地址寄存器	90 xx xx	3	2
MOVC A,@A+DPTR	以 DPTR+A 为地址寻址数据送入累加器	93	1	2
MOVC A,@A+PC	以 PC+A 为地址寻址数据送入累加器	83	1	2
MOVX A,@Ri	外部 RAM(8 位地址)送入累加器	E2/E3	1	2
MOVX A,@DPTR	外部 RAM(16 位地址)送入累加器	E0	1	2
MOVX @Ri,A	累加器送入外部 RAM(8 位地址)	F2/F3	1	2
MOVX @DPTR,A	累加器送入外部 RAM(16 位地址)	F0	1	2
PUSH direct	直接地址单元中的数据压入堆栈	C0 xx	2	2
POP direct	堆栈中的数据弹出到直接地址单元	D0 xx	2	2
XCH A,Rn	寄存器与累加器交换	C8～CF	1	1
XCH A,direct	直接地址单元与累加器交换	C5 xx	2	1
XCH A,@Ri	间接 RAM 与累加器交换	C6/C7	1	1
XCHD A,@Ri	间接 RAM 与累加器进行低半字节交换	D6/D7	1	1

续表

算术操作类指令				
助记符	功能说明	机器码（16）	字节数	机器周期
ADD A,Rn	寄存器内容加到累加器	28～2F	1	1
ADD A,direct	直接地址单元加到累加器	25 xx	2	1
ADD A,@Ri	间接 RAM 内容加到累加器	26/27	1	1
ADD A,#data8	8 位立即数加到累加器	24 xx	2	1
ADDC A,Rn	寄存器内容带进位加到累加器	38～3F	1	1
ADDC A,dirct	直接地址单元带进位加到累加器	35 xx	2	1
ADDC A,@Ri	间接 RAM 内容带进位加到累加器	36/37	1	1
ADDC A,#data8	8 位立即数带进位加到累加器	34 xx	2	1
SUBB A,Rn	累加器带借位减寄存器内容	98～9F	1	1
SUBB A,dirct	累加器带借位减直接地址单元	95 xx	2	1
SUBB A,@Ri	累加器带借位减间接 RAM 内容	96/97	1	1
SUBB A,#data8	累加器带借位减 8 位立即数	94 xx	2	1
INC A	累加器加 1	04	1	1
INC Rn	寄存器加 1	08～0F	1	1
INC direct	直接地址单元内容加 1	05 xx	2	1
INC @Ri	间接 RAM 内容加 1	06/07	1	1
INC DPTR	DPTR 加 1	A3	1	2
DEC A	累加器减 1	14	1	1
DEC Rn	寄存器减 1	18～1F	1	1
DEC direct	直接地址单元内容减 1	15 xx	2	1
DEC @Ri	间接 RAM 内容减 1	16/17	1	1
MUL A,B	A 乘以 B	A4	1	4
DIV A,B	A 除以 B	84	1	4
DA A	累加器进行十进制转换	D4	1	1
逻辑操作类指令				
助记符	功能说明	机器码（16）	字节数	机器周期
ANL A,Rn	累加器与寄存器相“与”	58～5F	1	1
ANL A,direct	累加器与直接地址单元相“与”	55 xx	2	1
ANL A,@Ri	累加器与间接 RAM 内容相“与”	56/57	1	1
ANL A,#data8	累加器与 8 位立即数相“与”	54 xx	2	1
ANL direct,A	直接地址单元与累加器相“与”	52 xx	2	1
ANL direct,#data8	直接地址单元与 8 位立即数相“与”	53 xx xx	3	2
ORL A,Rn	累加器与寄存器相“或”	48～4F	1	1
ORL A,direct	累加器与直接地址单元相“或”	45 xx	2	1
ORL A,@Ri	累加器与间接 RAM 内容相“或”	46/47	1	1

续表

逻辑操作类指令				
助记符	功能说明	机器码（16）	字节数	机器周期
ORL A,#data8	累加器与 8 位立即数相“或”	44 xx	2	1
ORL direct,A	直接地址单元与累加器相“或”	42 xx	2	1
ORL direct,#data8	直接地址单元与 8 位立即数相“或”	43 xx xx	3	2
XRL A,Rn	累加器与寄存器相“异或”	68～6F	1	1
XRL A,direct	累加器与直接地址单元相“异或”	65 xx	2	1
XRL A,@Ri	累加器与间接 RAM 内容相“异或”	66/67	1	1
XRL A,#data8	累加器与 8 位立即数相“异或”	64 xx	2	1
XRL direct,A	直接地址单元与累加器相“异或”	62 xx	2	1
XRL direct,#data8	直接地址单元与 8 位立即数相“异或”	63 xx xx	3	2
CLR A	累加器清零	E4	1	1
CPL A	累加器求反	F4	1	1
RL A	累加器循环左移	23	1	1
RLC A	累加器带进位循环左移	33	1	1
RR A	累加器循环右移	03	1	1
RRC A	累加器带进位循环右移	13	1	1
SWAP A	累加器半字节交换	C4	1	1
控制转移类指令				
助记符	功能说明	机器码（16）	字节数	机器周期
ACALL addr11	绝对短调用子程序	11/31/51.../F1　xx	2	2
LCALL addr16	长调用子程序	12 xx xx	3	2
RET	子程序返回	22	1	2
RETI	中断返回	32	1	2
AJMP addr11	绝对短转移	01/21/41.../E1　xx	2	2
LJMP addr16	长转移	02 xx xx	3	2
SJMP rel	相对转移	80 xx	2	2
JMP　@A+DPTR	相对于 A+DPTR 的间接转移	73	1	2
JZ rel	累加器为零转移	60 xx	2	2
JNZ rel	累加器非零转移	70 xx	2	2
CJNE A,direct,rel	累加器与直接地址单元比较，不等则转移	B5 xx xx	3	2
CJNE A,#data8,rel	累加器与 8 位立即数比较，不等则转移	B4 xx xx	3	2
CJNE Rn,#data8,rel	寄存器与 8 位立即数比较，不等则转移	B8～BF xx xx	3	2
CJNE @Ri,#data8,rel	间接 RAM 单元，不等则转移	B6/B7 xx xx	3	2
DJNZ Rn,rel	寄存器减 1，非零转移	D8～DF xx xx	2	2
DJNZ direct,rel	直接地址单元减 1，非零转移	D5 xx xx	3	2
NOP	空操作	00	1	1

续表

布尔变量操作类指令				
助记符	功能说明	机器码（16）	字节数	机器周期
CLR C	清进位位	C3	1	1
CLR bit	清直接地址位	C2　xx	2	1
SETB C	置进位位	D3	1	1
SETB bit	置直接地址位	D2　xx	2	1
CPL C	进位位求反	B3	1	1
CPL bit	直接地址位求反	B2　xx	2	1
ANL C,bit	进位位和直接地址位相“与”	82　xx	2	2
ANL C,/bit	进位位和直接地址位的反码相“与”	B0　xx	2	2
ORL C,bit	进位位和直接地址位相“或”	72　xx	2	2
ORL C,/bit	进位位和直接地址位的反码相“或”	A0　xx	2	2
MOV C,bit	直接地址位送入进位位	A2　xx	2	1
MOV bit,C	进位位送入直接地址位	92　xx	2	2
JC rel	进位位为 1 则转移	40　xx	2	2
JNC rel	进位位为 0 则转移	50　xx	2	2
JB bit,rel	直接地址位为 1 则转移	20　xx　xx	3	2
JNB bit,rel	直接地址位为 0 则转移	30　xx　xx	3	2
JBC bit,rel	直接地址位为 1 则转移，该位清零	10　xx　xx	3	2
注：MOV direct,direct 当指令转换为机器码，第一个 xx 为源操作数，第二个 xx 为目的操作数，例如，Mov 20H,30H，其机器码为 85 30 20。其余指令均按正常顺序。				

附录C 常用数字集成电路引脚图

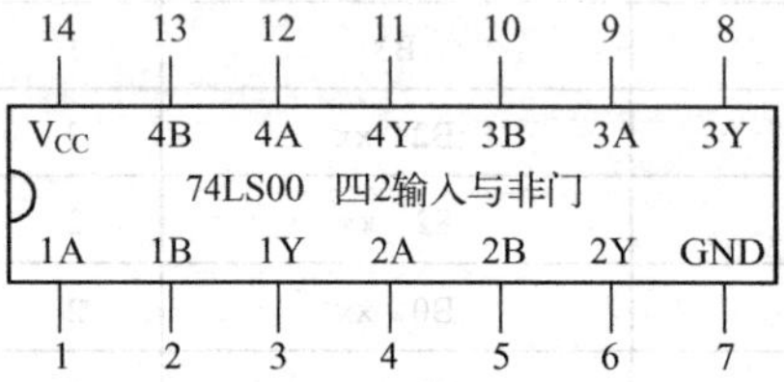

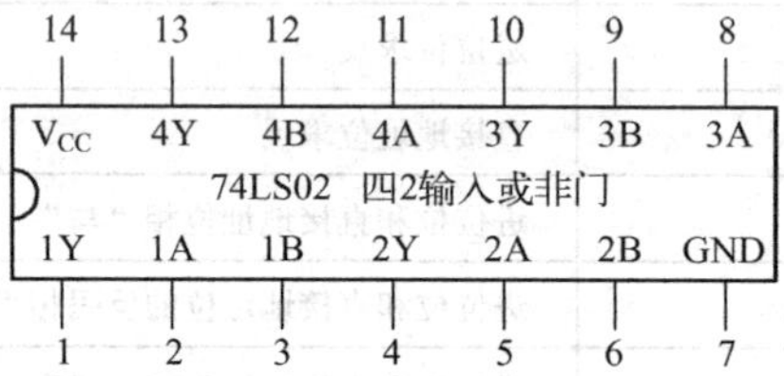

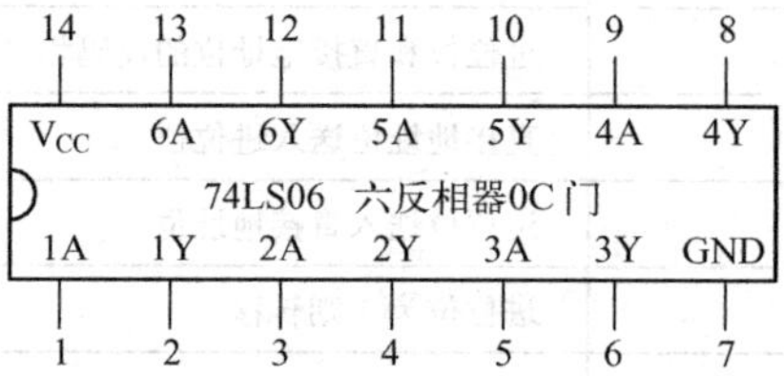

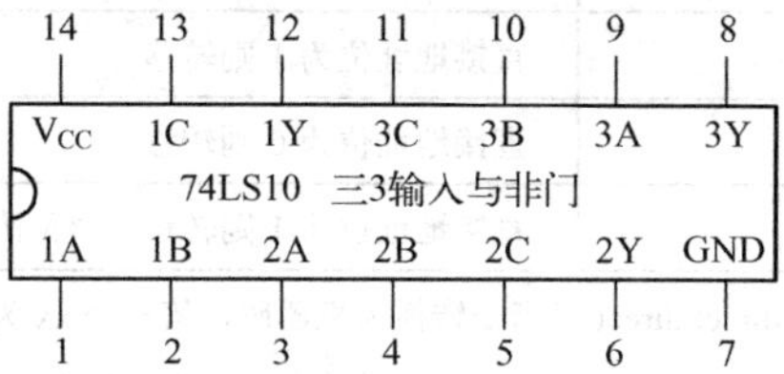

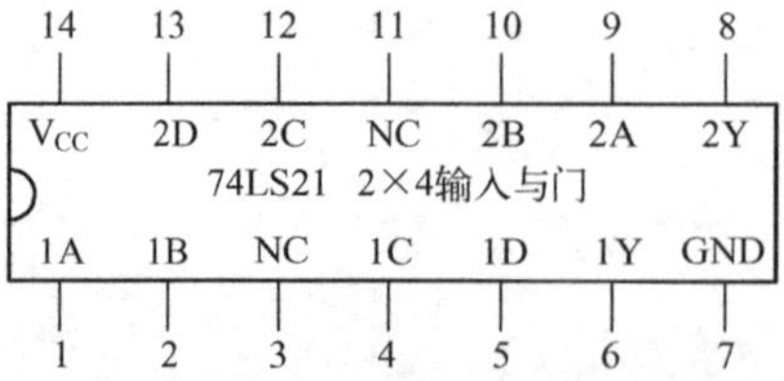

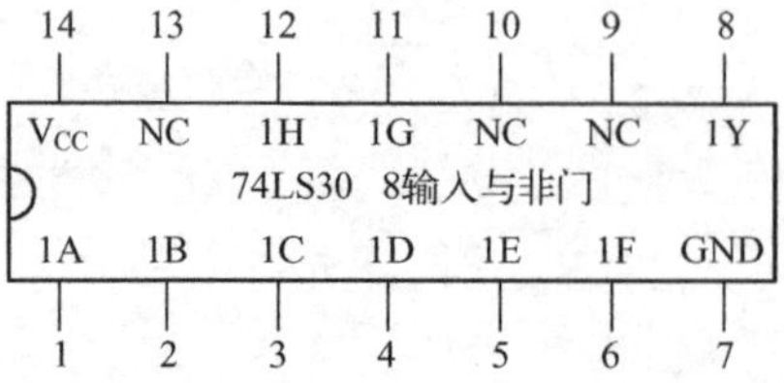

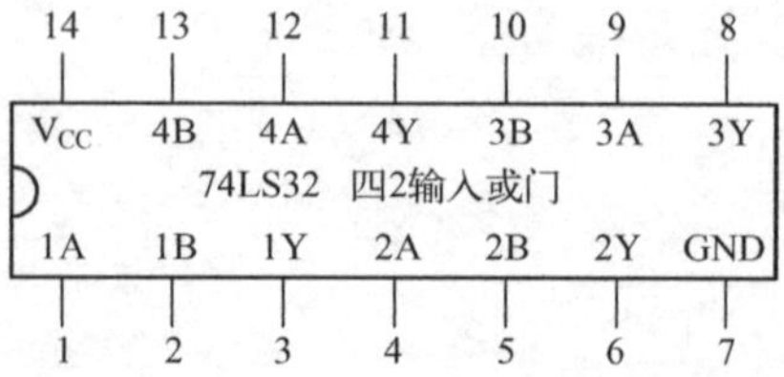

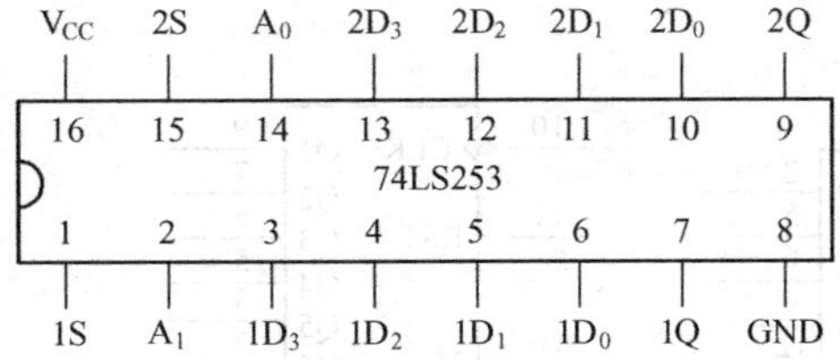

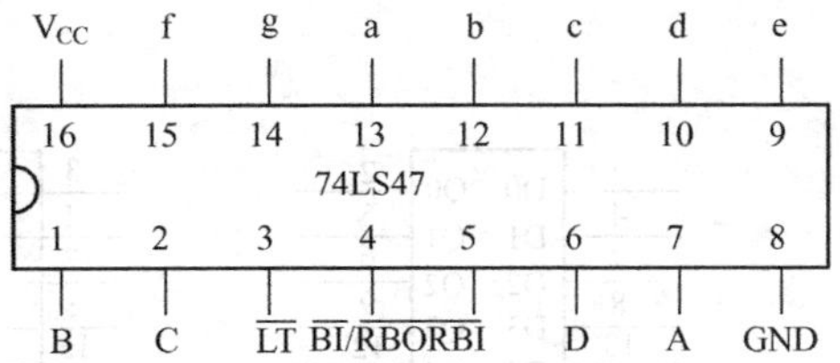

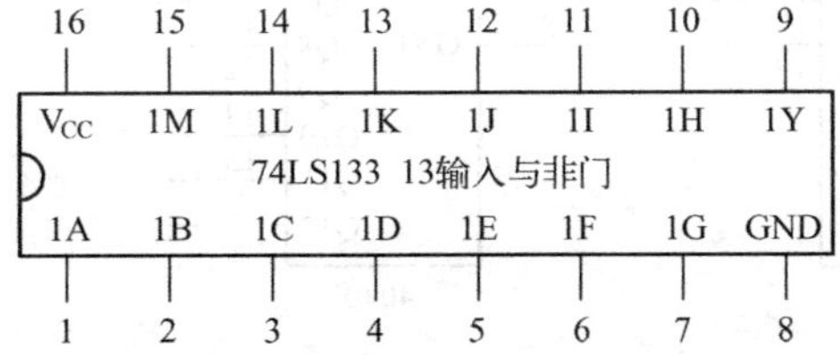

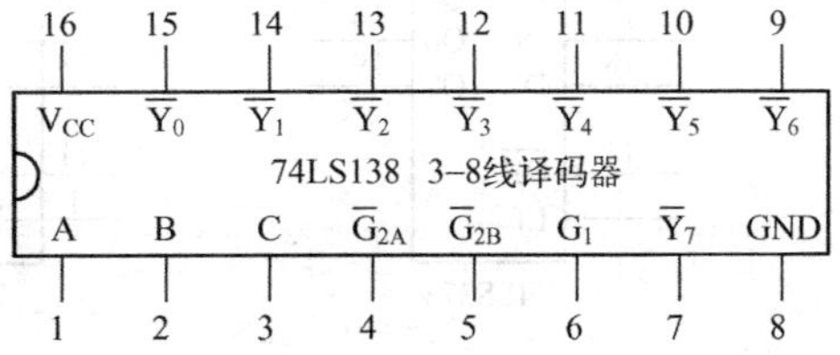

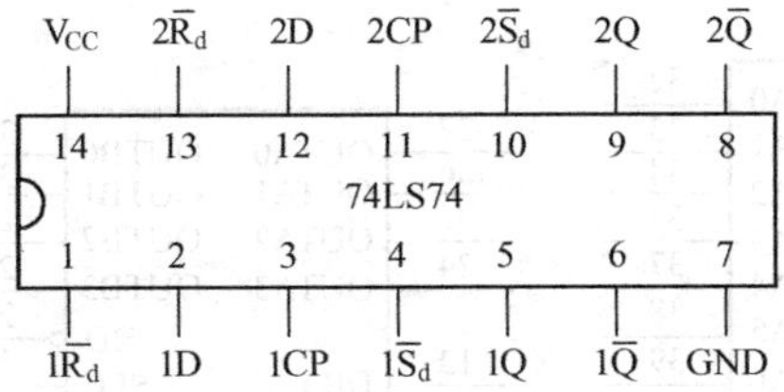

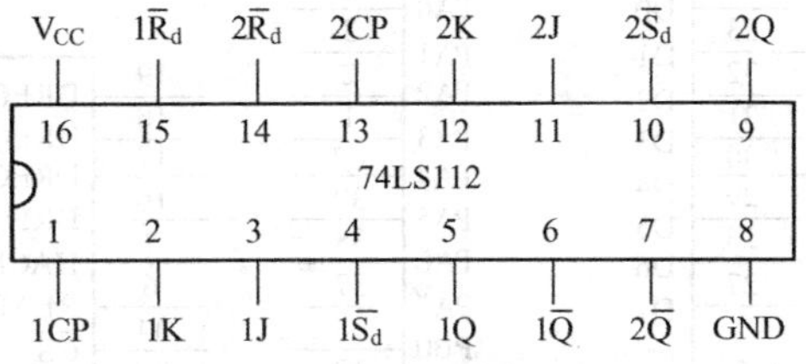

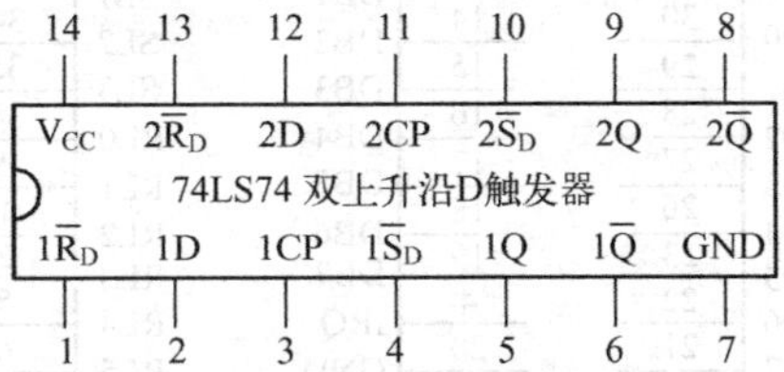

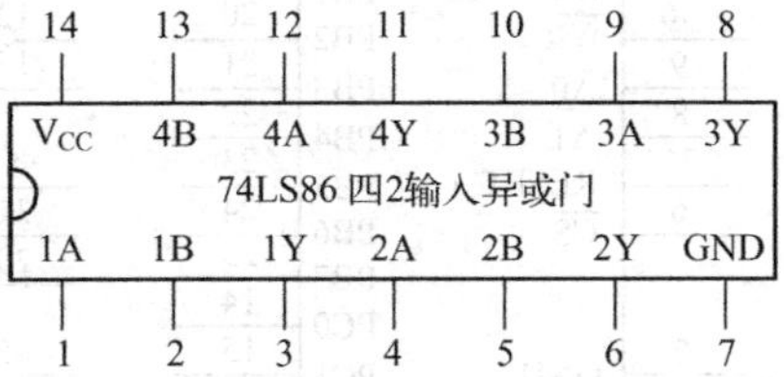

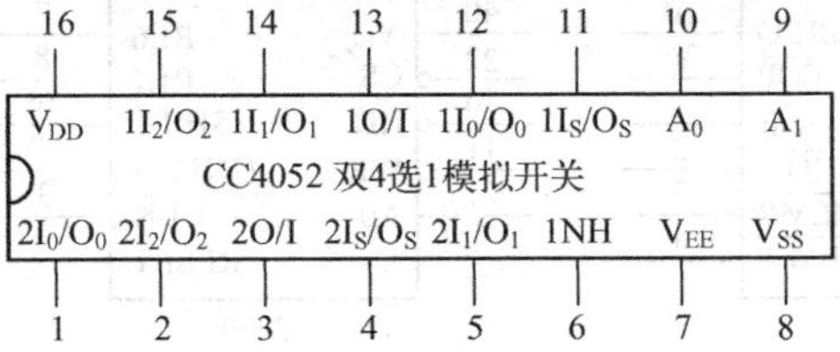

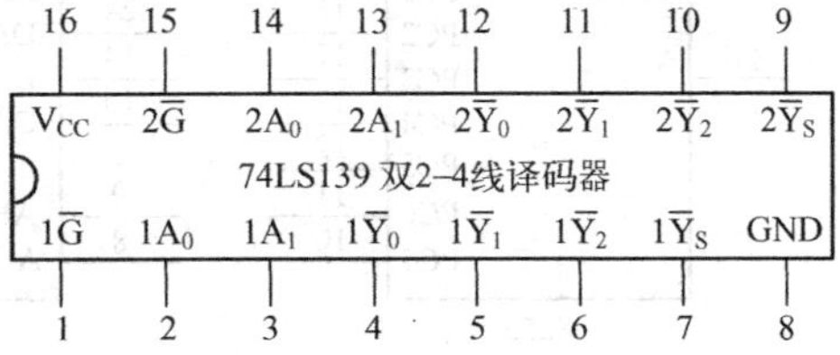

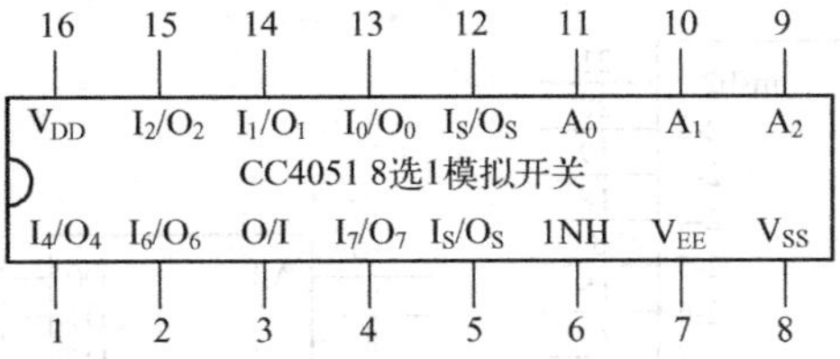

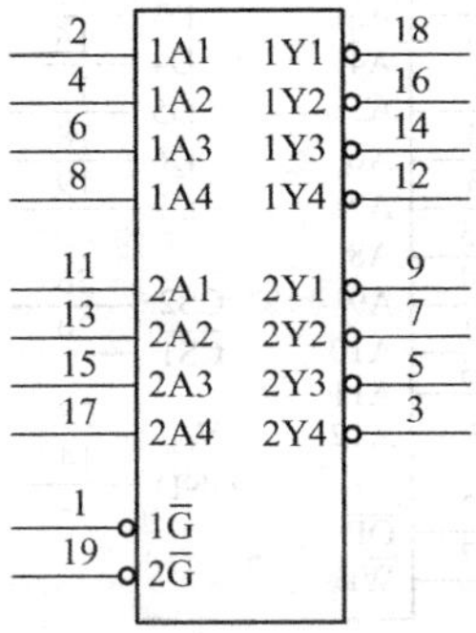

74LS240

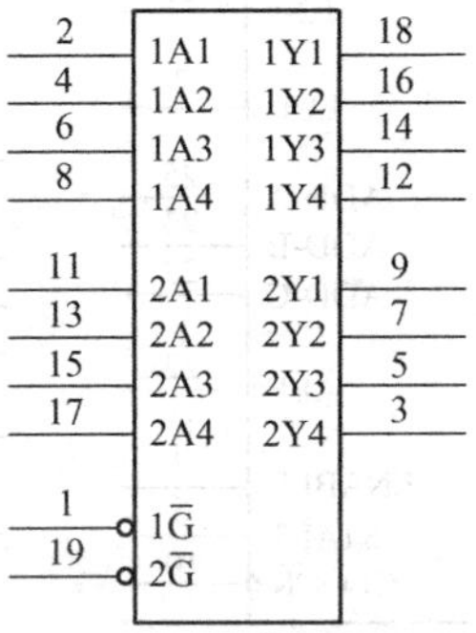

74LS244

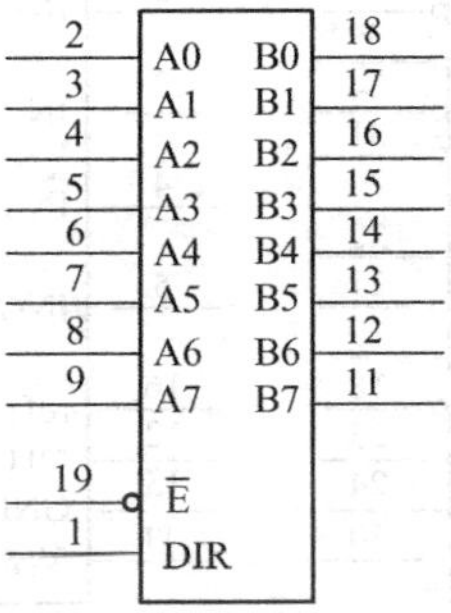

74LS245

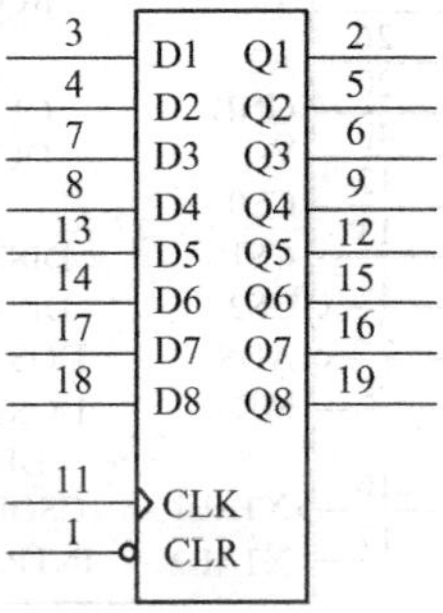

74LS273

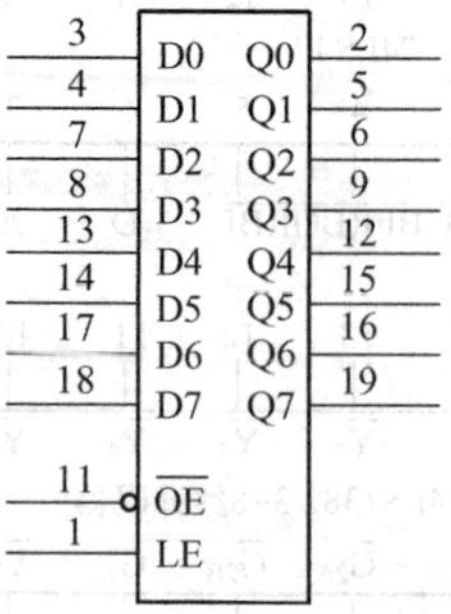

74LS373

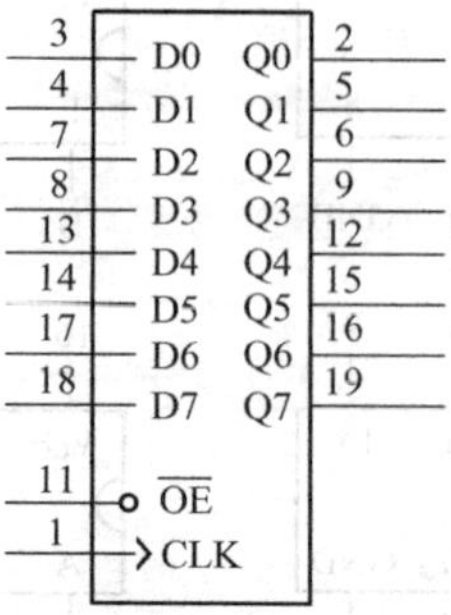

74LS374

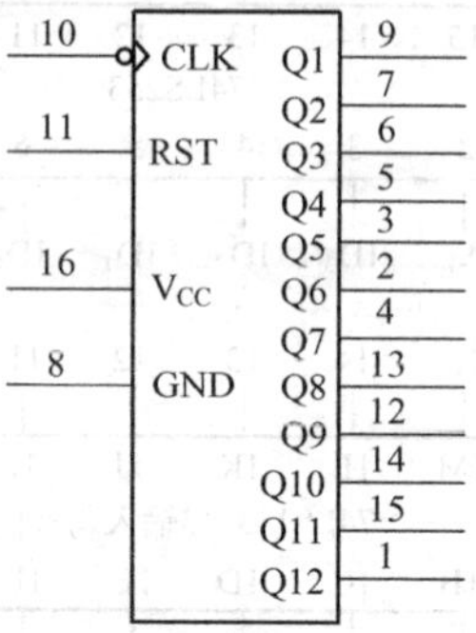

4040

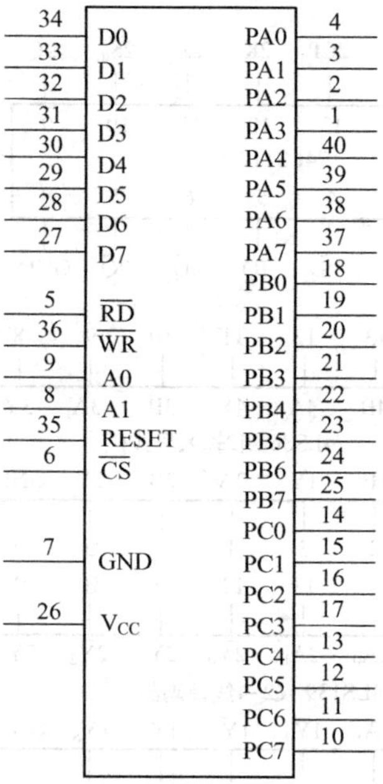

8255

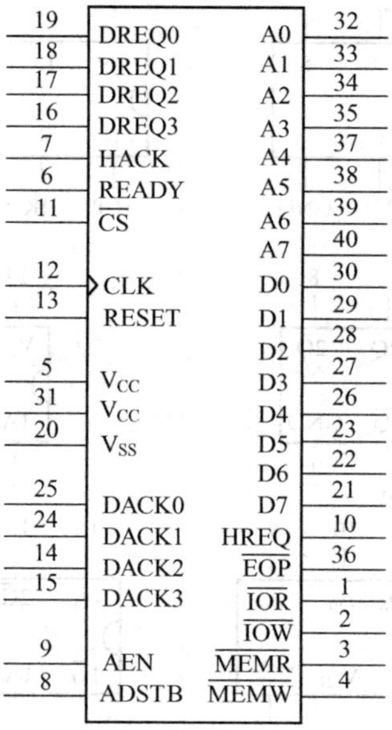

8237

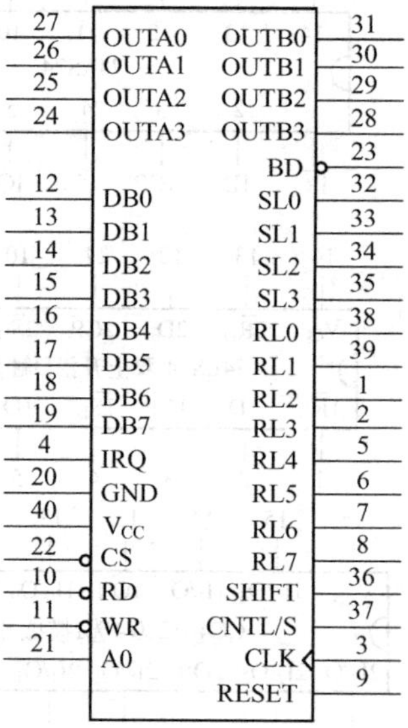

8279

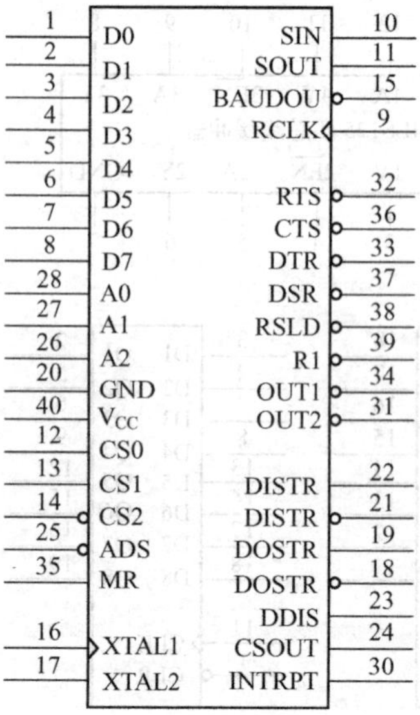

8250

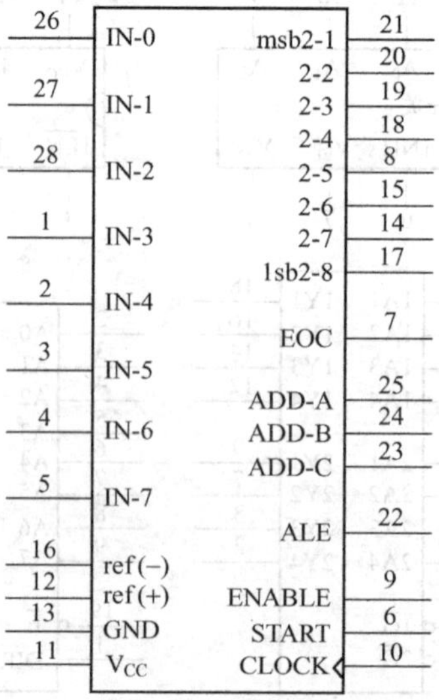

ADC0809

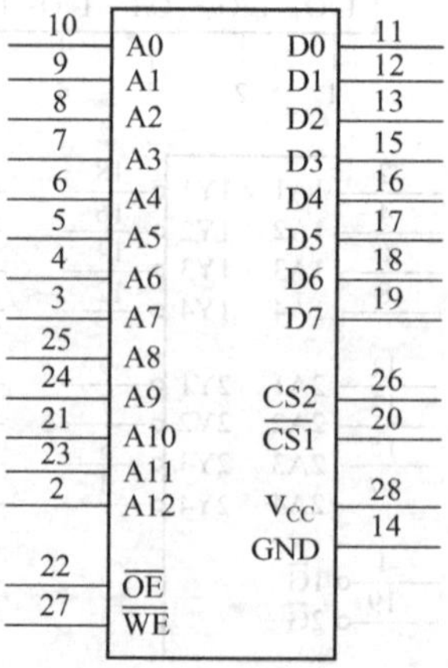

6264

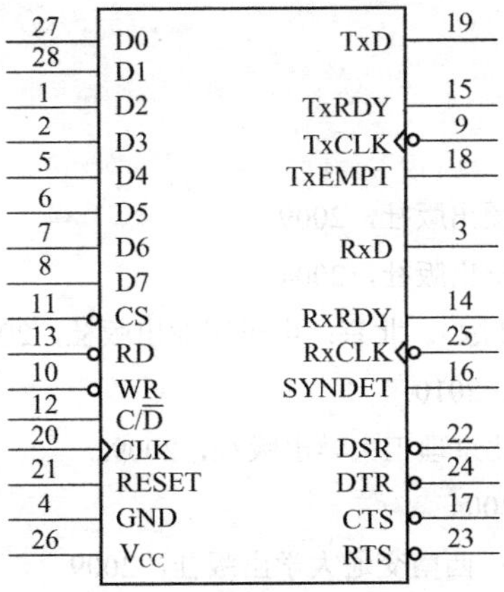

8251

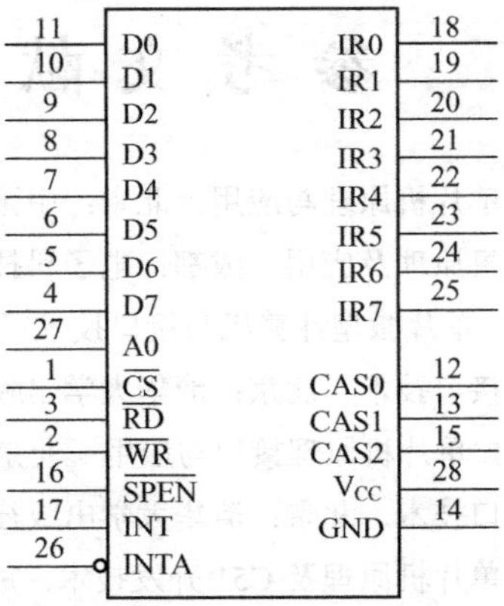

8259

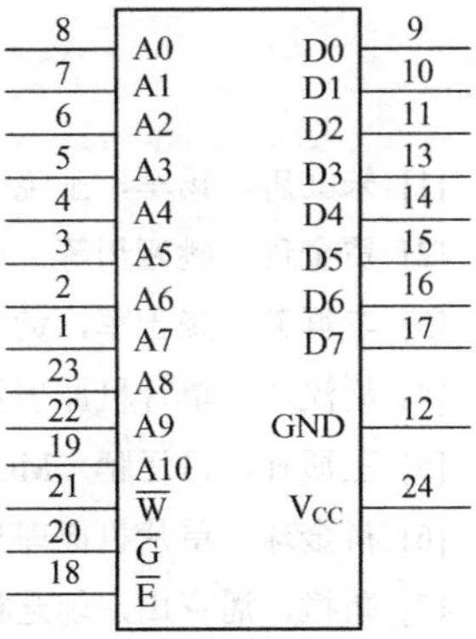

6116

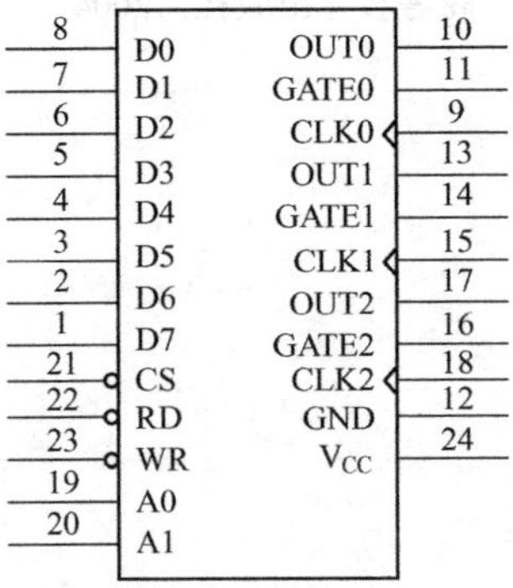

8253

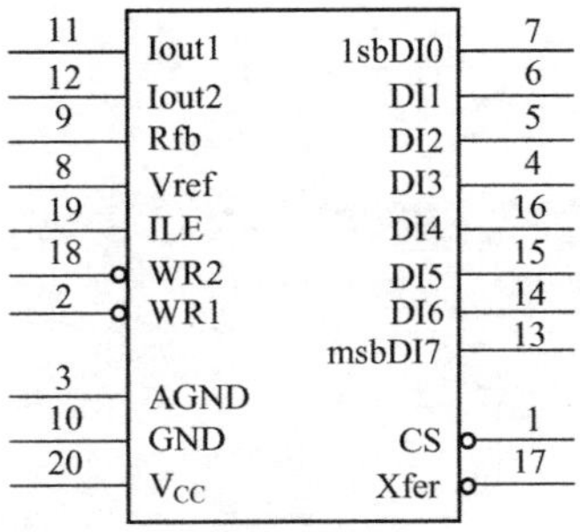

DAC0832

参 考 文 献

[1] 朱文忠，杨军，王晓等. 单片机原理与应用. 北京：中国地图出版社，2009.

[2] 贾金玲，姚娅川等. 单片机原理及应用. 成都：电子科技大学出版社，2004.

[3] 李群芳，张士军，黄建等. 单片微型计算机与接口技术（第 2 版）. 北京：电子工业出版社，2007.

[4] 胡汉才. 单片机原理及其接口技术. 北京：清华大学出版社，2010.

[5] 王质朴，吕运鹏. MCS-51 单片机原理接口与应用. 北京：北京理工大学出版社，2009.

[6] 肖金球. 单片机原理与接口技术. 北京：清华大学出版社，2004 .

[7] 靳桅，潘育山，邬芝权. 单片机原理及 C51 开发技术. 成都：西南交通大学出版社，2009.

[8] 杨恢先，黄辉先. 单片机原理及应用. 北京：人民邮电出版社，2006.

[9] 李全利，迟荣强. 单片机原理及接口技术. 北京：高等教育出版社，2004.